战弓图文史

WAR BOWS

LONGBOW, CROSSBOW, COMPOSITE BOW AND JAPANESE YUMI

Mike Loades

改变人类战争的四大弓箭

[英] 麦克·洛兹 著
胡德海 译

金城出版社 GOLD WALL PRESS
西苑出版社 XIYUAN PUBLISHING HOUSE

图书在版编目（CIP）数据

战弓图文史：改变人类战争的四大弓箭 /（英）麦克 · 洛兹（Mike Loades）著；胡德海译 . -- 北京：金城出版社有限公司：西苑出版社，2024.7
（世界军事史系列 / 朱策英主编）
书名原文 : War Bows: Longbow, Crossbow, Composite Bow and Japanese Yumi
ISBN 978-7-5155-2640-9

Ⅰ . ①战… Ⅱ . ①麦… ②胡… Ⅲ . ①射箭－冷兵器－军事史－世界 Ⅳ . ① E922.8

中国版本图书馆 CIP 数据核字（2024）第 073557 号

战弓图文史

ZHANGONG TUWENSHI

作　　者	[英] 麦克 · 洛兹
译　　者	胡德海
责任编辑	张纯宏
执行编辑	辛小雪
责任校对	李晓凌
责任印制	李仕杰
开　　本	710 毫米 ×1000 毫米　1/16
印　　张	33.25
字　　数	477 千字
版　　次	2024 年 7 月第 1 版
印　　次	2024 年 7 月第 1 次印刷
印　　刷	小森印刷（北京）有限公司
书　　号	ISBN 978–7–5155–2640–9
定　　价	138.00 元

出版发行	**金城出版社有限公司　西苑出版社有限公司**
	北京市朝阳区利泽东二路 3 号　邮编：100102
发 行 部	(010) 84254364
编 辑 部	(010) 64210080
总 编 室	(010) 64228516
网　　址	http://www.jccb.com.cn
电子邮箱	jinchengchuban@163.com
法律顾问	北京植德律师事务所 （电话)17600603461

编辑提示

本书的大部分度量值使用英制，能量和力学单位使用公制，如焦耳（J）和牛顿（N）等。以下数据将有助于在英制和公制单位之间转换：

书中列举中世纪的价格和工资时，使用的是旧时的英镑、先令和便士等货币单位，它们不是十进制的：12个旧便士（12d）合1先令（1s），20先令合1英镑（£1）。而现代货币采用十进位币制：100便士合1英镑。物理单位（长度等）使用英制，以下为英制和公制尺寸的大致换算：

1英里（mile）= 1.6千米（km）

1码（yard）= 0.9米（m）

1英尺（foot）= 0.3米（m）

1英寸（inch）= 25.4毫米（mm）

1英磅（lb）= 0.45千克（kg）

1加仑（gallon）= 4.54升（litres）

100英尺/秒（ft/sec）= 30.48米/秒（m/sec）

1焦耳（J）= 0.74英尺·磅

1牛顿（N）= 0.22磅力

作者提示

以下说明与第469页的图片有关：

图片为日本江户时代（Edo period）的木版水印画（全多彩织锦绘），设色纸本。描绘的是平安末期源平合战（Gempei war，1180—1185）中屋岛之战的一个传奇：源氏战将那须与一因用弓箭射落了一把扇子而名扬天下。该画为竖排三开本，尺寸为37厘米×76.5厘米，作者为浮世绘画师远浪斋重光（活跃于约1848—1854年），现收藏于波士顿美术馆，丹曼·沃尔多·罗斯藏品，编号17.3209.27-9。

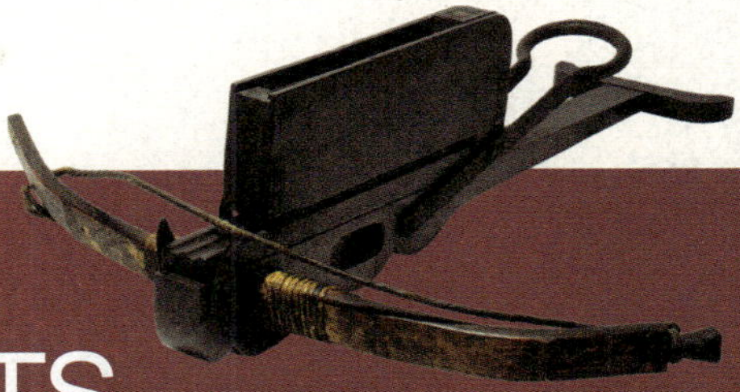

目录
CONTENTS

第二章　弩　/139

引　言

我从 9 岁起开始学习射箭，当时我劝说我的拉丁语老师组建一个弓箭俱乐部，虽然他并不了解箭术，但还是同意了我的请求。每周的射箭训练日，我们这群男孩子都在他的耐心监督下进行训练，笨手笨脚地用弓箭射靶。我不敢说自己是一个特别好的射手，但我对任何与弓箭有关的事物都有着莫大的热情和迷恋。13 岁时，我在当地一家体育用品店的橱窗里首次见到了反曲弓，它的弓把是用有影枫木做的，看上去非常漂亮。它让我意识到，弓不仅能满足人们的射箭爱好，它的结构和材料还蕴含着一种特殊的美，极大提升了其吸引力。我母亲回忆说，当时我央求她给我买下这张弓，而且愿意把心爱的竞速自行车卖掉作为交换，还信誓旦旦地说“这不是我一时头脑发热，它将成为我的生活”。这张弓我珍藏至今，回想起来，当年我才那么小，做出那样的断言时头脑里肯定还没有什么很好的规划。但是事实证明，13 岁时的我是正确的，弓箭真的成了我职业生涯和个人生活的核心。后来，我又学会了马术和剑术，这三项技能不断激发我对历史的浓厚兴趣，本书就是我这段旅程新的一步。

我对弓有一种眷恋，可以说是完全被弓迷住了，被射箭时产生的愉悦感吸引住了。我理解这种吸引力，但在研究史实的时候，还是有必要把这种感觉与调查研究分离开来。弓在不同历史阶段都是重要、有效的武器，它给人们留下了深刻的印象。但是就弓箭本身而言，它们从来都不是决定性武器，更不是超级武器或什么荒谬的东西。评估每一种弓时，都应当在其所处的战争背景下进行。同样，弓箭手也是军队的一分子，而不是什么独行侠。铠甲有一定的防护效能，弓箭自然也不是万能的。有些关于弓箭的真实情况可能会被古老的民族主义宣传烟幕所掩盖，某些部落还将自己特有的弓作为图腾，夸大和炫耀它们。而实际上，不同的弓有不同的功能，每一种弓只有在特定时期和环境下才能表现出最佳效能，我们不能简单地评判哪一种弓是“天下第一”。理解特定的历史背景是研究各种战弓的必要前提。

本书汇编了已出版的一些相关材料，也增加了很多新的素材和修订内容。事实上，研究古代弓箭有诸多益处，如填补空白，解答未解之谜，此外，梳理档案和挖掘新的线索，也往往令人兴奋。不过，解读诠释线索是更为重要的，因此假定推理和实验的必要性就显现了出来。我将会尽力尝试弄清楚各种问题，以调整自己的研究思路。理论需要不断更新。各类实验探索将不断揭示和验证事物新的特点。我们也需要挑战一些既有的理念和观点……我衷心希望本书能够起到抛砖引玉的作用，以推动相关问题的进一步研究。当然，本书涉及的几个领域，仍有很多问题有待发现和探索，我能做的仅仅是树立一些路标。

笔者照片，摄于 2018 年。（图源：金·霍金斯）

第一章

CHAPTER ONE

长弓

THE LONGBOW

在13世纪的英格兰，长弓开始成为自耕农阶级力量的象征。传说中著名的绿林侠客罗宾汉就源于这个时代。用力量和技能战胜财富和地位的想法极具影响力，这使劳苦大众看到了摆脱贵族压迫的希望。法国贵族对骑士礼仪和封建等级制度极为看重，他们非常痛恨下层人民用长弓击败尊贵的骑士。然而，在很多英格兰人的眼里，长弓这种武器构造简单、寻常百姓都能使用、能够改变当时的社会规则，它的魅力实在是不可抗拒。于是，长弓成了公平正义的有力象征，人们赋予长弓很多浪漫的色彩，而且用长弓射箭也是一件非常有趣的事情。

对长弓一词的定义是多样的，其中英国长弓协会（BLS）[1]给出的定义比较狭义，它们将中世纪长弓排除在外。该协会成立于1951年，旨在传承维多利亚时代和爱德华时代用轻型长弓进行休闲射击的传统，而这种轻型长弓与中世纪的弓不同，它们的弓臂中部很坚硬。英国长弓协会承认，中世纪战场上使用的长弓有不同的规格，但没有声明其定义的长弓是中世纪类型的。中世纪长弓可以弯得像个“完整的罗盘”，弓臂中段可以弯成连续的弧线，但握把处并没有包缠物，因为只有中世纪以后的弓才有。我找到的最早使用“长弓”这个词的书面史料，是1449年玛格丽特·帕斯顿夫人写给她丈夫约翰的一封信[2]。当

1346年克勒西战役中弓箭手作战的场景，作于15世纪末期。图中的弓箭手戴着各式的中世纪轻盔，身着各种样式的锁子甲、链甲和板甲。可以看到地上还放着一些箭，可能画家想描绘的是箭头朝下插入土里，箭尾朝上立在地面上，但是他没能体现出立体的视觉效果。（图源：傅华萨《闻见录》，法国国家图书馆/盖蒂图片社）

时约翰·帕斯顿卷入了与罗伯特·莫林斯的私人战争。1450 年，莫林斯派遣了 1000 人的武装队伍，试图将约翰·帕斯顿逐出诺福克郡格雷沙姆村的城堡，随后他的追随者还袭击了玛格丽特·帕斯顿夫人的处所。她当然要为保护她的家园而战斗。在这封信中，玛格丽特敦促约翰搞来一些“弩”，因为房子太低矮了，无法使用“长弓”射箭。在这里，“长弓”作为一个术语首次出现，与“弩”做了明确的区分：长弓为“纵向”持握，而不是“横向”持握，并且长弓比弩臂长。在此之前，长弓仅被简称为“弓”。

木质弓的长度与拉距有着直接关系，长弓的拉距也很长。但复合弓与长弓不同，其弓臂用干、角、筋等材料层叠制成，可以实现极大幅度的弯曲而不折断。所以叠片弓或用复合材料制成的弓比单体弓[3]（单一材料制成的弓）弯曲的程度更大，而长弓就属于单体弓。

由于人的身高与臂长、满弓开度[4]成正比，所以长弓立起来通常超过弓箭手的身高。拉距越大，弓臂就要越长，否则弓可能会被折断。中世纪的军用长弓有一个特点，即弓箭手引弦时通常把弓弦引至耳朵或肩膀位置，以使射向敌人的箭更有力。退役军人、外交官及军事理论作家约翰·斯迈思爵士在 1590 年写道，“我们英格兰的弓、箭和弓箭手都是世界上最好的，无论是箭的强度、力度，还是长度、尺寸，都超过了其他国家”[5]。

近年来，“战弓”作为专用术语已经得到确认，以便与娱乐和狩猎用的长弓相区别。“战弓”并不是中世纪用语，但用它来描述军用长弓非常贴切，在下面的章节中我将不时地使用这个词。然而，本章所探讨的战弓就是长弓，因我更熟悉“长弓”这个术语，后文多用它来描述这种神秘的武器。

在陆地战争中，盎格鲁－撒克逊人和维京人曾将长弓用于小规模作战。英国盎格鲁－撒克逊史诗《贝奥武夫》（*Beowulf*，创作时间可能为 8 世纪至 11 世纪）中的诗句暗示了弓箭在当时的战场上非常盛行，它描述英雄贝奥武夫“经常冒着铁头箭雨，当弓弦释放出乌云般的箭雨飞越颤抖的盾墙，当激情的箭杆拖着箭羽推动箭镞奋力地飞翔”[6]。诺曼人也使用过长弓，1169 年，绰号为“强弓”的诺曼领主理查德·德·克莱尔

(1130—1176) 领兵入侵爱尔兰时，麾下有好几队威尔士弓箭手。但是，目前尚无任何资料将这些长弓与后来的中世纪长弓进行区分，可能后来中世纪长弓的拉力更大一些。

早期的长弓并未在战争中大规模运用，直到 13 世纪，它也仅用于复杂地形作战，很少用于对阵战。但是到了 13 世纪末期，欧洲的战术发生了大的变化，弓箭类武器的使用规模大幅上升，成千上万的弓箭手进入军队作战序列，长弓异军突起，成为重要的作战兵器。无论是苏格兰独立战争（Wars of Scottish Independence，1296—1328）、英法百年战争（Hundred Years' War，1337—1453），还是英格兰玫瑰战争（Wars of the Roses，1455—1485），英格兰军队在陆地野战中都大规模使用长弓，长弓的名望和作用达到了巅峰。而在海战战场上，长弓在整个中世纪乃至 16 世纪末期都占据极其重要的地位，对英格兰人而言尤其如此。

尽管中世纪的英格兰军队中，弓箭手所占比例远远高于其他国家军队，但他们并非特立独行。例如，威尔士人在反抗爱德华一世（1272—1307 年在位）的游击战争中，以及为英格兰国王效力的对外战争中都非常有效地运用了弓箭手。苏格兰人在作战时运用弓箭手的方法与英格兰类似，只是数量略少些。他们在英法百年战争的后期协助法国人作战时表现也非常出色。15 世纪，强势的勃艮第公国与法国正处于战争状态，他们对英格兰弓箭手有很大的需求量。由于长弓在英格兰的战争中具有突出的表现，我在 2013 年出版的《长弓》（*Longbow*）一书中重点介绍了长弓在英格兰陆军和海军中的运用。然而，越来越多的史料表明，在爱德华三世（1327—1377 年在位）时期的战争中，长弓的运用是个更大的焦点。我认为这应当是长弓的鼎盛时期，蕴藏了长弓被广泛运用的很多例证。在本书中，我将有机会用更多篇幅进行深入的研究，确认它在其他军队中更为广泛的应用。

要评估长弓的杀伤力，必须充分认识到同时期铠甲防护的发展。事实上，对铠甲防护改革的研究是梳理武器发展进程的最好途径。不同时代的长弓在外观上大同小异，只是随着铠甲的改进，长弓的拉力也在逐步增加。我们也会看到，箭镞的样式也在不断演变，包括各种用于攻击铠甲的箭镞，还有经过硬化加工的镞尖等。当然，也有人持有不同的观点，他们认为长弓在历史上之所以成为一种标志性的武器，最重要的进步是弓箭手的招募和战术部署。

弓箭手们面对的往往是强大、令人生畏的敌人。在中世纪的战场上，最荣耀、最辉煌，可能也最强大的武士是全铠甲骑士，他们在战场上横冲直撞，所向披靡。弓箭手的任务就是阻止这些骑士，虽然他们并非稳操胜券，但是一旦成功，他们就成了传奇。

一、发展历程：长弓的起源和制造

起源与发现

作为一种狩猎武器，长弓的历史可以追溯到大约公元前 1 万年的新石器时代。最著名的一个考古发现是 1991 年在意大利阿尔卑斯山发现的石器时代猎人“奥茨”的遗骸，在其随身物品中有一张用紫杉的心材制成的长弓，经检测制作时间约为公元前 3300 年。是阿尔卑斯山极寒的气候将奥茨的弓“冰封”了起来，还有大量的长弓沉睡在泥炭沼泽或海洋淤泥中，这样无氧的特殊地质环境为弓的有机材料提供了有效的保护。

1863 年，从丹麦尼达姆沼泽地的 3 艘沉船残骸里发掘出了 40 张华丽的长弓，它们的材质有的是紫杉木，有的是冷杉木，制作时间可以追溯到 4 世纪。“尼达姆弓”[7] 保存得非常完好，目前陈列在丹麦哥本哈根国家博物馆。令人感兴趣的是，有两张弓的弓臂一端装有尖刺，一个是金属质的，另一个是骨质的，这意味着它们可以在近战时迅速转变，用作矛或梭。虽然我们对这种弓的使用情况知之甚少，但它们肯定属于早期的军用长弓。

迄今为止，陆地考古发掘尚未发现真正的中世纪长弓，但是在 16 世纪中期沉陷在索伦特海峡的战舰中，也就是国王亨利八世（1509—1547 年在位）的“玛丽·罗斯”号战舰舱室里储存有大量的长弓，为我们了解 16 世纪中叶长弓的物理形态提供了线索。1545 年，“玛丽·罗斯”号战舰被击沉，1979—1982 年，战舰的部分残骸被打捞出水，其中发掘出的 172 张长弓，有 137 张完好无损。它们是我们了解中世纪长弓最为接近的资源，使长弓的研究有了重大进展[8]。

“玛丽·罗斯弓”[9]的弓臂长度、截面形式与“尼达姆弓”非常相似，只是拉力大一些。“玛丽·罗斯弓”的截面也不尽相同，有的是平凸形（D 形），有的是椭圆形。

在几个世纪的更迭中，长弓最基本的部件——木制弓臂的变化不大。但是长弓不是个孤立的物件，作为一个发达的武器系统，长弓由几个子系统组成，包括操作手（弓箭手）、发射平台（弓）、投射平台（箭）以及战斗部（各种专用箭镞）。长弓的变化和发展具体就体现在各个子系统的变化与发展上。长弓在战场上面临的主要挑战是各种铠甲，从 13 世纪中叶开始，铠甲的防护能力得到了不断改进和提高，客观上也促进长弓的不断改进，这是长弓发展的主要动因之一。因此，在研究长弓之前，应当先了解中世纪的铠甲，搞清楚长弓需要战胜什么才能在中世纪的战场上立足。

长弓的对手：中世纪铠甲

研究长弓的作战效能必然涉及铠甲防护这个问题，虽然可能要花费不少笔墨，但是了解一些基本原理是非常必要的。

在通常的战场条件下，铠甲是抵御武器攻击的有效防护手段，否则士兵们不会花钱去购置和穿戴铠甲。在整个中世纪，大多数兵种的士兵会穿戴某种款式的铠甲，要知道，如果铠甲提供不了相应的防护，它们不会如此普及。但即便是低端廉价的铠甲，它的开销也很大，而且除了购置费用，后续的维护也需要花费时间和金钱。

铠甲会在一定程度上影响穿戴者活动的自由度，给他们造成不便。虽然各种铠甲，包括全板甲铠甲（full-plate armour），都允许穿戴者做必要的战斗动作，但是如果不穿铠甲行动肯定会更自由，感觉更舒适。铠甲的重量一直控制在人员可承受范围之内，基本上不超过 65 磅，比现代步兵的战斗负荷小得多。根据 2007 年美国海军研究咨询委员会“减轻战斗负荷”的报告，美国海军陆战队步兵的负荷参考标准为：生存负荷[10]167 磅，行军负荷[11]123 磅，战斗负荷[12]97 磅。需要注意的是，现代士兵的负荷主要集中在后背，而中世纪铠甲却将负荷分布到全身。

即便如此，铠甲的重量仍然是影响穿戴者舒适度和疲劳度的因素之一。士兵们能够容忍铠甲的固有缺点，无非是为了获得必要的防护。在温热季节，穿着铠甲非常闷热，而到了冬季，铠甲的金属又让人感到非常冰冷；铠甲内部的通风也是个很突出的问题。此外，士兵戴着头盔时，充分的防护和良好的视野就像鱼和熊掌一样难以兼得。

为了验证长弓对抗铠甲的效能，人们在户外和实验室内进行了反复的实验，结果证明，长弓射出的箭能够穿透各种铠甲。在众多的实验中，马克·斯特雷顿和英国战弓协会（EWBS）[13]的伙伴共同组织的最令人信服，相关结果刊登在《索尔》（*Soar*）2006 年年刊上（127—152 页），其中两个章节是马克·斯特雷顿亲自撰写的。实验的结果没有争议：强劲的长弓几乎能射穿立在它们面前的任何铠甲，而且穿刺的深度足以造成致命伤。这些结果证明，具有相当拉力的长弓，配以合用的箭镞，是一种令人生畏的武器。当然，弓箭穿甲能力的决定因素很多，测试场上单一的测试条件无法模拟出复杂、混乱的战场环境。

在长弓活跃于战争舞台的几个世纪中，铠甲的类型和样式变化很大，下面简要介绍长弓的一些主要对手。

盾牌

盾牌是防御弓箭的主要防护装备，它们通常为复合结构，也有一些为拼接板结构。大多数盾牌的核心是一整块木板，英国格拉斯哥博物馆“伯勒尔藏品”中有一块来自约1400年德意志地区的彩色玻璃窗画残片，上面描绘着制盾工匠正在用斧头将一块硬木加工成盾牌。为了使盾牌形成一定的弧形，木材必须进行风干处理。欧洲的杨树和椴树（lime，也称为linden，美国称为basswood）树材是最受欢迎的，两者都比较轻，切削加工也比较容易。西卡莫槭树也是比较常用的树材，虽然有点重，但是质地更硬些。

为了提高木料的密度，增强吸收冲击能量的能力，盾牌通常用多层高密度帆布加固，有的会在盾牌核心部位的两面贴一层羊皮纸。竞技盾[14]的表面通常有马赛克式角骨保护层，很多被留存至今。这种保护层在作战盾牌上也非常有效，但是存世的太少。大部分盾牌的表面蒙有皮革，也有的用生皮蒙面；背面是一层亚麻毛毡垫，不仅可以起到缓冲作用，还能增加盾牌的整体厚度，加大弓箭穿透的难度。

我不清楚长弓对正规盾牌射击的测试情况，但我相信，只要制造工艺过关，盾牌肯定能起到有效的保护作用。虽然单块盾牌不能将人员的整个身体保护起来，但是只要有盾牌挡在身体前面，就能有效遮蔽比盾牌尺寸还要大的区域，特别是头部、胸部等要害部位。集群部队在作战中往往会排列成一定的阵形，前排的士兵会举着盾牌，在头顶上倾斜出一定的角度，成为后侧部队的“保护伞”。英国编年史作家杰弗里·勒·贝克曾看到法国的骑士们在普瓦提埃之战中以密集的战斗队形进攻，“他们把盾牌拼起来保护身体，（并且）脸转向后侧以避开弓箭，敌军的弓箭手们徒劳地射空了箭筒里的箭……”[15]

硬皮甲

硬皮甲（cuir-bouilli）是经过硬化处理的皮革，是制作铠甲的材料之一。在干燥之前，它的质地比较柔软，韧性很好，适合制成不同形状的铠甲，例如手臂和腿部的护甲。硬皮甲的尺寸很大，在14世纪末期人类掌握钢铁板甲的制作技术以前，硬皮甲特别适于制作大块的圆凸形护胸甲。英文中cuirass这个单词，就是源于早期的护胸甲，是用皮革制成的。关于中世纪硬皮甲的“真实面目”，目前存在不同的意见[16]。有人认为皮革是用水煮过的，因而变得非常硬，缺点是有点脆；也有人认为硬皮甲是用热蜂蜡浸制的。不管采用的是哪种工艺，硬化的皮革都是极其坚硬的材料，制成的铠甲非常坚固。

链甲

链甲（mail）或许是中世纪最流行的金属铠甲，它的防护性和柔韧性都很好，而且比别的铠甲更容易修理和改进。各种链甲的差异很大，金属丝的粗细、金属环的直径以及金属的材质等都不太一样。有些链甲用铆钉将金属环连接起来，也有的采用铆接和固定链接隔行交替编成。惯常的编织方法是将每个金属环连接到其他 4 个金属环上，上下排各连 2 个。重型链甲采用六合一的编织法，上下排各连 3 个，金属环的密度更大。链甲抵御刀、斧等兵器的砍、劈非常有效，但在防御锥形箭镞的攻击时效果要差一些。当然，要想射穿链甲，箭的命中角要尽量接近 90 度。尽管链甲无法阻止箭的穿刺，它也能吸收掉箭的大部分冲击力量。

胸领链甲（mail standard/pizane）约制于 1350 年。这种链甲为高立领样式，可以保护颈部和咽喉。领子部分向下一直延展到肩膀下方，成为一个披肩。披肩部分的链甲编织方法是 1 环套 4 环，而衣领部分的链甲编织方法是 1 环套 6 环，密度更大一些。链甲表面黄色的金属件（铜合金）是装饰品。这件链甲就是个很好的例证，展示了如何改进链甲的形式来增强对人体要害部位的防护。胸领链甲在 14 世纪的弓箭手中非常流行，只要买得起或抢得到，他们一定会置备穿戴起来。它既不影响弓箭手开弓放箭，还能有效抵御敌方骑兵的刀剑从上向下的砍劈。（图源：大英博物馆）

织物甲

中世纪铠甲防护效能的关键是采用了多种材料的复合层状结构，最外层的皮革或金属仅是第一道防线，真正阻止箭镞刺穿的是衬在内里的织物甲（textile armour）。中世纪铠甲的衬里都是衬甲衣（aketon）或长袍式棉甲（gambeson），它们的夹层里有紧实的填充物，长度及膝，抗冲击能力很强，致密的层状结构使得一般的弓箭很难穿透。

无袖棉甲（jack）是一种短款防护棉甲，在 15 世纪的弓箭手中非常流行。有一种无袖棉甲由至少 25 层亚麻布缝制而成，通常外面还有一层鹿皮，形成一个紧致叠加的多层聚合结构。除了依靠多层结构增加防护的厚度，这种“聚合”还缩小了铠甲的整体面积，此外，将多层纤维聚合在更加密实、更加难以穿透的网格里，会使防护性能更加优良。人们认为各种织物甲的防护是非常有效的，特别是无袖棉甲和长袍式棉甲，因此很多士兵只穿这些织物甲。

意大利旅行家多米尼克·曼奇尼于 1483 年写道，“士兵们更普遍地穿着更加舒适的束腰棉甲（tunic），这种棉甲长度及腰，夹层里塞着亚麻或其他柔性材料。他们说，棉甲越软，它们抵抗弓箭穿刺和刀剑砍劈的效果越好”[17]。

板甲

板甲（plate）是在链甲和织物甲基础上的重大改进版，它将金属板铆接到皮革或亚麻层的内部，以保护身体的前部、背部和躯干两侧。在克勒西战役中，大多数铠甲精良的骑士都在链甲衣的外面套着板甲，链甲里面再穿衬甲或棉甲，形成组合式多层防护，效果非常显著。

锁子甲和无袖板甲也采用了将板甲块铆接或缝制在织物上的方法，通过小块的甲片相互叠压，提高抗打击能力。这些铠甲既保持了链甲的灵活性，又增加了板甲阻拦攻势的能力，在 15 世纪变得越来越普遍。弓箭手们特别喜欢这种铠甲，因为在当时的战场上，弓箭手的对手往往是敌方的弓箭手。

一件板甲复制品的正面。可以看到，运用这种工艺制作的板甲塑性非常好，胸部的大块板甲呈明显的圆凸形。（图源：捷克共和国麦克铠甲公司，斯坦尼斯拉夫·普罗斯克）

板甲复制品的背面。作战时，板甲通常穿在链甲和织物甲的外面。（图源：捷克共和国麦克铠甲公司，斯坦尼斯拉夫·普罗斯克）

对骑士们来说，制约他们得到更好的铠甲防护的主要因素是制造技术。由于当时锻炉技术水平有限，无法制造出大块的钢铁板甲，工匠们只能通过拼接小块的板甲来制作板甲衣（coat-of-plates）。到了14世纪末期，制造大块的钢铁板甲已经成为可能[18]，工匠们运用新的技术能够制造出整块的金属胸甲、背甲，铠甲的结构和样式迎来了重大转折。

在整体式护甲出现之前，链甲等各种铠甲都具有一定的伸展灵活度。它们虽然能够阻止武器的穿刺，但在外力冲击的作用下，铠甲会伸展和变形，导致冲击的力量显著作用到人体的软组织、内脏器官乃至骨骼。而大块塑形板甲的出现则使刚性防护成为可能，士兵的身体可以被完全保护在板甲的硬壳里。虽然它的内部仍然需要填充一些柔性材料以吸收冲击能量，但其用量比过去要少多了。

铠甲后续改进的重点是进一步提高板甲的强度。14 世纪晚期以前，中世纪铠甲几乎都是用熟铁制成，由于含碳量过低，回火锻造难以提高它们的强度。到了 15 世纪初，钢的产量提高。钢是铁的合金，含有大量的碳（约 0.5%—0.8%），可以通过热处理的方法提高硬度，促使铠甲的防护性能大幅度提高[19]。凭借这些坚固、可热处理的钢材，铠甲工匠们终于能够制造出完全防箭的甲胄（harness）。

根据 1451 年《巴黎铠甲制造商行业规章》，意大利铠甲制造商被区分为“全防”及“半防”两个级别。半防铠甲要使用杠杆弩（lever-crossbow）进行测试，而全防铠甲要用更强劲的绞盘弩（windlass crossbow）进行测试[20]。这样的测试分级方法会使骑士们对他们的装备更有信心，不过，如果所谓的防护能力存在水分，那么任何信誓旦旦的担保都是无用的安慰。

除了硬度和刚性，板甲的防护有效性也取决于它们的厚度和形状。板甲可能比人们想象的要轻、薄，因为板甲金属自身强度很大，此外，板甲的形态对其整体强度也有影响，比如弧形表面的中凹板甲比平直板甲的抗击能力强得多。保护身体不同部位的板甲厚度也是不同的，胳膊和腿上的板甲往往比较薄，而胸部、头部等要害部位的板甲要厚一些，因为这些部位如果受伤则更为致命。通常认为士兵的四肢似乎更容易受到箭伤，但其实这些部位的面积很小，形状也比较窄，在战斗中活动频繁，反而不太容易中箭。

造成箭矢偏转也许是板甲防护最重要的特性。如果箭不是以近乎垂直的角度射入，就很可能被板甲的弧形表面弹开；就算是箭射穿了板甲，它的冲击力也会因为角度偏转而大大减弱。

欧洲西北部地区的锁子甲由英格兰利兹市的皇家兵工厂制作于 1540—1550 年。它和中世纪锁子甲基本没有差别：小小的甲片层层重叠，拼接紧密，易于裁剪和量身定制，使穿戴者活动更加舒适，特别是肩膀和腋窝四周没有什么拘束。除了金属板甲片，大量的铆钉和多层的织物也能发挥防护作用，提高铠甲的整体防护效能。“brigand”的原意为徒步作战的士兵，锁子甲（brigandine）这个词就由其衍生而来，因为此类部队普遍使用这种铠甲。（图源：英国皇家军械博物馆）

桶盔（great helm）[21]，制于 1350 年。尽管在 1346 年的克勒西战役中，早期的覆面盔（visored helm）已经出现。但在这个时期，更多的英格兰和法国骑士选择戴这种桶盔。桶盔的里面通常还有一顶无面罩的轻盔（bascinet），能为头部提供双层金属防护。不过，桶盔的通风确实是一个大问题，在令人窒息的激战中，一些骑士更倾向于依赖盾牌的防护，而只戴无面罩的轻盔。因此在编年史中，参战人员面部中箭的事例很多。轻盔下部有延展的护颈链甲（aventail），可以保护喉咙、脖子和肩膀。如图所示，桶盔的下沿也装有护颈链甲，能为脆弱的颈部再增加一层链甲防护。（图源：德国纽伦堡国家博物馆 / 布里奇曼图片社）

表面偏转角度很大的覆面轻盔（visored bascinet）[22] 于 1370 年前后出现，在 1415 年阿金库尔战役中已成为典型。不难看出，覆面轻盔比桶盔有了重大的改进，它的独特设计为那些在箭雨中奋勇前进的士兵提供了最佳的防护。又尖又长的“猪嘴”面甲（snout）不仅会使射来的箭矢偏转，而且可以使视窗缝的位置距离眼睛更远。就算又长又细的锥形箭镞射中了狭窄的视窗缝，也会被缝隙卡住而无法刺到眼睛。当然，如果真的发生这一幕，一定惊悚不已。视窗缝所处的位置会阻碍佩戴者观察外围的情况，所以在“猪嘴”面甲的下方还有两个辅助视窗，以便佩戴者骑马或是步行能看到下方的地形。（图源：伦敦华莱士收藏馆 / 布里奇曼图片社）

马铠

马匹在战场上极易受伤，但也并非完全没有防护，它们也有自己的铠甲——马铠（horse-armour）。在中世纪初期，马铠的样式主要是织物甲、皮甲和链甲，到了 15 世纪末期，部分马匹开始配备板甲[23]。如今，这些易腐烂和可循环的材料只剩下了一些碎片，而且由于马铠的外面常罩有马衣，在历史画作中也很难见到马铠的细节。但是马铠确实存在，早在 13 世纪爱德华一世发起的战争中就有记载：如果侍从骑的战马有马铠，每天的薪酬为 1 先令（旧币），如果没有马铠，每天的薪酬只有 8 便士（旧币）[24]。

在克勒西战役中，法国国王腓力六世的两匹战马先后阵亡[25]。从当时的战场情况推断，腓力的坐骑是被英格兰的弓箭手射杀的。可见，什么样的铠甲都有被攻破的可能，即使是全身披挂铠甲的国王战马也不例外。从技术角度上讲，为马匹打造全套的防护铠甲是可行的，所以如果你觉得中世纪骑兵都不堪一击就大错特错了。当然，由于马的体形较大，马铠的造价非常高昂，如果备用的马匹也要配备类似的马铠，总的花费将非常惊人，因此马铠的防护程度及质量可能会有所不同。此外，大多数骑士的战

一枚象牙材质的棋子，造型是一匹披挂全套马铠的英格兰战马，制作时间约为 1350 年至 1375 年。（图源：菲弗基金，1968 年，纽约大都会艺术博物馆）

马全身会披挂一种保护性的“马衣”。

纽约大都会艺术博物馆收藏有一枚国际象棋棋子，制作时间大约为英法百年战争早期，完整展现了一套链甲马衣的造型。链甲外吊挂有大块的板甲，鉴于当时的技术无法造出这种大尺寸的金属板甲，所以推测它们应该不是钢铁材质，而很可能是当时常见的硬皮甲。和骑士的铠甲一样，马铠的下层应该也会衬有织物甲。马鞍的后侧部位面积很大，很容易中箭，在近战中也容易被刀剑砍伤，这里看起来似乎是有一种特别厚的圆拱形织物甲覆盖在马背上。马盔（shaffron）应该是用硬皮甲做的，它与马的头部轮廓非常贴合，能将马的整个头部，包括耳朵都包裹起来。

中世纪时期，战场上的各类人员和战马在铠甲的质量、配备比例方面有很大的差别，但测试长弓的威力也就等同于测试铠甲的有效性，究竟是铠甲厉害还是弓箭更厉害，其实是对立统一的。后文中，我将在适当的时候介绍这些测试，当下，我们将继续谈一谈本书的核心主题——弓。

弓的制造

弓能不能正常弯曲，会不会折断，全凭制弓匠一双敏锐的眼睛，他们通过木材的纹理就能进行准确的判读。鉴于弓的制造过程需要充足的光线，爱德华三世曾于 1371 年下令：“从今以后，禁止所有的伦敦制弓匠在夜间工作，否则将被罚款……每次违规罚款半马克。”[26] 该法令也同样禁止制箭工在日落后工作。[27] 这种法规告诉我们，对于大规模订购弓箭的军队来说，如果供应商提供的是劣质产品，后果将相当严重。1399 年，一个叫汤姆・科顿的人被任命为国王御用制弓匠，专门负责监察提供给伦敦塔军械库的弓箭质量。[28]

制弓木材

紫杉木一直是制造长弓的传统首选木材，其中欧洲南部特别是意大利的紫杉木材质最好。1471 年，时值约克家族爱德华四世（1461—1470 年，1471—1483 年在位）在位，英格兰对从意大利进口的每一“桶”[29] 货物征收4根紫杉木的关税[30]。1483年爱德华四世去世后，他的弟弟理查三世（1483—1485年在位）继位，关税标准改为每进口一桶马姆齐甜酒[31]征收10根杉木。[32]

各种成品木制弓也被英格兰视为国家的重要资源，一边积极进口，同时严格限制出口。在爱德华三世统治末期，南安普敦海关曾于1371年根据“弓箭不得出境”的皇家禁制令扣留了300张弓[33]。1372年，负责办理教皇特使使团出境手续的多佛尔海关收到命令：“他们（使团）及其随员只允许携带两三张弓和几捆箭，不得携带更多，也不得携带任何铠甲以及超过合理开支的金银块、金银条、金银盘或铸造钱币……”[34]

光榆[35]是另一种常见的制弓木材。威尔士著名牧师和编年史作家吉拉杜斯·坎布里斯（1146—1223，又名威尔士的杰拉尔德）曾写道，1188年他在威尔士旅行时遇到了一些弓箭手，他们的弓是用榆木做的[36]。海军上将托马斯·霍华德勋爵称“玛丽·罗斯”号战舰1513年接收的一部分弓存在缺陷，还抱怨说用光榆木做的弓“弯不了几次”[37]。据《安东尼档案》[38]（*Anthony Roll*）记录，该舰在1546年配备有250张“紫杉弓”，但是没有提到用其他木材制成的弓[39]。将史料记载和上将的评说结合起来，可能会让人觉得除了紫杉木，其他木材都不是制造弓的合适木材。然而，在都铎王朝（Tudor）舰队早期的军备库存清单中，确实记录有其他材质的弓，包括榆木弓[40]。

紫杉木无疑是当时最受欢迎的制弓材料，海军上将对光榆木弓存在不满，可能只是因为某个供应商提供了劣质产品。而我和许多用过光榆木弓的弓箭爱好者交流过，他们普遍称赞光榆木也是一种很不错的制弓材料。这样就让人比较欣慰了，因为对于中世纪的弓箭手们来说，弓的好坏关乎他们的性命，而中世纪的长弓确实也是由各种不同的木材制成的。

虽然意大利紫杉和葡萄牙紫杉在制弓业最受欢迎，但很多国家与波兰港口城市格但斯克的（木材）贸易在14世纪也很活跃。波兰紫杉生长在地势低洼、气候潮湿寒冷之地，材质比不上在温暖环境中生长的阿尔卑斯山紫杉，因此价格相对便宜一些。出于购买力等原因，波兰紫杉木的出口数量激增，最终导致波兰的紫杉林遭到严重破坏，波兰国王拉迪劳斯·亚吉耶洛（1386—1434 年在位）不得不于 1423 年发布禁令，禁止出口紫杉[41]。

风干的意大利紫杉木横截面，它的奶油色外缘和深色心材浑然一体，纹理清晰细密，大小规则，这些都使得它成为重拉力弓的理想材料。紫杉树，也就是欧洲红豆杉，分布在欧洲各地。意大利阿尔卑斯山脉的紫杉生长条件最好，西班牙和葡萄牙的紫杉品质也很不错。在茂密的林中，紫杉树为了获得更多的光照往往长得又高又直，而在高山或相对贫瘠的沙质土壤中，树木则生长缓慢。在恒定气候条件下缓慢生长的树木材质密度大、纹理精细，能够储存更多的能量。一些现代制弓匠认为，意大利的紫杉木在加工时像塑料一样，比英格兰或威尔士紫杉更耐变形。这样的特性决定了它能更好地承受弯曲时的形变，不易断裂，从而成为最受推崇的重拉力弓制作材料。（图源：制弓师马根·克罗朴）

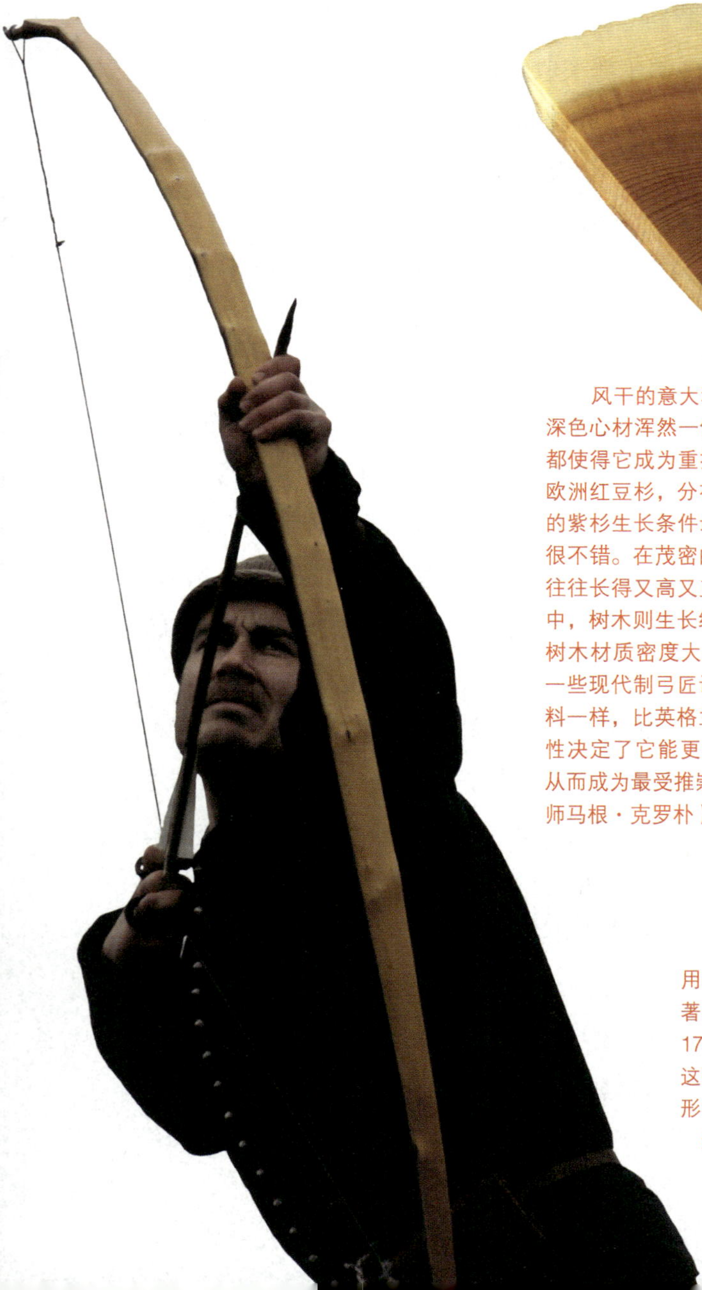

英国战弓协会会员乔·吉布斯正在用一张意大利紫杉木弓射箭。这张弓由著名制弓师伊恩·库特制造，拉力约为 170 磅。从弓臂的弯曲程度能够看出，这张弓的威力惊人。吉布斯的身高和体形相对适中，体格非常强壮，但要驾驭这种重拉力弓，关键是要靠训练和技巧。（图源：麦克·洛兹）

这 6 张长弓均由制弓师乔·吉布斯制作，用料与中世纪制弓材料一致。从左至右依次是（括号内为拉力磅数和相应的拉距）：英格兰紫杉弓（118 磅，32 英寸）、李木弓（100 磅，32 英寸）、楼木弓（130 磅，32 英寸）、榛木弓（160 磅，32 英寸）、光榆木弓（160 磅，32 英寸）、冬青木弓（经热处理，130 磅，32 英寸）。（图源：麦克·洛兹）

英国战弓协会的伊恩·库特在演示中世纪弓箭手长拉距引弦开弓的动作。威斯敏斯特箭（Westminster arrow）是目前唯一完好存世的中世纪箭，全长 30.5 英寸。但是像伊恩·库特这样的高个子弓箭手，需要使用长度约 32 英寸的箭。中世纪的弓箭手比现代弓箭手射箭时的拉距要长，正如莎士比亚在诗里写的那样：“用力拉啊，弓箭手们，把你们的箭拉到头这边！”[42] 这是个充满活力的动作，要求弓能弯到这个程度。（图源：麦克·洛兹）

据 15 世纪波兰编年史作家约翰·德鲁戈斯记载，1421 年，也就是波兰紫杉木出口禁令颁布的两年前，英格兰公使吉尔伯特·德·洛诺伊代表英王亨利五世（1413—1422 年在位）将两张英格兰长弓“杜布兹英格兰国教大弓”（Duobuz Anglicis arcubus）赠送给了波兰国王亚吉耶洛 [43]。虽然亨利五世的礼物还包括很多珠宝和一顶镶有黄金饰品的头盔等，但是可以看出，长弓是英格兰皇家贵族拿得出手的体面礼物。当然，这件事也表明波兰紫杉木对亨利国王的整军备战非常重要。

长弓的拉力

从索伦特海峡的泥淖中发掘出第一张“玛丽·罗斯弓”开始，对中世纪长弓的拉力问题一直存在激烈的争论。弓臂的粗细虽然不是衡量拉力的绝对指标，但“玛丽·罗斯弓”的弓臂的确格外粗壮，它们的拉力可能远远超过人们之前的想象。我曾见过 100 磅拉力的弓比一些 80 磅拉力的弓的弓臂还要细一些，说明弓的拉力很大程度上取决于弓臂材质。不过，“玛丽·罗斯弓”是怪兽级的，弓臂粗得惊人。

大多数现代休闲弓箭手使用的弓的拉力为 30—40 磅，狩猎弓箭手则发现，要杀死鹿这样的大型动物，弓的拉力至少要达到 70 磅。人们过去认为拉力 90 磅的弓已是非同一般，只有少数人才能驾驭，如今情况已经发生了很大变化。90 磅的拉力在现代战弓爱好者的眼里只是低端水平，越来越多的人能轻松地拉开拉力 100 磅以上的弓，还有少数人能用拉力 150 磅以上的弓。英国战弓协会会员乔·吉布斯曾拉开 214 磅拉力的弓，拉距为 30 英寸[44]，他还能用 190 磅拉力的长弓实施连续射击。毫无疑问，肯定有人能驾驭拉力异常大的弓，而且弓的拉力越大，射出的箭的冲击力越大，这在军事上具有非常积极的意义。但我个人认为，没有太多的人会相信拉力最重的弓有什么实战运用价值。

1355 年，也就是普瓦提埃之战的前一年，来自英格兰柴郡的弓箭手日薪为 6 便士，其他地区来的弓箭手为 3 便士[45]。这很可能是普通弓箭手和神射手之间的待遇差别，因为人们自然地认为，拿高薪的弓箭手应该使用更强的弓。但在战斗中，他们也要能快速而持续地射击。当敌人向你步步逼近时，重要的可不仅是你的弓有多大拉力，你能在短时间内射出多少箭也同样重要。

14 世纪中叶至 15 世纪中叶，铠甲抵御弓箭射击的能力大幅提高，我们可以推断，为了争夺装备性能的优势，弓的平均拉力肯定也在逐步增加。当然，仁者见仁，智者见智。我个人认为，在英法百年战争初期，战弓的拉力为 90—120 磅，到了 16 世纪，战弓的拉力增至 100—140 磅，而大多数弓的拉力处于这些数值的低端。

如今，很多人能使用拉力达 170 磅的弓，可是这并不意味着这个拉力数值适于实战，它只能让人相信，具备这种能力的弓箭手，肯定能用 120

磅甚至 140 磅拉力的弓进行连续速射。这种弓箭手是屈指可数的精英，大多数弓箭手的能力应当是使用拉力 100 磅左右的弓。我不怀疑供超级弓箭手使用的超重拉力弓的存在，也不怀疑这种弓可能用于攻城战或海上作战，我所质疑的是，拉力超过 140 磅的弓是否适用于陆地野战。

实际上，使用 100 磅拉力的弓射箭也很了不起。在实战中，弓箭手们的效率十分惊人。不过，使用大拉力弓高速射箭，他们体内的乳酸很快就会累积起来，面对你死我活的战斗，他们必须克服剧烈的酸痛，咬着牙把一支支箭源源不断地射向敌人。

长弓箭的制造

箭的供应和需求

一位佚名的编年史作者在《亨利五世的伟大胜利》（*The Deeds of Henry V*）中这样写道："然后，战斗进行到最激烈的时刻，我们的弓箭手将一支支利箭不停地射向敌人的侧翼。箭矢耗尽后，他们就操起斧子、木桩和剑继续战斗。"他描写的是 1415 年阿金库尔战役中，英格兰弓箭手的箭全都消耗完了的情景[46]。有时个别编年史作家的称述可能无确凿的证据，阅读时需要谨慎对待，但是作战中向侧翼部队补充箭矢比向正面部队补充难度要大这个情况应当属实。在这里，这位编年史作家提到了一个至关重要的问题——箭矢的供应是军用弓箭发挥效能的关键！

1359 年和 1360 年，伦敦塔军械库分别接收了 85 万和 50 万支箭，库存箭数量显著提高[47]。1417 年，即阿金库尔战役两年后，国家命令从每只鹅身上收取 6 根羽毛。到 1418 年，各郡受命向伦敦塔军械库提供了 119 万根鹅羽[48]。但伦敦塔军械库并不是唯一的接收点，在 1346 年克勒西战役之前，布里斯托尔军械库共接收了 1.1 万支箭[49]，所以我们推测，其他地区的军械库应当也有相近的储存量。一些零星的统计数据表明，在每次战役的前后，箭的供给量都有相当大的提升。

除了箭的生产供应能力，战场武器的供应问题还受后勤、船只和运输

箭的制造

制作箭杆最常用的木材是白杨、梣木和桦木。制箭第一步，是把风干的木板劈成细长的方木坯（图1），然后放在切削台（图2）上准备加工。切削台上有圆形的凹槽，将方木坯放入其中，一边旋转，一边用木工刨将方木坯的边角切掉，箭尾的搭弦槽部位（也称箭扣）要削成向尾部逐渐变细的锥形，使其具有良好的气动外形。

接下来，使用装有环形刀片的精加工木工刨（图3），将毛坯削成圆柱形的箭杆。切削时，毛坯仍然在切削台的凹槽内旋转（图4）。制作过程中，可以使用量规（图5）检查每支箭杆的直径是否相同，若箭杆有些弯曲，可以用火加热后，用这个装置将其拉直。箭杆的硬度由制箭工手动弯曲测量，同一捆箭要有相同的硬度，以供同一拉力级别的弓使用。

下一步，用砂岩石或角鲨皮等研磨材料将箭杆毛坯抛光（图6）。锥形箭尾部位刷油后锯开一个小槽（图7），将一小块牛角片或鹿角片

1

2

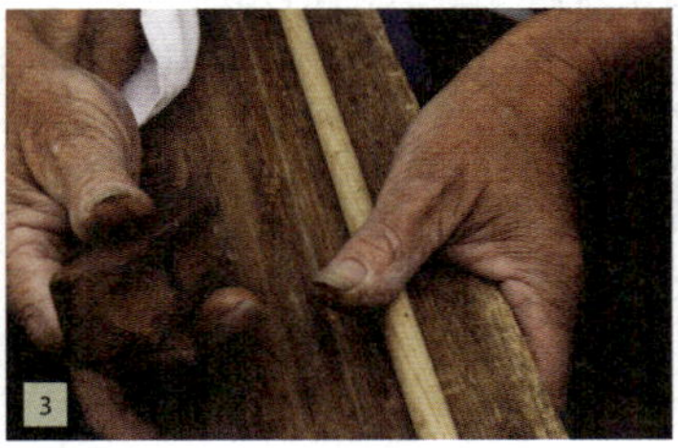
3

4

5

6

7

8

9

10

11

12

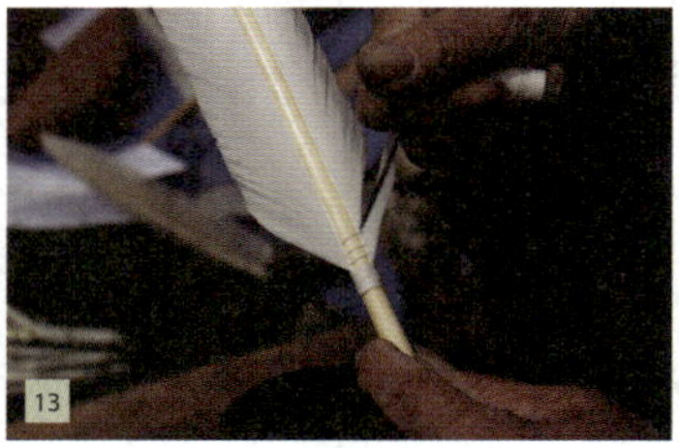
13

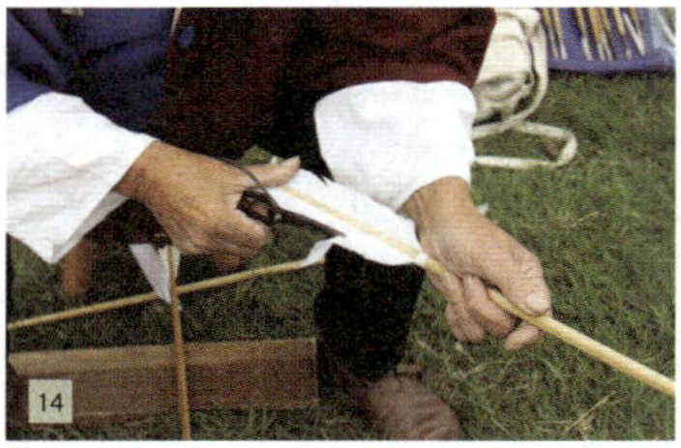
14

15

16

17

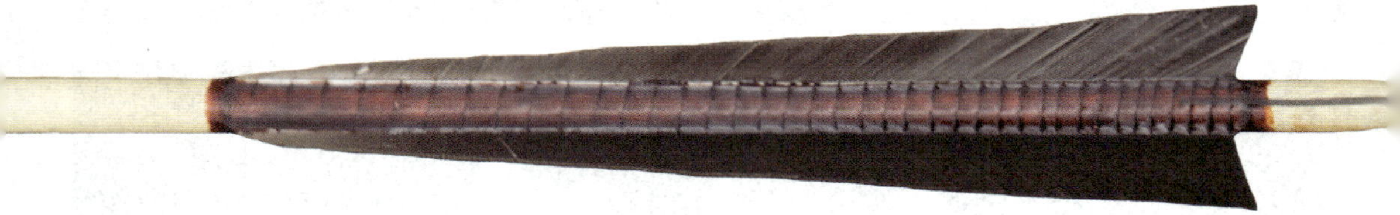

插入槽内进行加固（图 8），防止箭尾在弓弦的压力下破裂。然后用锉从垂直方向锉削箭尾（图 9），将它的末端锉削成圆形。

用于制作箭羽的羽毛是从大羽的翎毛上切削下来的一部分，很薄且富有弹性（图 10），鹅、天鹅或孔雀毛是寻常的首选材料。箭羽要用刀刮得光滑均匀（图 11），而后涂上一层在熔胶锅里加热好的兔皮胶（图 12），粘贴时，箭羽要与箭杆的方向一致，这就全凭制箭工的眼光了。虽说这种胶足以将箭羽固定在相应的位置上，但它还不够结实，也不耐久，还要在箭羽上用亚麻绳或丝线进行加固。

箭羽装好后，要用锥子梳理羽毛（图 13），然后用剪裁机或剪刀将其修剪成形（图 14），也可以用热刀片将羽边烫直。箭杆的头部要用刀（图 15）切削，之后将烧得红热的箭镞安装上去，这样箭镞与箭杆的结合会非常紧密。

箭制造好以后，要给箭羽的间隙涂抹驱虫药物，然后装进大桶送至伦敦塔等大型军械库（图 16）。如果不做防虫处理，羽螨可以在短时间内摧毁大量的库存箭。对“玛丽·罗斯”号战舰发掘出的箭进行检测发现，粘贴箭羽使用的胶水含有蜂蜡和硫酸铜混合物，铜元素可能来自铜制的熔胶锅，它将箭尾的捆扎线染成了绿色，但目前尚不清楚这种元素是不是有意添加的，用途也不明确。

著名的“威斯敏斯特箭”是在威斯敏斯特大教堂亨利五世祁拜堂的椽子上发现的。英国战弓协会的马克·斯特雷顿仿制了一支（图 17）。据信，威斯敏斯特箭制造于 1437 年以前，是唯一留存于世的中世纪箭，箭杆上残留的化合物不是绿色而是淡红色。在当年的画作中，还可以看到其他颜色的箭，极可能是制箭工们使用了不同的防虫制剂，他们都有各自偏爱的配方。总的来看，中世纪作战用箭的制造是一项极其复杂和艰巨的任务，防虫处理只是诸多工序之一。

车辆等因素影响。据了解，亨利八世在1513年的战役中共筹备使用了24万支箭，需要26辆四轮马车才能装完[50]。在1346年的克勒西战役中，爱德华三世麾下有大约7500名弓箭手[51]，这么大规模的弓箭手部队可能需要100万—200万支箭，估计需要一长串马车来运输。

箭的成本

中世纪轻型武器的抛射式弹药中，长弓的箭可能是最昂贵的。在统计箭的数量时，常以“捆”为计算单位，每捆有24支箭。不同时期的法令都要求弓箭手在被征召服役时，要携带一捆箭和自己的弓作为参战装备。一捆箭的价格在1356年为16便士，100个箭镞就要2先令6便士，可能还有一些额外的花费[52]。在当时，虽然精锐部队和骑兵弓箭手的薪水高一些，但是大多数普通弓箭手的日薪仅为3便士[53]，那么一捆箭的成本就相当于一个人5天的薪水。每个弓箭手在征召入伍时需要带来一捆箭的规定，不仅对整个军械准备做出了有益的贡献，而且会让弓箭手们更加在乎自己射出去的箭能获得什么战果。战斗结束后，还会促使他们尽力从战场上回收一些能修复的箭。

制箭木材

罗杰·阿斯坎姆是爱德华六世（1547—1553年在位）和伊丽莎白一世（1558—1603年在位）的拉丁语老师和弓箭教练，他于1545年撰写了世界上第一本英文弓箭书籍——《弓箭爱好者》(*Toxophilus*)。直到今天，这本书仍是箭术操作的规范图书，具有很强的实践指导意义。在书中，他力劝人们使用梣木制作箭杆，称梣木箭“速度最快，质量大，打击力超强，是白杨木箭比不了的”[54]。他很清楚一个原理，即箭的打击力由其重量和速度决定，所以他对当时人们普遍使用重量轻、材质差的白杨木造箭感到痛惜。据鉴定，“玛丽·罗斯”号战舰的残骸中发掘出的2600支箭，有77%为白杨木材质，剩余的用其他9种木材制成[55]。

白杨木在15世纪是首选的制箭木材，1416年，亨利五世曾下令白杨木只准用于制箭[56]，同时禁止使用白杨木制作木屐[57]，可见天下闻名的亨利五世弓箭大军有多么依赖白杨木箭。这项法令的序文是这么说的：

> 伦敦和其他地方的制箭工们过去和现在一直使用白杨木制箭，不用其他种类的木材……而木屐制造商也在使用同样的木材，国内的白杨木材要不了多久就要被他们消耗殆尽了，这会对弓箭生产造成巨大而持久的损害。[58]

如果有木屐制造商违反国王的法令，将被处以100先令的巨额罚款。这项法令揭示，制箭材料可能已经存在短缺，也从侧面验证了军队在战后可能会从战场上回收一些用过的残损箭支进行修复再利用。

破损箭的修理再生

很难推测在一场战斗结束后，获胜的一方能从战场上回收多少可资利用的箭。落在地上的箭很容易被人和马踩坏，从阵亡者的尸体里拔出来的箭也容易折断。根据箭的受损部位，一部分箭确有修复的价值，阿斯坎姆曾提道，“用苏木、冬青或其他结实的木材修补箭杆”[59]。这是个精细活[60]，需要用鱼尾骨接续箭杆，不太可能在野战营地里进行。阿斯坎姆所说的用印度苏木等外来木材修补箭杆，指的应当是一些特制、高档次的箭，修补

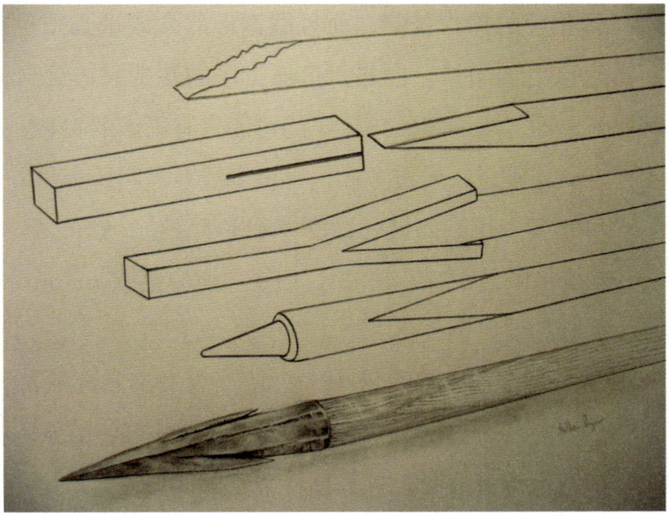

拼接修理箭的步骤：先将箭杆折断部位削成楔形，楔入锯有开缝的新木坯中，用胶将两部分粘在一起，而后将拼接的部分修刮成与箭杆相同的形状和尺寸，再把前端削好，就可以装上箭镞了。（图源：马修·瑞恩）

普通的箭很可能用与原来相同的材料即可。在战后，回收遗留、残损的箭支，包括头部折断的箭，肯定有很大的好处。当然，这些箭更可能是交由制箭作坊进行专业性修复，然后再交付部队使用。

15 世纪晚期英格兰玫瑰战争爆发时，双方参战的弓箭手规模都很大，可能都从战场上收集了不少完好的敌方箭支，但是克勒西、普瓦提埃和阿金库尔等战役却没有这样的机会。对于编有大量弓箭手的军队来说，箭的供应仍是至关重要的现实问题。

箭镞的制造

尽管禁止制弓匠在天黑后工作，但是鉴于数量庞大的箭镞需求，制箭铁匠们不得不傍着烛光和炉火日夜不停地辛勤劳作。箭镞的类型有很多种，品质也不一样，它们和铠甲一样，并没有统一的标准。

硬化箭镞

1356 年，爱德华三世订购了 24 万支“好”箭和 2.4 万支“最好的”箭，两者的差别在于，“最好的”箭“箭镞坚硬，锻造精良”[61]。钢铁（包括低碳钢）的物理特性可以通过淬火改变，在烧得红热时浸入液体急速冷却，能提高其硬度。这道工序增加了箭镞的制作时间，制箭铁匠也必须具备相应的操作技能，而且锻钢坯的含碳量必须足够才行，所以硬化的箭镞应该更加昂贵。但是，这道工序的花费只占到合同的 10%，所以经过“钢化”，即“表面渗碳淬火”的可能只有箭镞的尖端，仅重新加热箭镞的尖端并淬火。不过，经过考察，有很多线索表明还有另外一道工序。

1405 年，亨利四世（1399—1413 年在位）颁布了一项法令，谴责一些制箭铁匠提供的箭镞“有缺陷”，命令“所有箭镞……从今以后……要水煮或加热，箭镞尖要用钢硬化”[62]。“水煮”可能在当时是“淬火”的另一种说法，当炽热的箭镞浸入淬火液中，会使淬火液沸腾释放蒸汽。它也可能指的是“回火”过程，这是箭镞硬化的必要一步，可使箭镞不会太脆。现代军械工人制造钢板弹簧的回火方法是将金属部件浸入盐溶液中加热到恒定温度。可以相信，当年制造箭镞时应当也采取了类似的工序，用的也许是动物油脂。

“Brazing”一词可能是“加热”的意思，就像“放在火盆上”一样，或者可能是现在术语“铜焊”（braze）的意思，用黄铜焊料把两块金属焊接在一起。在克勒西战役和陶顿战役（1461）的战场遗址上，都发现了带有铜焊痕迹的箭镞。有一种解释是，当年钢比铁贵好几倍，把钢质箭尖焊接到铁质的箭镞插套上比较省钱。但是，这种连接通过锻焊也可以实现。焊接这么小的部件无疑需要很高的技术水平，而制箭师赫克托·科尔告诉我，他经过对比尝试发现，锻焊比铜焊速度更快。在考古发掘中，出土的锻焊箭镞数量比铜焊箭镞要多得多。铜焊的优点可能是给检查人员留下了加工过程的证据，但并不能保证使用的是钢材。

不管在解读箭镞制造方法上存在什么问题，硬化钢质镞尖的箭镞确实受到了广泛的重视。随着时间的推移，钢质箭镞的比例大幅上升。硬化钢质箭镞可能比它们要攻击的铠甲硬度还高，穿透铠甲的把握更大。但是，贯穿铠甲并非唯一有效的作战手段。刀、剑也能有效地攻击铠甲，它们主要通过大力地砍、刺给敌人的身体造成钝性损伤，而不是指望一定要捅破或划开敌人的铠甲。有硬化镞尖的箭镞具有更大的潜力刺穿铠甲、传递冲击力，就算不能穿透铠甲，其杀伤力也足以证明其额外成本是值得的。有两种箭镞是专为攻击板甲设计的，它们是“短锥形箭镞”（short bodkin）和“重型锥形作战箭镞”（heavy war bodkin）。

上图为陶顿战役遗址出土的箭镞复制品。该箭镞为铜制，锋利的箭刃一直延伸到箭镞的插口。箭镞表面可以看到有一些飞溅的材料痕迹，这是因为在同时锻造多个箭镞时，会有多余的材料渗出物在火焰中飞溅。（图源：马修·瑞恩，箭镞由赫克托·科尔制作）

火弓箭

在中世纪，骑兵突袭（*chevauchée*，袭扰乡村）和攻城战远比对阵战频繁，火弓箭（incendiary arrow）在这两种作战样式中尤为出色，同时也是海上作战的骨干装备。火弓箭的样式有很多种，最常见的是笼式和袋式。笼式火弓箭容易出现飞行中火焰熄灭的问题，而袋式火弓箭有了很大的改进。在“玛丽·罗斯”号战舰残骸中发现了袋式火弓箭，它的前端装有一个超长的锥形箭镞，镞尖长达 9 英寸，可以防止箭杆被引燃。燃烧物则用亚麻布包裹成香肠样式，穿在箭镞上。燃烧物的配方有很多种，《烟火指南》（*Das Feuerwerkbuch*，撰写于 1400 年前后）一书中提到一种配方，“取三磅硝石、一磅硫黄和半磅木炭，将它们拌匀成混合的粉末，倒入少许白兰地酒拌成糊状……将糊状燃烧物装进袋子……最后在袋子表面涂上硫黄或树脂封装起来”[63]。

这种配方实际上就是火药和酒精的混合物！火药只有装在封闭的空间里被点燃才会爆炸，否则它只会快速燃烧。根据不同的用途，炭、硝石和硫的配比有所不同，白兰地酒的作用是使粉末变成糊状而不影响其可燃性，袋子表面涂上树脂则可以阻止燃烧物挥发，同时便于储存，树脂本身也是可燃材料。我按照上述配方进行了实验发现，飞行中火弓箭的火焰看似熄灭了，但其实它的燃烧物还有足够的热量和火花，当击中目标（木制的船体或粮仓等）后能够重新引燃。马克·斯特雷顿试射了类似配方的火弓箭，他使用了拉力为 140 磅的弓发射，命中 200 码外的目标后成功将其点燃[64]。这实在是一种射程可观、令人生畏的武器。

（A）笼式火弓箭。在野外，笼式火弓箭制备最为简便，它是将一捻羊毛、大麻或亚麻用易燃化合物浸透塞进箭镞的笼架内。点火芯可能是用易燃化合物制备好的，也可能是在现场浸泡。弓箭手可以把点火芯和易燃化合物装在小袋子里随身携带，必要时还可带另一袋“推装式”火弓箭笼架，这样箭筒里装的普通箭就可以快速改装成火弓箭。（图源：马克·斯特雷顿）

A

（B）袋式火弓箭。袋式火弓箭更为可靠，但是需要更多的预先准备，所以通常在战前已经制备完毕。图片展示了制作袋式火弓箭的第一个步骤，装有易燃物的布袋已经安装到了加长的锥形箭镞上。（图源：马克·斯特雷顿）

B

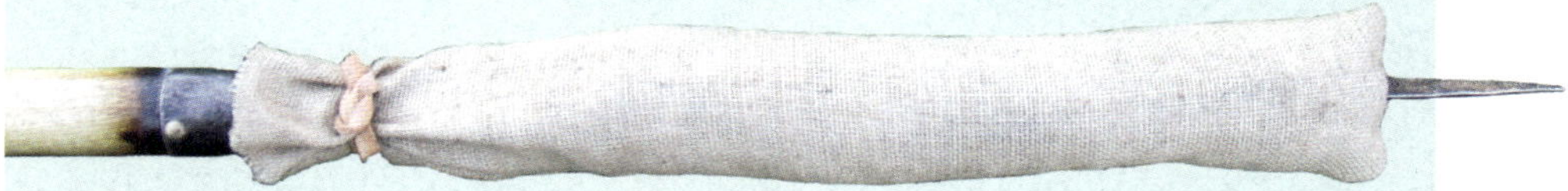

（C）涂好树脂的袋式火弓箭。制作袋式火弓箭的第二步是用树脂密封。树脂本身也是易燃物质，它将袋子内部易燃的膏状燃烧物密封起来，防止燃烧物脱水，否则在飞行中燃烧物会像灰烬一样飞散。而树脂可使燃烧物聚在一起顺利完成飞行过程，还能使命中目标后的燃烧威力更大。（图源：马克·斯特雷顿）

C

（D）马克·斯特雷顿正在发射火弓箭。中世纪的船舶用木头和帆布制造，城镇建筑物、粮仓和仓库的建筑材料也多为木头和茅草，火灾对它们的破坏非常严重。因此，燃烧武器在中世纪战争中的运用非常广泛，配备火弓箭的弓箭手能够在相对安全的距离向敌方发起火攻，是一种有效的作战方式。（图源：马克·斯特雷顿）

克勒西战役遗址上发现的一枚短锥形箭镞，表面有铜焊痕迹。它原本是由一名警官在 20 世纪 60 年代发现的，70 年代他用其和克勒西村的村长交换了一些古董炮弹，后者又将其送给了它现在的主人。（图源：克里斯·道森，私人藏品）

攻击织物甲

织物甲通常是板甲或链甲的衬里，有些士兵只穿着织物甲。如果想射穿这种铠甲，需要使用不同的箭镞。适合穿透织物甲的箭镞主要是“刀头 / 阔头形”和“针锥形”两种箭镞，还有一种是伦敦博物馆分类学定义的“16 型”箭镞，它兼具锥形箭镞和阔头箭镞的一些特征，箭镞有倒刺，射中身体后不易拔出。在狩猎领域，带倒刺的阔头箭镞有很多种，在中世纪战争的手稿画作中也比较常见。它们对金属铠甲基本不起作用，但是对付织物甲或没有护甲的马匹非常有效。至于针锥形箭镞，链甲和织物甲都难以抵挡。

针锥形箭镞碰到高质量的板甲时表面会卷曲，短锥形箭镞无法穿透多层的亚麻布护甲，而能穿透织物甲的阔头箭又无法穿透链甲，没有哪一种箭镞是万能的。各种箭镞的出现都是出于某种目的，也就是说，不同的箭镞是由不同的目标催生的。

战场上箭镞的选择

战场上到底会发生什么？弓箭手会不会像高尔夫球手那样，根据不同的目标选用不同的箭？他在对付板甲骑士时会不会使用短锥形箭镞，射击披挂有链甲和织物甲马铠的马匹时会不会换用针锥形箭镞？他有没有备用阔头箭，随时准备对付没有护甲的马和穿着棉甲的敌人呢？

上述想法我认为都是可能的，在历史画作中常能看到弓箭手作战时把箭摆在地上，现在看来这不是随意之为。把箭摆得一目了然，便于弓箭手

重型锥形作战箭镞。这种粗壮的箭镞是短锥形箭镞的加粗版，主要用于攻击板甲。它的头部有 4 个斜面，斜面相接处形成了弧形的坚硬脊边，可防止命中目标时发生偏转。军备库存单和采购订单上通常称它们为“quarrel”，这个词在传统上被认为是弩专用的方镞箭，但是由于“quarrel”的本意是“方形”，而方镞箭的横截面也是方形，外观也很相似，所以“quarrel”这个词可能不仅限于方镞箭。除非明确指出是“弩专用的方镞箭”，否则“quarrel”这个词泛指四面体军用箭镞，弩或长弓都可以使用。（图源：马修·瑞恩，箭镞由赫克托·科尔制作）

A

B

（A）威斯敏斯特 16 型箭镞（Westminster Type 16）：如果考古发掘的箭镞数量信息可靠（尚不确定），这可能是中世纪战争中使用最广泛的箭镞。它有细长的尖锥、阔头箭式的箭刃和倒钩。这个仿制品的原型是在威斯敏斯特大教堂发现的中世纪箭镞，是目前存世的唯一完整的中世纪箭。（图源：马修·瑞恩，箭镞由赫克托·科尔制作）

（B）燕尾式箭镞（swallowtail）：这是一种典型的阔头箭镞，箭刃和倒钩很大，狩猎时使用可使动物流血不止，逐渐衰弱，还会留下便于追踪的血迹。而锥形箭镞只有射中要害部位时才有效，因为它的箭杆会堵住伤口，无法造成大量失血。由于材料和劳动力成本等原因，阔头箭镞要比锥形箭镞昂贵得多，使用前还要进一步准备，把箭刃磨得像刀刃一样锋利。锋利的阔头箭镞具有切割皮革和纺织品的能力，攻击铠甲防护不足的马匹也非常有效，但是攻击链甲和板甲不是它的长项。（图源：马修·瑞恩，箭镞由赫克托·科尔制作）

C

D

（C）展翼燕尾式箭镞（swept-out swallowtail）：这种阔头箭镞的箭刃向外展开，远离箭镞座管，倒钩的效果更好，箭命中身体后更难拔出来。在中世纪的战争记叙中，这种阔头箭镞很常见，但是它们的使用范围和数量尚不清楚。有人认为艺术家们在描述这种箭镞时经常使用耸人听闻的词句，刻意描绘出异常惊悚的血腥画面，实际上这种箭镞可能确如史料中所写的那样恐怖。出于成本原因，这种箭在战场上用得很节省，但它们能够造成可怕创伤的传闻很可能会给敌方施加巨大的心理压力。（图源：马修·瑞恩，箭镞由赫克托·科尔制作）

（D）针锥形箭镞（long-needle bodkin）：这种箭镞最适合攻击链甲和织物甲。如果它能正中某个链甲锁环的中心，箭镞后部较大直径的锥尾就有可能撑开锁环，破坏铆钉，继续穿透至一定深度。攻击织物甲时，它也有针刺穿透的效果。但对付板甲它就不行了，细长的尖端会在碰到板甲时像卷轴一样卷曲起来。（图源：马修·瑞恩，箭镞由赫克托·科尔制作）

根据不同的目标取用。摆放的时候，可以按类别分为两到三组，比如把针锥形箭放在左边，短锥形箭放在右边，还有几支“16 型”箭可以别在腰带上，在战斗中取用就会非常方便。

狩猎用的阔头箭镞制作很精致，通常是由一根销子穿过镞柄的小孔安装在箭杆上，而军用阔头箭镞的安装甚至连胶水都不用，仅仅通过推入法就能固定在箭杆上。这样做不仅能够减少一道制造工序，而且敌人一旦被阔头箭击中，即使拔出箭杆，不洁净的箭镞还是会留在伤口里，随着中箭者的每次运动和呼吸反复地锯拉着伤口，实在令人痛苦不堪。

二、实践运用：弓满弦张

长弓的训练

箭术与法律

1363 年 6 月 1 日，爱德华三世给各郡郡守发布了这样一份法令：

> 命令所有身体健康的男人，在各种节假日（包括星期日）的空闲时间练习使用弓箭、射弹和弩箭，学习和训练射箭技能；禁止所有人及在押人员参与投石、掷木游戏[65]，或是投铁环、手球、足球、击棍球、高尔夫球（cambuc，英文旧称）、斗鸡或其他无意义的游戏。全国上下无论贵贱都要习惯于参加前述的（弓箭）训练，在上帝的恩惠下维护王国的荣誉和作战优势。但是现在，前面所说的技能训练几乎完全废弛，人们沉溺于前述的各种娱乐及其他欺诈性、奢靡的游戏，再这样下去国家就快要没有弓箭手了。[66]

该法令于 1369 年被载入法典，随后的两个多世纪中，爱德华四世、亨利七世（1485—1509 年在位）、亨利八世等国王也先后颁布了类似的法律和倡议。亨利八世在1512年颁布了统治期间的第一号法令，规定所有60岁以下“不瘸、不衰、不残”的男性公民都要参加弓箭训练。1541年，他颁布的第33号法令延续了历朝法令，要求男性公民都要置备弓箭用于平时训练，不准参加非法游戏等，非法游戏的种类也增加了不少。《下议院档案（第1卷）》记录了1604年5月30日下议院第一次宣读的“维持弓箭和禁止非法游戏议案”[67]。《英格兰政府档案国内篇》“查理一世分册”1631年第3卷轴记录道：1631年8月31日，查理一世（1625—1649年在位）要求他成立的一个委员会（成立时间为1628年）要“加快推进亨利八世33号法令的执行，鼓励人民练习弓箭”。由于各地方抱怨该法令无法执行，查理最终被迫取消了该委员会，不过有趣的是，英格兰到这个年代仍然在推广箭术。

长弓的基本射击技巧大概只需要几小时就能学会。有些人天生擅长瞄准和测距，有些人则需要更多的练习。定期训练有助于提高弓箭手的水平，而优秀的弓箭手不一定每周都参加训练也能保持良好的技术状态。在中世纪，要求弓箭手坚持每周训练的呼声很高，原因并不是长弓很难掌握，因为如果你只是用长弓来打猎或娱乐，它还是比较容易掌握的。

要在战争中使用长弓，要求弓箭手必须非常强壮，而且不管刮风下雨，必须每周花几小时认真训练，反复练习搭弦和开弓。更重要的是，当敌人发起冲锋时，弓箭手有能顶住巨大精神压力并快速射击的能力，这不仅需要特殊的镇定和勇气，也需要有良好的肌肉记忆，以确保射击动作精准、可靠，而这些都只能来自持续的训练。重拉力弓的使用是力量和技巧的结合，两者缺一不可，必须有专门的方法训练。

定期训练的必要性显而易见，但是对于正在军队中服役的弓箭手或准备参军当弓箭手的人来说，每周的练习可能不止一次。军队里的长弓手多花点时间在靶场上训练理所当然，这不需要法律的强制。

我个人认为，颁布这些关于箭术的法律并不仅仅是为了督促男性公民参加训练。虽然1363年的公告及后续的许多法令、公告确实促进了射箭运动，但我觉得这不是它们的唯一目的，甚至不是首要目的。爱德华三世的命令不仅限于长弓训练，也包括弹弓或弩（“射弹和弩箭”）的训练。实际上，这些公告、法令更多的是为了禁止一些不该做的事情，即禁止所谓的“无意义的游戏”。爱德华国王提到的问题令人担忧，“再这样下去国家就快要没有弓箭手了”。可是在该法令载入法典的 1369 年，在英格兰的作战部队里估计有 3858 名长弓手和 1343 名重骑兵（man-at-arms）[68]，看得出英格兰的弓箭手力量仍处于比较好的状态。所以，爱德华的法令可能要放在更大的社会背景下看待。

在这项法令发布仅 11 天后，爱德华三世又于 1363 年 6 月 12 日致信伦敦郡督，敦促采取各种措施维持治安，包括实行严格的宵禁，扩大逮捕公民授权，以及处罚攻击性行为的一系列条款。这些条款制定得非常详细，比如“如果用拳头打人但未流血，罚款 2 先令或监禁 8 天；如果打得别人流血，罚款 40 便士或监禁 12 天”；旅馆老板们必须确保客人把武器留在客房里，如有违反可能入狱。此外，国王还下达了“城中任何人都不得携带武器”[69] 的全面禁令。

颁布如此多的新法律法规，暗示了当时的社会非常不稳定，公共秩序混乱，情况令人担忧。这股犯罪浪潮始于 1360 年，当时英格兰与法国签订了暂时休战的《布勒丁尼和约》（*Treaty of Brétigny*），数以千计的军人被遣返回乡，引发了犯罪浪潮。这些经历了近 15 年的战争，习惯于暴力、冒险和激情的军人们没能和平地回归平民生活。爱德华国王颁布的箭术法令，可能不是为了提高军队战斗力，更多的是为了规范社会行为。如果情况如此，这可能是为了通过国家服务来纠正流氓恶棍行为，类似的做法至今仍然存在。

不管动机如何，很多人可能在又湿又冷的星期日清晨不得不拖着沉重的步伐，毫不情愿地去当地的靶场参加弓箭训练。他们中有头脑空白的年轻人、自私自利的小市民，以及弱不禁风、胆小如鼠或意志薄弱的家伙，这些人根本不适合从军，送到前线也是毫无用处。实际上，打造优秀、强壮的弓箭手的真正诱因是优厚的薪酬和战场劫掠的犒赏，这种机会在战场上比比皆是。

定期开展射箭训练的文化必然为社会营造了欣赏射箭技艺的氛围，提高了那些能使用强力弓的男人们的地位，他们会像英雄一样去参加战争。这种训练文化可能也为提前组建弓箭手作战部队做出了一定贡献，但更多的是阻止了社会上的放纵娱乐行为。罗杰·阿斯坎姆写道，年轻人参加弓箭训练，不仅能够提高他们的箭术技能，还能消除他们对“喝酒、打牌、打保龄球等无聊消遣活动”的渴望[70]。练习射箭是道德向上的追求，似乎已经成为社会上根深蒂固的观念，也是几乎所有作家的共同表达。

鼓励广大民众练习射箭并不是没有任何顾虑。1381 年，英格兰爆发了农民起义，深刻地揭示了当时社会正处于动荡不安的转型期，拥有弓箭装备的底层人民成为维持社会秩序不可忽视的军事威胁。1396 年，伦敦市长莱恰杜斯·韦登顿（迪克·惠廷顿）在议会召开新一届会议的前一天发布了一项公告，命令所有市民“把弓箭留在家中”[71]，显然他们在担心政治敏感期发生内乱，而威胁最大的武器就是长弓。法国人没有像英格兰人那样用弓箭武装农民，可能就是害怕下层阶级发生武装叛乱[72]。英格兰军队中编配大批弓箭手是军事成本、遏制违法行为和储备训练有素的武装人员的权益之举。

射箭训练

弓箭手在设置靶垛和练习射箭（约 1360 年）。这些靶垛用土堆成，每个城镇、村庄和聚居点都依法建有靶垛，并使其保持良好状态。靶垛通常为半圆形，顶部覆有草皮，防止风雨的侵蚀。靶垛的侧面要定期填实加固，使其保持应有的形状，靶垛的正面也要经常压实，填平射箭造成的空洞。草皮要修剪规整，干燥季节还要时常浇水。根据法律规定，从 1363 年起，所有 16 岁至 65 岁的男性周日都必须到靶场参加训练。靶垛的正面设有靶子，可能多数是用牡蛎壳或灌木花简单设置的圆环。另一种流行的靶子是在靶垛前树立一块狭长的木板，弓箭手在射击时需试着用箭把它劈开。

（上图）弓箭手们正在向土质靶垛射击，图片源自《卢特雷尔诗集》（*Luttrell Psalter*）。图中可以看到弓箭手们使用的是几种钝头箭，土靶垛上满是钝头箭命中后留下的凹坑。靶垛只是一个拦阻物，实际的靶标是灌木花排列成的圆环，也称为“花环”。图中有位弓箭手的姿态看上去是在指导其他人训练。靶垛上的射击凹坑散布比较均匀，我不觉得这意味着弓箭手们的技术很糟糕，反而更像是个使用频率很高的艺术品。（图源：英国国家图书馆 / 布里奇曼图片社）

（上页）大图中的小图：标记点射击（shooting at the marks，约 1500 年）。伦敦等城市设置了永久性远距离射箭训练科目，弓箭手们像打高尔夫球一样分成几组来进行训练。他们在相互之间距离不同的各个标记点射击，每个标记点设有一根木桩，插在石头基座上，顶上带有标识。1498 年，伦敦市长在芬斯伯里原野划定了 11 英亩的射箭训练场，根据 1594 年的一张地图，该靶场共设有 194 个标记点，射击距离从 130 码到 345 码不等。芬斯伯里虽然被设为射箭训练区，但它仍是个繁忙的交通要道，所以训练造成的事故时有发生。后来人们制定了信号规定，当场地可以安全射击时，就发布“射击”信号；如果有行人需要通过时，则发布“停止”信号。时而射击，时而停止，真是个危险的游戏。

拉蒂默对箭术的赞颂

当长弓作为主要军事武器的地位开始衰落后，仍然有法令强制人们参加弓箭训练。这些法令一直在提醒着人们，箭术是国家力量的源泉，射箭是有益的运动。随后的很多年里，类似的语句在后续法令中仍反复出现。英格兰伍斯特主教休·拉蒂默在 1549 年所做的一次布道中阐述了相同的理念，他忿忿不平地说：“过去，弓箭技能在我国受到高度重视，它是上帝的礼物，使我们在其他国家面前立于不败之地……但是现在，我们的国民不去野外练习射箭，反倒在城里闲逛。”[73] 这段话说明，弓箭的黄金时代已经过去，但它是上帝赐予英格兰人的礼物的意味，与 186 年前爱德华三世的法令表述惊人相似。重要的是，拉蒂默是在做道德宣讲，并不是实践性指导，他所说的与他的布道宗旨一致，主要是告诫社会道德的衰退。

拉蒂默在随后的布道词中偏离了主题，他简单谈了谈自己的射箭经历。这位好心的主教的父亲是自耕农，只有很少的土地，但他满怀热忱地把拉蒂默培养成了社会需要的人。拉蒂默讲道，“我那贫穷的父亲非常用功地教我射箭，就像教我做其他事一样”，父亲“教我如何开弓，如何保持正确的姿势，要运用全身的力量开弓，而不是像其他国家那样单凭手臂力量开弓”[74]。这些细节使我们对射箭技能有了较好的了解，其中的原理与阿斯坎姆在书中讲的基本一致。

拉蒂默补充说，“我的弓是根据我的年龄和力气制作的，伴随着我的成长，它们也越来越大。那些没有从小训练射箭的人是永远射不好箭的”[75]。在这里，我们又回到了劲弓、重拉力弓的核心理念，即只有不断练习的人才能驾驭这些劲弓。

使用钝头箭在靶垛训练

射箭练习的主要方式是射击靶垛。靶垛是人工堆起的土包，外表覆着草皮，顶部为圆形，雨水可以顺着斜坡的表面流走，所以各种天气对它的影响都不大。靶垛必须定期维护，只要措施得当，它们可以保存很多年，是城镇和村庄的永久性地标。为什么称靶垛为“Butts”[76] 尚不清楚，可能最初有人的靶垛用的是装满泥土的大酒桶，“Butts”这个词就承袭下来了。最完美的中世纪靶垛图像来自《卢特雷尔诗集》，这本精美的手稿是受杰弗里·卢特雷尔爵士的委托于 1320—1330 年绘制的，其中配有很多细致入微的日常生活画面，有一幅画面描绘的就是弓箭手对着靶垛练习射箭的场景。

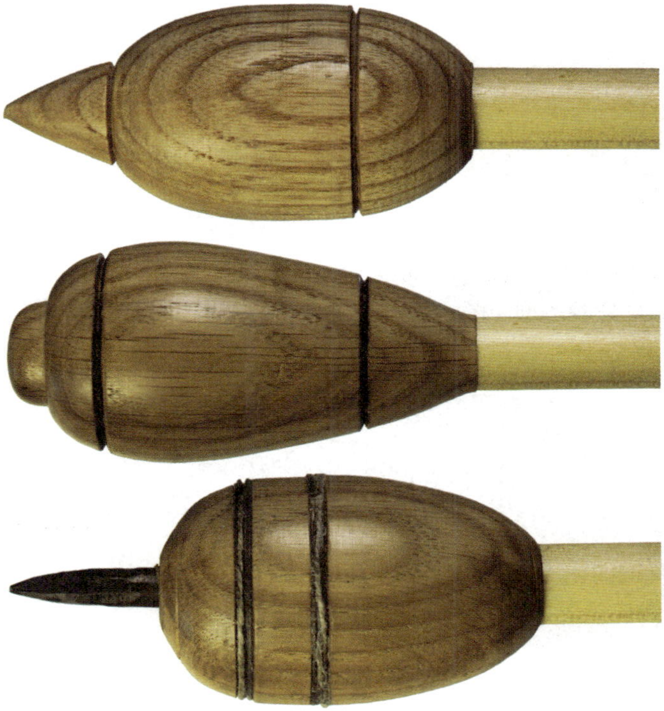

马克·惠特利根据《卢特雷尔诗集》的图画复制的三种钝形箭镞。箭镞上刻有细细的凹槽，用来缠绕涂蜡的麻线。由于钝头箭镞经常撞击靶垛潮湿的泥土，头部容易开裂，因此采用这种设计能够延长钝头箭镞的寿命。(图源：文斯·比顿)

有一种推测认为，《卢特雷尔诗集》中之所以出现钝头箭，是因为卢特雷尔的领地位于皇家森林范围内，他的佃户必须遵守森林法规。当年对于偷猎行为有各种惩罚震慑措施，比如截掉偷猎者灰猎犬最长的脚趾等。森林法还规定，任何人不准携带锋利的箭镞，因为它们会威胁到国王的野生动物，就像灰猎犬一样。那么，这个地区的人怎样才能练习射箭而又不违反法律呢？答案可能就是使用钝头箭。

还有另外一种纯技术性的推测，那就是如果用重拉力弓向土丘发射箭镞锋利的箭，箭很可能会深深地插在靶垛里，难以完好地拔出，而使用钝头箭就不存在这个问题。钝头箭也可用于射杀小型猎物，而且不会破坏兽肉。钝头箭不一定是专门定做的，它们很可能就是在普通的箭镞上套一个钝头箭帽（很感谢马克·惠特利先生提出了这个想法）。

用于射箭练习的锥形箭复制品，上面安装了一个推入式钝头箭帽。用麻线捆绑箭帽的设计非常重要，可以防止其被重型战箭发射瞬间产生的巨大作用力撑裂。（图源：文斯·比顿）

远距离射击

其他的弓箭训练活动包括“游动射击”（roving）、“布靶射击”（clout shooting）和“标记点射击”。游动射击是指弓箭手在自然景观中选定目标，如深色的泥土、树叶或树枝等，然后相互比试，看谁射的箭离目标最接近，再由射得最近的弓箭手选择下一个射击目标。在游动射击训练中，弓箭手和他的朋友们在乡野田间边漫步边射箭，真是一种惬意的消遣。

布靶射击的靶标直径为 18 英寸，表面是帆布，背后是稻草卷，射击距离限定为 240 码。靶子中央有一根木钉，人称“木刺”，用箭劈开这根木刺是个格外受人崇拜的绝技。中世纪史料中提到的“木刺箭”指的就是用来射击布靶的轻箭。

到了 16 世纪，布靶射击成为特别流行的比赛项目。为了射得更准，弓箭手通常会招募一名信号手，站在离靶心很近的危险位置向弓箭手发出信号，提示上下左右的命中偏差。1569 年 9 月，英格兰女王伊丽莎白一世莅临观看了一场布靶射击比赛，但是发生了不幸事件：

> 安东尼·汉默在比赛中……射出的木刺箭击中了他的信号手头部，在场的许多绅士和观众目睹了这一幕，信号手后来不治身亡。本来安东尼的箭瞄得很准，但是他的信号手太希望他的主人获胜。人们呼唤他离两个靶标远一点时，他却不愿躲开，而是继续留在靶标边上，结果他的固执害死了他自己。[77]

标记点射击是对固定的木桩标记点进行射击，标记点散布在野外的大片区域内，各点之间的距离不尽相同，所以标记点射击兼具游动射击和布靶射击两者的难度。弓箭手和标记点之间可能会有自然障碍物，比如一排树，也可能标记点根本不在通视范围内，比如是在山脊的另一边。

有人认为，远距离射击（distance shooting）娱乐活动在中世纪盛行，说明军队弓箭手的主要作战功能就是远距离射击。毫无疑问，长弓具有强大的远距离射击能力，但不能仅凭远距离射击娱乐活动比较流行就断定长弓的作战使用方法。把箭射向空中，看着它高高地飞翔是件乐事，与同伴们进行远距离射箭比赛也会让人不亦乐乎。这些确实足以形成一种远距离射击的文化，但可能还有别的原因。

弓箭成为战场上的主要武器之后，英格兰法律对弓箭手远距离射击的能力提出了限定性要求。亨利八世于 1542 年颁布的法令规定，“24 岁以下的男人不得使用任何木刺箭或轻箭射击 220 码以内的靶标，否则将被处以 6 先令 8 便士的罚款”[78]。这条法令的意思很明确，那些 24 岁以下、正处于作战状态黄金期的男人，必须具备射程 220 码的精准射击能力，而且这个射程必须是用重箭射击达成，而不是用木刺箭那样比较轻的箭。值得注意的是，该法令并没有禁止近距离射箭，它只是明确了用于远距离射击的箭的重量。

原本设在英格兰芬斯伯里原野的一个标记点木桩石头底座，叫作“猩红”，现由“荣誉炮兵协会”保存于伦敦军械楼。（图源：戴夫·沃茨）

1542 年，弓箭在陆地战场上的地位已经开始衰落，而英格兰弓箭手还将在 1547 年的平基克留战役中为战胜苏格兰做出贡献，这是弓箭在陆地战场最后的华彩。即便如此，都铎王朝时期弓箭主要应用在海军作战，可以说，海军弓箭手更有必要具备远距离射击的能力。

要求弓箭手具备远距离射击能力的另一个可能原因是，便于直观地检验弓箭手能否使用重拉力弓。在当时的技术条件下，根据拉力大小评估弓的威力应是可行的，但是中世纪时期是否采取了这个做法尚不清楚。该方法虽然不一定是最好的，但是时至今日仍在使用。根据射程评估威力的方法同样有效，用规定拉力的弓的最小射程作为评估标准，也可以评判是否使用了适当威力的弓。

阿斯坎姆在谈到木刺靶（布靶）射击训练时有这样的观点，“作战时士兵们引弦动作非常快，能使箭飞得很快。但在木刺靶射击练习中，匆忙而快速的引弦动作既不切实也不恰当”[79]。他想表达的意思是，战场上的射箭技能并不适用于优雅的休闲娱乐。我们也不能设想训练场上的各种练习总能符合实战要求。

这正是我想探讨的，在陆地野战

条件下，弓箭实施远距离射击一定要谨慎，几个世纪里，远距离射击是攻城战中弓箭手的关键技能。准确估测射程的能力适用于一些特定的射击，例如射击城墙后的遮蔽目标。在我个人看来，弓箭远距离射击运用的军事原理与弓箭手在陆地野战中的任务要求相去甚远，反倒与攻城战和海战中弓箭手角色有更大的联系。

海战训练

海军随舰弓箭手是国防军力极为重要的组成部分，他们在海战中不仅要远距离扫射敌船上的甲板目标，还要能射杀位于敌船桅具制高点的目标。敌对双方船只在海上并行进攻时，瞭望台上的弓箭手、标枪手和投石手会用各种抛射武器攻击敌船甲板目标，甲板上的弓箭手则要设法干掉敌船高处的目标。针对这种作战样式设置的训练称为“鹦鹉”射击（popinjay）。

“鹦鹉”射击的靶标通常为飞鸟形状，设置在桅杆高处。苏格兰基尔温镇从15世纪开始每年都会举办“鹦鹉”射击大赛，它的靶标设在一个教堂塔楼顶部的十字架横杆上。还有一幅14世纪早

“鹦鹉”射击训练。“鹦鹉”射击的靶标是木头鸟，被设置在高高的船桅横桁上。最早的“鹦鹉”训练可能是把真正的船桅树立在陆地上，撤掉了上面一些不必要的索具。“popinjay”是一种鹦鹉的中世纪名字，是水手们都很熟悉的外来物种，这些来自印度、亚洲的几种长尾小鹦鹉常能在中世纪的动物寓言集的插图中看到。船桅横桁可以像升降帆一样升降，被弓箭射落的木鸟也很容易重新放置。“鹦鹉”射击的船桅高度为30—40英尺，鉴于中世纪船只的尺寸相对较小，按照这个高度训练应当是合适的。而现代弓箭手练习“鹦鹉”射击时，靶标往往高得令人眩晕。（图源：马修·瑞恩）

期描绘“鹦鹉”射击的画作，画中的飞鸟靶标设在风车的帆叶上，真是别出心裁[80]。

标记点射击、布靶射击和“鹦鹉”射击都不是纯粹的休闲娱乐活动。通过这些训练，弓箭手们练就了过硬的军事技能。其中靶垛射击的训练最艰苦，弓箭手们需要反复训练，射掉一捆又一捆的箭，才锻炼出了孔武有力的弓箭手，他们是国家的骄傲。

弓箭手

英格兰弓箭手的招募

通过法律强制公民参加弓箭训练的做法有助于在民间培养和储备众多的弓箭手，但在长弓的鼎盛时期，是丰厚的报酬和完善的招募政策使得英格兰军队拥有了大批优秀的弓箭手，足以令世人艳羡。

军用长弓在1270—1500年处于黄金时代，这并非是武器创新发展的结果，而是源于英格兰社会情况的变化和经济上的权宜之计。英格兰的封建势力建立在土地所有权基础上，领主控制的土地越多，就有越多的骑士及其随从为他服务。英格兰的陆地面积较小，使得其与法国的封建势力比较处于不利地位。在1348—1350年黑死病（Black Death）造成欧洲人口大幅度衰减之前，英格兰的封建社会结构就已经开始发生变化，并且比欧洲大陆的变化更为深刻，结果是英格兰长期以来更多地依赖平民作为军力的组成部分。但这并不是说弓箭手都是出身贫寒的农民，他们来自社会各行业、各阶层，但一般不会是农奴。农奴在封建社会的重要贡献是耕种土地，而不是参加对外战争。

1242年，亨利三世（1216—1272年在位）颁布了一项军备法令，要求占有土地价值超过40先令的人必须拥有弓箭，这里指的就是自耕农阶级。拥有弓箭的人并不限于比较富裕的自耕农，国家也鼓励那些低收入的人在经济许可的情况下置备弓箭，当然这不是强制性的。虽然这些措施表明人们越来越认可弓箭手的军事价值和社会地位，但是这些措施的初衷是为乡村警务、海岸警卫及维持国内秩序提供民兵力量。到了13世纪末期的最后25年，这些法令的实施已使国家储备了大量的弓箭装备，可以随时接受动员检视。

根据爱德华一世发布的“扩军动员令”，英格兰军队开始大规模招募弓箭手，不仅组成了数量庞大的军队，弓箭手的技能水平也通过了筛选。招募人员既要考察弓箭手的射击水平，还要检查他们的弓箭装备是否达标。这是建立专业化军队的开始，在优厚待遇的诱惑下，封建服役制度越来越受欢迎。在爱德华一世统治时期，弓箭手的正常日薪是2便士，而在1277年，担任皇家卫兵的100名马格斯菲德优等弓箭手的日薪为4便士[81]。

薪酬待遇的巨大差异体现出弓箭手力量的扩充方法发生了变化：从培养无技能的封建征兵，转向努力打造一支经验丰富、技艺娴熟的部队，根据其能力高低给予不同的待遇。1296年，在布里斯托尔城堡负责看守威尔士囚犯的弓箭手日薪仅为1便士[82]，可以进一步证明弓箭手待遇存在差别。看守囚犯的弓箭手只能算是“国民自卫军”，与在前线作战的年轻、强壮、能快速射击的士兵不同。

地区性招募

有个不实的传闻流传已久，是说英格兰军队中的弓箭手部队几乎都来自威尔士。在历史上，确实有很多威尔士弓箭手为历代英格兰国王服役，但威尔士绝不是优秀弓箭手的唯一产地。为了实施对苏格兰的战争，爱德华二世（1307—1327年在位）于1323年命令[83]财政部增加拨款，从全国各地征召补充弓箭手，包括格洛斯特、赫里福德及迪恩森林各1000名，多塞特郡、萨默塞特郡和威尔特郡各500名，南安普敦500名，苏塞克斯和威尔德林区各500名，什罗普郡和斯塔福德各500名，兰开斯特400名，海皮克和德比郡各300名。在克勒西战役前，爱德华三世从诺福克、伦敦、威尔士等许多地区招募了弓箭手，“黑太子”[84]甚至认为柴郡的步弓手值得每天6便士的薪水[85]。

图中的弓箭手（乔·吉布斯）正在拉开一张极为强劲的长弓，弦上搭着一支巨大的战箭。他的身上穿着一套15世纪风格的服装，质地良好、比较耐用。弓箭手并不像现代小说描绘的那样都是出身卑微的农民，他们身体强壮，装备精良，收入也很不错。中世纪的弓箭手上战场时也会穿戴铠甲，包括护体的锁子甲、护腿的板甲（cuisse，腿甲）和头上的轻盔等。他们代表的是一支不容小觑的作战力量，人人都能制敌人于死地。（图源：麦克·洛兹）

封建服役制度究竟征召了多少英格兰人参加国王的对外征讨战争，包括对威尔士和苏格兰的战争，这是另外一回事。招募军队曾由各郡的财政负担，在爱德华三世统治初期（1327），王室和地方达成了协议，如果国王动员军队进行对外战争，所需经费将由王室承担。王室的财政包括私人借贷或是经议会批准提高税收所得，这些钱来之不易，因而军事预算受到严格的限制。而弓箭手的用途广泛，在远征突袭、攻打城镇以及陆地野战中都能发挥极大作用，使用成本又远远低于重骑兵和骑士，自然成了动员招募的优先选择，英格兰军队随之有了越来越多身强力壮、善使强弓的弓箭手。

英国诗人乔叟撰写的《坎特伯雷故事集》（*Canterbury Tales*）中有一篇名为《骑士自耕农》的短文，其中写道，“他带着一张强弓”[86]，讲的是在骑士战斗小组中服役的弓箭手。乔叟说他曾经当过护林员，由于护林员和园林管理员都是非常专业的猎人和

骑兵弓箭手及混编随从

通常每20名弓箭手编为一小队，由小队长带领，其薪金是普通弓箭手的两倍。5个小队编为百人队，由百夫长统领。百夫长的薪金不固定，但肯定高于低职位的人。参军服役有伤亡的风险，患病的可能性也大，但是高昂的回报吸引力实在太大，服役几个月就有可能给人带来美好的愿景。

14世纪40年代，步弓手的日薪为3便士，骑兵弓箭手的日薪为6便士[87]。骑兵弓箭手在战场上可骑马射击，也可下马作战，成为英法百年战争中的关键角色。骑兵弓箭手机动灵活的作战方式在远征部队中有明显的优势，他们突袭敌国，洗劫乡村，然后把战利品迅速撤回船上……

在大规模战役中，骑兵弓箭手除了可以对敌实施快速打击，将他们用作“奇兵”快速部署也非常有效。在1356年9月19日的普瓦提埃之战中，英军指挥官、“黑太子”爱德华的盟友布赫领主让·德·格莱利爵士率领60名重骑兵和骑兵弓箭手快速出击，沿着法军侧翼外围大幅度迂回，从法军背后发起攻击[88]，成为整个战役的转折点。

中世纪军队在制作官兵总名册时，总是把骑兵弓箭手和霍比拉游骑兵混在一起统计，没有进行区分。霍比拉游骑兵属于“龙骑兵”，即机动步兵，他们的装备是长矛等长柄武器，不是抛射武器，但他们的报酬和骑兵弓箭手一样。两个不同的兵种总是被放在一起统计，说明他们存在非常重要的依存关系。

弓箭手不能在没有防护的开阔地形上独自作战，否则他们很容易遭到敌军骑兵的冲击践踏。如果没有木桩、壕沟或其他防护手段，弓箭手必须和持有长矛或长柄武器的步兵部署在一起。安德鲁·艾顿曾对中世纪军队的编配情况进行了开创性分析[89]，他发现，爱德华三世军队中的弓箭手是混编随从的一部分，与重骑兵等其他兵种一起被招募。他令人信服地提出“混合编组”的作战部署形式，即主张弓箭手不是单独的集团，他们应和披甲武士、长矛兵/钩镰兵部署在一起，共同抵抗敌人的攻击。艾顿还提出，傅华萨《闻见录》中的“herce”一词，通常意指弓箭手位于耙犁阵（harrow formation）[90]中，它可能源于法语的刺猬（*hérisson*），所以也称为刺猬阵（hedgehog）[91]。这个词令人想象到这样一幅画面：弓箭手与手持长矛或钩镰枪的步兵部署在一起，整个阵列外围枪刺林立，就像刺猬一样。

弓箭手，在动员征召时非常受欢迎，王室就曾多次下令专门招募他们[92]。猎人们从不喜欢用弓箭远距离射击，护林员或园林管理员们的箭术水平通常是在10—40码外射倒一头鹿。他们肯定也有远距离射击的能力，但我猜测他们之所以在招募中那么抢手，原因在于他们是致命的近距离杀手。威廉和约翰·斯马特是埃塞克斯郡圣奥赛斯镇的护林员，皇室赦免了他们犯下的不明罪行，作为赦免条件，他们参加了1346年的克勒西战役[93]。

在中世纪，跟随英格兰历朝君主征战的长弓手部队中有不少曾是罪犯。在英法战争期间，王室先后赦免了几百名罪犯，包括杀人犯，让他们充军担任弓箭手。在招募的数千名弓箭手中，惯犯只占少数，但在丰厚的报酬之外，赦免罪行确实有很大的吸引力，有助于招募到全国最优秀的弓箭手。

弓箭手们来自社会的各行各业。理查德·维奇[94]列出了1337年从伦敦招募的弓箭手的等级以及从军前的职业，他们中有医生、屠夫、裁缝、染工、皮匠、护林员、手套商、小贩、理发师、厨师、皮革商、铁匠、制弓匠、制桶工、店员、盔甲匠、面包师和猎鹰师，等等。虽然这只是个随机的抽样写照，但它从侧面揭示了当时想通过服兵役来发财致富的职业类型。

到了 14 世纪末期，弓箭手们普遍愿意签订长期服役契约。弓箭手变成了一种特殊的技能职业，有一年的薪水保证，他们都愿意去置备一张好弓、一捆箭、一些铠甲和一匹马，准备当骑兵弓箭手。同时期，一名熟练的泥瓦匠每天能挣 4 便士，不熟练的小工每天只能挣 1.5 便士[95]，而骑兵弓箭手每天能挣 6 便士，这个待遇多么诱人啊！

战斗中的弓箭手，选自傅华萨《闻见录》(原画的局部)。注意弓箭手身上穿着短袖棉甲、板甲护腿和褴褛的短外套。他的衣袖是喇叭口形，只延展到肘部附近，可能不会妨碍射箭动作，袖口有流苏，说明这是一件潮湿季节穿的服装。弓箭手也有佩剑。(图源：法国国家图书馆)

除了丰厚的薪酬，参军服役还能收获战场掳掠品。此外，投机冒险的生活方式、战友的情谊及成为英雄荣归故里的美好前景，吸引了越来越多的男人投入军旅生活。在玫瑰战争时期，军队中的弓箭手数量惊人。1471 年，爱德华四世曾想方设法筹集资金去支付 1.4 万名弓箭手的开销[96]。

战争中的长弓

弓箭手的服装

弓箭手在作战中要反复开弓放箭，非常费力，相应地，他们的服装就必须宽松一些，外观上还要能明显区分不同的建制。爱德华三世的军队中，来自各郡的弓箭手服装标识各异，比如伦敦人的制服是红白相间，威尔士人和柴郡人的制服则是绿白相间[97]，其他部队的服装颜色估计还有蓝色、黄色、黑色等五彩斑斓的配色。史料中提到的最普遍的弓箭手服装是一种粗布短外套，很可能就是在这种服装上体现各自属地的色彩。根据描述，粗布短外套是短外套或束腰外衣[98]，但我认为它更像是一件下摆延展到肩膀以下的兜帽披肩。英格兰诗人威廉·郎兰在其撰写的叙事诗《农夫皮尔斯》（*Piers Ploughman*，1360）中提到，隐士们将他们的长袍剪成了粗布短外套。长袍是一种带有兜帽的披风，下摆及地，所以粗布短外套应当也有兜帽。中世纪兜帽后面有长长的尾巴，是一种设计独特的雨季服饰，它的作用与鹿皮衣或摩托车手皮衣的穗边相似，是为吸收和排掉衣服表面的水分。羊毛布料涂过羊毛脂，应该有一定的防雨效果，而兜帽有助于衣服在暴风雨后快速风干。在中世纪的图画中经常能看到兜帽，它的过肩一般延展到肩部稍下方的位置。潮湿天气对作战部队是一种持续的威胁，因此兜帽是必不可少的装备。

单兵防护对弓箭手也极为重要。弓箭手在战时可能会被敌方的骑兵或重装步兵包围，而不得不进行肉搏战，当然，他们也可能成为敌方弓箭手射杀的目标。在英法百年战争初期，长袍式棉甲、链甲头罩或披肩、板甲护腿等是弓箭手的典型防护装备。到了 15 世纪后期，长袍式棉甲逐渐被无袖棉甲和锁子甲取代，后者的防护性能更好，也能使弓箭手的肢体活动更灵活。

鉴于其专业特性，弓箭手在战斗中需要保持良好的视野。在克勒西战役时期，弓箭手经常在羊毛帽子下面衬一顶用铁或熟皮革制成的无边防护帽。到了 15 世纪后期，例如玫瑰战争期间，敌对双方都大规模使用了弓箭，因此面部的防护变得非常必要。在该时期的历史画作中，经常可以看到弓箭手戴着轻盔和面甲。

从一些编年史作者对阿金库尔战役的描述中发现，这些弓箭手的服装和防护装备相对简陋。比如法国编年史作家恩格朗·德·蒙斯特莱[99]

写道，“大多数弓箭手都没有铠甲，只有及膝的紧身护腿（hose）”[100]。法国军人、编年史作家、阿金库尔战役目击者让·德·韦弗林看到，有些弓箭手是光着脚的，头盔是用熟皮革或柳条制成，用铁条捆扎成形[101]。缺少铠甲是很不寻常的情况，因为士兵们在正常情况下还是会穿铠甲。在阿金库尔战役中，亨利五世统帅的英军曾流行“血痢”，部队战力严重削弱，很可能是出于这个原因，士兵们不得不放弃沉重的铠甲，只穿轻便的紧身护腿作战。在通常情况下，弓箭手都是装备精良的职业化士兵。

弓的保养

无论弓的拉力大小、样式如何，它们都需要精心的保养。古往今来，保养好自己的武器一直是士兵的职责，长弓也不例外。长弓需要定期用一种化合物处理，即加热的“蜡、松香和上等的动物油脂……使长弓保持良好的状态，能够抵御炎热、霜冻和潮湿等各种气候的侵蚀”[102]。旅行时，要把弓放在油布亚麻包里，防止受到天气、磕碰和刮擦的损害。

弓弦对天气最敏感，传说称，英格兰获得克勒西战役胜利的原因之一，是战役发起前天降大雨，英格兰弓箭手们就把弓弦藏在帽子里避雨，而法军愚蠢的热那亚弩手却没有做任何防护，任由大雨把弩弦淋得湿透。热那亚人失败其实有其他原因，在后面的章节我会具体讲到。我个人认为，受潮不是真正的原因，因为正常情况下，弩弦都涂过蜡，足以抵御大雨，而英国人把弓弦藏在帽子下面的真正原因很可能也被误解了。

约翰·斯迈思爵士写道，“过去，弓弦是由质地良好的大麻纤维制成，外表再涂上一种水胶来抵御潮湿和雨水……极少会断裂”[103]。英格兰人在克勒西战役中使用的可能就是这种弓弦，由于它有一定的防潮能力，大雨对它不会造成大的影响。但是弓弦的最大敌人是脱水，因为上面都涂有柔软、黏稠的胶水[104]，一旦胶水彻底干透，弓弦就会变得比较脆弱。很可能是出于这个原因，英格兰弓箭手才把弓弦藏在帽子下面，这个位置的湿度相对稳定，有利于弓弦保持柔软。

一位功成名就的弓箭手

威廉·贾德雷尔是英王“黑太子”麾下的弓箭手，他在柴郡马格斯菲德拥有一些土地。我曾去德比郡威利桥的圣詹姆斯教堂看过他的墓，墓位于教堂中殿，墓碑上的铭文为“威廉·贾德雷尔，弓箭手，卒于1375年”。这块墓碑石应该不是在他去世时制作的，上面还列有他后代的名字，包括他的儿子，曾于1415年参加了阿金库尔战役的罗杰·贾德雷尔，也许罗杰曾用他父亲的弓参战？1356年，威廉·贾德雷尔从皇家森林获得了两棵橡树来修理他的寓所[105]，看起来国王似乎非常照顾退伍军人，这无疑对军队的招募工作是个很好的激励。从墓地的情况很容易看出贾德雷尔家族的兴旺，这也容易理解，贾德雷尔来自柴郡，或许是百夫长或小队长，或许还是骑兵弓箭手，他是在退役之后将服役所得进行了精明的投资。当弓箭手不仅是改变个人社会地位的捷径之一，而且有很多方法能够提高薪金待遇。

约翰·贾德雷尔也是弓箭手，他参加了1356年的普瓦提埃之战。战后他洗劫了一个价值不菲的银盐地窖，随后高价卖出大赚了一笔[106]。战时的抢掠非常有利可图，很多人参战就是冲着这些。城镇、教堂以及敌军的营地往往有大量的财富，用战俘换赎金也能获得很多钱，特别是那些地位较高的骑士战俘能换取更高的赎金。从阵亡者尸体上剥下来的铠甲也很值钱，可以卖掉，也可以留为己用。

重拉力弓的弓弦作用在手指上的压力很大，虽然在中世纪画作中常能看到弓箭手用两根手指引弦，但是这在重拉力弓上是难以想象的。人们普遍认为双指礼起源于阿金库尔战役，据说当时法国人威胁称只要俘虏英格兰弓箭手，就砍掉他们两根手指。作为回应，英格兰人发明了双指礼。不过这个说法纯属杜撰，早在那之前，人们就把竖起两根手指视作粗俗下流的手势。另外，根据编年史作家让·德·韦弗林记载，对弓箭手战俘的震慑性惩罚实际上是“砍掉他们右手的三根手指”[107]。（图源：麦克·洛兹，射手为马克·斯特雷顿）

图中的弓箭手（乔·吉布斯）展示的是在中世纪画作中常见的射击姿势，它对于操作重拉力弓有很大的辅助。练过举重的人都知道，做“硬拉”动作时骨盆也会向后倾斜，可在一定程度上保护脊椎，使椎骨尽量打开，降低椎间盘破裂的风险，否则椎间盘承受的负荷过大。更重要的是，这个姿势可将弓箭手后背至腿部的肌肉、肌腱力量都调动起来，使他们用整个身体的力量开弓，而不是仅仅靠手臂和体侧肌肉的力量。（图源：麦克·洛兹）

备用弓

有些弓在使用时会折断，恶劣的战争环境也会使弓产生各种损耗，但是军用弓巨大的生产规模[108]意味着不仅能保障替换损坏的装备，还应当能提供备用弓。我认为弓箭手参战时可能至少要带两张拉力不等的弓。托马斯·赫尼奇爵士在1589年写给伊丽莎白一世的信中曾写道，“……既不为我的弓弄两根弓弦，也不会为一个目标准备两张弓”[109]。这句话似乎是当时很常用的格言，不用“两张弓”的寓意是他坚定不移地遵循同一做法，而不是多预备几手。然而，在射靶训练的时候带两张弓是非常有效的办法，射远距离目标时用拉力大一点的弓，射近距离目标时用拉力小一点的弓。在作战时也是这样，随着战斗的持续，用100磅拉力的弓替换下130磅拉力的重弓，这样做很有实际意义，谁希望自己身处前线手边却没有备用弓呢？但这种细节在历史画作中并没有展现，也无法看到箭的基本供应链。

弓箭手外出为部队猎食可能要用拉力较小的弓。14世纪狩猎专著《狩猎之道》（*Le Livre de Chasse*）中提出这样的建议，“弓的拉力不应过大；弓箭手应当能轻松地引弦开弓，稳稳地握持，保持自己的位置不变，等鹿靠近到理想的位置后再射它”[110]。担任侦察任务的骑兵弓箭手遭遇敌军埋伏时可能也要用到弓，方便稳稳地瞄准射击目标。不同拉力的弓用途不同，浏览一下1492—1547年伦敦宗教法庭的遗嘱[111]就会发现，遗产中赠予受益人“优等弓”“次级弓”和“劣等弓”等词语时常出现，可以证实，16世纪早期弓箭手拥有多张弓的情况很常见。我想，在长弓鼎盛时期的情况差不多也是如此。

箭的运输

每名弓箭手作战时只带两打箭（24支）一定不够用，因此大部分库存箭需要发放下去。在激烈的战斗中，有一大群少年运输员奔跑着把大车上的箭送给弓箭手，也会听到不少弓箭手发出歇斯底里的呐喊，因为他们的箭快要用完了。为了便于储存和运输，补给箭都放在木桶里，而弓箭手自己的那一捆箭则装在亚麻箭袋里。这些箭袋内有皮革制成的隔板，可以防止箭羽被压坏。与硬质的箭筒相比，箭袋的优点在于它的表面可以涂蜡防水，袋口向上拉起就可以包住整捆箭，重量也比较轻。射箭时，只要把箭袋的顶部开口向下卷一卷，箭就很容易拿出来了。还有一种箭袋内部有柳条制成的框架，可以把箭袋撑起来。

中世纪的画作中常能看到弓箭手的腰带上别着一些箭，乍一看这似乎有点问题，如果腰带里的箭被一支支抽出去，腰带会不会越来越松？剩下的箭不会掉下来吗？就此问题，乔纳森和约翰·沃勒[112]证明，用磨坊结[113]或双股小绳结可以解决这个问题。当弓箭手从腰带里抽箭时，拇指顺势快速下压腰带，放松的绳结就会立即下拉收紧。由于别了一些箭，弓箭手的腰带会比腰围略长一些，但是就算别一整束箭也只是长了几英寸，所以箭射完后，腰带仍会吊在臀部以上，箭仍然会被牢牢固定住。

以上方法对运动中的部队非常实用，但是历史画作常常显示，弓箭手列阵作战时，他们是将箭插在自己面前的地上。任何人尝试一下就会知道，把箭插在地上可能会给作战带来一些不便——如果地面干燥，箭很难插进地

柳条框架箭袋俯视图。（图源：麦克·洛兹）

装有分隔器（spacer）的箭袋俯视图。（图源：马修·瑞恩）

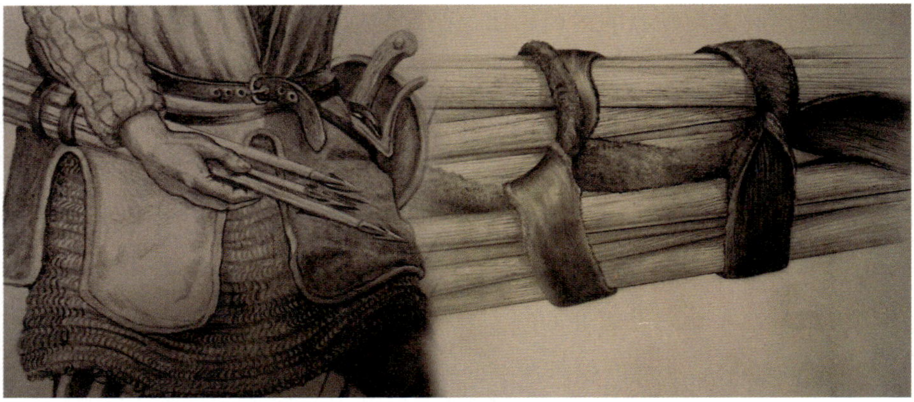

从缩紧结的箭捆中取箭示意图。（图源：马修·瑞恩）

面，而且弓箭手也会被迫待在固定位置上，挪开一步都很麻烦。这看上去并不是明智的做法，但是肯定有什么原因使得弓箭手们这样做。

把箭插在地上的优点之一是，弓箭手取箭搭弦的速度会更快，有利于快速射击，这种做法也强烈暗示了速射在战斗中的重要性。优点之二是，从致死率的角度看，插到土里的箭镞击中敌人身体后，会将细菌带入伤口，易于引起致命感染。但是，这个问题在中世纪是否为人们所理解，或者是否引起过注意，尚无法确定。

长弓在作战中的角色

对阵战，也称列阵会战，是中世纪的重要战事。对阵战是宏大的战争舞台，富有骑士精神的精英——骑士，在其中扮演了戏剧性角色，有的名扬天下，有的痛失一切。会战（战役）是战争的主战场，失败或胜利都会引发重大的政治后果，但是大规模会战较少发生，日常的敌对行动才是中世纪主要的作战样式，包括骑兵突袭和攻城战等。没有哪个兵种比弓箭手更适合这些作战样式，也没有哪个兵种比骑兵弓箭手的部署更迅速，这正是英格兰军队大规模招募弓箭手的主要原因。他们在战场上的贡献往往是额外红利，在弓箭手中，骑兵弓箭手所占的比例通常比步弓手要高得多。

震慑四方的长弓——骑兵突袭

骑兵突袭是指横扫敌方大片领土的突袭行动。法语 *cheval*（马）是“骑兵突袭”一词的词根，所以它又可以被粗略翻译为“马背上发起的突袭”。骑兵突袭在行动时节奏很快，自始至终都保持着机动状态，以尽力避免遭到阻滞。骑兵弓箭手非常适合担任突袭行动的先锋，而且他们还是“多面手”，能够担负猎食、侦察、突袭、小规模战斗和攻城战等多种任务。大部队行军时，徒步部队和后勤辎重通常位于纵队中央，轻便灵活的骑兵部队则担负了大部分破坏性任务，扫荡行军路线两侧 15—20 英里宽的乡村郊野。

庄稼被烧毁，民宅和教堂被洗掠一空，民众遭到杀戮和恐吓，骑兵突袭的行径往往非常残忍，时有暴行发生。爱德华三世的军队曾于 1346 年 7 月袭击了卡昂镇，以弓箭手为先锋的骑兵在街道上横冲直撞，大开杀戒，造成 5000 多民众死亡，全镇大部分被夷为平地。

两个中世纪箭袋的全景图。左侧箭袋是亨利八世“玛丽·罗斯”号战舰出土的箭袋仿制品，内有将箭支隔开的皮革分隔器。这种箭袋不适合装阔头箭，适合装各种锥形箭和大多数 16 型箭，从分隔器的小孔中很容易抽箭。箭袋不仅能给箭提供保护，还能避免运动中箭支相互碰撞的声音，这对骑兵弓箭手来说特别有利。右侧箭袋内有柳条框架，不仅容量更大，而且宽大的喇叭形底部更适合装阔头箭和火弓箭。这种箭袋还有较好的承压性，堆放在辎重车队的马车上运输时不易被损坏。（图源：麦克·洛兹）

骑兵突袭

骑兵突袭行动中的骑兵弓箭手，隶属于一支1000人的分遣队。他们刚刚突袭洗劫了身后的小镇，正带着战利品追赶15英里外的大部队。战后的城镇经历了暴利杀戮，民众遭到惊吓，许多建筑物也被付之一炬。

小队长正站在路边，检查他手下的20人是否都已归队。如果有人酗酒闹事，可能会受到纪律惩罚。

弓箭手们除了将战利品塞满自己的口袋，还为主力部队搜寻食物。走在队伍后面的驮马满载着粮草，其他驮马（如图所示）则驮着突袭作战所需的补给，包括备用箭。

带不走的东西就烧掉！图中有几名骑兵弓箭手正在向谷仓发射火弓箭，谷仓里装的是牲畜的过冬饲料。焦土政策是一种震慑手段，能激发敌方的焦虑及不满情绪，摧毁粮食供应和掠夺财富也能削弱敌方的经济实力。最终，敌军可能被迫出兵展开对阵大战。

骑兵突袭掠夺的财富可以弥补远征的巨额花费。城镇是最繁华的地方，那里有大量的货物、财宝、食物、女人和美酒。夺占一座城镇，既能充实国王的金库，也能塞满士兵的腰包。有些城镇会不战而降，当然，有些城镇则拼命抵抗。中世纪的城镇大多筑有高大的防护石墙，和城堡的防御非常相似。如果城镇坚决反抗，就不得不使用武力强攻了。

攻城战中的长弓

城墙并不是抵御骑兵突袭的唯一屏障。由于城堡控制着大片土地，驻守其中的守备骑兵对入侵的敌军分遣队来说是直接的威胁。因此，为了安全通行，必须夺下城堡，而且速度要快。与较为耗时的攻城方法，比如围困封锁制造饥荒、地下掘进或制作大型机械摧毁城墙等相比，骑兵突袭行动迅速得多，它无情、快速，能在敌军集结兵力反击前，尽可能多地掠取财物，给敌方造成最大程度的损失。攻占城堡或乡镇最快捷的方法就是使用云梯攀越城墙。为了确保登城行动的顺利完成，弓箭手的支援至关重要。

攻城开始时，弓箭手可能会先发射火弓箭，引燃城内的建筑物，也可能会以密集的箭雨震慑敌人，置敌于险境。傅华萨这样描述 1340 年的图尔奈攻城战 ："弓箭纷纷飞跃城墙垛口射入城内，令人惊叹不已。"[114] 他还列举了中箭死伤的 6 个人，指出他们多半是以为躲在城墙垛口后很安全，身上根本没有穿铠甲。

在登城行动中，弓箭手的主要任务是射杀城墙上的守军，掩护己方人员攀登云梯登城。守军往往有多种对抗敌军登城的手段，比如使用弓弩射杀、投掷石块和标枪、用杠杆推开云梯等。由于攻防双方在城墙顶部相互厮杀时距离极近，攻城方的弓箭手要想射杀城墙上的守军，射击必须极其精准。

守城方的城墙上通常建有突出的塔楼，上面有多个侧向的射孔，可以贴着城墙射出箭矢，这是对登城部队的另一种威胁。射孔的外部形状有三种，第一种是最简单的狭长的垂直射孔 ；第二种是十字形射孔，是在垂直射孔的基础上增加了一条横向的狭缝，构成十字交叉形状 ；第三种是横向偏置射孔，是在垂直射孔基础上，两边各加一条横向狭缝，但横向狭缝上下位置偏移且不对齐。射孔上有横向狭缝，可以使对外的视野更开阔，但是十字形射孔容易成为对方的瞄准点，它的形状就像十字瞄准基线。相比较而言，横向偏置射孔的不对称形状给攻

骑兵弓箭手的作战方式是骑马行军，下马战斗。在中世纪的画作中偶尔也会看到弓箭手骑射的画面，大多数是狩猎的场景，也有少数是在战斗状态。正如笔者在这张图片中展示的，弓箭手在疾驰的马背上用长弓射箭显然是可能的，这种战术在突袭战和小规模冲突中非常有效。使用骑兵弓箭手追捕逃亡者也非常有效，比如用来追击从突袭行动中脱逃的敌人，或是在境内抓捕通缉犯等。所以，骑兵弓箭手既参加境外作战，也被用于国内执法。（图源：金·霍金斯）

击带来了很大难度，弓箭很难从外面射进去。我曾在不同的城堡用橡胶钝头箭射击不同的射孔，经过实射发现，横向偏置射孔的挑战难度极大。

弓箭手在射孔前轮流射击。图中的射孔为横向偏置射孔，它的横向狭缝为弓箭手提供了较好的对外视野，而从外面看起来它又是个不规则图案，外面的弓箭手很难找到瞄准点。图中展示的弓箭手前方的射孔为石块垒砌的样式，但是当时城堡的内部墙面应当都用灰泥粉饰过，像图中左侧的射孔那样。（图源：马修·瑞恩）

骑兵弓箭手的坐骑——漫步马

骑兵弓箭手及相伴的霍比拉游骑兵通常骑一种特殊品种的马，这种马非常适合旅行和突袭作战，被称为漫步马或轻型马。它有第五种步态——漫步（巡行时使用），即同侧的两条腿一起迈动，两侧交替行进。实际上，这是马的一种跑步走步态，它的行进速度非常快，平均时速可达 15 英里，马也不容易感到疲劳[115]。漫步马可以这种步态连续行进奔跑几小时，而其他马用慢跑步法只能连续行进 15 分钟，之后需要慢走很长时间休息调整。漫步马的这种行进步态让骑手也感到非常舒适，他们可以连续骑行好几小时不会感到疲劳，只会感到轻微的左右摇摆，而其他的步态会让骑手在马背上不停地上下颠簸，要耗费不少力气进行缓冲。

很多现代马保留了中世纪漫步马的基因，比如秘鲁的帕索·菲诺马、美国的标准种马、土耳其的拉赫文马和冰岛马等。我曾经骑着几匹冰岛马从坎特伯雷前往伦敦，惊讶地发现，骑这种马不仅不费什么力气，而且令人信心满满。这些健壮的小马和它们中世纪的祖先一样，虽然个头比现代马小，但是它们能一路疾驰，飞奔的动作如行云流水。

1417 年，萨福克郡的第一公爵威廉·德·拉·波尔有 90 名骑兵弓箭手随从，他们每人有 4 匹马[116]。只要替换的马匹数量充足，骑兵部队就能够连续数天急行军，向敌人发起意想不到的突袭。但是，爱德华三世不太可能为他的骑兵提供这么多备用马，因为他的骑兵规模太庞大了。在克勒西战役中，他有 3500 名骑兵弓箭手和霍比拉游骑兵，在 1359 年的骑兵突袭行动中，骑兵弓箭手达到了 5000 名[117]。不过，考虑到有些马会在征战中意外跛腿或生病，所以他肯定还是准备了一些备用马的。

英国战弓协会的弓箭手（伊恩·库特和加里·西蒙兹）正在进行仰角射击（elevation shooting），由于目标点在持弓手下方，所以也称为“低手射击”（shooting underhand）。在中世纪画作中，弓箭手只在射击城墙上方的守军时才会使用这种射击方法。（图源：麦克·洛兹）

15世纪后期一幅描绘什鲁斯伯里战役（1403年7月21日）的画作。图中的弓箭手们正在酣战，他们在用重拉力弓近距离攻击对方，双方的将领均被弓箭射中了面部。16岁的亨利王子（即后来的亨利五世）受了伤，他的对手，绰号“急性子”的哈里·珀西爵士阵亡。面部是弓箭手的主要攻击目标，历史上有很多面部中箭的书面记载。究其原因，并不是这些士兵抬头仰望空中落下的箭雨，而是指挥官们在下达命令或观察战场情况时常常会摘掉面甲。因此，一旦被敌方眼疾手快的弓箭手发现，一支精准的利箭就会呼啸而来。1346年，法国国王腓力六世在克勒西战役中被箭射中了下巴；苏格兰国王大卫二世在同年的内维尔十字之战中被两支箭射中了面部。1455年，英格兰国王亨利六世在圣奥尔本斯城被射中颈部。（图源：英国国家图书馆《比彻姆画册》/布里奇曼图片社）

虽然箭不一定能射进射孔，但是射到射孔边缘的箭也能对射击室里的弓箭手构成威胁。因为弓箭手向外射击时，需要向前靠近射孔，这个区域容易中箭。此外，弓箭手还要面临另一个挑战。由于射孔是城墙结构上的薄弱点，为了提高其强度，在建造射孔时通常将侧墙做成斜面，射孔以内的空间逐渐延伸，深度为 6—10 英尺。由于射击室空间狭小，迫使弓箭手必须站在离射孔比较远的位置，这对他们的射击技能提出了更高的要求。不过这也有个好处，射手离射孔越远，可调整的射击角度就越大，形成的外部杀伤区域也就更大。

攻城的弓箭手通常备有巨盾（pavise）或移动式防盾（mantlet），这些大型的立式盾牌可以保护弓箭手在盾牌后面取箭搭弦，而只在射击的瞬间露出身体。数名弓箭手可以攻击同一个城墙射孔。为了测试双方的射速优势，我和另一位弓箭手在城墙射孔内进行了轮流射击实验，效果很好。如果一名弓箭手进入射击区射箭时，另一名弓箭手退出进行射击准备，两个人流水作业，射孔中就会源源不断地射出一支支利箭。

对阵战中的长弓

每一场战役都有其独特的作战环境，不能一概而论。在陆地野战中，地形是决定性因素，有效运用弓箭的基本原则是选择正确的射击阵地。弓箭手需要在设有防御手段的阵地中，不管是不是占据了较高的地势优势，弓箭手前方必须部署步兵或者尖利的木桩。如若没有这些防御措施，敌军会非常轻松地将他们逐出战场。1424 年 8 月 17 日的英法韦尔讷伊会战中，英格兰弓箭手在开阔的草原上被伦巴第骑兵横扫击溃。1429 年 6 月 18 日的帕泰之战中，英格兰弓箭手还没来得及设好木桩，就被法军骑兵发起的冲击击溃，随后，英军弓箭手无力抵挡攻势，被法军横扫，肆意砍杀。

占据有利地形至关重要。较高地势的优势在于，从高处向低处俯射的效果和在平地实施高抛物线远距离齐射不一样。虽然两者都能形成箭雨，但是从 8 英尺高的斜坡上射击 20 码远的目标，杀伤力远远大于高抛物线远距离射击。

攻城部队的弓箭手正躲在移动式防盾后向城堡射孔射击。移动式防盾为木制立式结构，起防御作用，攻城部队可凭借它的掩蔽向城墙慢慢靠近。城墙顶部向外延伸的木制构件为城防木廊，藏匿其中的守军可以向接近城墙的敌军投下石块、热沙等，弓箭手通常也部署在这里。（图源：马修·瑞恩）

我个人认为，必须严格限制对远距离目标实施的连续射击。我不否认历史上有过这样的实战案例，但我强烈建议转变长弓运用的理念。弓箭手作战时的大部分射击距离在50码以内，其实长弓是非常有效的近战武器。很多时候，敌对双方会在极近的距离内搏杀，当前线战斗被敌军的木桩、蒺藜或长矛阵阻滞时，或者当自己的重骑兵同伴投入近战肉搏时，弓箭手们就要沉着冷静地把一支支利箭射向10码、5码外踉跄的敌人。

近距离射杀敌人与齐射远处的集群目标的感觉完全不同，此时此刻，弓箭手已经能够看得清敌人的眼睛，听得到他们的嘶喊。对一些人来说，这种场景可能脱去了浪漫的光环，但是如果有人怀疑这些坚韧不屈、肌肉发达、久经沙场的英格兰弓长弓手，认为他们不是冷血无情的杀手，就误判了他们凶悍勇猛的战斗精神。

长弓之于胜利

长弓不仅在大规模战役中扮演重要的角色，在小规模冲突中也必不可少。1421 年 3 月 21 日，一支由 30 名苏格兰弓箭手组成的小队把守着博热大桥[118]，将所有英格兰军队阻隔在了对岸，法苏联军（法国—苏格兰）抓住时机集结兵力，占据有利地形，最终获得了战斗的胜利。1423 年 7 月 31 日，英格兰弓箭手在克拉旺牵制住了法军，索尔兹伯里伯爵乘机率领部队渡过约讷河，取得了战斗胜利。1346 年 8 月 24 日，也就是克勒西战役发起的前两天，戈德马尔·杜·费爵士率领了 3500 名法军，在法国布兰切塔克阻止英军渡过索姆河，但英军弓箭手发挥了至关重要的作用，他们掩护英军冒着法军如雨般的弩箭成功强渡索姆河。

以上战斗都是大型战役的前奏，长弓在其中扮演了关键性角色，为最后的胜利奠定了基础；它对作战结局的影响，不亚于主战场上任何其他的制胜因素。在大规模战役中，很难区分哪种武器或哪个兵种更重要，战争的胜负是由各种因素和力量综合决定的，综合运用这些因素和力量的有效方法就是战争的艺术。

在不同战斗中，弓箭手的部署作战方式及其对战斗结局的贡献有很大的差别，而克勒西战役是弓箭手力量在对阵战中运用的成功范例。为了争夺法国王位，爱德华三世对法国发起了精心策划的军事行动，其中克勒西战役是这次行动的最高潮，也是英法百年战争的开端。爱德华三世在先期的诱导性作战和主要战役中都非常巧妙地运用了长弓。在先期作战中，英军的骑兵弓箭手部队利用骑兵突袭，袭击和恐吓法国乡村，迫使法国应战。虽然腓力六世调集的法国封建军队非常强大，但机动灵活的英军主导了战役的地点。爱德华三世佯装在向船上撤退时被法军追上，但是实际上，克勒西就是一个陷阱。

英国战弓协会会员乔·吉布斯正在瞄准一个选定的目标。（图源：麦克·洛兹）

克勒西战役——长弓最辉煌的时刻？

克勒西战役在长弓和弩的较量中揭开了序幕。英军有 7500 名长弓手，而法军有 6000 名热那亚雇佣弩兵。热那亚弩兵训练有素，作战经验丰富，备受尊敬，但是不要误以为他们的弩是远射程武器，因为射程较远的绞盘引弦钢弩或齿轮引弦钢弩直到 15 世纪晚期才问世。在这次战役中，热那亚人用的是爪带引弦复合弩[119]，平均拉力约 300 磅，只有长弓拉力的 2—3 倍。但是，由于弩弦的做功距离只是长弓做功距离的一小半，作用在弩箭上的推进距离太短，弹道性能不好，因而需要更大的拉力才能弥补这个弱点。

另外，短粗的双尾羽弩箭在空气动力性能上也不如长弓的箭。弓箭射出后是在空中飞翔，而弩箭不是。在任何射程上对抗，长弓都会取得胜

克勒西战役遗址一览：图中为克莱克斯山谷东侧的堤岸，视向朝北。这条陡峭的台地堤岸是当年战场的自然地貌[120]，落差有10—15英尺，绵延横亘超过1英里。由于地势陡峭，数千名法军重装骑兵和战马无法下来，只好沿着堤岸向前进入漏斗形战场，队形因此发生严重混乱。该地形还限制了法军的进攻方向，可展开的正面进攻范围非常狭窄，严重抵消了法军在兵力数量上的优势。（图源：安德鲁·艾顿）

利。弩箭虽然具有强大的初始冲击力，但在飞行中一旦开始减速，冲击力就会迅速降低。位于英国什里弗纳姆的英国国防学院曾用雷达测试了300磅拉力的弩发现，弩箭飞至50码距离时冲击力几乎没有损失，但在飞至80码后，冲击力大大下降，基本上已没有什么杀伤力了。[121]

法军指挥官们尚未领教过英格兰弓箭手的厉害，在其不停催促下，热那亚弩兵被匆匆忙忙地推上了前线，连辎重车队上的巨盾都来不及取。所以从一开始，他们就没有胜利的机会。如果有巨盾掩护，热那亚人就能比较安全地逐步前进，进至弩的有效射程后再与英格兰长弓手交战，但是很不幸，他们被冲动、暴躁和头脑发昏的法国指挥官所迫，只能不顾一切地前进[122]。人们通常认为，英格兰长弓手能远距离把他们击倒，但是距离究竟有多远，他们无法准确判断。

克勒西战役

在克勒西战役中，英军的基本战斗队形是“刺猬阵”——重骑兵将手中的长矛向前竖起，像一堵长矛墙，而弓箭手则部署在他们中间。这幅画所描绘的战斗时刻是，法军已经发动几轮冲锋，遭受了严重的伤亡，伤亡者在英军占领的坡地脚下堆积起来，逐渐形成了一道难以通行的障碍。这道屏障有利于英军弓箭手从“刺猬阵”的保护中走出来，组成自己的前沿作战队形。

克勒西战役是英军精心设下的陷阱。特殊的地形迫使法国人只能经由狭窄的“瓶颈”进入战场，兵力优势难以发挥。特殊的地形还限制了法军的进攻方向，迫使他们一步步进入英军防护严密的战斗阵地。傍晚的光照方向对法军也是不利的，法军迎着光，英军则背着光。在由英军重骑兵、步兵和弓箭手组成的混合力量的打击下，法军遭受严重伤亡。在激烈的战斗中，英军弓箭手们汗流浃背，他们必须冒着近战肉搏的危险快速射击。

在此次战役中，利用长弓进行远距离射击是有一定可能性的，但是据编年史作家让·勒·贝尔所言，“双方距离如此之近的情况下，弓弩手都在相互射击”[123]。根据弩的有效射程，双方距离必定小于 80 码。还有几位编年史作家称，热那亚人是遭到了英军的炮火打击[124]，这也支持了交战双方距离很近的观点。目前，尚无法确定英军在克勒西战役中使用的是多管风琴炮（近程）还是洛舒特火炮[125]这样的花瓶状武器。编年史作家称，这些火炮虽然装填速度很慢，但仍对法军造成了严重的伤亡打击[126]，所以根据当时的战况推测，不管是单管火炮还是非多管风琴炮，英军发射的应当是霰弹。从洛舒特火炮的炮膛磨损痕迹判断，它发射的弹丸应是从 3/4 英寸的铁条上切削出的大量小铁片，能够造成“严重伤亡”。根据丹麦米德尔顿历史博物馆彼得·维明提供的信息，这种弹片的有效杀伤距离只有 30 码左右[127]。

伤亡惨重的热那亚弩兵败下阵来，向后撤退时却遇上了正向前进攻的法军骑兵。这些骑兵是法国骑士的主力，他们骑着高头大马，准备从阿比维尔的大路径直来到战场，却遇上了向克勒西平原方向陡降的堤岸——他们无法从这么陡的坡面下去进入战场。这个陡坡一定令法国人非常意外[128]，受限于不利的地形，法军无法展开队伍，只能挤成一团地前进。在后续部队急切的推动下，他们终于通过了狭窄的“瓶颈”地段，却遇上了正在撤退的热那亚弩兵。

热那亚人在这场战役中遭受了重大伤亡。让·勒·贝尔写道，“受伤的马倒下来压向他们，其他的马践踏他们，他们像猪一样滚成一堆”[129]。更重要的是，在英军弓箭手眼里，法军骑兵首次冲锋的方向受地形限制已然确定……但是，这里绝不是被围英军的最后一道防线，而是他们经过考察后精心选定的战场，现在法国人已经跳进这个陷阱了。

在山谷的另一边是英军的防御战场，堤岸和阶梯式地形构成了理想的弓箭手阵地。这边的堤岸不像法军一侧的堤岸那么陡峭，落差也不大，对弓箭手射击很有利，还能减缓法军骑兵的冲锋。另一位编年史作家杰弗里·勒·贝克写道，英军在阵地前沿挖设了陷坑[130]，重骑兵、长矛兵在坡顶与弓箭手并肩作战，形成了一道无法逾越的屏障，阻止了法军骑兵的冲锋，保护了弓箭手的安全。这道尖刺林立的长矛阵是确保英军弓箭手在强大的法国骑兵面前屹立不倒的关键。

我曾经骑马穿行过克勒西战役战场遗址，那里的土地松软肥沃。根据我的测试，要骑着马快速跑完 250—300 码的长弓远射距离，大约需要 40 秒。在这样长的时间内，熟练的弓箭手足以给敌方相当大的杀伤力，但是对铠甲防护比较完备的人员杀伤力可能不会太大。法军的第一波攻击部队遭到后撤的热那亚弩兵的拥堵阻碍，导致他们发起冲锋时距离英军防线可能已经不足 100 码。让·勒·贝尔在描述了热那亚弓弩兵造成的战场混乱后，紧接着又详细描述了英军长弓手对法军骑兵的沉痛打击，“当战马们感觉到这些倒钩箭（奇迹创造者）飞来时，有些继续向前，有些发狂般地四蹄腾空，还有些被惊吓得畏缩不前、弓背乱跳”[131]。

没有任何证据表明法军的战马是被英军远距离射杀的。由于受到热那亚人的阻碍，法国骑兵无法从英军的长弓射程以外发起冲击，他们陷于前堵后拥的困窘境地，只能疲惫、混乱地向前缓慢推进，被英军长弓手由远及近地当活靶子打，造成大量马匹伤亡。

马在战场上是大目标，但是它的肌肉饱满，要害部位面积较小。虽然无法确定有多少法军战马披挂了马铠，但当时马铠的技术已经非常成熟。想必法军战马失控的主要原因是恐惧而非疼痛，或者两者都有。与那些在混乱中团团乱转的马比起来，全速冲击的马反倒不容易被弓箭吓倒。因为马的生存本能会在冲锋的疾驰中触发，它们会不顾一切地跟着马群飞奔，只有足够大的机械性损伤才能阻止这些热血沸腾的马。由于热那亚人的阻碍，大量的马搅在一起乱转，没有进入兴奋状态，因而对箭的刺痛非常敏感。

英军的倒刺箭能有效刺穿织物甲，却难以穿透链甲。编年史作家在这里并没有提到有多少法军骑兵被箭射死，或是有多少马受伤，而是着重描述了法军战马被箭射得“发疯”。这么近的距离下，不管箭能否刺穿厚厚的马铠，马必定会感到明显的刺痛。

让·勒·贝尔在文章结尾写道，“英格兰的贵族们徒步前进，残杀这些法军”[132]。这里清楚地揭示，对法军的残酷杀戮就发生在英军前线附近，因为英国的骑士们离开自己的防线徒步穿越200码的泥泞地去与法军交战是不可能的。

到达英军前线的法军并没有减速停下或调头撤离，两军在阵前发生了激烈的战斗。法军的进攻队形纵向延伸，队伍极长，而所有人都想赶到前线争取创造辉煌，于是前方的部队被后续部队推攘着前进，不能轻易撤离。在长久的战斗中，法军的每一轮进攻都持续很长时间，双方的骑士和重骑兵陷入激烈的厮杀，这就要求英军长弓手们快速、精准地消灭敌人。这正是我们在历史画作中所看到的，而且我相信这就是他们在这次战役中的主要贡献。

英军的弓箭手将法军士兵射得踉踉跄跄、晕头转向，受伤或者失去行动能力的法军士兵马上成为英军短剑手们唾手可得的目标。这些武艺精湛的轻装短剑手在混乱的前线穿行，斩杀中箭受伤的法军士兵。漫长的一天过去了，战死的法军战马和士兵的尸体在英军阵前堆积起来。由于这道令人作呕、恶臭熏天的"尸体篱笆"阻挡，后续进攻的法军在勇猛的英军弓箭手面前更加不堪一击，最终英军赢得了战役的胜利。胜利属于英勇搏杀的重骑兵，也属于坚守阵地的长矛兵，更属于弓箭手们，但是最重要的是，胜利归功于多兵种协同战术的运用和绝妙的地形选择。

克勒西战役后的长弓

克勒西战役的失败促使法国痛下决心进行改革。他们改进了铠甲，在许多战役中也改为采取下马徒步进攻的战术。10 年后的普瓦提埃之战中，法军就是这样做的。1415 年，法军骑兵在阿金库尔战役中的首次进攻受挫后，再次改为徒步交战。阿金库尔战役中，法军骑兵的大部分伤亡是英军弓箭手造成的，但在最初编年史描述的画面中并没有那么灾难性。蒙斯特莱在描述纪尧姆·德·索维兹爵士率领 300 名法军重骑兵冲锋的情节时这样写道，"除了 3 名骑兵，其他人都回来了……那 3 名骑兵不幸战死是因为他们的马被敌人设置的木桩刺倒了"，他确认"他们的马被英格兰人的箭惊吓得完全失控"[133]。但是这与广为流传的毁灭性箭雨有很大出入。按照他的记载，法军骑兵只有三人阵亡，而且死亡原因是他们骑的马被木桩刺倒，一名英军弓箭手乘机用槌击碎了他们的头骨。脱缰的战马向己方战线疯跑无疑会制造麻烦，但是当时的实际情况是，大股法军骑兵队伍败退下来，与后续跟进的队伍迎面相撞，造成了灾难性混乱。这与法军在克勒西战役中所犯的致命错误多么相似。

在阿金库尔战役中，英军以少对多，取得了惊人的胜利，但是弓箭在其中所起的作用只占一小部分。法军失败的真正原因在于错误的战术、不利的地形、令人举步维艰的泥淖和无能的指挥，还有英军弓箭手非凡的战斗勇气。实际上到了最后，英军弓箭手的箭已经耗尽，他们是靠殊死搏杀才夺取了战役的胜利。

在英格兰玫瑰战争期间，约克家族和兰开斯特家族的弓箭手相互厮杀，规模空前。尽管战场上炮声隆隆，硝烟弥漫，狂风暴雨般的箭矢仍然遮天蔽日。1461 年在陶顿地区，兰开斯特人和约克人冒着暴风雪展开了一场残酷的战役，那堪称一场弓箭手的巅峰对决，开战当天，双方就有大约 2.8 万人阵亡。许多人是被长弓射杀的，创造了英格兰本土战争史上单次战役阵亡人数最多的纪录。

关于 1485 年 8 月 22 日博斯沃思战役中的弓箭运用情况，史料记载非常有限，仅有意大利史学家波利多尔・维吉尔有少量记载，据称，理查三世将弓箭手部署在最前线，他们“就像一道最坚固的壕沟或壁垒”[134]。这意味着理查的作战计划是将弓箭手用作抵御敌军进攻的第一道防线，骑兵和步兵部队则部署在弓箭手战线之后。维吉尔不仅记叙了开战之初双方弓箭手的对射场景，还写道“后来双方逐渐逼近，用刀剑展开了近战肉搏”[135]。这场战役的焦点并非弓箭手，而是令理查遭受厄运的骑兵冲锋，他被敌军砍死在马下，输掉了战役，也丢掉了王位。

亨利・都铎在博斯沃思战役中的胜利开启了英国历史上的都铎时代。长弓仍是重要的武器，但它在陆地战场上最辉煌的时代已经过去了，不过在海上，长弓作为极为重要的武器仍然活跃了一百多年。

海战场上的长弓

中世纪时期，可供研究的长弓实物严重缺乏，幸运的是，我们终于有了研究都铎时期和海军弓箭的机会。“玛丽・罗斯”号战舰是个珍贵的时间胶囊，战舰内的宝藏加深了我们对长弓的了解，也有很多秘密等待揭开。

“玛丽·罗斯”号战舰于1545年在索伦特海峡沉没，船上载有250张长弓。事实上，“玛丽·罗斯”号仅仅是亨利八世58艘战舰中的一艘，整个舰队共配备有4835张长弓[136]。除了长弓，从“玛丽·罗斯”号上还发掘出了大量的燃烧装置，各种火药武器、抛射式武器、弩和长弓等[137]。对木制舰船来说，火是最致命、最可怕的威胁。

在发掘出的玛丽·罗斯弓中，有7张的形状与众不同，它们的弓臂握把处有个边缘平滑的梯形凹槽[138]。玛丽·罗斯弓可说是最强劲的弓之一，它们能够实施远距离射击，所以这个凹槽可能是用于装配某种防护装置的，以保护弓臂不被火弓箭的火焰烤坏[139]。这些庞大的弓在力大无比的弓箭手操作下，能发射出一支支拖着火焰的箭，像彗星一样飞跃大海的波涛，扎进敌船的船板。这在作战中是一种很大的优势。不过，都铎王朝的舰队也装备有大量的常规箭矢，据《安东尼档案》记载，1546年，在英格兰海军的58艘战舰上共配备了176040支箭[140]。

“玛丽·罗斯”号战舰和当时的其他战舰一样，都装备有威力巨大的火炮、火绳枪（harquebus）等火药武器，但是都铎王朝海军仍然高度重视弓箭装备，因为长弓在海战中有自己独特的优势。海上的水汽和强风可能会令火药受潮或吹散火药，也可能熄灭引火，加之火炮从点火至发射有一定的延迟，舰船甲板的角度也随着船体的摇摆而不停变化，这些都会直接影响火炮的射击精度。相比之下，长弓手能更好地补偿这些变量，使射击更可靠，射速更快。

可以想象一下，在火药枪炮成为有效的海战武器之前，弓箭有多么重要。[141] 弓不仅是远射程武器，能发射火弓箭烧毁敌船，还是舰船近距离交战的关键武器。弩也有类似特点，一些国家喜欢将其作为海战武器。

对阵战中的长弓——辉煌与灾难

福尔柯克之战（Falkirk，1298 年 7 月 22 日）：英格兰弓箭手（与弩手和投石手一起）对抗无盾牌防护的苏格兰长矛圆阵（schiltron）时很有效。

班诺克本之战（Bannockburn，1314 年 6 月 24 日）：开战第二天，部署在无防护阵地的英格兰弓箭手受到苏格兰骑兵的侧翼袭击，英军惨遭践踏。

巴勒布里奇之战（Boroughbridge，1322 年 3 月 16 日）：英格兰弓箭手在长矛兵掩护下痛击了苏格兰骑兵。

杜普林沼地战役（Dupplin Moor，1332 年 8 月 10 日至 11 日）：部署在侧翼的英格兰弓箭手向苏格兰军队阵列中央实施精准射击，造成后者发生严重混乱，大量士兵被踩踏致死。

哈利顿山战役（Halidon Hill，1333 年 7 月 19 日）：缺乏盾牌防护的苏格兰军队排成长矛圆阵仰攻山上的英格兰军队，遭到英格兰弓箭手的俯射反击。

克勒西战役（Crécy，1346 年 8 月 26 日）：英格兰弓箭手射杀了大批缺乏盾牌防护的热那亚弩手，并以密集的箭雨持续抗击法国骑兵的连续进攻。英军弓箭手的阵地防护严密，法军因地形所限被迫在狭窄的正面战场发起进攻，但均被英军弓箭手击垮。战斗持续数小时后，法军战败，大量法国贵族阵亡。

内维尔十字之战（Neville's Cross，1346 年 10 月 17 日）：英军弓箭手在山脊上列阵，山脊的一侧是河流，另一侧是陡峭的峡谷。铠甲精良的苏格兰重骑兵展开徒步进攻，尽管苏格兰国王大卫二世脸部中箭受伤，但他们低着头用盾牌抵挡着英军的箭雨，这在战斗初期发展顺利。后来，英军弓箭手从侧翼攻击防护较弱的苏格兰二线进攻部队，最终打垮了苏格兰人。

普瓦提埃之战（Poitiers，1356 年 9 月 19 日）：法军骑兵实施首轮进攻，随后重骑兵下马，徒步作战，向英格兰弓箭手实施正面攻击。据一些编年史作者记载，英军的箭都射完了。但是，在骑兵弓箭手辅助下，英军向法军侧翼和后方发起攻击，扭转了战局。

科切尔之战（Cocherel，1364 年 5 月 16 日）：纳瓦拉王国查理二世麾下的英格兰弓箭手射击效果不佳，无法对徒步进攻的法国重骑兵造成太大威胁。据傅华萨描述，法军“装备精良，他们用坚固的巨盾抵御着弓箭，几乎没有受到损伤”[142]。后来，法军骑兵预备队发起冲锋，取得了战斗的胜利。

阿勒祖巴洛特之战（Aljubarrota，1385 年 8 月 14 日）：卡斯蒂利亚—法国联军重骑兵被迫在狭窄的正面进攻，侧翼遭到了葡萄牙守军密集的弓箭打击。战场考古发掘发现，葡萄牙军构筑了严密的防御工事和壕沟网，有效保护了盎格鲁 - 加斯科涅弓箭手先遣部队。此外，据傅华萨编年史中记载，葡萄牙军弓箭手还砍伐了树木构筑了阻止敌军骑兵冲击的障碍。

霍米尔顿山之战（Homildon Hill，1402 年 9 月 14 日）：英格兰弓箭手战胜了占据山顶有利地形防御的苏格兰弓箭手，目前尚不清楚英格兰人是向山上仰攻还是从邻近的有利位置射击，当时的风向及双方弓箭手的数目也不详，但它仍是英格兰长弓手的一次非凡的胜利。

什鲁斯伯里战役（Shrewsbury，1403 年 7 月 21 日）[143]：参战双方均动用了大量弓箭手，对作战极为有效。绰号“急性子”的哈里·珀西爵士，率领叛军反抗亨利四世的统治，但被箭射中眼睛而阵亡。王室军队一方的亨利王子，即后来的亨利五世面部也中了一箭，根据移除这支箭的手术情况记述，这支箭的弹道几乎是水平的。在中世纪战争中，指挥官们经常需要掀开面甲指挥作战，因而极易受到弓箭伤害。

阿金库尔战役（Agincourt，1415 年 10 月 25 日）：英格兰弓箭手们部署在狭窄地形的树林边缘，向法军侧翼发起攻击，致使法军阵列中心遭到挤压。由于地形特殊，致使法军的兵力优势无法发挥，只能在狭窄的正面发起进攻。英军前线设有尖利的木桩，弓箭手和重骑兵混合部署作战。法军发起的骑兵冲锋受挫后，骑士和重骑兵下马徒步进攻。拥有 4000 名长弓手和 1500 名弩兵的法军，由于指挥部意见分歧，并没有很好地运用这些力量。在战斗中，英军的箭全部耗尽，最终经过殊死的肉搏赢得了胜利。

韦尔讷伊会战（Verneuil，1424 年 8 月 17 日）：法苏联军（法国－苏格兰）雇佣的伦巴第骑兵装备了精良的米兰式铠甲，英格兰的弓箭打击对其几乎毫无效果，致使弓箭手们遭到骑兵的践踏砍杀，溃不成军，再也没能重新投入战斗。后来，约翰·贝德福德公爵集结英军重骑兵发起反击，取得了战役的胜利。

帕泰之战（Patay，1429 年 6 月 18 日）：英军弓箭手尚未布设好木桩，法国骑兵就发起了攻击，弓箭手们遭到冲击踩踏，伤亡严重。

库米尼（福尔米尼）战役（Formigny，1450 年 4 月 15 日）：英军指挥官为托马斯·凯瑞尔爵士，兵力有约 4300 人，其中 2000 多名为弓箭手。英军设立了木桩、战壕和陷坑，阵地后方有溪流和林地。法军指挥官为查理·克莱蒙特，兵力有约 3000 人，其中 1200 人为骑兵弓箭手。法军重骑兵在弓箭手支援掩护下攻击英军侧翼，但被英军击退。法军随后对英军实施猛烈炮击，英军弓箭手冒着炮火夺取了法军的火炮，法军发起反冲击后又把火炮夺了回来。后来法国援军（含 800 名弓箭手）赶到，英军难以抵挡，最终战败。

陶顿战役（Towton，1461 年 3 月 29 日）：在漫天风雪中，处于顺风位置的约克人弓箭手顺风放箭，拉开了战役帷幕。兰开斯特人处于逆风位置，极低的能见度既影响了他们的测距精度，也模糊了箭的落点，导致他们的箭射得太近，白白地落在了雪地上。当兰开斯特人的箭耗尽以后，约克人的弓箭手开始向前推进，通过捡用兰开斯特人落在地上的箭补充自己的箭囊，继续实施箭雨攻击。由于无力组织弓箭反击，兰开斯特人只得发起绝命的徒步冲锋，将约克人的弓箭手驱逐到阵列后方，双方展开激烈的近战肉搏。最后，姗姗来迟的诺福克公爵率领援军赶到，约克人最终获胜。

丢克斯伯里战役（Tewkesbury，1471 年 5 月 4 日）：在兰开斯特家族和约克家族之间的玫瑰战争中，弓箭手常被用来诱敌出击。在此战中，兰开斯特军在丢克斯伯里建立了防御阵地，而爱德华四世运用数量占优的弓箭手诱使兰开斯特军主动发动进攻，兰卡斯特军中计出击后，埋伏在树林里的约克长矛兵突然杀出，攻击兰开斯特军侧翼，最终兰开斯特军大败。

弗洛登山战役（Flodden，1513 年 9 月 9 日）：苏格兰人将弓箭手与剑手混合编组，以散兵线（skirmish line）队形推进，他们的重骑兵铠甲精良，英军的弓箭对其几乎不起作用，但是英军能够大量杀伤铠甲薄弱的苏格兰高地部队。在此次战役中，弓箭发挥了一定作用，但是火炮和手持长柄武器的重装步兵是决胜因素。

平基克留之战（Pinkie Cleugh，1547 年 9 月 10 日）：英格兰与苏格兰的交战双方均有数千名弓箭手，但英格兰军队由火炮、火绳枪、骑兵、步兵和海军舰炮等多种力量构成，最终获得战斗胜利。这次战役被证明是长弓在战争史上的最后一次大规模运用。

13 世纪末至 14 世纪初两艘战舰交战的图画，选自《教皇格列高利九世教令集》(*Decretals of Gregory IX*)。图中战舰的艉楼上均部署有弓箭手，两船接近时双方会用长柄武器互相攻击。(图源：英国国家图书馆 / 布里奇曼图片社)

中世纪的海战与陆地作战相似，舰船在海上抛掷抓钩以控制敌船，或是尽量靠近敌船，与其并行，而后士兵们跳上敌船展开近战肉搏，这种海战样式也称为接舷战。中世纪的战舰大多由商船改装而来，船首和船尾加装了木制防御结构。艏楼（forecastle，或称 foc'sle，在航海术语中仍被使用）和艉楼（aftcastle）的外壁非常陡峭，不易攀爬。同时，作为船只的制高点，弓箭手可以在此俯射敌船甲板上的目标。由于这些战舰原本是货船，甲板比较宽阔，战时通常用来排兵布阵，以及装载马匹、弹药和补给。对甲板上部队的另一个威胁来自敌船的瞭望台，上面的士兵会向下投掷石头、标枪、飞镖或成罐的生石灰（一种腐蚀性粉末）。把他们干掉也是弓箭手的任务。

重装士兵在接舷战中担任重要的角色，他们先用长矛、棍棒和标枪攻击敌船甲板上的人员，而后拔剑跳帮，登上敌船。如果是两支舰队交战，其中一方可能会把所有的船绑在一起，形成一道防御屏障。1340 年 6 月 24 日，爱德华三世统帅的英格兰海军舰队与法国舰队在斯鲁伊斯展开了一场大规模海战，法国舰队就采取了这个战术。

斯鲁伊斯海战揭开了英法百年战争的序幕，它的作战海域位于佛兰德斯镇附近的斯鲁伊斯港口，现在这片海域已经淤积成陆地被开发利用。双方的参战船只均在 200 艘以上，法军中有大约 2 万名热那亚雇佣弩兵，英军则既使用长弓也使用弩[144]。英军三支舰船编队借助风势向法军舰队发起攻击，另有一支编队留作预备队。

英军左右两翼的战舰甲板上都布满了弓箭手，一旦进入射程，就能牵制住法军侧翼的舰船，阻止他们向中央编队增援。借着洋流，爱德华的中央编队逼近了法军船只，每艘船上都挤满了渴望登临敌船的重装步兵。根据编年史作家杰弗里·勒·贝克的描述，法军舰船编队“就像一排城堡”[145]。

接舷跳帮是中世纪海战的惯例，但是必须将重装步兵和弓箭手混合运用才有可能达成。无论是海战还是陆战，运用多兵种混合作战始终是胜利的法宝。弓箭手的作用是，消灭登船区域的敌军，掩护己方人员登临敌船，还要阻止敌方登临己船。接舷战的节奏非常紧凑，弓箭手必须快速射击才能阻止蜂拥而上的敌人，他们不仅要反复开弓放箭，还要迈着疲惫的双腿在摇晃的甲板上变换阵位。双方从白天打到夜幕降临，杀得昏天黑地，精疲力竭。

法军战舰编为3—4个梯次，随着英军登船部队向法军舰船编队的一步步推进，战斗变得越来越像陆地战。弓箭手们紧随重装步兵不断前进，把大量法军逼退掉入大海。双方都试图登占对方的舰船，攻防也经过了多次转换，战斗异常激烈。最终，英军取得了胜利，法军指挥官阵亡，数千名身着铠甲的法军官兵命丧大海。有人说，如果鱼会说话，它们都能学会法语了[146]。

这场海战是爱德华国王和英格兰弓箭手的重大胜利，残余的法军战舰被英军潜水员全部击沉，法军舰队被彻底摧毁[147]。这意味着在其后相当长的时间里，英格兰都无须担心来自海上的威胁，英法百年战争的后续战事只会在法国的领土上展开。

无论是射杀高高的桅杆上的敌军标枪手，还是用火弓箭攻击敌方舰船，建立滩头阵地或夺占港口要塞，海军弓箭手们依赖的是他们在标记点射击、布靶射击和“鹦鹉”射击训练中培养出的技能，而在支援接舷战时，他们运用的又是当初在靶垛实施力量射击训练时培养的技能。弓箭手在战争中是“多面手”，他们凭借多种技能在中世纪的海洋和陆地战争中大显身手，屡建功勋。

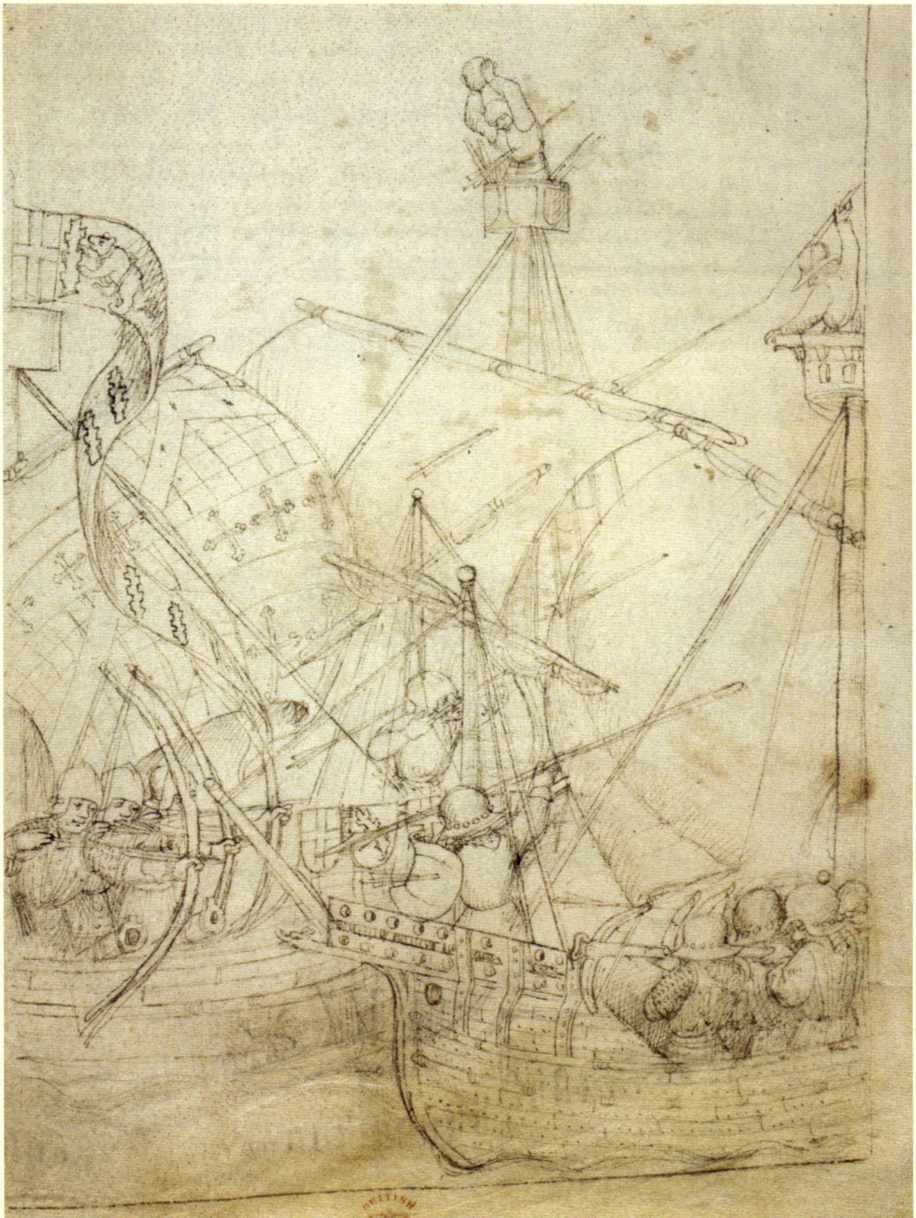

1416 年塞纳河河口的海战中，英舰上的长弓手正在和法舰上的弩兵对射。注意法舰的瞭望台，那里的士兵正要投下石块和标枪，对英军弓箭手构成直接威胁，其中一名法军已被英军射中。不过，弓箭手在海战中的主要射击方式是近距离平射，阻止敌方登船。（图源 :《比彻姆画册》，[1483—1484]，英国国家图书馆 / 布里奇曼图片社）

弓箭手正在掩护一场“由舰到岸”的登城行动。随舰弓箭手的任务不仅限于与敌方舰船作战，他们也经常为登陆行动提供重要的支援。1337 年 11 月，英军在荷兰卡德赞德登陆，弓箭手们成功击溃了欲阻止他们登陆的法军[148]。图中可以看到，船上的弓箭手正在攻击濒海城镇的守军。许多富裕的海滨城镇建有濒海城防工事，敌军有时会将战舰直接抵靠到濒海一侧的城墙边，登陆兵在弓箭手掩护下便可直接从船上攀墙攻城。（图源：英国国家图书馆 / 布里奇曼图片社）

斯鲁伊斯海战

英军重装士兵在弓箭手掩护下正在跳帮登占法国战舰。在斯鲁伊斯海战中，法军把舰船绑在一起形成屏障，所以船只的船帆都放了下来。图中的英军战舰刚刚靠近法军舰船，正在发起攻击。英军战舰由一种名为“柯克船”[149]的商船改装而成，船艏加装的木结构为艏楼，是弓箭手理想的射击阵位。弓箭手通常会和重装步兵、长矛兵混合编组，支援登船行动，这和陆地战斗的战术很相似。

法军雇佣的热那亚弩兵的角色与英军长弓手相同。在登船行动中，弓弩手要尽力扫清敌方舰船舷侧的防御力量，掩护己方人员登上敌船。长弓手和弩兵也会向敌船瞭望台射击，阻止那里的士兵投下标枪、石块和生石灰罐。长矛是支援或击退登船行动的关键武器，它的长度和陆地骑兵的长矛差不多。在海战中，长矛兵可以攻击敌船舷侧人员，而在陆地上，长矛兵又是弓箭手至关重要的伙伴。凭借长矛兵排成的刺猬阵，弓箭手可以免受敌方骑兵的攻击。

长弓的衰落

到了英格兰都铎王朝时期（1485—1603），尽管很多人仍然钟爱长弓，但长弓已经基本退出了陆地战场。然而，在海战战场上，长弓仍然是必不可少的接舷战武器，并持续沿用至伊丽莎白时代（1558—1603）。1579 年，弗朗西斯·德雷克爵士[150]的舰船在旧金山海岸遭遇了一艘西班牙宝藏船，据其堂弟约翰描述，该船船长圣胡安·德·安东拒绝投降，英军战舰炮击了该船的后桅杆，他仍不愿屈服。直到“圣胡安·德·安东船长中箭受伤”后，他才降下船帆停航投降[151]。长弓的射击精度很高，即使是在摇晃的甲板上也毫不逊色，是当时的慢射速火绳枪所无法比拟的。

德雷克爵士和约翰·霍金斯爵士[152]曾于 1595—1596 年率领“挑战”号、“花环”号、“希望”号、“伊丽莎白·博纳旺蒂尔”号、“冒险”号和“远望”号等 6 艘舰船远赴西印度群岛航行，这些舰船的装载物资清单[153]里有很多与弓箭有关的装备，比如“长弓”（longe bowes）、“弓弦”（bowe strings）、“火弩箭”（crossbows for firebaules）、“长弓常规用箭（非火弓箭）”（longbowe shotte no firewourks）、“优质弓弦”（bowstring tarslled）、“火弓箭”（arrowos with ffirewourkes）、“新月形火弓箭”（cinnset with ffirewourkes）、“轻型弓用箭”（slimbowe arro for leade）、“长弓用箭”（arrowros for longbows），以及“弓箭储存箱”（chesstes for bowes and arrows）等。（译注：以上均为古代英语）大多数条目的含义是比较明确的，也有个别的不好理解，比如“slimbowe arro for leade”。“cinnset”可翻译为“crescent”，即新月形箭镞，可能曾经在海战中使用过。这种箭也常被称为“叉形箭”（forked arrow），主要用于狩猎鸟类。

马克·斯特雷顿经过测试证明，新月形箭镞能够撕裂帆布[154]。他用这种箭镞对厚帆布实施了小角度射击，结果帆布被撕开了 12 英寸大的破口。在海上追击战中，如果用这种箭多次攻击敌船帆桅，有可能造成敌船减速，凛冽的海风还可能会使船帆的破口越撕越大。不过，这种战术在哪些中世纪海战中使用过还有待考证。

从德雷克船队的装载清单可以明显看出，火弓箭，即“带有烟火的箭”，在海军弓箭装备中继续扮演着重要角色。如果作战目的并非掳获敌船和上面的财富，那么火攻是极为有效的攻击手段。佩德罗·萨米恩托·德·冈博亚曾记载，德雷克舰队于1578年2月13日在卡亚俄·德利马港缴获了一艘西班牙船，提供了登船行动中弓箭运用的稀有资料[155]。据他描述，德雷克的战舰“金辛德”号在晚上10点到午夜之间悄悄进了港，登船分队随后换乘了体积较小、依靠人力划桨机动的船载驳运小艇，逐一搜查在那里停泊的西班牙船只。每搜查完一艘西班牙船，他们都要把它的锚索砍断。后来他们搜到了阿隆索·罗德里格斯·巴普蒂斯塔船长所在的“圣克里斯托瓦尔”号战舰，“他们登上了船，向船上的水手和引水员射了很多箭……阿隆索·罗德里格斯船长中箭受伤”[156]。大胆的夜间突袭成功后，德雷克控制了这艘满载白银的船。当岸上的敌人发觉时，他们已经把船开到了港外的开放海域。西班牙人追击了两天两夜未果，最终不得不放弃。在这次突袭行动中，长弓发挥了隐蔽攻击的优势，为德雷克创造了足够的时间顺风逃脱。

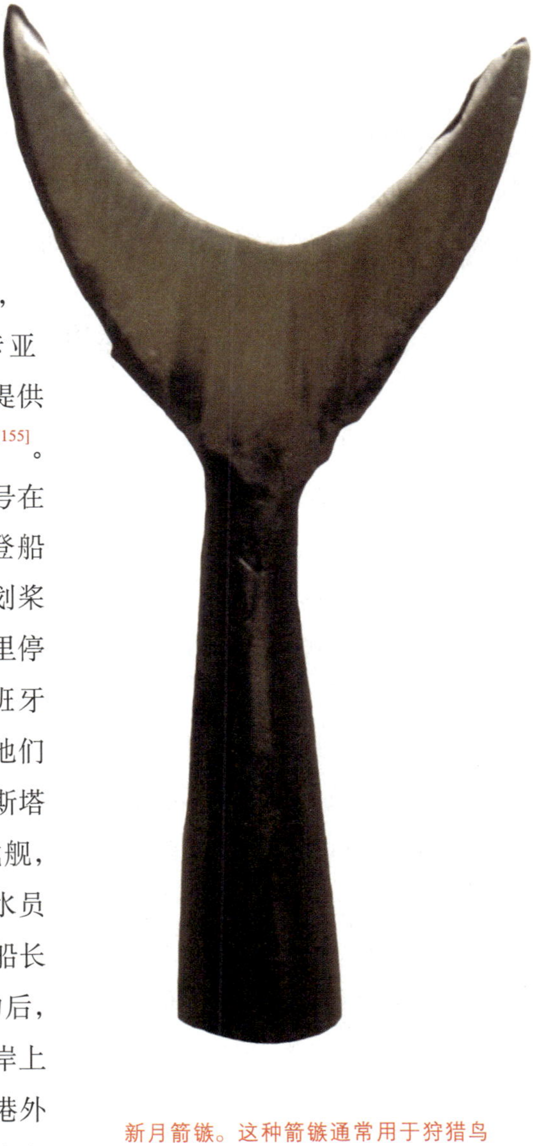

新月箭镞。这种箭镞通常用于狩猎鸟类，也可能在海战中用于撕裂敌船的船帆。用其狩猎时，箭镞的形状可产生削弱性的钝性打击力，且不打滑，就像钝器痛击一样，有可能使鸟的翅膀失去飞行能力，但又不会刺穿、破坏鸟的身体。（图源：马修·瑞恩，箭镞由赫克托·科尔制作）

德雷克和约翰·霍金斯爵士的美洲探险之旅激起了英格兰人对新大陆的浓厚兴趣。1582 年夏，汉弗莱·吉尔伯特爵士筹备了一次远征，准备以英格兰国王的名义开拓美洲领土。在这次远征的协议中有一处条款，要求在新殖民地拥有土地的人必须置备必要的防卫武器，“每个拥有 60 英亩土地的人，都要备有一张长弓、一捆箭、一把长剑、一把匕首和一个木制盾牌”[157]，这肯定是美洲大陆上的第一份“武备条例”。

长弓在其他国家的运用

自由佣兵团

1395 年，编年史作家菲利波·维拉尼提到在意大利的英格兰雇佣兵中有弓箭手：

> 他们中的其他人是弓箭手，他们的弓很长，是用紫杉木做的；他们是快速、敏捷的弓箭手，善于使用弓。[158]

他在记述中强调了快速射击在作战中的价值，并证实了这些人使用的是紫杉长弓。这些弓箭手属于“自由佣兵团”，这种独立的雇佣军组织给英格兰弓箭手提供了到国外打仗挣钱和冒险的机会，尤其是参加了 14 世纪意大利半岛自相残杀的城邦冲突。约翰·霍克伍德爵士（1323—1394）领导的“白佣兵团”[159]可能是这些组织中最出名的一个，虽然它也是众多雇佣兵组织之一，但它建立的一些雇佣兵传统经久不衰。1434 年，英格兰的沃尔特爵士率领的 100 名弓箭手受雇于威尼斯城[160]。1375 年，霍克伍德的“英格兰佣兵团”（白佣兵团的别称）共有 4500 名重骑兵（含 1500 名骑兵）、500 名弓箭手和大量步兵[161]。他的一些弓箭手队长还在佛罗伦萨城参战并在 1391 年获得了奖金，史料记载下了他们的名字。这些名字（大多数）对现代英国人来说比较熟悉，他们是约翰·阿普尔比、理查德·文斯、约翰·沃尔瑟、哈里·布朗、理查德·汤姆森，还有迪奥梅德·塞里奇、罗伯特·费尔顿、约翰·巴尔萨姆[162]。

自由佣兵团的主要编成单位是枪骑兵单元（lance），而弓箭手的主要任务就是支援他们作战。一个枪骑兵单元通常包括一名骑士和两名重骑兵，共三名骑手。枪骑兵单元不属于任何佣兵团，他们被称为“雇佣兵/自由枪骑兵”，谁的出价更高，他们就和谁签约。作战时，枪骑兵和配属人员组成混编作战单元，包括重骑兵、弩手、戟兵、长矛手和弓箭手。下马作战时，枪骑兵以骑兵长枪为作战武器，使用方法与步兵长矛类似。

维拉尼描述了枪骑兵单元的战术：

> 他们在战场上通常徒步战斗，马交给侍从照看。他们排成环形阵列，每两人持一支长枪，像捕猎野猪的猎人拿着标枪一样。他们的阵形是那样紧密，手持低垂的长矛，迈着缓慢的步伐向敌人逼近。[163]

弓弩手的战斗位置可能在枪骑兵单元的中央，或是在各列枪骑兵之间，这种战斗队形攻防兼备。

约翰·霍克伍德爵士在意大利佛罗伦萨城受到人们的尊崇，名垂青史，可是他招募来的一些英格兰雇佣兵却非常粗鲁野蛮，在当地留下了“背信弃义”“邪恶无比”的骂名[164]。而在法国服役的苏格兰弓箭手则非常受人尊敬，英法百年战争结束后，许多苏格兰弓箭手留在了法国，建立了新家，过上了相当富裕的生活，还慢慢形成了法苏混血的血脉。

苏格兰卫队

始于13世纪末的苏格兰—法国“老同盟”关系主要是象征性的，但它为苏格兰贵族提供了与宿敌英格兰人进行体面战斗的机会，也为苏格兰士兵创造了大量就业机会。根据史料记载，1412年，法国王太子、后来的法国国王查理七世（1422—1461年在位）任命苏格兰人约翰·斯图尔特担任他的弓箭手队长。1418年，还是皇储的查理七世招募了一支苏格兰弓箭手卫队。4年后，他组建了精锐的皇家卫队，即著名的苏格兰卫队。到了

图中的法国国王查理七世被描绘成朝拜耶稣的“东方三博士”[165]之一，装扮华丽的苏格兰卫队正侍立在他的身边。法国贝里省纹章官吉勒斯·勒·布维耶描述了1449年他们进入鲁昂时的情景：

排在卫队最前列的是法国国王的弓箭手们，他们穿着红、白、绿三色相间，有金色刺绣装点的无袖棉甲[166]。

除了刺绣外套，卫士们的衣帽上还有红色、白色和绿色的羽饰。他们的盔甲非常精良，有轻盔（sallet）、胸背甲、腿甲、护胫甲（greave）和足甲（sabaton）。出于实用性的原因，他们的胳膊上没有佩戴板甲，但是从衣袖可以明显看出是带有饰钉的软甲。另外，从图中还能看出，卫队里既有长弓手也有长矛手，他们在作战时可能就是采取的这种编制。（克里斯托弗·法恩艺术公司/盖蒂图片社，摘自《艾蒂安骑士的时光》之《东方三博士的朝拜》，绘于约1445年，羊皮纸书，让·富凯［约1420—约1480］）

路易十一世（1461—1483 年在位）统治期间，苏格兰卫队扩大了规模，由最初的 100 名苏格兰弓箭手和 100 名法国弓箭手，扩大为 400 名弓箭手、40 名弩手和 160 名武装随从[167]。

1419 年，巴肯伯爵约翰·斯图尔特（1381—1424）率领约 6000 人的苏格兰军队加入了法国皇太子（Dauphin）的军队，其中长弓手所占比例很高。这些士兵有些被编入野战部队，有些作为守备部队，例如由邓弗里斯堡威廉·道格拉斯爵士提供的 300 名苏格兰弓箭手进驻了耶夫尔河边的耶亨镇[168]。1421 年，在博热战役中，苏格兰弓箭手坚守桥头阻止英军，为法军取得重大胜利创造了有利条件。1424 年，法军在韦尔讷伊战役中战败，苏格兰弓箭手遭到英格兰人的疯狂复仇。1429 年，苏格兰弓箭手参加了奥尔良城解围战，与法军一起反击英军。法国女英雄“圣女”贞德的麾下不仅有很多苏格兰弓箭手伴随主力部队作战，她自己还有一支苏格兰弓箭手私人卫队。她深知他们的价值，而且了解长弓的杀伤力。在奥尔良战役中，贞德曾被英格兰人的箭射中肩膀，她短暂退出了战斗，但在当天晚些时候又重返了战场。

在贞德的苏格兰盟友中，有一位是安格斯郡守——生于奥克特豪斯的帕特里克·奥格尔维爵士。据史料记载，他提供了 60 名重骑兵和 300 名弓箭手参战[169]，获得了 1370 枚里弗－图尔格罗斯币（livres-Tournois）的报酬[170]。奥格尔维不仅参加了奥尔良解围战，他和他的弓箭手们还出席了在兰斯举行的查理七世加冕仪式。法国有很多苏格兰弓箭手领薪饷的历史记录，其中一条比较有趣，一位名叫让·休伯特的苏格兰弓箭手把 15 枚里弗－图尔格罗斯币的薪水这样花了：

> 他买了 7 捆箭送给一些苏格兰来的弓箭手，这些弓箭手在和英格兰人的战斗中把箭用光了。[171]

休伯特先生从哪买来这么多箭呢？法国的领土内很可能有制箭工业，

而苏格兰肯定有更加庞大的制弓行业。休·索尔提到，1445—1662 年，仅爱丁堡一地就有 97 名制弓匠在经营相关的行当[172]。

奥尔良战役可能是苏格兰人对法国贡献最大的战役，而在苏格兰本土，长弓在对抗英格兰人的战争中也受到了高度的重视。苏格兰议会曾于 1424 年颁布一项法令，要求所有超过 12 岁的男性都要成为弓箭手，禁止足球和其他类似的游戏，且凡价值超过 10 英镑的土地均要建立弓箭训练场。这和 61 年前英格兰爱德华三世颁布的法令非常类似[173]。1429 年，苏格兰议会又颁布命令，要求家产超过 10 英镑的人必须制备弓、箭、剑、小圆盾和刀。而 1318 年的苏格兰武备条例规定，有一头牛财产的人必须制备一套弓箭手装备[174]。苏格兰长弓手和他们的英格兰对手一样，是当时社会上比较富裕的人。

高尔夫球运动也遭到了崇尚弓箭的苏格兰当局的责备。1457 年，政府于军事典阅期间颁布了一项法令，谴责高尔夫球和日益腐化的足球业。军事典阅是政府定期组织的装备检查，人们必须出示与自己财产状况相称的武器，而且这些武器必须处于良好状态。1457 年的法令还要求所有男子在每周日的训练中至少射 6 支箭，无故缺席者罚款 2 便士[175]，这些罚金将用来买酒给那些参加训练的人喝。可不能再说苏格兰弓箭缺乏发展动力了。

1595 年，苏格兰国王詹姆士六世（1567—1625 年在位）的皇家制弓匠詹姆斯·弗格森受命去找英格兰供应商购买 1 万张弓和弓臂板条[176]。当他在苏格兰南部边境寻购这些装备时，发现这些装备根本“买不到”。鉴于当时英格兰和苏格兰两个“老冤家”之间的紧张关系并没有完全缓和，从对方那里买不到武器并不令人惊讶，弗格森不得不改道去斯堪的纳维亚买这些装备。这个故事表明，虽然当时火药武器的地位已经显著提升，但是苏格兰人仍然对保有强大的弓箭力量非常重视。

这张图片描绘的是巴黎攻城战（1429），“圣女”贞德正在指挥她的长弓手作战。弓箭手是贞德部队的重要组成部分，在战争期间她还有自己的苏格兰卫队。（图源：克里斯托弗·法恩艺术公司/盖蒂图片社）

法国骑士军团和法兰克斯弓箭手团

在打打停停的英法百年战争中，法国国王查理七世于 1445 年建立了一支常备军，这项举措及其他措施使得法国拥有了快速应对外部入侵的能力，而不再是一味地等待封建地方军的动员集结。这支常备军名为法国骑士军团（Compagnie d’ordonnance），下辖有 20 个连，每个连有 100 个枪骑兵单元。枪骑兵单元是骑兵作战单位（小组），包括 1 名重骑兵、1 名长剑手[177]、1 名侍从及 2—3 名弓箭手[178]。法国骑士军团总兵力约 1.2 万人，其中 4000—6000 人为骑兵弓箭手，他们和英格兰对手一样通常下马徒步战斗。

贝里省纹章官在15世纪50年代撰写的编年史中称这些弓箭手比较富裕，谈到了他们的工资和服役动机：

> 枪骑兵单元内的每名重骑兵有两名骑兵弓箭手随从，大多配有锁子甲、腿甲和轻盔，许多铠甲镶有银饰，至少会穿着质地良好的无袖棉甲或无袖衣（haubergeon）……他们的薪水每月一发，还被允许……扣押英格兰人作为囚犯，索要马或其他牲口作为赎金。[179]

查理国王进一步提高了长弓在法国的地位，给予了各地长弓兄弟会一些特权。在欧洲大陆，弩兄弟会的历史比长弓兄弟会更悠久，一些弩兄弟会至今仍在[180]，但是长弓在英法百年战争末期的贡献不容抹杀。兄弟会鼓励民众参加弓箭训练和比赛，提高了弓箭射击水平，大批的精英射手应运而生，为枪骑兵单元的招募储备了力量。

除了骑士军团的弓箭手，查理还组建了名为“法兰克斯弓箭手团”（Francs-archers）的地方民兵组织。全国各教区每120、80或50个家庭要提供一名弓箭手或弩手（各地标准不同），配备“轻盔、短剑、长剑、弓、一捆箭、无袖棉甲和链甲短外套”等装备[181]。法国骑士军团和法兰克斯弓箭手团弓箭手的月薪都是4法郎，但是骑士军团的弓箭手在战争中勒索赎金和掠夺战利品的机会要更多。

1450年的卡昂攻城战中，2000名法兰克斯弓箭手压制住了英格兰守军的弓箭手，法军取得了胜利。1449年的阿夫勒尔攻城战中，4000多名法兰克斯弓箭手做出了类似的贡献。路易十一世执政时，将法兰克斯弓箭手的数量增加到1.6万人，其中含有数量不详的长矛兵。

法国弓箭的繁荣是在火药武器开始崛起之后才迟迟到来，但它的发展规模无疑是巨大的。在克勒西、普瓦提埃和阿金库尔战役中，法国人从英格兰弓箭手那里吸取了惨痛的教训，他们招募了很多苏格兰弓箭手和本国弓箭手，希望弥补这个短板。对于那些喜欢用简单的部落图腾来看待事物的人来说，法国大规模发展长弓的举措令他们难以接受，但是实际上它应当被引起更多的关注。法军弓箭手在一些战斗中的失利，特别是吉内加特战役（1479），与其说是缺乏作战技能，倒不如说是由于组织不善和纪律松散。法国弓箭手获得最大的战绩可能是 1450 年的库米尼战役，约 800 名法兰克斯弓箭手和 600—700 名法国骑兵军团弓箭手参战，在法国元帅亚瑟·德·里什蒙指挥下，他们发挥了决定性作用。虽然这些弓箭手赶到战场的时间较晚，但是他们大多数是骑兵弓箭手，可以快速部署。一些弓箭手率先发起钳形攻势，另一些占领了重要的桥梁。法军最终取得了战役的胜利，结束了英格兰人对诺曼底的占领。

勃艮第公国

当法兰西和英格兰两国在百年战争中酣战时，法国王室内部两派系之间的矛盾开始激化，一派领袖是执政的阿马尼亚克，另一派是勃艮第公爵。直到阿金库尔战役之前，勃艮第才暂时搁置纷争共同对抗外敌英格兰人。勃艮第公国的国王“无畏的”约翰（1404—1419 年在位）是战弓的热情支持者，他曾在奥特埃战役（1408）中指挥弓箭手实施侧翼攻击，取得了重大胜利。但在阿金库尔战役爆发之际，“无畏的”约翰却留在了勃艮第，没有兑现率部参战的诺言。这对英格兰人来说也许是幸运的，如果约翰参战，他可能会很好地指挥参战的 4000 名法国弓箭手和 1500 名弩手。可惜的是，这些弓弩手被傲慢的法军指挥官忽视了，没能参加此次作战行动。

阿金库尔战役之后，“无畏的”约翰制订了一套战斗计划，想从法国人的误判中吸取教训。除了在后卫部队中部署 100 名弓箭手保卫预备队，他的主要战术是在部队的前锋配置两支较大规模的弓弩手部队。在勃艮第战争中，弓箭手被安排在前线，到了 15 世纪 30 年代，勃艮第军队中的弓箭手与重骑兵的比例达到了 3∶1。[182]

1419 年，“无畏的”约翰遇刺身亡，他的儿子、“好人”菲利普（1419—1467 年在位）怀疑这是法国国王查理七世的阴谋，两个派系因而

这是一位 16 世纪的德意志弓箭手，他的手中握着巨大的紫杉长弓。从衣着来看，他像是有地位的绅士。实际上，这是艺术家的自画像，他将自己的形象融入了画中。画中射手的姿态是重拉力弓射手常用的倾斜骨盆姿势，可见这张弓的拉力很大。观察画中的许多细节，例如皮革手套、箭杆上的色标，以及箭羽上深色条纹的化合物等，可见这位艺术家对弓箭装备非常熟悉。脚的摆位比较奇怪，其实这是一种常见的艺术表现手法，表明艺术家与画作内外的关系，“脚踏两个世界”。除此之外，画中所有的弓箭元素都表明这是一幅非常逼真的画像。（图源：巴塔 / 维基共享 / 公版网站，该图为中世纪画作《耶路撒冷的圣十字》局部，由圣凯瑟琳修道院长老汉斯 · 伯格梅尔于 1504 年在奥格斯堡创作）

爆发了公开的武装冲突，史称阿马尼亚克－勃艮第内战，其中勃艮第和英格兰结成了联盟。勃艮第军队以箭术精湛而闻名，除了本地的弓箭手，他们还招募了大批英格兰弓箭手。这些英格兰人蜂拥而至，图的就是高昂的报酬、冒险和射杀法国“宿敌”的机会。

反曲长弓

反曲长弓（Recurved Longbow）经常出现在历史手稿图画中，它的弓臂两端反向弯曲，和常规的长弓有明显区别。反曲弓在中世纪欧洲的地域分布和使用程度不详，由于没有实物，这些问题至今很难确定。有些人认为反曲长弓只有勃艮第弓箭手使用，依据是反曲弓在勃艮第的历史画作中最常见。但是英格兰弓箭手是15世纪勃艮第军队的中流砥柱，即便反曲长弓的发源地是在勃艮第，一些英格兰弓箭手也有可能使用它。

关于反曲长弓的制造方法也存在争论。有一种观点认为这很简单，即制弓匠在制作弓臂时选用反曲板条即可。另一种观点认为，弓臂板条是先在模具上弯成反曲形状，然后再用热处理法将其定形。（我自己有一张热处理制作的反曲长弓，3年后弓臂的反曲部分变直了，经过校正，它的反曲形态又保持了6年。现在我还经常用这张弓，它是我最喜欢的长弓，使用起来非常顺手。）

反曲长弓的弹射能力较好，射程比同等拉力的直臂弓远。著名制弓师理查德·加洛韦认为，反曲长弓在中世纪运用非常普遍，经他计算，反曲弓的射程比普通弓远20%[183]。

不同地域的长弓在外形和弓臂截面形态上可能风格不同，反曲弓臂的理念和优势也是众所周知。但是反曲长弓的制作费时费力，价格也更加昂贵，当国家急需大批弓箭装备时，直臂弓可能是更合适的选择。

盎格鲁和勃艮第的第一次联姻在1435年就结束了，“大胆的”查理1467年继承了勃艮第公国爵位，他和约克郡的玛格丽特联姻使其与英格兰的关系得到进一步巩固。查理和他的父亲“好人”菲利普一样，在扩充勃艮第弓箭手部队时都喜欢从英格兰招募。1473年，英格兰国王爱德华四世派遣了1000名弓箭手到勃艮第服役；1475年，勃艮第公爵的卫队中已经有8支英格兰骑兵弓箭手连队；1476年，查理在对瑞士的战争中动用了10支英格兰骑兵弓箭手连队（每队100人）[184]。尽管这个时期长弓在很多国家广泛使用，很多弓箭手参加了勃艮第的军队，但是训练有素的英格兰弓箭手还是最抢手。1476年莫拉特战役之后，查理的军需官付给英格兰骑兵弓箭手每人20先令，来自其他国家的骑兵弓箭手只有16先令[185]。

德意志地区

无论是在勃艮第服役还是在意大利当“自由职业者”，非英格兰籍的弓箭手中常常包括来自德意志地区的人。毕竟，“白色军团”的首任头领是德意志冒险家阿尔伯特·斯特尔茨，英格兰籍的约翰·霍克伍德爵士是他的继任者。14—15世纪，德意志雇佣兵经常和英格兰雇佣兵混在一起，许多人学会了使用“英格兰”长弓。

1477年，奥地利大公、后来的神圣罗马帝国皇帝马克西米连一世（1493—1519年在位）迎娶了勃艮第女公爵玛丽，此后，一支新的强大的军事实体诞生。在此之前的几

克里斯·博顿仿制的中世纪反曲长弓。成反曲形式的弓臂回弹速度更快，弓臂末端像准备攻击的蛇一样向前弯曲，使得弓弦的回弹速度也更快。这些设计都能有效提高箭的初速，普通的弓则需要更大的拉力才能达到这样的初速。简单来说，它就是个更高效的弹簧。（图源：麦克·洛兹）

十年里，历代勃艮第公爵不断拓展疆域，吞并了卢森堡和其他低地国家，领土已和哈布斯堡王朝的奥匈帝国差不多。

马克西米连撰写了一本非常理想化、充满幻想的自传《白色国王》（*Die Weisskunig*）[186]，他把自己描绘成全能的武器专家，英格兰长弓也不例外：

> 年轻的国王自学掌握了英格兰长弓，他超过了父亲宫廷里的所有骠骑兵（Hussar）……他凭借技能使用英格兰长弓的水平胜过那些凭借力气射箭的人。[187]

这里提到的骠骑兵是匈牙利的马弓手（horse-archer），他们使用的是匈人复合弓，具有极致的机械优势。凭借技能胜过那些凭借力气射箭的人，这话让人感到矛盾，因为要想在射程上胜过复合弓，马克西米连必须使用拉力大得多的长弓。但如果下面这段话可信，他就有可能做到：

> 虽然英格兰人的射箭技艺最熟练、精湛，远胜其他国家，他们之中有很多人也非常强壮，但是没有哪个英格兰人或其他国家的人的射箭力量能比得上马克西米连。他曾经用一支没有铁箭头的光杆木箭射穿了一块厚 3 指、极坚硬的落叶松硬木板。[188]

这段话显示了马克西米连一贯的自命不凡，但也能看出他非常钦佩英格兰弓箭手。在勃艮第军队中有一些英格兰弓箭手，马克西米连对他们比较了解。在《白色国王》中，他还提到了自己与他们的相处：

> 国王拥有勃艮第的土地后，很多英格兰雇佣兵投靠他，其中一些人拥有高超的长弓使用技能。马克西米连非常喜爱射箭，他在空闲时间里经常和英格兰雇佣兵一起练习，还跟他们学会了英语。[189]

我敢说，马克西米连从那些粗犷的英格兰弓箭手那里学来的很多话，在文雅的宫廷圈子里可能不大得体。马克西米连是一个看似矛盾的人，既是军事现代化的推动者，又是传统作战技能的维护者。在推行神圣罗马帝国军队改革时，他非常重视火药等武器装备，但他也引进了长弓，这无疑是受到英格兰弓箭手技艺的启发。马克西米连的新军主力是长矛军团，这是一种大规模的步兵部队，大部分士兵装备有火绳枪和长矛，也编配了一

中世纪德意志雇佣兵步弓手。这些弓箭手身体强壮，因善于使用巨大、强劲的弓而远近闻名。虽然历史画作中的弓和箭的尺寸比较夸张，但是德意志弓箭手使用的箭的长度确实比其他国家的要长得多，可达 39 英寸左右。目前尚不清楚这种长箭的优势到底在哪里。在地上的是用鹿皮或野猪皮蒙面的特殊箭筒，称为“拉赫克尔”箭筒，箭装在里面时箭镞朝上。（图源：霍尔格·里奇）

定数量的长弓手。在早期，火药武器不是很可靠，潮湿、多风的天气对其影响明显，而长弓的可靠性更高，射程更远，射速更快，一些神射手的射击精度很高。在《白色国王》的木刻画中可以看到大量的弓箭手部署在长矛方阵的侧翼，虽然它的规模无法与早期英格兰成千上万的弓箭手相比，但他们仍能以可靠、快速的射击抵御敌方的侧翼攻击。1511 年，马克西米连为保卫荷兰组建了一支作战部队，包括 1000 名骑兵、9000 名步兵和 1000 名弓箭手，由此可以看出当时参战部队中各兵种的大致比例[190]。如此规模的弓箭手不可小觑，毫无疑问，德意志人具有悠久的使用长弓的传统。直到马克西米连的孙子查理五世（1519—1556 年在位）进行军事改革时，长弓才最终退出了军事武器序列。

三、作战效能：对长弓的评估

仰射和射程

在中世纪的画作中，没有展现弓箭手在陆地野战中将箭射向空中（仰射）的场景。虽在城堡攻击战的画作中有大量弓箭手上身后仰实施仰射的画面，但在陆地野战的场景中并没有仰射。历史战争画作在展现敌对双方交战的场景时，为了便于构图，画师会明显压缩两军之间的实际距离。即便如此，如果画师们对仰射动作比较熟悉的话，依然能把这种姿态画出来。这并不是说弓箭手在陆地野战时无法仰射，也不是说弓箭手没这样干过。我仅仅是说，弓箭仰射虽然是好莱坞大片中非常经典的画面，但是中世纪的战争并不是这样。

超远射距（300 码）对战弓来说是有可能实现的，但是常用的射距为 200—250 码[191]。我们知道，在中世纪的布靶射击、标记点射击和游动射击训练中有远距离射击的传统，在围城战和海战中更是有许多远距离射击的实际运用，但这并不意味着长弓在陆地野战中的最佳用途是实施远距离连续齐射，更不能说这种射击方法很常用。长弓无疑具有远距离射击的能力，我们也不否认这种射击方法曾被运用过，但是远距离射击的作战运用规律、远射对弓箭手在陆地野战中主要行动的影响、用于远距离射击的箭矢数量比例等问题，都值得认真研究。

12—13 世纪史学家吉拉尔德斯·坎布伦西斯曾用经典的传奇证言威尔士弓的威力，称这种弓能穿透四指厚的橡木门，还曾将一名骑士的腿甲射穿并把他的腿钉在马鞍上[192]。他说威尔士人的弓“并不打算射得很远，而是在近战中重创敌人”[193]。具有如此穿透力的弓显然有能力将箭射得很远，所以我理解他想表达的意思是：尽管威尔士人的弓有远距离射击能力，但他们的策略（打算）是实施近距离射击。从军事实践角度来看，有远射能力未必就必须实施远射。我相信这正是约翰·斯迈思爵士在 1590 年提出的观点，他在一篇文章的旁注中写道：

> 如果火枪手们的齐射有效射程为 480 码（天真的报道），那么一些优秀弓箭手实施轻箭远射的射程应当可达 400—480 码（有不少人可以做到），实战中齐射的有效射程就可达 360 码。但是这两种想法都实在可笑，因为没有哪种武器在战场上能轻易达到这个有效射程。[194]

射程和减速度

射程是决定弓箭攻击力的关键因素。从箭离开弓弦的那一刻开始，它的速度就在空气阻力的作用下逐渐降低。2003 年，为了拍摄《缔造不列颠的武器》专题电视节目（英国电视台第四频道，2004 年），我和雷丁大学访问研究学者、华莱士收藏馆顾问艾伦·威廉斯博士合作，在牛津郡什里弗纳姆镇的英国国防学院进行了测试。马克·斯特雷顿用 150 磅拉力的弓射出了一支箭，在多普勒雷达的跟踪下测量它的减速度。监测数据表明，箭离弦以后减速非常快，仅仅飞行了 0.8 秒，速度就由 170 英尺 / 秒下降至 137 英尺 / 秒。另外，我们还测试了一张拉力为 300 磅的弩，由于弩弦瞬间爆发的推力非常大，弩箭在最初的飞行阶段加速度几乎没有下降，但是射程超过 80 码以后它的速度会大幅下降。

令人沮丧的是，这次测试没能解答我们关心的所有问题，因为雷达出了些故障，在箭开始降落前便失去了跟踪信号，而且故障当天无法排除。根据常识，当箭处于飞行的下降阶段时，重力作用会较大提升箭的速度，但是即便如此，也达不到它在最初 20 码飞行段所具有的最大速度。

箭飞行的物理学原理比较复杂，影响因素很多，由于篇幅所限无法做更多的探讨。在此我谨提出一些问题供读者考量。其实从多种情况分析来看，40—50 码似乎是长弓最有力、最有效的射程；如果采用抛物线弹道，依靠重力辅助，它的有效射程可达 120 码，但是威力和有效性都不如近距离射击那么大。

成建制齐射

“volley”一词可作为射击、齐射的同义词，但它仅意味着一些箭被同时射出，而“volley-shooting”这个短语具有更特定的含义，特指整个分队按照统一的时间同时射击，即成建制齐射。如果 10 名弓箭手中有 3 名同时射箭，可称为零星齐射。基于这种区别，我在整篇文章中都将使用“成建制齐射”这个词，代表一支拥有数千名弓箭手的军队，随时都能射出漫天的箭雨。

成建制齐射战术要求小组内的 10 名弓箭手同时射击，这完全是另一码事。影视剧非常热衷于拍摄齐射场景，但在实践中这并不真实。虽然组织 10—20 名弓箭手齐射是可能的，但是让更多数量的弓箭手实施成建制齐射，组织起来异常困难。

利用视觉信号似乎不太可能，因为指挥官站在弓箭手队列前发出射击信号是不可取的。通过大声喊叫发布命令似乎也不可行，因为战场上的喧嚣会掩盖它，离得稍远一点的士兵就听不到了。喇叭或者鼓点等音乐声响类信号效果好一些，但是敌军也会听到这种信号，相当于告诉敌人马上要实施齐射攻击了，敌军会立即组织盾牌进行防护。一旦敌人采取了防护手段，覆盖敌方阵列的齐射攻击效果就会大打折扣，敌人会毫发无伤地继续前进，直到下一次齐射的号角吹响，他们才会短暂停顿。

据说在阿金库尔战役中，弓箭手指挥官托马斯·厄平汉姆爵士大喊“Nestroque”作为射击信号。很多理论家都在设法解释这个词的意思。我个人赞成休·索尔的提法[195]，这个词是短语“开始攻击”（*menée* strike）的缩略语，是在命令号手发出“开始”的号音。“*menée*”是中世纪狩猎的呼号用语之一，是让猎犬全力追捕猎物的信号。使用这个呼号给弓箭手们下达齐射命令的同时，无疑也向敌人发出了令人不寒而栗的讯息。

齐射命令发出后，第一波箭差不多能同时发射，但是重拉力弓在开满弓后不可能等待其他人准备好。成千上万的弓箭手，每人都有不同的搭箭、引弦节奏，射出的箭不太可能同步。如果是近距离作战，战场瞬息万变，更不可能组织成建制齐射。弓箭手需要快速应对各种威胁，没有时间等待命令。即便有可能，在射击远距离目标时，成建制齐射的作战价值也存在很大疑问。弓箭手射击时需要精确测距，特别是对运动目标的射击，需要准确把握发射时机，怎么能等待军号发令？另外，“随意射击”战术有它的独特优势，敌军无法预测攻击模式，承受的战场压力更大。总之，弓箭近距离射击在作战时最有效。

箭矢风暴：重新解读

中世纪的编年史作家们经常使用“箭矢风暴”来描述数千名弓箭手同时放箭的密集程度，他们将其比喻为冰雹、雪和雨，遮天蔽日。撇开暴风雪可能是水平吹刮这个现象不谈，我们必须包容一些作家在创作时做一些富有诗意的比喻。法国编年史作家恩格朗·德·蒙斯特莱在描述阿金库尔战役时写道，“法国人开始低下头，箭就不会穿透头盔的面甲”[196]。这句话表明，箭是水平直射向法军的！事实上，编年史作家们描述的箭矢风暴射距可能是 50 码，也可能是 200 码，效果是一样的。即使是相对近距离的齐射也可能被描述为“远距离”，可惜的是，编年史作家们没有写明射击距离究竟有多远。

在我看来，抛物线射击很可能会降低弓箭的命中概率。虽然这种射击方法能够加大攻击的纵深度，但在前方部队的遮蔽下，后排敌军的暴露面积很小，同时，盾牌是防御弓箭的有效手段，哪里出现缺口都会被及时补上，防护非常严密。因此，抛物线射击能造成一定的伤亡，但是命中率不高，对于战时资源比较紧缺的部队来说很不划算。

相比之下，近乎水平方向的弹道射击可选择的目标更多、打击更有力。将前排的敌军士兵和马匹射倒，会阻碍后续敌军前进的道路，造成严重混乱。若将弓箭手部署在敌军侧翼，可以攻击敌军阵列边缘目标，迫使敌人向里退却，引发严重的拥挤混乱。如果采用抛物线弹道向敌方的阵列中心实施凌空齐射，只会导致相反的效果。

箭矢储备：战斗中的关键

除了弓箭精度和冲击力的明显优势，14、15 世纪的大规模弓箭手部队最关切的问题肯定是箭矢的储备。在中世纪，作战用的箭属于复杂而精密的弹药类军需品，参战部队无法自行制造。1356 年，切斯特市司库突然有个重大发现，“英格兰国内没有箭了，因为国王……把能找到的箭都带走了”[197]。这条信息既告诉我们国王作战时带了很多箭，也提醒了我们，箭的库存总是有限的。

在前面的章节我谈到过箭的采购规模，虽然不能确定具体数字，但是像爱德华三世的克勒西战役这种大规模远征行动来说，筹备一两百万支箭都是可能的。但是，这些箭并非都能用在主要战役上，指挥官们一定要注意控制箭的使用，特别是在境外作战的时候。在克勒西战役之前，英军实施了长达 6 周的进攻性骑兵突袭，消耗了相当数量的箭，另外还有一些箭要作为机动使用，万一战事不利，要用这些箭来掩护部队的撤退行动。

再则，还有一些箭因质量问题很可能不堪使用。政府曾经向提供不合格产品的制箭商发出过多次警告，例如，1369 年爱德华三世订购了 1000 捆箭，订单中有一项制裁性条款，“如果箭杆不是用风干的木材制作……国王将命郡守……实施逮捕和监禁，他们的土地、货物和动产将被查封”[198]。除了严惩负责采购的人，还将以“对他人构成威胁”的罪名惩处制箭工[199]。政府采取这些严厉的惩戒措施，表明次品箭会引发重大问题。用未经风干的木材或新伐材制成的箭在交货的时候看起来还不错，但是没多久就会弯曲变形，而这个问题要等到战时弓箭手从箭桶里拿出箭来才能发现。

为了便于讨论，我们先假定爱德华在克勒西战役的主要作战中有 100 万支箭可用，罗伯特·哈代保守的估计数量为 50 万支[200]。假设大多数弓箭手的射程为 100—120 码，每人每分钟大约能射 8 支箭[201]，参战弓箭手的数量我们预估一个平均值，假定为 7500 名，那么，按照这个射速，他们每分钟将发射 6 万支箭。很明显，重拉力弓射手不可能长时间维持这种射速，而且撇开战斗的发展局势不谈，简单的数学计算也表明，如果所有的弓箭手都按照这个射速射击，英军带的箭总共只够射击 16 分钟。

在克勒西战役的最初阶段，英军弓箭手的几轮齐射沉痛地打击了缺乏盾牌防护的法军热那亚弩兵，剩下的箭节省下来击退了法军的进攻。根据一些权威资料，法国人先后发动了 15—16 次进攻[202]，每次进攻的持续时间一定都超过了一分钟，剩余的箭很快就变得非常紧张。当敌军骑兵的铁蹄距你的前线只有几码的时候，谁还顾得上配给箭的数量呢？因此，指挥官们必须严格限制弓箭远距离齐射的使用次数，尽力节约作战资源。

不仅箭要省着用，还要注意节省弓箭手的体力，即便是最强壮的弓箭手也无法用重拉力弓长时间快速射击。他们需要保持良好的状态，当敌人逼近时，要用无情、密集的箭雨击退敌人。将弓箭手的体力消耗在投机性远距离射击上，有耗尽他们体力的风险。

法国人在克勒西战役中发动的进攻是不是 15 次，都不会改变这种情况。英军知道，不管法军已经组织了几次进攻，这场战役都可能会持续更长的时间，也许还会有另一场战役的到来。各级指挥官在考虑弓箭手的体力、箭的余量时，必须确保每次射击都有价值。就算英军在这场战役中有 200 万支箭（这个数字非常令人怀疑）可用，组织射击时仍然要小心、节省。每场战役的数据和细节情况各不相同，但是不管情况怎么变化，作战的基本原则都是一样的。

傅华萨《闻见录》中的克勒西战役画面（局部）。这幅画作于 15 世纪，距离克勒西战役已经过去了很久，但是仍然展现了一些战斗细节。正在战斗中的弓箭手身着精良的铠甲，手持反曲长弓，箭插在地上。（图源：法国国家图书馆）

长弓的穿甲能力

多年来，人们组织的长弓穿甲测试有数十次，对这些测试结果的整理、分析超出了本书的研究范畴。毫无疑问，在理想的条件下，长弓能够击穿多数类型的铠甲，但是在混乱的战场上，这种所谓的“理想条件”概率有多大就很难说了。天主教本笃会编年史作家托马斯·沃尔辛厄姆曾描述了阿金库尔战役中的一场箭矢风暴，“大批的法国人被箭射倒在地，这里倒下 50 人，那里倒下 60 人”[203]。考虑到这些作家都倾向于夸大其词，这些数字似乎显得微不足道。

可以说，命中角度是决定弓箭穿甲能力的最关键因素。通过对静态、垂直、平整的金属片或其他材料制成的目标进行射击测试，可以得出命中角为 90 度时箭的穿甲能力。这种测试能显示箭的穿透力，却无法显示弓箭垂直命中铠甲的概率，而这个概率取决于诸多因素，包括弓箭在铠甲表面可能发生的偏转、战斗中人体的剧烈运动、远距离射击时风的影响、近距离射击时的“弓箭手悖论”（archer's paradox）[204]等问题。

如果箭不是垂直命中铠甲表面，通常无法穿透铠甲。一方面，箭的一部分冲击力沿着铠甲表面方向分散了，没有全部作用于垂直穿透。另一方面，箭杆有一定的柔韧性，如果箭镞受的力与箭杆方向的不一致，箭杆就会弯曲。如果箭的命中角为 90 度，而且箭身不弯曲，箭的所有动能都将汇集在命中点上，形成很大的冲击力。一旦箭身弯曲，箭杆的一部分会试图沿着它的动量方向继续前进，导致箭杆进一步弯曲，作用在撞击点的冲击力就会越小。

过去做的很多测试是把铠甲固定在刚性支架上以作为目标，命中时铠甲不会移动。但是不要忘了，重拉力弓射出的箭，它的冲击力有时能让人离开地面，就像被大锤击中了一样，移动的人体对箭矢冲击能量的吸收应该被考虑在内。相反，目标也可能以一定速度与箭矢做相向运动，比如一名骑马飞驰的骑兵正朝着弓箭手迎面而来[205]，这些都是重要的力学变量。其他的差异还包括弓的拉力、射程、箭的重量、箭镞的样式、箭镞是否为硬化钢、铠甲的质量，等等，这些都会造成箭的穿甲效果产生巨大差别。并非所有的铠甲都质量上乘，也并非所有的箭都是质量最好的箭，都来自最强力的弓，箭镞也不一定适合所射击的目标……战场环境就是这样，无定势可循。

穿甲实验目前已经成为评估长弓作战效能的权威项目，这种实验虽获得了一些数据，但是设置的条件比较单一，基本上没有用高质量的织物甲和金属铠甲进行组合穿透测试。仅对常见目标或仿制铠甲进行穿甲实验的实际意义有限。在测试链甲时，如果不在链甲的内里设置质地可靠的衬甲衣，这样得出的测试结果也不贴近实际。

我考虑了很久，觉得长弓在作战中的真正价值并不限于穿透铠甲，非穿透性的打击同样有效，而且更加常见。当然，如果铠甲挡不住弓箭，人员就会受伤或死亡。另外，人不可能完全被铠甲保护起来，有的人会少穿一些铠甲，让身体舒展一点，活动灵活一点，也有些人根本买不起全套的铠甲。还有些人在战斗中为了能看得清楚或是喘口气，偶尔会升起面甲，还有一些人行动鲁莽，暴露了自身的防护弱点，这些都会给敌方弓箭手可乘之机。但是总的来说，铠甲能够提供对抗同时代武器攻击的合理防护。

如果长弓真的能射穿各种中世纪铠甲，英格兰军队在战场上很快就能把所有敌人消灭掉，但是这种情况完全不可能发生。克勒西战役公认的数据是，法军重骑兵阵亡 2200 人[206]，是法国贵族谱系的一场大灾难，头号杀手就是英格兰长弓。即便这样，法军并没有被完全消灭。根据傅华萨的记载，法军参战的重骑兵有 2 万多，理查德 · 韦恩克利较为保守地估计法军重骑兵约为 1.2 万[207]。就算是按照理查德的数据，也说明大多数的法军在英军的箭矢风暴中幸存了下来，因此在多数情况下，盾牌和铠甲能够提供必要的防护。

然而，穿甲能力不必作为衡量箭矢作战效能的标准，甚至不是弓箭的主要作战用途。军队之所以招募成千上万的弓箭手，付给他们很好的薪

织物甲样品，制作人为黛博拉·李。可以看出，各层纺织物经过缝合紧紧压在一起，增大了织物甲的密度。这件样品用于测试非穿刺性弓箭的钝性打击效果。（图源：托拜厄斯·卡普威尔）

水，肯定是出于某种原因，但绝不仅仅是计算穿甲概率有多少。

我个人的观点是，大规模弓箭手的主要功能是实施连续的箭雨攻击，虽然没有多少箭能穿透敌人的铠甲，但是所有箭都有巨大的钝伤冲击力，能以重击弱化和削弱敌人，消耗他们的耐力和意志。持续而坚定的弓箭打击能力对于夺取战斗的胜利贡献巨大，比起随机地射杀一些敌人来说可能更为重要。

钝性杀伤力：战场赢家

2011 年，为了给美国 H2 频道录制《巡游中世纪》电视节目，我组织了一些弓箭钝性杀伤力的测试。英国战弓协会的马克·斯特雷顿和乔·吉布斯给我提供了很多帮助，他俩都能使用拉力 140 磅的重弓。我还邀请了拉夫堡大学运动生物力学和运动控制高级讲师马修·佩恩博士，由他制作一个装置来测量撞击。该装置的受力体是拳击训练人体模型，安装在加重的底座上，受到外力撞击时可以移动。整个模型的重量与一名成年男子的重量相当，可以产生类似的惯性。模型的胸部区域安装了一块 6 英寸 ×8 英寸的特制受力板（CFP），它由 4 个三分量的 ICP 260A01 型力量传感器组成，夹在两张 2 英寸厚的金属板之间，外表是 0.5 英寸厚的人体模型塑胶。模型的外面套了一件仿制的中世纪织物甲（用 25 层亚麻布缝制而成，最外层是鹿皮），织物甲的外面套了一件仿制的铆钉链甲衣。

测试过程中，弓箭手们站在距离模型大约 10 码的位置，使用拉力 140 磅的紫杉木战弓发射短锥形箭。不出所料，经过多次射击后，链甲被彻底破坏了，但是即便射击距离如此之近，弓箭手使出最大的力气发射，也没有一支箭能完全穿透织物甲。我们知道，如果弓箭手使用的是针锥形箭镞，这个距离下，织物甲可以被穿透，但这不是测试的目的。我们选用短锥形箭镞，目的就是检验铠甲在不被穿透情况下的钝性损伤效果。

测试结果中最令人惊讶的是，在射击距离和设备都没有改变的情况下，箭的冲击力在 60—300 磅之间变化很大，而绝大多数箭的冲击力在 160—250 磅。测试中共射了几十支箭，300 磅的冲击力仅出现了一次，是个极限峰值。要知道，这样的一击相当于穿着防弹背心的人被一发 0.44 英寸口径的马格努姆子弹击中！这个测试检验的是冲量 / 动量，即一个人被箭射中后所感受到的重击和作用停止效应。当然，这种类比仅限于此，因为这支箭的动能只有大约 100 焦耳，而玛格努姆左轮手枪弹的最低动能大约是 1000 焦耳。[208] 还应注意的是，在实践中，绝大多数弓箭的发射距离都比这次测试的距离远，而且大多数弓的拉力比这次测试用的弓拉力小，我们在测试中设置的条件趋于极限情况。

不管怎样，这次测试证明了我的观点，即长弓在战场上的关键作用是痛击敌人。如果箭能刺穿敌人的铠甲固然很好，即便不能，它们也都能发挥痛击的作用。这就是战斗，这就是战争——以无情的痛击打击敌人。如

高速摄像机抓拍的钝性杀伤力测试瞬间。注意，箭在撞击目标时箭身微微弯曲，部分冲击力已经开始分散掉。如果箭能以 90 度角垂直命中，而且箭身不弯曲，全部的动能就会汇集在撞击点上，产生更大的冲击力。（图源：马修·佩恩博士）

果箭的命中角度不同或弓的拉力不同，箭的打击力度会在一定的参数范围内变化，但这并不重要，因为即便冲击力稍微小一点，累积起来也会给敌方造成损害。弓箭手们投入的是一场重击比赛，箭就是伸得很远的铁拳。这其实是一种消耗战，猛烈的痛击会一点点地打垮敌人。痛击的力度在这种比赛中非常重要，弓的拉力越大，射程越近，痛击的效果就越好，将敌人一下子击倒反而不是最重要的。此外，痛击的频率同样重要，而这取决于弓箭手的数量和射速。

真正的重击能让人站不住脚，在硬质板甲出现之前，这种重击能令软铠甲变形，压迫人体，造成内脏器官损伤。在这种攻击面前，如果士兵有发达的肌肉群，特别是腹部和颈部周围有发达的肌肉群，它们就会像铠甲一样保护体内的重要器官。这是决定他们能否承受得住弓箭的痛击，耐力有多强的重要因素。

对弓箭手们来说，这种作战也是力量和耐力的考验。因为用重弓连续射击十分费力，会让士兵汗流浃背，严重的会造成背部扭伤、肌肉痉挛。有时，长弓手们会从较远的距离攻击处于戒备状态的敌军，诱使他们前出交战，不管我们认为弓箭在多远距离上射击效果最好，敌军最终都会很快地逼近，这时就是最需要弓箭手们发挥作用的时候。持续时间最长的往往是近距离战，弓箭手们必须用精准的射击猛烈打击敌人。

弓箭手们需要有防护的阵地，可以是有利的地形、障碍物，也可以是步兵长矛阵等。如果没有这些，弓箭手们极易遭到敌方的攻击。即使是在有防护的阵地上作战，弓箭手们也需要采取积极的防御行动。当敌军进攻时，他们决不能懈怠。如果敌人已经攻上来了，或者箭已经消耗殆尽，弓箭手们就会参加白刃战，他们都是适应能力很强的士兵。

长弓是易于携带、威力强大的武器，在中世纪的陆地战场上发挥了巨大的作用，在海战和大型战役中更为突出。长弓的最大优点是它的多功能性，适应多种作战行动。但是长弓不是魔法棒，也不一定百分百可靠，只有在适合的地形和正确的战术条件下，长弓才能真正发挥作用。长弓和铠甲之间的竞争不分伯仲，谁都没能占据绝对优势，始终处于此消彼长的动态平衡状态。

过去几十年，长弓的研究有了长足的进步，但我相信，有关长弓及其在中世纪战争中的运用研究，仍然存在很多空白，这激发了许多人对这一课题的浓厚兴趣。我个人希望，未来在组织相关测试时，最好能把重点更多地放在重拉力弓的“射速”上，而不是最大射程上；穿甲实验最好能复盘中世纪时期的全套铠甲，还要找到新的方法模拟战斗中目标的不断变化和随机的命中角度。总之，在未来的研究中，我们要保持开放的思想和态度。

结论

随着16世纪向17世纪的更迭，长弓最终完全退出了军事舞台。英格兰在1513年的弗洛登山战役和1547年的平基克留战役中击败了苏格兰，这是长弓在陆地战争中发挥重要作用的最后两场战役，而德雷克的远航则见证了长弓在海上的最后光彩。虽然长弓有许多优势，受到许多人的支持，但是火药武器的发展势头迅猛，后来者居上。在英国内战（English Civil War）爆发之前，威廉·尼德于1625年曾提出一套用弓箭和长矛组合训练士兵的体系。他设计的“双兵器武士”将长矛绑在弓上，既能防御敌军骑兵冲锋，又能随时变成弓箭手。查理一世非常支持这个方案，在内战爆发之前，该计划曾一度受到追捧。

1798年，英国面临拿破仑军队入侵的严重威胁，一位名叫R. O. 梅森的英国战术家撰写了一本名为《为了上帝和国家》（*Pro Aris et Focis*）的小册子，文中附有弓箭手、长矛手的各种训练内容。他也认为，弓箭是一种优于火绳枪的武器。在众多呼吁将长弓重新引入军队的倡议者中，最有影响力的要数美国的本杰明·富兰克林，不过他的倡议与当时的军事客观实际相悖，也缺乏足够的制弓匠、制箭工和训练有素的弓箭手等客观社会条件。1776年美国独立战争（American Revolutionary War）爆发之时，富兰克林写信给查尔斯·李将军，建议把长弓作为大陆军的标准装备。他提出这个建议的主要考虑是当时火药比较短缺，所以他的观点不无道理，就像那天全世界为第一声枪响而震动一样。他的一些观点是不争的事实：“在火绳枪手装弹和射出一发子弹的时间内，弓箭手可以射出四支箭”“他（弓箭手）的目标不会被自己射击的烟雾遮蔽”[209]等。在本章的结尾，我引用富兰克林的另一句话结束关于长弓的简要探讨——他写道，长弓是“很好的武器，放弃它是不明智的”[210]。

注释

[1] 译注：BLS 为“British Longbow Society”的缩写。

[2] 原注：引自 Gairdner, James, ed. (1986). *The Paston Letters* (Vol. 2), Stroud: Alan Sutton, p.101。

[3] 译注：也称为“单弓”(self bow)。

[4] 译注：“满弓开度”指弓箭手所能拉开弦的最大开度，相当于手臂平展时由掌心到胸前的距离。

[5] 原注：引自 Smythe, Sir John (1964). *Certain Discourses Military*, Washington, DC: Folger Shakespeare Library (originally published 1590), p.69。

[6] 原注：引自 Anonymous, trans. K. Crossley-Holland (1973). *Beowulf,* London: The Folio Society, pp.117–118。

[7] 译注：从尼达姆沼泽中出土的长弓的简称。

[8] 原注：引自 Hildred, Alexzandra (2011). *Weapons of Warre: The Armaments of the Mary Rose*, Portsmouth: The Mary Rose Trust, passim。

[9] 译注：从“玛丽·罗斯”号战舰残骸中出土的长弓的简称。

[10] 原注：安全登陆区条件下。

[11] 原注：8 小时内行军 20 英里并保持 90% 战斗能力的情况下。

[12] 原注：战斗状态下。

[13] 译注：EWBS 为“English War Bow Society”的缩写。

[14] 译注：骑士比武时使用的盾牌，诞生于 14 世纪。

[15] 原注：引自 Strickland, Matthew & Hardy, Robert (2005). *The Great Warbow*, Stroud: Sutton Publishing, p.237。

[16] 原注：引自 Richardson, Thom & Beabey, Mark (1997). “Hardened Leather Armour”, *Royal Armouries Yearbook* 2, pp.94–101。

[17] 原注：同注 [15]，p.383。

[18] 原注：引自 Williams, Alan (2003). *The Knight and the Blast Furnace*, Leiden: Brill, p.55。

[19] 原注：同注 [18]，pp.938–939。

[20] 原注：同注 [18]，p.924。

[21] 译注：也称巨盔。

[22] 译注：也称“猪面盔”。

[23] 原注：引自 Breiding, Dirk (2000). “Horse Armor in Europe”, *Heilbrunn Timeline of Art History*, the Metropolitan Museum of Art at http://www.metmuseum.org /toah/hd/hors/hd_hors.htm> (accessed 14 November 2012)，passim。

[24] 原注：同注 [18]，p.42。

[25] 原注：引自 Ayton, Andrew & Preston, Sir Philip (2005). *The Battle of Crecy, 1346*, Woodbridge: The Boydell Press, p.150。

[26] 译注：马克是古代欧洲的货币计量单位，符号为 £，最初相当于 8 金衡盎司（249 克）纯银，后来演变为半磅。

[27] 原注：引自“Memorials: 1371”, *Memorials of London and London Life: In the 13th, 14th and 15th Centuries* (1868), pp.347–361。

[28] 原注：引自 Megson, Barbara (1993). *Such Goodly Company*, London: The Worshipful Company of Bowyers, p.30。

[29] 原注：旧时英制容量，1“桶”（tun）相当于 252 加仑。

[30] 原注：同注 [28]，p.54。

[31] 原注：容量为 126 加仑的酒桶。

[32] 原注：同注 [28]，p.85。

[33] 原注：同注 [28]，p.28。

[34] 原注：引自“Close Rolls, Edward III: June 1363”, *Calendar of Close Rolls, Edward III: Vol. 11: 1360–1364* (1909), pp.528–537。

[35] 译注：光榆亦称无毛榆、苏格兰榆。

[36] 原注：引自 Cambrensis, Giraldus (1894). *The Historical Works of Giraldus Cambrensis—The Itinerary through Wales* (trans. Sir Richard Hoare), London: George Bell & Sons, p.371。

[37] 原注：引自 Soar, Hugh (2009). *The Crooked Stick: A History of the Longbow*, Yardley, PA: Westholme, P.12.

[38] 译注：《安东尼档案》为 16 世纪 40 年代英国都铎海军舰艇的纸质档案，由伦敦塔军械职员安东尼编制并命名，共三卷，描绘了 58 艘海军舰艇及其大小、船员、军备和基本装备的信息。

[39] 原注：同注 [8]，p.581。

[40] 原注：同注 [8]，p.580。

[41] 原注：引自 Nadolski, Andrzej & Lewandowski, Marcin (1990). *Broń strzelcza, Uzbrojenie w Polsce średniowiecznej 1350–1450*, Łodź, p.145，马尔钦·格林尼治译。

[42] 原注：引自 Shakespeare, Richard III, Act V Sc 3。

[43] 原注：引自 Vale, Malcolm (2016). *Henry V, The Conscience of a King*, New Haven: Yale University Press, p.271。

[44] 原注：2018 年私人通信记录。

[45] 原注：同注 [15]，p.204。

[46] 原注：引自 Curry, Anne (2009). *The Battle of Agincourt: Sources and Interpretations*, Woodbridge: The Boydell Press, p.36. "my emphasis"。

[47] 原注：Hardy, Robert (1992). *Longbow: A Social and Military History*, Sparkford: Patrick Stephens Ltd, p.84。

[48] 原注：同注 [47]，p.83。

[49] 原注：同注 [47]，p.83。

[50] 原注：同注 [47]，p.86。

[51] 原注：对该数量的估计有一定的异议。克利福德·罗杰斯的计算结果是 7000 名步弓手加上占比不详的 3500 名骑兵弓箭手和霍比拉游骑兵（原注：引自 Rogers, Clifford (2000). *War Cruel and Sharp: English Strategy under Edward III, 1327–1360*, Woodbridge: The Boydell Press, p.423）。安德鲁·艾顿提出的数字比较保守，即 5000 名步弓手和占比不详的 3500 名骑兵弓箭手和霍比拉游骑兵（原注：同注 [25]，p.189）。我个人倾向于这两个数据之间。

[52] 原注：同注 [15]，p.21。

[53] 原注：同注 [15]，p.204。

[54] 原注：引自 Ascham, Roger (1968). *Toxophilus: The Schole, Or Partitions, of Shooting*,

Wakefield: S. R. Publishers Ltd, Originally published in 1545, p.166。

[55] 原注：同注 [8]，p.674。

[56] 原注：引自“Henry V: October 1416”，*Parliament Rolls of Medieval England*：24：III。

[57] 原注：中世纪广泛流行的木制套鞋，雕刻制作的鞋底与木底鞋类似。

[58] 原注：同注 [56]。

[59] 原注：同注 [54]，p.168。

[60] 原注：现在称为“加固”（footing）。

[61] 原注：同注 [15]，p.21。

[62] 原注：引自 Pickering, Danby, ed. (1762). *The Statutes at Large: Fromthe First Year of K. Hen. V to the 22d Year of King Edw. IV. Inclusive, Vol. II*, Cambridge: Joseph Bentham, p.464。

[63] 原注：引自 Anonymous, trans. G.W. Kramer & Klaus Leibnitz (2001). “The Firework Book: Gunpowder in Medieval Germany”，*The Journal of the Arms & Armour Society* 17.1 (March 2001), p.60。

[64] 原注：引自 Soar, Hugh (2009). *The Crooked Stick: A History of the Longbow*, Yardley, PA: Westholme, pp.149–152，关于他对其他类型的火弓箭的测试。

[65] 译注：旧时英国的一种向木桩抛木块的游戏。

[66] 原注：同注 [34]。

[67] 译注：议案在议会中提出、审议、表决三阶段（“三读制”）的第一阶段。

[68] 原注：同注 [47]，p.97。

[69] 译注：同注 [34]。

[70] 原注：同注 [54]，p.113。

[71] 原注：引自“Gregory's Chronicle: 1368–1402”，*The Historical Collections of a Citizen of London in the Fifteenth Century* (1876), pp.88–103。

[72] 原注：同注 [47]，p.98。

[73] 原注：引自 Latimer, Hugh (1832). *Latimer's Sermons*. Library of the Old English Prose Writers, Vol. VII. Boston, MA: Hilliard, Gray, p.177。

[74] 原注：同注 [73]。

[75] 原注：同注 [73]。

[76] 译注：该词原意为大酒桶。

[77] 原注：引自“Addenda, Queen Elizabeth–Volume 14: September 1569”，*Calendar of State Papers Domestic: Elizabeth, Addenda, 1566–1579* (1871), p.83。

[78] 原注：引自 Soar, Hugh, Gibbs, Joseph, Jury, Christopher & Stretton, Mark (2010). *Secrets of the English War Bow*, Yardley, PA: Westholme, p.194。

[79] 原注：同注 [54]，p.203。

[80] 原注：引自“Decretals of Gregory IX with gloss of Bernard of Parma”，Royal MS 10 E IV, *c*.1300–*c*.1340, British Library, p.89。

[81] 原注：引自 Wadge, Richard (2009). *Arrowstorm*, Stroud: The History Press, p.103。

[82] 原注：同注 [81]。

[83] 原注：引自“Close Rolls, Edward II: May 1323”，*Calendar of Close Rolls, Edward II: Vol. 3: 1318–1323* (1895), pp.711–713。

[84] 译注：英王爱德华三世大太子的别名。

[85] 原注：同注 [81]。

[86] 原注：引自 Chaucer, Geoffrey (1981). *The Canterbury Tales*, New York, NY: Bantam Dell, p.59。

[87] 原注：同注 [81]。

[88] 原注：同注 [15]，p.237。

[89] 原注：同注 [25]，p.169。

[90] 译注：也称刺猬阵。

[91] 原注：同注 [25]，p.328。

[92] 原注：同注 [25]，p.222。

[93] 原注：同注 [25]，p.223。

[94] 原注：同注 [81]，pp.243–255。

[95] 原注：引自 Dyer, Christopher (1998). *Standards of Living in the Later Middle Ages*, Cambridge: Cambridge University Press, p.226。

[96] 原注：同注 [28]，p.55。

[97] 原注：同注 [25]，pp.186–187。

[98] 原注：同注 [25]，p.187。

[99] 译注：1400—1453 年在世。

[100] 原注：同注 [46]，p.160。

[101] 原注：同注 [46]，p.160。

[102] 原注：同注 [5]，p.69。

[103] 原注：同注 [5]，p.70。

[104] 原注：关于这种“胶水 / 树胶”的一条可能线索是从中世纪切斯特市弓弦制造商协会（chester’s Company of Stringmakers，一个城镇行会）的纹章学资料中发现的，行会的标志是两根胫骨交叉的盾牌（同注 [78]，p.156）。资料指出，很多种胶水和凝胶是用牛的胫骨提炼制成的。

[105] 原注：同注 [47]，p.77。

[106] 原注：同注 [81]，p.125。

[107] 原注：同注 [46]，p.155，“my emphasis”。

[108] 原注：同注 [15]，pp.24–25。

[109] 原注：引自“Cecil Papers: 1562–1597”，*Calendar of the Cecil Papers in Hatfield House, Vol. 23: Addenda, 1562–1605* (1973), p.3。

[110] 原注：引自 Cummins, John (2003). *The Art of Medieval Hunting: the Hound and the Hawk*, Edison, NJ: Castle Books, p.52。

[111] 原注：引自 *London Consistory Court Wills 1492–1547: London Record Society 3* (1967), passim。

[112] 原注：引自 Waller，Jonathan & Waller，John (2010).“The Personal Carriage of Arrows from Hastings to the Mary Rose”，*Royal Armouries Journal*, Vol.7 No.2, pp.155–177。

[113] 译注：磨坊结是绳子绕袋口两圈，形成“8”字形状，再从第一个绳圈中穿出，收紧完成。

[114] 原注：引自 Rogers, Clifford (2010). *The Wars of Edward III: Sourcesand Interpretations*,

Woodbridge: The Boydell Press, p.95。

[115] 译注：马通常有慢步、小跑和疾驰 3 种步态，少有品种的马有 4 种以上步态。

[116] 原注：同注 [81]，p.122。

[117] 原注：同注 [15]，p.203。

[118] 译注：位于法国卢瓦尔省。

[119] 译注：一种依靠皮带和引弦钩共同作用引弦的弩，弩臂为多层板条压粘而成的复合材料。

[120] 原注：同注 [25]，p.123。

[121] 原注：这次测试是 2004 年英国第四频道电视台为了录制《缔造不列颠的武器——长弓》(*Weapons That Made Britain—Longbow*) 节目进行的，由笔者担任解说，但是最终该节目没有播出。

[122] 原注：引自 Nicolle, David (2000). *Crecy 1346*, Oxford: Osprey Publishing, p.63。

[123] 原注：同注 [114]，p.132。

[124] 原注：同注 [122]，p.65。

[125] 译注：一种中世纪火炮，炮身从炮口向炮尾呈曲线形逐渐加粗。

[126] 原注：同注 [122]，p.65。

[127] 原注：引自私人通信 2012。

[128] 原注：我现场勘察了克勒西战场遗址，必须走到堤岸边缘才能发现这个陡坡。

[129] 原注：同注 [114]，p.132。

[130] 原注：同注 [25]，p.336。

[131] 原注：同注 [25]，p.132。

[132] 原注：同注 [25]，p.132。

[133] 原注：同注 [46]，p.161。

[134] 原注：同注 [15]，p.384。

[135] 原注：同注 [15]，p.386。

[136] 原注：同注 [8]，p.581。

[137] 原注：同注 [8]，pp.520–536。

[138] 原注：同注 [8]，p.602。

[139] 原注：同注 [8]，p.603。

[140] 原注：同注 [8]，p.581。

[141] 原注：早在 1340 年的斯鲁伊斯海战中就有使用枪炮的记载，但当时枪炮主要用于近距离杀伤人员，射程和威力与后来的海军火炮无法相比。

[142] 原注：引自 Froissart, Jean, trans. Lord Berners, ed. G. C. Macaulay (1904). *The Chronicles of Froissart*, London: Macmillan& Co, p.169。

[143] 译注：英格兰国王亨利四世镇压贵族叛乱的战役。

[144] 原注：引自 Bradbury, Jim (1985). *The Medieval Archer*, Woodbridge: The Boydell Press, p.102。

[145] 原注：同注 [144]，p.103。

[146] 原注：同注 [144]，p.103。

[147] 原注：同注 [144]，p.103。

[148] 原注：同注 [15]，p.209。

[149] 译注：柯克船“Cog”为单桅方形帆船，是大航海时代北欧体系船只中最发达的船舶，在北欧沿用至 15 世纪左右。一般全长约 30 米，宽约 8 米，排水量 100 吨—200 吨。

[150] 译注：弗朗西斯·德雷克爵士是 16 世纪英格兰著名航海探险家、政治家、海军重要将领。

[151] 原注：引自 Nuttall, Zelia, ed. (1914). *New Light on Drake: A Collection of Documents Relating to his Voyage of Circumnavigation 1577–1580*, London: The Hakluyt Society, p.49。

[152] 译注：约翰·霍金斯爵士是 16 世纪英格兰著名航海家、海军重要将领。

[153] 原注：1595—1596 年远征航次的装载清单由苏珊·杰克逊转录，“德雷克探险协会”（Drake Exploration Society）在线发布，网址为 http：//www.indrakeswake.co.uk/ Society/ Research /billoflading.htm（访问时间为 2012 年 12 月 7 日）。

[154] 原注：同注 [78]，p.148。

[155] 原注：同注 [151]，pp.59–60。

[156] 原注：同注 [151]，p.60。

[157] 原注：引自“America and West Indies: Addenda 1582”，*Calendar of State Papers Colonial, America and West Indies, Vol. 9: 1675–1676 and Addenda 1574–1674* (1893), pp.9–17。

[158] 原注：引自 Parks, George R. (1954). *The English Traveler to Italy*, Rome: Edizione di Storia e Letteratura, p.392。

[159] 译注：也称白色军团。

[160] 原注：同注 [158]，p.387。

[161] 原注：同注 [158]，p.386。

[162] 原注：同注 [158]，p.421。

[163] 原注：同注 [158]，p.393。

[164] 原注：同注 [158]，p.394。

[165] 译注：东方三博士，或称“东方三王”。《圣经》人物，传说中的东方三位智者。在耶稣基督出生后，带着东方的礼物朝拜耶稣。

[166] 原注：同注 [15]，p.351。

[167] 原注：同注 [15]，p.351。

[168] 原注：同注 [15]，p.343。

[169] 原注：引自 Walsh, Margaret & Williamson, Allen (2006).“Royal Financial Records Concerning Payments for Twenty-Seven Contingents in the Portion of Joan of Arc's Army Which Arrived at Orleans on 4 May 1429”，Historical Academy for Joan of Arc Studies, p.2。

[170] 译注：里弗－图尔格罗斯币为中世纪法国货币。

[171] 原注：同注 [169]，p.4。

[172] 原注：同注 [78]，p.27。

[173] 原注：同注 [15]，p.351。

[174] 原注：同注 [15]，p.352。

[175] 原注：同注 [15]，p.353。

[176] 原注：同注 [78]，p.28。

[177] 原注：coustille，原意是一种长刀或短剑，“短剑”（cutlass）一词可能由此衍生而来。

[178] 原注：第三名弓箭手有时会被男仆取代。

[179] 原注：同注 [15]，p.354。

[180] 原注：见本书 222 页。

[181] 原注：同注 [15]，p.354。

[182] 原注：同注 [15]，p.342。

[183] 原注：同注 [78]，p.38。

[184] 原注：同注 [15]，p.363。

[185] 原注：同注 [15]，p.363。

[186] 译注：该书为马克西米连与其秘书共同撰写的自传，“白色国王”暗指马克西米连自己，“绿色国王”指匈牙利国王，“蓝色国王”指法国国王，“鱼国王”指威尼斯国王。

[187] 原注：引自 Riesch, Holger (1995). “Archery in Renaissance Germany”, *Journal of The Society of Archer-Antiquaries*, Vol. 38, p.64。

[188] 原注：同注 [187]，p.65。

[189] 原注：同注 [187]，p.65。

[190] 原注：同注 [187]，p.66。

[191] 原注：英国战弓协会的乔·吉布斯把一支沉重的船用箭（livery arrow）射出了 306 码。船用箭是“玛丽·罗斯”号战舰出土的弓箭复制品的名字，重约 2.25 盎司，箭羽长约 7 英寸，箭杆尾部至搭弦凹槽处的短锥体约 0.5 英寸长。这些箭非常结实，重量和阻力都比现代弓箭大得多。这个射击纪录是在 2012 年创造的，至今未被打破。他射击时使用的是伊恩·库特制作的意大利紫杉弓，拉力为 170 磅。

[192] 原注：这个故事发生在 1191 年，这位骑士腿上穿的可能是链甲腿铠，他的一条腿被弓箭射穿并钉在了马鞍上，于是他赶紧调转他的马，结果又挨了第二箭，把他的另一条腿也钉在了马鞍上。

[193] 原注：同注 [36]，p.371。

[194] 原注：同注 [5]，p.62。

[195] 原注：同注 [78]，p.5。

[196] 原注：同注 [46]，p.160。

[197] 原注：同注 [47]，p.84。

[198] 原注：引自“Close Rolls, Edward III: October1369”, *Calendar of Close Rolls, Edward III: Vol. 13: 1369–1374* (1911), pp.109–114。

[199] 原注：同注 [198]。

[200] 原注：同注 [47]，p.83。

[201] 原注：我用拉力 70 磅的弓每分钟能射 12 支箭，有些人射速更快。但是，这毕竟不是重拉力战弓，所以采用更保守的射速更合理。英国战弓协会的马克·斯特雷顿可以用拉力 140 磅的弓每分钟射 10 支箭，但不能在两分钟内射 20 支箭（私人通信得知）。他认为，如果要连续几分钟使用这种弓，射速必须控制在每分钟 6 支箭。鉴于战弓的平均拉力没有那么大，在实战条件下比较合理的射速应该是每分钟射 8 支箭。

[202] 原注：同注 [47]，p.73。

[203] 原注：同注 [46]，p.52。

[204] 译注：“弓箭手悖论”是个弓箭术语，意指射箭时，箭身围绕弓臂弯曲扭摆的现象。

[205] 原注：同注 [78]，pp.140–143，马克·斯特雷顿使用索道对迎面而来的目标进行了一些有趣的测试。

[206] 原注：同注 [25]，p.333。

[207] 原注：同注 [25]，p.269。

[208] 原注：引自与 M. 佩因博士的私人通信。

[209] 原注：引自 Franklin, Benjamin, ed. Jared Sparks (1882). *The Works of Benjamin Franklin, vol. VIII*, London: Benjamin Franklin Sievens, p.170。

[210] 原注：同注 [209]。

第二章

CHAPTER TWO

弩

THE CROSSBOW

弩长期背负着阴险、邪恶的名声，教皇曾两次下达关于弩的禁令(1096、1139)，限定只能将弩用于对异教徒的战争，否则使用者将被逐出教会。拜占庭公主安娜·科姆内在目击记录中总结称，弩是一种恶魔般的武器，“实在是一个邪恶的发明”[1]。在英格兰，由于人们对长弓的喜爱已久，弩在军事上的重要性并没有得到应有的重视。

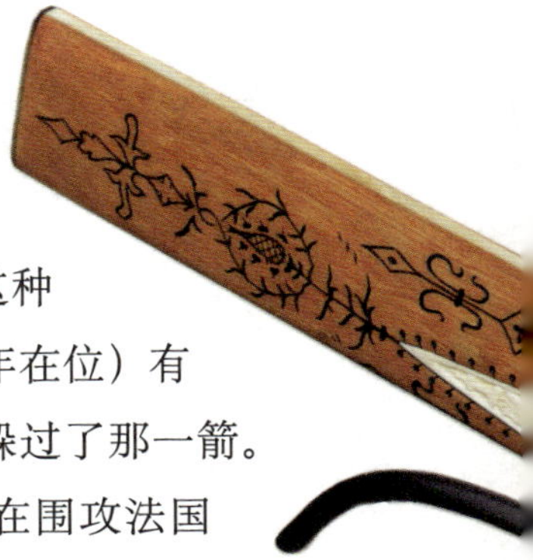

12 世纪先后发生了三起用弩袭击英格兰国王的事件，使得弩更被莫须有地视为一种阴险的武器。威廉二世鲁弗斯（1087—1100 年在位）在新森林狩猎时被弩箭击中身亡，刺客的一击使人们自然而然觉得弩这种武器“不仁不义”。威廉的儿子亨利一世（1100—1135 年在位）有个私生女叫朱莉安娜，曾试图用弩杀父弑君，幸而他躲过了那一箭。1199 年，英格兰国王理查一世（1189—1199 年在位）在围攻法国查勒斯城堡时被弩箭射中肩部，后来死于伤口坏疽。据说这名狙击手是个名叫彼得·巴西利乌斯的平民，他打仗时使用一只廉价的煎锅作为盾牌，很多人都知道他。但他的这次射杀行为被人们视为完全没有骑士风度，给弩的声誉又添加了一个污点。

这些负面的口碑对弩其实是不公平的。所谓的骑士精神是贵族之间的对等行为准则，不应扩大到其他等级，更不该限制人们在战斗中使用最趁手的武器。教皇颁布的禁令从未得到严格的执行，它的初衷是为了减少欧洲骑士之间的自相残杀，并非真正排斥弩这种武器。弩曾经是名门望族的高级狩猎武器，在整个中世纪，弩的使用非常普遍并且久负盛名。

弩在历史上出现得很早，但是直到 10 世纪末才出现在欧洲战场上。起初一些人对这种看似新奇的武器持怀疑态度，但是要求抢占军事优势的呼声很快就盖过了保守派的声音。在长弓成为 14 世纪英格兰军队主流装备之前，弩被视为是更有用的武器。从 11 世纪末到 15 世纪中期，弩在欧洲大陆和英格兰一直都是城堡和要塞防御的首选武器。直到 15 世纪以后，弩的地位才逐步降低，在火药武器的崛起中渐渐没落。

图中为一张精美的复合弩仿制品，由安德烈亚斯·比克勒制作，它的原品属于乌尔里希五世伯爵（1413—1480），现收藏于美国纽约大都会艺术博物馆。该仿制品的弩臂是用角树木制成的，外表镶有野鹿角和骨质装饰片[2]。馆藏的原品没有弩弦和脚蹬，但在仿制品上复原了这两个部件。注意，弩的脚蹬有山脊状边缘，这种结构可使尺寸较小的脚蹬具有很大的强度。原件的弩弓[3]外表原本覆盖有涂漆的双层桦树皮，但是大部分已经遗失，只剩下了两小块碎片，留下了弩弓装饰的一些线索。这些碎片上有黑底浅色光点图案，赫尔·比希勒先生用精湛的手艺再现了原品的样貌，让我们得以见识高级弩的华丽和风采。弩臂的一侧用拉丁文浮刻有一首圣母玛利亚祈祷诗，还刻有弩的制作时间——1460年。弩臂另一侧刻的是《路加福音》（*Gospel of Luke*）的一节，弩臂下侧有伯爵和他的第三任妻子、萨伏伊家族玛格丽特公爵夫人的纹章，以及各种花卉图案和用希伯来字母写的神秘铭文。虽然弩臂的三个面都有精美的彩绘、镶片和雕刻装饰，但在弩臂的顶部表面没有任何装饰，为的是避免分散射手的注意力。（图源：安德烈亚斯·比克勒）

有一种观念由来已久，那就是弩是技术更为先进的武器，比长弓的威力大。的确，弩有一些独创的机械设计，但是它的威力被夸大了。威力非常强大的钢弩到15世纪才问世，而在1100—1250年，也就是弩在战场上的巅峰使用时期，它们的威力并不太大。弩在军事上的特色不在于它的威力，而是操作便捷、弹药（弩箭）成本低、可长时间引弦待击等这些其他因素。“可长时间引弦待击”这一特点对于攻城战的攻防双方来说都极有意义，海上作战中也是如此。用弩狩猎时，它的首要优点也是可以较长时间保持引弦待击。在发射的瞬间，弩是静止的，动作幅度小得难以察觉，不会轻易吓跑动物。

本书关于弩的研究主要聚焦于欧洲中世纪时期和文艺复兴时期的军用弩，也会介绍一些必要的历史和全球背景，涉及一些东方和古代的弩。在介绍欧洲弩时，难免会出现一些英格兰人对弩的偏见，究其原因，一是该研究项目是在英国进行的，二是在英国军队中弩被它的表亲——长弓的光环所遮蔽，常常被人们忽略，有必要将这些错误见解纠正过来。

由于本书篇幅有限，很遗憾不能把各地方的弩都涵盖进来，特别是非洲和东南亚的弩。有一种石弩（stonebow）很有趣，它是弩的变种，装有两根弩弦和一个小袋，可以发射石头或泥弹，主要用于射击鸟类，但是这次也没法纳入研究范畴。

术语

普通的手持弓和弩有时需要区分。《爱德华二世密函档案》(*The Close Rolls of Edward II*）中有多个条目用了“hand bow”（手持弓）一词来区分弓和弩，17世纪以前的史料也是如此。我在本书中也将采用这个办法，用“regular”（普通/常规）一词描述手持弓，以便区别于弩。

“arbalist”是“弩手”或“制弩匠”的意思。当拼写为“arbalest”

时，有一些词典的定义是弩。这两个词的差别很小，都来自不太规则的中世纪拼写方式，要想理解它的真正含义最好结合上下文。

箭（arrow）、弩箭（bolt）和方镞箭（quarrel）都是常见的抛射物术语，其中“方镞箭”特指箭镞为八面体的军用弩箭。

将弩弓固定在弩臂上的绳子或皮带被称为“系带”（bridle），这个词也用来描述捆绑齿轮引弦器（cranequin）的绳环。

齿轮引弦器也被称为“齿轨”（rack/cric），转动手柄可使齿轮沿着止动棘齿导轨移动，将弩弦一点点拉开。

副弦（false string）是一根比弩弦长一些的弦，安装在弩弓末端的第二组凹槽上。它的功能是拉弯弩弓，使真正的弩弦能够放置在正确的位置上。现在它常被称为“bastard string”（粗弦），但“副弦”是它在中世纪史料中的常见术语。

弩弓（lath）是指弩前端的弓。在20世纪，人们常用“prod”（刺）作为弩弓的别称，W. F. 帕特森解释说，这个词源于19世纪时人们对亨利八世财产清单（1547）中“rodd”一词的误译[4]，正确的术语应该是“lath”或“bow”。这个观点我比较赞成。

弩机是指弩的击发结构，包括弦牙（catch）、击发阻铁（sear）、触发扳机（trigger lever）和机匣（housing）。

做功行程是指弩弦从松弛的位置到满弓时的距离，弩弓的长度与弩弦可伸展的距离有直接关系。弩弓越短，做功行程就越短，弩弦推动弩箭的时间和距离也就越短。

“引弦”（spanning）和“开弓”（bending）这两个术语都是指将弩弦拉开至满弓的动作。

“弩臂”（stock）是指弩的木制长柄，弩弓及其他部件都安装在弩臂上。弩臂在中世纪也被称为“tiller”，两种叫法都正确。

弩在战争舞台上没落之后，在技术上仍然获得了继续发展，渐渐出现了更好的弩机、不同外形的弩臂和强力的弩弓。狩猎弩和靶标弩[5]在16、17和18世纪非常流行，在现代博物馆里最为常见。它们中有很多是精美的艺术品，外观华丽，是顶尖级的奢华武器。可是，这些弩不是当年士兵们在战场上使用的武器。真正的兵器弩在历史上留下了幽灵般的印记，只有在尘封的军备清单和艺术手稿中才能发现些许微弱的光芒，它们才是后续章节主要的研究对象。

一、发展历程：弩机、弩臂和弩弓

古代弩

中国弩

根据考古发掘出的青铜弩机判定，中国弩最早出现于公元前650年的春秋时期（前770—前476）。但由于部分弩机可能使用骨头、木头等有机材料制造，无法长期保存，所以中国弩出现的时间可能更早，只是目前没有确凿证据。

与欧洲弩相比，中国弩的显著优势是弩弦向后引拉的距离很长。弩弦的拉距越大，所做的功就越多，弯曲的弩弓储存的势能也就越大，推力作用在弩箭上的时间更长，这和枪炮采用大倍径身管是同样的原理。中国弩的做功行程大约为20英寸，欧洲弩一般只有4—5英寸。之所以有这么长的做功行程，部分原因在于中国弩特殊的设计构造，弩机可以设置在弩臂的末端，而欧洲弩的弩机手柄很长，弩机必须设置得靠前一些。

其他样式的弩的做功行程也可以很长。早在战国时期（前475—前221），使用筋角复合材料制作弩弓在中国就已经非常普遍，它们的样式与标准的手持反曲弓的弓臂相同。实际上，由于该时期手持弓的弓臂长度较短，中国弩可以直接将其用作弩弓。与更短、更粗壮的欧洲弩的弩弓相

中国弩分解部件：弩机、弩臂和弩弓。注意这张弩的复合弩弓具有普通手持弓的形状和比例，不管怎么看，它都是一张手持弓。它可能是从敌人手中缴获的，原本是张手持弓，改造时将弓臂绑在木制弩臂上，再装上批量生产的青铜弩机，就成了一张弩，交付给了低等级的部队使用。弩臂前端的两个横向木楔用来缠绕固定弩弓的绳子。将手持弓的弓臂直接用作弩弓，拉力必然偏低，估计不到 150 磅，接近于普通手持弓的拉力上限。弩必须使用专门制作的重拉力弩弓。不过，由于中国弩的做功行程比较长，即使弩弓拉力较小，它的整体性能也还不错，特别是在大规模使用时更是如此。（图源：金·霍金斯）

比，中国弩的弩弓可以向后引拉更大幅度而不折断。用多层竹条制成、像车辆减震簧一样的弩弓在中国也很常见，它们的长度和拉距比例都远大于欧洲弩。

中国弩早期引弦时，弩手要坐在地上，两只脚踩在弩弓内侧，用双手引拉弩弦。到了明朝（1368—1644），弩的前端装了一根绳环，弩手用类似踩马镫的方式立姿引弦。对于那些营养不良、农民出身的普通士兵来说，使用这两种方法引弦，弩的拉力不会大于 250 磅，而且很多弩的拉力更是要小得多，特别是那些用手持弓改造而成的弩。但是在汉朝（前 206—公元 220），据说一些精锐部队的士兵能用手和脚的力量拉开 750 磅拉力的弩[6]，这实在难以置信。弩手的力量和弩机的能力都不可能有这么强大，到底有没有这样的大力士，我们可能永远也搞不清。其实弩的主要

中国弩的弩机由几个活动机件组成，它有一个短小垂直的扳机[7]，可用一两根手指操作。而欧洲弩机的击发装置是一根长长的水平手柄，用来释放滚转弦枕。这些部件组装完毕装进机匣后就可插入弩臂的凹槽中，用两根青铜键固定。该仿制品由杨福喜制造。（图源：金·霍金斯）

组装好的弩机很容易插入弩臂凹槽中，再用两根青铜键固定。弩机的瞄准器[8]有双重功能，既能重置弩机的旋转阻铁，又可以辅助瞄准，它的背后还刻有标示射击仰角的标记。（图源：金·霍金斯）

中国弩比欧洲弩的做功行程要长得多，这主要得益于它的弩机设计。中国弩的弩弦从弩臂前部的松弛状态位置引至弩机弦枕处，长度约 26 英寸，而欧洲弩的做功行程只有约 10 英寸，所以欧洲弩需要很多倍的拉力才能达到中国弩相应的威力。（图源：金・霍金斯）

优势在于它不需要太多的训练，就可以用来装备数以万计的低等级部队士兵使用。出于士兵体力水平和实现高射速两个因素，低拉力的弩在军事上具有更广泛的应用。

2015 年，在西安兵马俑 1 号坑考古挖掘中，发现了一张几乎完好无损的反曲复合弩弓，长达 57 英寸。一并出土的还有一对弯曲的木条，每根木条上面有三个孔，经鉴定，它们是所谓的“檠”（*tepeliks*）[9]，即木制保护模具。檠平时套在弩弓外面，防止弩弓在储存或旅行中扭曲变形，打仗的时候再去掉。截至目前，1 号坑已经发掘出了 288 个弩的机件，但是值得注意的是这些弩都没有配备弩弓。弩机是可以大规模生产的机件，造价低廉，容易获取，而弩弓就是另一回事了。据汉学家、职业弓箭手斯蒂芬・塞尔比计算，如果给 1087 名兵马俑弩手全都配齐复合弩，大约需要

3261人一年的劳动量[10]。

秦朝（前221—前206）以后，弩在中国仍被使用。但在弩的发展上，中国走了一条与欧洲相反的道路。中国人用多层的竹条替代了筋角复合材料来制作弩弓，工艺更加简单，成本更低，生产速度更快。但是这些弩的威力较小，通常要将箭镞染毒才能奏效。

中国的连发弩，即诸葛连弩（*Chu ko nu*），能够通过杠杆的连续操作从箭匣中连续射出弩箭。连弩的大部分部件用桑树木制成，是一种廉价的低端武器。弩弓用桑木板条或竹条制成，用楔子固定在弩臂上。弩弓的表面通常不涂胶，两端有小孔，弩弦穿过其中将弩弓固定。大多数的箭匣可容纳10支弩箭，也有的能装12—15支弩箭。诸葛连弩大小不一，有些还配备了双箭匣和双箭槽，能同时发射两支弩箭。

诸葛连弩据说是由中国古代的军事战略家诸葛亮（181—234）发明的，所以这种弩便以他的名字命名。但是考古学证明，在战国晚期甚至更早的时期就可能已经有连弩了。

为了防止弩箭在箭匣内卡住，连弩的弩箭都没有尾羽，方便在箭匣内平行排列。没有尾羽的弩箭飞行姿态会很不稳定，加之弹射力不足，所以诸葛连弩远距离射击的效果很不好，但这并不是它的设计初衷。诸葛连弩是一种高射速的近战武器，能在短时间内将大量的弩箭发射出去。从理论上讲，弩手来回推拉把手就能实现连发速射，但在实践中，这样的操作不仅容易导致箭匣中的弩箭卡住，弩手自身的射击动作也很不稳定，命中精度较差。要想保持武器的稳定，操作动作就必须平滑、流畅而有节奏。在连续射击中，弩弦会受到较大的磨损，因此连弩的弩弦中部用一截打磨开槽的鹅毛管加强。

连弩在战国时期得到初步使用，但是在那之后似乎销声匿迹了，直到明朝才再度出现。清朝（1616—1911）的百科全书《古今图书集成》中写道，“此弩，懦夫闺妇皆可执以环守其城”[11]（编者注：实见于明朝典籍《武备志》），意为“诸葛弩是一种轻便的小型武器，无论懦弱的人或深闺妇人都能用它来自卫”，说明连弩的主要角色是“看家护院”。该书还写道：

> 一弩连发十矢，铁簇涂以射虎毒药，发矢一中人马见血立毙，便捷轻巧即付骑兵亦可执以冲突，但矢力轻必藉药耳。（意为：连弩可发射 10 支铁弩箭，涂上“射虎毒药”，射中人马后，见血立刻毙命。连弩很轻便，骑兵也可以手持骑射，缺点是射程有限，威力很小，必须涂上毒药辅助使用。）

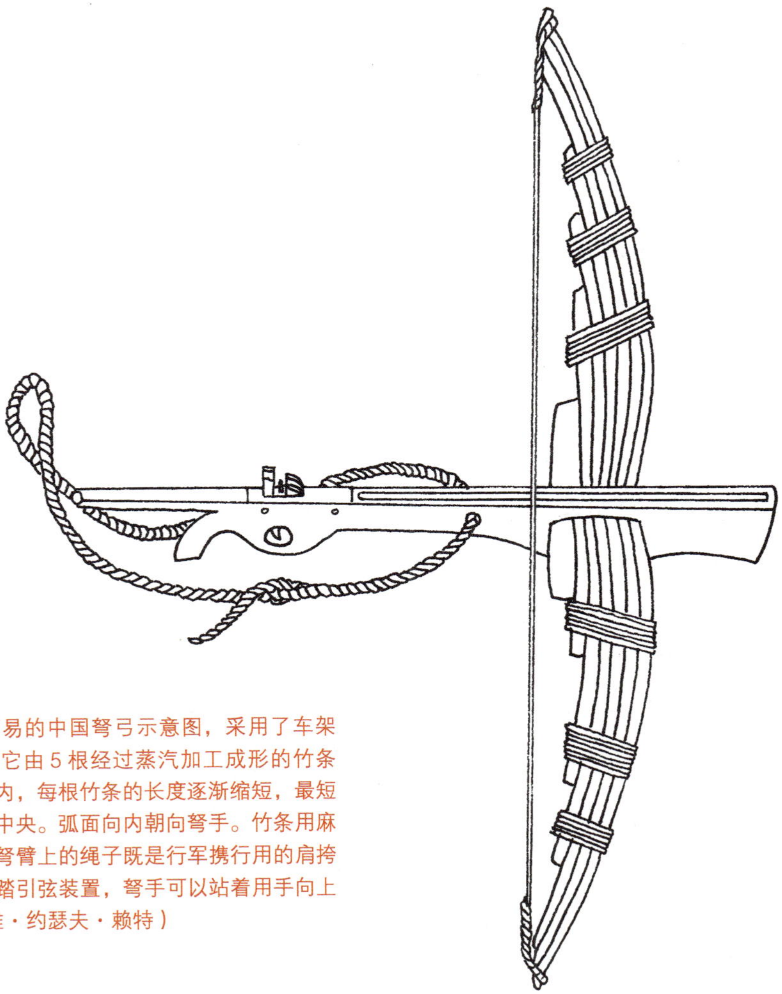

图为一种很简易的中国弩弓示意图，采用了车架减震弹簧的样式。它由 5 根经过蒸汽加工成形的竹条叠压而成，由外向内，每根竹条的长度逐渐缩短，最短的竹条在弩弓腹部中央。弧面向内朝向弩手。竹条用麻绳逐段捆在一起，弩臂上的绳子既是行军携行用的肩挎带，也是原始的脚踏引弦装置，弩手可以站着用手向上引弦。（图源：戴维·约瑟夫·赖特）

连弩能够实施循环射击的关键部件是图中的T形卡销，它在弦槽内可上下运动。当弩弦拉至卡销所在位置时，它会自动下降，使弩弦固定在弦槽内。当手柄的尾端向上抬，箭匣底部与弩臂平齐时，T形卡销会受力向上运动，使弩弦脱离弦槽，推动弩箭发射。（图源：戴维·约瑟夫·赖特）

在战国时期，村民们用连弩来抵御骑匪抢劫，而在义和团运动（1899—1901）中又被用于游击战。箭镞涂上乌头草制成的“射虎毒药”后，连弩便成了致命武器。用连弩发射无毒弩箭捕猎野禽也很流行，猎人悄悄接近大群野鸭，在猎物腾飞的瞬间用连弩快速射击，肯定能打下来好几只。

除了轻巧的手持连弩，明朝还出现了更大型的诸葛连弩。它的弩弓为复合材料制成，非常强劲，需两个人共同操作。从城墙或船舷上发射时，需要将其安装在某种支撑物上。从描绘朝鲜壬辰卫国战争（Imjin War，1592—1598）[12] 的历史木刻画上可以看到，巨大的诸葛连弩安装在舰船上，在接舷登船发起之前先用之扫射敌船的甲板目标。

中国还有与欧洲巨弩（见下文）相似的特大型弩[13]。一篇公元前4世纪初关于军事家墨子的文章提到，这种巨弩装在四轮车架上，高8英尺，需10人操作[14]。据推测，它使用的弩箭长达10英尺，引弦后，箭镞伸出弩臂前方约3英尺，弩箭的尾部还连着引线，射出后可以收回反复利用。我们推测这个说法可能有些夸大，但是尺寸巨大的中国弩绝对存在。

选自文华大厦文物公司售卖场的两幅中国连弩图片，制作时间约为 20 世纪初，结构与公元前 3 世纪最早的连弩一致。它的弩弓为双层竹条，拉力估计在 70 磅以上。操纵杆向前推时，箭匣下侧的凹槽扣住弩弦，一支无羽弩箭便会落在弩箭发射槽上。向后拉动操纵杆，弩弦和箭匣都被拉到后端的发射位置。在这个操作过程中，箭匣尾部绕着弩臂连接键做了一个弧线形运动。箭匣后侧底部有 T 形卡销，位于弩弦凹槽的下侧。当操纵杆向后拉到底时，箭匣底部接触弩臂，T 形卡销受力上移，弩弦将从凹槽中释放，射出弩箭。操纵杆再向前推，就可以准备下一支弩箭的射击。在操作过程中，射手通常将弩臂尾部的 T 形弩托顶在髋部，左手握住弩臂下方，右手操作操纵杆。（图源：彼得 · 德克尔，文华大厦文物公司“古代武器与铠甲”系列）

图为中国古代的一种单弓多联发攻城床弩。它安装在木制发射台上，弩弓非常长，为复合反曲的形态。从公元前 2 世纪开始，一些床弩就已具备同时发射多支弩箭的能力，宽宽的弩臂上有多条平行的箭槽（通常为 7 条）。箭槽从中央向两边散开，相邻两槽的距离相差约几英寸。950 年的一处史料还提到一种“快速龙机”，它是将几具多联发弩连接起来，由同一个击发装置控制，可同时发箭 [15]。（图源：日本档案馆 / 斯蒂芬·特恩布尔）

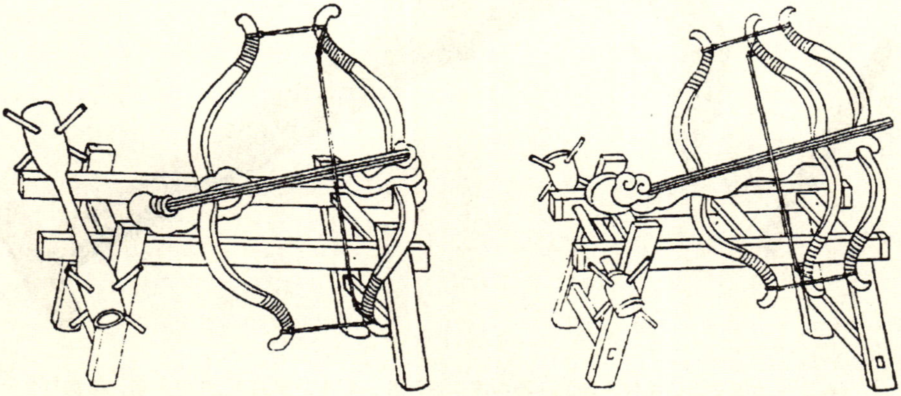

双弓床弩（左）和三弓床弩（右）初见于宋朝（960—1279）时期，它们都采用非常结实的筋角复合反曲弩弓，用一根连续的弩弦连接各个弩弓，联动工作。弩弦固定在最前端的弩弓末端，然后穿过第二（和第三）弩弓的两端，将多个弩弓串联起来。卢卡斯·诺沃特尼近期复制了一具三弓床弩，经过演示和论证，证明只有用滑轮将反向弩弓与其他弩弓相连，整个装置才能有效工作。虽然在古代的画作中没有见过滑轮，但是马腾在翻译北宋《武经总要》（11 世纪军事专著）中的一幅床弩插图说明文字时，发现其中提到了滑轮 [16]。这两种床弩的弩机比常见的青铜弩机要大得多，两者都使用了安装在平台上的绞车引弦。西方国家没有威力这么大的弩，但是在东南亚部分地区可以见到中国床弩的影子，有的甚至安装在大象的背上！（图源：日本档案馆 / 斯蒂芬·特恩布尔）

希腊弩

古希腊弩内置有用于引弦的滑块结构，设计非常独特。射手在引弦时要用腹部顶住弩托，推动滑块后退，所以它被称为“腹弩”（*gastraphete*）。1 世纪，亚历山大城赫伦 [17] 记载了腹弩的操作方法，这是存世最早的相关文献。公元前 3 世纪，凯斯布 [18] 也记载了有关内容，可惜资料已经遗失。赫伦的记录非常详细，还附有一份手绘图纸，可以据此进行较准确的复制。希腊的历史画作中尚未发现腹弩的其他图像，它的发明时间目前尚未达成一致意见，可能是在公元前 5 世纪左右。

与中国弩类似的是，希腊腹弩采用了全尺寸的复合弩弓，样式与当时的手持弓弓臂相同。它的拉距特别长，最大拉力只能凭经验估算，也许能达到 120 磅。希腊和罗马帝国的抛射武器，例如弩炮（*ballistae*）等，也采用了类似的棘爪—棘轮滑块系统。过去人们常把弩炮误称为“巨弩”，其实这是不正确的。弩炮根本没有弩弓，它的发射结构是两根分开的立柱，依靠扭缠的筋索提供的扭力抛射，而弩弓发射靠的是张力。

罗马弩

介绍罗马弩（*arcuballista*）的唯一存世文本，是罗马军事作家维吉提乌斯于 4 世纪晚期撰写的《军事摘要》（*De re militaries*）[19]。这本著作综合了一些早期的资料，遗憾的是，书中关于罗马弩的内容写得比较模糊。他在其中的一个段落提到弩手和投石机手被部署在同一作战阵列，在另一个段落提到常规弓箭手和弩手在攻城塔上相互协作，扫清城墙上的敌方守军。但是，这些仅仅是只言片语，既没有说清罗马弩手在战争中如何被运用，也没有说明在一个罗马军团中罗马弩配置有多少。

幸而在法国的萨利尼亚克镇和圣马塞尔市有两幅高卢－罗马时代（Gollo-Roman）的艺术浮雕，为我们展现了罗马弩的真容。这两幅浮雕都是用罗马弩狩猎的场景，两者有三个元素完全一致，即复合弩弓、正方形截面的弩臂、独特的球柄弩托。萨利尼亚克镇的浮雕上还能明显看出，罗马弩的拉距比后来的中世纪弩要长。它们使用一种更长的弩箭，两处浮雕中的箭筒也都表明它们适合容纳很长的弩箭。从这些特征来看，罗马弩与中国弩、希腊弩这两个“前辈”有一定的相似之处，而与中世纪弩的差异较大。在实际使用测试中，根据罗马弩扳机的位置、手柄的形状及整体平衡性，它在发射时应当是顶在射手的髋部。由于它引弦时需要握持，所以射手最好保持在同一个位置射击，引弦才能更快、更顺手。

罗马弩的击发结构在浮雕中刻画得不很清楚，看上去有点像后期弩的

由利奥·托德斯奇尼复制的古希腊腹弩。这张弩用现代材料制成，但是形状和比例都依照了亚历山大城赫伦的画作。腹弩在引弦时要先将滑块向前推，使弩机前部的棘爪钩住弩弦，然后将滑块前端顶在地面上，腹部发力向下推压弩托。注意在弩臂两侧各有一根青铜材质的止动棘齿条，当弩手向下发力推压时，弩机的棘爪会与这些止动棘齿逐个咬合，弩弦就能在可控的状态下一点点向后拉开。（图源：托德·托德斯奇尼 / 托德工坊有限公司）

英国重装步兵协会（Hoplite Association UK）的史蒂夫·西尼尔正在用利奥·托德斯奇尼复制的古希腊腹弩演示如何引弦。他先将弩的滑块前端顶在地面上，然后身体倾斜压在弩托上，推动弩臂下压即可引弦。由于军用腹弩的拉力更大，引弦时应选择更加坚硬的地面，以免弩的滑块前端扎入土壤太深。地中海东部地区多为岩石地表，应该能够提供足够的应力。（图源：英国重装步兵协会，史蒂夫·西尼尔）

小插图：古希腊腹弩弩机特写。青铜弩机位于滑块的后端，弦钩已经钩住了弩弦，一个类似扳机的操纵杆已将其锁住。在引弦之前，要先将弩机的棘爪向前翻转，以便啮合止动棘齿。（图源：英国重装步兵协会，史蒂夫·西尼尔）

利奥·托德斯奇尼根据史料描述制作的罗马弩样品。它的弩弓为复合材质，长约39英寸，拉距约16英寸，可发射长约22英寸的弩箭。这张图片不是太清楚，但能看出弩臂上部有一条浅浅的箭槽。击发手柄的样式是凭推测制作的，末端有个回旋的弯，便于单手击发，非常适合弩骑兵使用。轻质的复合弩弓以及特殊的手柄形状意味着它可单手操作，而手柄的长度是根据弩机弦牙到弩臂尾部的长度决定的。弩弓用木楔固定在弩臂上，为了防止弩弓将弩臂压裂，弩臂的前端安装了两根桦木钉加固。（图源：托德·托德斯奇尼/托德工坊有限公司）

滚转弦枕。1893年，考古人员在英国威尔特郡伯贝奇村的南格罗夫农场挖掘出一个骨质的滚转弦枕。从发掘地的背景来看，这个弦枕的历史可以追溯到罗马时期。滚转弦枕的发明是一项突破性技术进步，对弩的发展产生了重大影响。

浮雕上没有显示罗马弩的机械引弦装置，说明它的拉力相对较小。在复制弩的测试中，利奥·托德斯奇尼使用的是拉力为45磅的弩弓。引弦的时候，他尝试把圆圆的弩托顶在肚子上，用两只手引弦，感觉这样既舒适又有效。这张45磅拉力的弩将一支22英寸长的弩箭射了100码远，这个威力也许可以用于猎取小型猎物，但用于作战还远远不够。关于它的圆柄形弩托，有人提出了设想，弩手的皮带上可能装有厚皮碗，引弦时将弩托圆柄置于碗中，能够分散负荷和防止弩臂滑动。如果使用这种装置辅助引弦，弩的拉力很可能会超过130磅。

利奥·托德斯奇尼制作的鹿角材质滚转弦枕多角度视图。它的弦牙从中间分叉，像两根手指一样，弩箭从中间的空隙插入，箭尾搭在弩弦上。弦枕下部有个小凹槽，扳机阻铁顶在这个位置，在扳机释放前，可以阻止弦枕旋转。凹槽内摩擦最频繁的位置嵌有小铁片，形成光滑的硬质接触面，既可保护弦枕的鹿角材料不受磨损，又能保证扳机阻铁的有效结合和解脱。（图源：托德·托德斯奇尼/托德工坊有限公司）

欧洲中世纪弩

弩机

弩机的主要挑战来自紧绷的弩弦紧压其上产生的摩擦力，弩弓的拉力越大，相应的摩擦力也就越大。可以想象一下，地上立着一根结实的柱子，将绳子绕过柱子，让两个身体强壮的朋友从两边用尽全力拉住绳子，然后试试能不能用手将绳子沿着柱子上下移动。如果你的朋友足够强壮，他们应该能使绳子和柱子之间产生足够大的摩擦力，你根本无法移动绳子。弩机能否克服这种摩擦力，主要取决于弩机和扳机的设计。

绝大多数弩的释放结构都采用了不同形式的滚转弦枕，它们大多由轻质的骨头或鹿角制成，旋转时惯性极小。滚转弦枕安装在加工精密的机槽内，扳机松开时，弦枕可在机槽内自由旋转。当弩弦搭上弦牙，弦枕的前部就会抵住机槽前部，机槽的这个接触面都装有一层骨质贴面，为的是加大机槽强度，减少摩擦力。由于弩弦作用在弦枕上的力量非常大，如果给弦枕安装一根细轴，则它极易弯曲，所以弦枕都没有轴。它中心的小孔，不用于安装旋转轴，而是方便一根绳可穿过这个孔绑在弩臂外面，防止弦枕在射击或携行时脱出。

纽约大都会艺术博物馆藏有一个从巴勒斯坦蒙特福特城堡出土的滚转弦枕碎片，它的制造时间应当是在 1271 年城堡被毁之前。该弦枕的材质为鹿角，有加固铁片的痕迹。当弩弦拉开时，会有相当大的压力作用在弦枕上，所以有些弦枕的弦牙上装有小小的金属加强销。大多数弦枕的底部有一块小金属片，工作时与扳机阻铁相互接触。

16 世纪出现了更多结构复杂的弩机，主要用在靶标弩和狩猎弩上，其击发杆和弦枕之间有独立的击发阻铁，弩臂外挂着一根短绳来复位。后来甚至出现了更加复杂的设计，有些弩用两根绳子来控制多个阻铁，但是这些复杂的装置并不适合军事用途，也超出了本书研究的范围。

“升降栓”示意图。弩弦张开后钩在弩臂的弦槽上，弩臂下方的手柄推动升降栓上移一定高度，弩弦将从弦槽脱出释放。该结构的主要缺点是升降栓可承受的压力有限，因此只适用于拉力相对较小的弩。但是它的结构简单，易于制造，是偷猎者的热门选择。（图源：戴维·约瑟夫·赖特）

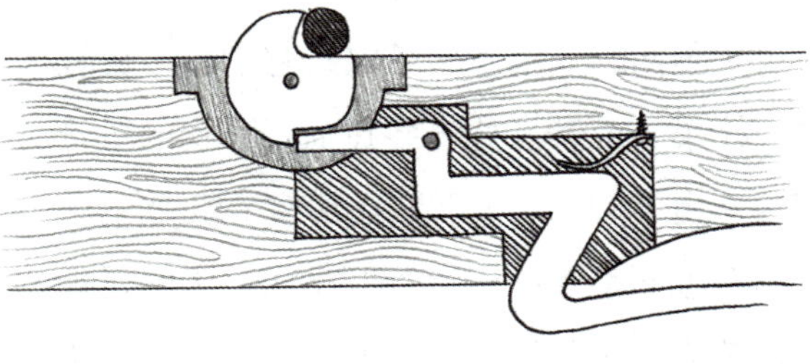

中世纪早期弩的扳机结构非常简单，仅仅用一根 Z 字形的手柄直接控制弦枕。手柄可围绕枢轴旋转，阻铁端的长度比手动操纵端要短得多，而操纵端的重量更大，能够确保阻铁端固定在合适的位置。为了提高可靠性，后期的手柄还增加了角质[20]弹簧。（图源：戴维·约瑟夫·赖特）

绘制于 14 世纪的两名弩手操作弩的画像，选自《玛丽女王诗集》(*Queen Mary Psalter*, 1310—1320)。一名弩手正抬起腿向下踩脚蹬引弦，另一名弩手将弩托至与肩同高射击。这两张弩的弩臂都很长，弩弓表面有些突起，说明它们是木制的，那些突起是微微隆起的木结节。(图源：英国国家图书馆 / 布里奇曼图片社)

弩臂

弩臂要承受反复引弦的压力，必须非常结实，制造时要从一件简单的木胎加工出渐变的曲线和稳健的比例。果木是最常用的弩臂材料，特别是梨木和樱桃木，也有的用角树、山楂、核桃和枫树制作。这些木材制成的弩臂外表有漂亮的花纹[21]，而且通常是交错的纹理。螺旋状纹理的树木每年改变生长的方向时，纹理会发生交错，这种木材的抗裂性很好，非常适合作为弩臂材料，但也给加工带来了一定难度。大多数的弩在弩臂前端都会垂直钉入一根铁钉进行加固。

兵器史学家约瑟夫·阿尔姆援引了 1384 年的一份勃艮第史料，其中提道“一张装有铁箍的热那亚款式弩”[22]。据他解释，铁箍是用来加固弩机两边弩臂的，这显然意味着弩弓具有巨大的力量。弩臂侧面，亦称“弩面”，通常会用兽骨或鹿角片进行加固和装饰。

军用弩大多非常朴素，为富人们制造的弩往往装饰奢华。弩臂的全部或部分表面通常用牛角或鹿角片贴面，鹿角往往还会做成浮雕。这几种材料都能雕刻出精美的图案，展示非常复杂的场景。有的弩还额外装有铜钉或铜条，用油彩涂绘了不同的图案。一张弩既可以是实用的武器，也可以是艺术品。即使是相对朴素的弩，也会在弩臂上表面，也就是弩弦滑动的位置，镶一块抛光的骨头或鹿角饰面，将弩弦与弩臂之间的摩擦降到最低。弩弓安装在弩臂上的夹角会略微大于 90 度，确保弩弦不会与弩臂磨损太多。

中世纪末期，一些弩的弩臂尾部顶端安装了有凹口的脊，射手可将拇指卡在这个位置，其他手指则操作弩臂下方的击发杆，拇指关节还可以辅助瞄准。

弩臂的长度各不相同，从某种程度上讲这是由不同的引弦装置决定的。如果使用绞盘引弦器，绞盘卷扬摇臂的中心应当处于弩手腰部稍上的高度，若是使用齿轮引弦器，弩臂短一些更易于操作。短臂弩更易于携带，对于弩骑兵来说特别方便。

木制弩弓

尽管有史料证明，复合弓技术在罗马时代[23]已经得以使用，而且有证据表明，在维京时代[24]西方国家仍在继续使用复合弓，以及越来越多的图画[25]显示欧洲在 9 世纪就使用了复合弓，但中世纪早期欧洲弩的弩弓主要还是木制的。

穆尔达·本·阿里 - 阿塔苏西于 1180 年至 1190 年撰写了一本兵器专著呈送给萨拉丁君主[26]，他写道，“弩……仅装了一张简单的弓而没有使用筋角材料……它应当用最好的紫杉木（制作）……其次是野生的橄榄木，一种来自北非，另一种来自也门”[27]。使用紫杉木制作弩弓很寻常，橄榄木也是不错的材料，但是最引人注目的是，这段话确认了复合弓的存在，而且它们不是用来做弩弓的。

复合弩弓的制作采用了与普通手持弓完全不同的材料组合，但在阿塔苏西撰写这本专著的时候，复合材质的弩弓尚未出现。在 12 世纪末至 13 世纪以前，所有的欧洲弩用的都是木制弩弓。

根据对历史画作的评估，结合少数存世的木制弩弓的测量数据，显示中世纪弩弓通常为 4 英尺长，有些可能还要更短一些。根据长度，木制弩弓的拉力是有极限的。制弓师克里斯·博顿称[28]，拉距 4 英尺的木制弓的最大拉力可达 200 磅左右，拉距越小，拉力也越小。如果弩能达到这种拉距，可能被划归为“巨弩”范畴（见下文），所以 200 磅应当是普通弩的拉力上限。看到这些拉力数值时，需要注意的是，弩不是长弓，长弓的弓弦可以被弓箭手引至耳边，拉距足有 30—31 英寸，而弩的拉距（做功行程）只有大约 4—5 英寸。另外，一张弩要在战场上发挥有效作用，就必须能在一分钟内反复引弦发射数次，我们假设一下，根据普通士兵的平均体能水平，150 磅的拉力可能就是典型数值。毕竟在这个时代，辅助引弦装置还没有出现。

1931 年在英格兰伯克汉姆斯特德城堡考古发掘中发现的木制弩弓，制作时间据信为 13 世纪。它的长度为 49 英寸，强劲而沉重，D 形横截面密实而厚重，不禁令人觉得它可能是“巨弩”的弩弓。众所周知，木制弩弓很难保存下来，但是它们在整个中世纪都得到了持续的广泛运用。（图源：大英博物馆）

安娜·科姆内讲述了早期弩的引弦方法，“（弩手）引弦时几乎是躺着的，两只脚蹬在弩弓内侧的两边，双手拉着弩（弦）用力向上拉”[29]。运用这种引弦方法，一个强壮的人背部后仰可以实现约 250 磅的拉力，但是拉伸较短的木制弓仍然存在一定的机械力学限制，否则就会折断。

能够留存至今的中世纪木制弩极为罕见，就算当年没被当成柴火烧掉，也会因为时间过久而烂掉。这可能就给人一种错误印象，觉得木制弩并不多，实际上，木制弩在各个时代都得到了非常广泛的运用。与复合弩相比，木制弩制造工艺简单、生产速度快、成本低廉，原材料也很容易搞到，便于大规模制造。而且对于野战部队或守备部队来说，弩适合多种任务需求，所需的维护保养也比较少。出于这些原因，在复合弩问世后的很长时间里，木制弩的使用仍然非常广泛。盖伊·威尔逊[30]从历史文献中找到了以下资料：

> 1418 年，布卢瓦城的军械库中存有用葡萄牙紫杉制成的弩。1421 年，英格兰国王亨利五世统治法国后，曾下令清查在巴黎等各地的堪用武器，在数量众多的弩中，有 10 张大绞盘弩和 10 张小一点的弩，它们都用葡萄牙紫杉木制成，还有 5 张巨弩用所谓的“佛兰德木”制成，这可能也是普鲁士紫杉木。1436 年，勃艮第公爵从一位西班牙商人那里购买了 22 张木制巨弩，直到 1461 年，图尔奈城才用钢弩取代了木制弩。[31]

约瑟夫·阿尔姆在对欧洲弩的研究中援引了一份 1362 年的勃艮第公国武器清单，其中列有 189 张复合弩和 382 张木制弩[32]。他还提到，1396 年，条顿骑士团统领为了制作弩弓订购了 7000 根紫杉木弓条[33]，而在勃艮第公国 1433 年、1437 年和 1442 年的军事记录中，都记载了安装有紫杉木弩弓的弩[34]。

在这张图画中，弩手坐在地上，两只脚蹬着弩弓引弦，这和200年前安娜·科姆内描述的引弦方法一致。画家没有画出弩臂，要么是图画未完成，要么是有一些技术上的问题。这幅画展示了弩的形态及引弦的方法，尽管当时其他的引弦技术有了发展，但是这种最简单的引弦方式仍旧存在。从弩手脸上的表情可以明显看出他很费力。他使用的是一种在历史手稿中常见的钝头箭，这种箭主要用于狩猎和靶垛精度射击练习（请参阅本书第一章长弓中关于箭镞的叙述）。（图源：英国国家图书馆《卢特雷尔诗集》/布里奇曼图片社）

这幅画描绘的是巴黎人正在为城市军火库搬运物资。这些弩弓明显都是木制的，但是最突出的是，在这幅画中能看到人们背着成捆的备用弩弓。一方面这暗示了木制弩弓易于破损，另一方面又突显了木制弩弓成本便宜，能够大规模生产，替换起来也比较容易。（图源：英国国家图书馆/布里奇曼图片社）

这张弩的木制弩弓据信制作于 13 或 14 世纪，弩臂和铁制零件是 19 世纪的复制品，具体年代和式样无法查考。最早的木制弩弓是用皮带固定在弩臂的前叉支架上，再用绳子捆绑加固，而金属脚蹬与木制弩弓之间没有直接接触。这张弩弓长度为 45.5 英寸，看起来非常漂亮，它的外表与英国伯克汉姆斯特德弓一样，背上有略微隆起的木结节，呈现出木制弩弓疙疙瘩瘩的典型外观。（图源：格拉斯哥博物馆和图书馆藏品）

历史学家拉尔夫·佩恩－盖尔维爵士1903年的代表作中收录了戴维－阿普－格维利姆作于14世纪中叶的一首诗，其中有这样的诗句，“汝为弩手真实而美好，汝为射手拥有完美的木（弓）”[35]，这意味着其为中世纪木制弩弓的历史见证者。另一条14世纪的线索更具体，它来自1346年，即克勒西战役那一年，“为了制造弩，罗伯特·阿布拉斯特和西蒙·罗素奉命去伊斯特汉斯特德庄园砍伐紫杉树”[36]。值得注意的是，阿布拉斯特（Arblaster）这个名字和制弩匠/弩手（arbalist），这两个词存在一定的词源关联。从中我们还得出，爱德华三世远征法国的战争引发了对优质木材的巨大需求，英格兰本土生长的紫杉被视为制弩的最佳材料，而意大利紫杉是制作长弓的抢手材料。1390年9月，两名热那亚商人因逃避关税贩运了“35大桶马姆齐甜酒和288根弩弓板条”到伦敦销售而收到了传票[37]。当时，对伊比利亚的木材需求也不少，在1284年爱德华一世下达的征用命令中，就包括400根用于制造弩弓的紫杉木板条：

> 致布里斯托尔城堡治安官彼得·德拉梅尔：令你提供400条西班牙紫杉木用于制造弩弓，并提供400个弦枕、400个击发杆、400个脚蹬、100条背带、20块鲸须板、1000根弩弦、10万支2英尺长的方镞箭、10万支1英尺长的方镞箭。以上物资送交卡那封城堡的宫廷大臣、总管理查德·德·阿宾顿。[38]

鲸须是一种类似软骨的组织，和动物的角一样，主要成分是角蛋白。很多种鲸的上颚都长有鲸须板，鲸须就附着在这些板上，当鲸进食的时候，利用鲸须从海水中过滤食物。虽然它被俗称为鲸骨，但它其实不是骨头。由于鲸须坚硬、强韧、富有弹性，因纽特人在几个世纪中将其用作弓的贴背，这很可能是鲸须出现在这个清单里的原因。传统弓箭手习惯用羊皮纸或类似的材料制成条状粘在木制弓的背面，用以减轻弓背的张力，防止木纤维突起，使弓不易断裂，还能在一定程度上提高弓的性能。鲸须因其固有的弹性，自然成了弓臂贴背的优选材料。虽然不能断定鲸须板出现在制弩材料的清单里是否出于这个原因，但确实是一种可能。如果的确如此，这些鲸须就是用来制作这 400 根弩弓贴背的，或者用来修复一些弹力下降的旧弩，以延长它们的使用寿命。

弩弓用鲸须贴背可能是木制弩弓向角质复合弩弓发展中的过渡性技术，它的拉力可能会超过普通的木制弩弓。一些威力更大的木制弩会在弦槽部位加固一些小的角质片，提高它们的强度，这和长弓的做法一样。

泰布加·阿什拉菲·巴克拉米什·亚内纳奇撰写的《弓箭入门者教程》（*Essential Archery for Beginners*，约 1500 年）一书中提到，最适合海上作战的弩是紫杉弩，可能木制弩弓不像复合弩弓那样对海上的潮湿环境那么敏感，但他又提到另一个令人感兴趣的观点，即“弩弓应该由两根不同的板条制作而成”[39]。

木制弩弓也可能是由两根不同或相同材料的木条层叠制成，这似乎是作者在这里想表达的意思。一些历史画作中的弩弓呈现出不同层次的颜色，意味着它们可能就是层叠结构。和单体弓相比，叠片弓更强劲，更能抵抗日常的磕碰，也更不容易断裂。虽然层叠结构并不能提高弩的威力，但它的可靠性激发着人们尝试提高弩弓拉力。

处于库存状态的木制弩弓、复合弩弓及二手弩弓（已使用过）的堪用时间都是有限的，良好的维护保养非常必要。1353 年，伦敦塔锦衣库有这样的记录，“4 张破旧的小型复合弩，59 张破旧的普通木制弩，其中 4 张已经断了”[40]。在这段记录里，“普通”这个词与木制弩弓的联系是有趣的，是否意味着木制弩弓是当时的主流呢？尽管木制弩很平常，但并不能说它们是低等武器，因为根据这份史料，伦敦塔库存的武器中有“86 张新的木制弩中，有一张是为国王私人使用”[41]。

1382 年，德意志有一条命令，要求把一张配有“紫杉木弩弓”的弩送给神圣罗马帝国皇帝用于狩猎旅行[42]。1553 年，伦敦塔锦衣库主管威廉·罗斯威尔订购了 200 根弩弓木坯，价格为每一百根 26 先令 8 便士，合每根 3.25 便士，和他订购的长弓弓臂板条价格相同。这些木坯制成弩弓板条后，每根价格为 6 先令 8 便士。当时的复合弩弓每根价格为 20 先令，显然木制弩弓比复合弩弓要便宜得多[43]。随着技术的进步，武器装备的成本也在显著提高。

复合弩弓和角质弩弓

复合弩弓虽然昂贵，但是和木制弩弓相比具有长度更短、威力更大的优势。复合弩弓的长度一般为 23—36 英寸，比木制弩弓要轻便得多，在陆地野战和工事防御作战中更易于操作，用于狩猎也更隐蔽。基于特殊的材料和构造，复合弩弓的拉力可以达到 200—600 磅，必须依靠具有机械优势的装置辅助引弦。随着弩弓威力的不断增加，引弦辅助装置也得到了不断发展。

复合弩弓的能量输出效率比木制弩弓高，即便是拉力 200 磅的复合弩弓也比同等拉力的木制弩弓射出的弩箭威力要大，而且它的可靠性比木制弩弓或钢弩也要高，使用中不易断裂。

复合弩弓的制作方法与复合手持弓完全不同[44]，主要的技术突破在于复合材料排列的革新。复合手持弓采用的是简单的线性层叠法，而复合弩弓为复杂的矩阵层列法，能将力量汇集在更短、更结实的弩弓上，并经过内部多层的角质材料放大。这种革新技术出现在 12 世纪末或 13 世纪初，起源地很可能是中东，比用木头和角筋材料制作的复合手持弓要晚 2500 年。从各个方面来看，复合弩弓都是全新的发明。一些由公共机构和私人收藏的复合弩弓文物（已经断裂残破）被锯开后，从截面上可以清楚地看出它们具有多种多样的构造样式。

动物的角是关键材料，是弩弓大部分力量的主要来源，当时的史料把这些弓称为角弓（angular bow）。欧洲的复合弩弓通常用牛角或山羊角制作，这些材料的获取比较容易，其中野生山羊角特别受欢迎。

不同尺寸的角质弓条堆叠成两层，每一根角质弓条都与相邻的紧密结合。在组装之前，要先用锯齿刮刀在角质弓条表面划出平行的齿槽，涂上

一张15世纪复合弩弓的截面。这张弩弓没有木弓胎，而是两排牛角弓条，颜色和尺寸不一，混合排列在一起。边缘缝隙用楔形角质边条塞紧，取代了常见的木楔。所有的角质弓条包裹在筋腱里，在弓背上形成了多层的材料结构。（图源：金·霍金斯）

15世纪瑞士或德意志复合弩弓的截面。它的层列材料包括鲸须、角和筋腱，外面覆盖着桦树皮。中心的木材品种尚未确定，很可能是山毛榉。需要留意的是，角质弓条和木壳的内表面刻有细密的齿槽，相互啮合锁紧，非常稳固，经过黏合后不易滑脱。（图源：纽约大都会艺术博物馆）

强力兽皮胶，将齿槽相互啮合粘在一起。齿槽不仅提供了更大的黏合面，也能有效阻止角质弓条滑移。

有一些复合弩弓使用了鲸须。伦敦塔军械库1345年的一份订单中就出现了3块鲸须板，用于制造40根复合弩弓[45]。由于鲸须干燥以后看起来和动物的筋腱一样，所以很难搞清鲸须在弩弓制造中的使用程度，也很难了解它的机械效能。鲸须既没有兽角的弹性，也没有筋腱的抗拉强度。

弩弓的核心角质被层层筋腱包裹着，在弓的背面还有一些角质层。角质层具有天然的抗压缩性，因此弩弓弯曲时，角质便储蓄最多的能量。筋腱的作用是将各层弓材凝聚在一起，它是由干燥的动物肌腱在鱼胶中浸泡

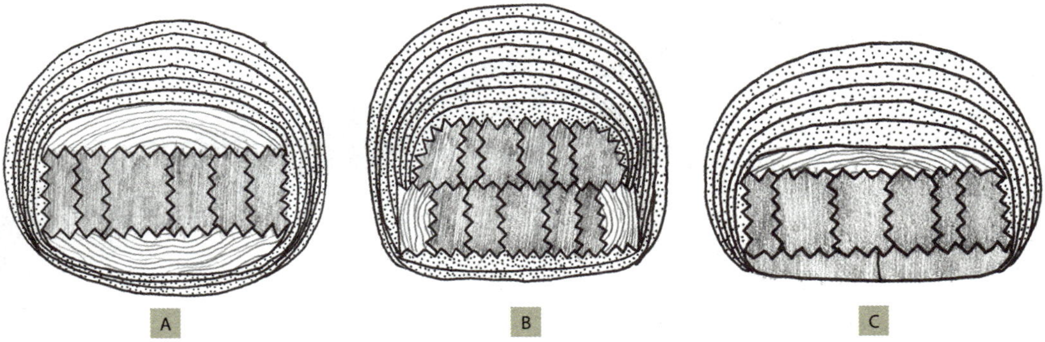

三种不同的复合弩弓内部结构。第一种（A 图）的核心为一层角质弓条，上下都由木坯料固定，整体包在筋腱里。第二种（B 图）有两层角质弓条，只有下层的外缘用木条固定，整体也被多层筋腱覆盖。第三种（C 图）是诺沃特尼弩弓的剖面图（弩弓实体见下图），它的中心为一根山毛榉木弓胎（根据纹理识别），点状阴影部分是筋腱层，颜色较深的部分为垂直和水平方向的角质弓条。（图源：戴维·约瑟夫·赖特）

卢卡斯·诺沃特尼制作的复合弩弓。它是一张反曲弩弓，上弦后弩弓尖端（在图中向上弯曲）将向内（下）弯曲。它的制作尚未完成，外表没有包裹层，多层的筋腱清晰可见，还能看到弓腹（内侧面）的角质条，它的内部结构见上图。（图源：萨卢基弓业公司）

制成，也为这个复杂的“弹簧”提供一定的弹性能量。

弩弓的第三种材料是木材，但是它的使用程度不一，有的弩弓用木材很多，有的几乎不用。木材在弩弓材料矩阵里的配置方式也有几种，有的充当结实的弓胎，有的成细条状塞在角质弓条的外缘，还有的配置在角质弓条的上方或下方。与强劲的角质和筋腱弓条相比，木制弓条很可能提升不了弓的弹性，它的主要作用是防止角质弓条移位或扭曲。在弩弓的制作过程中，木制弓条为筋角弓条的排列、涂胶和凝固提供了稳定的框架。

紫杉或榆树是传统的制弩木材，但是最常见的莫过于山毛榉。山毛榉

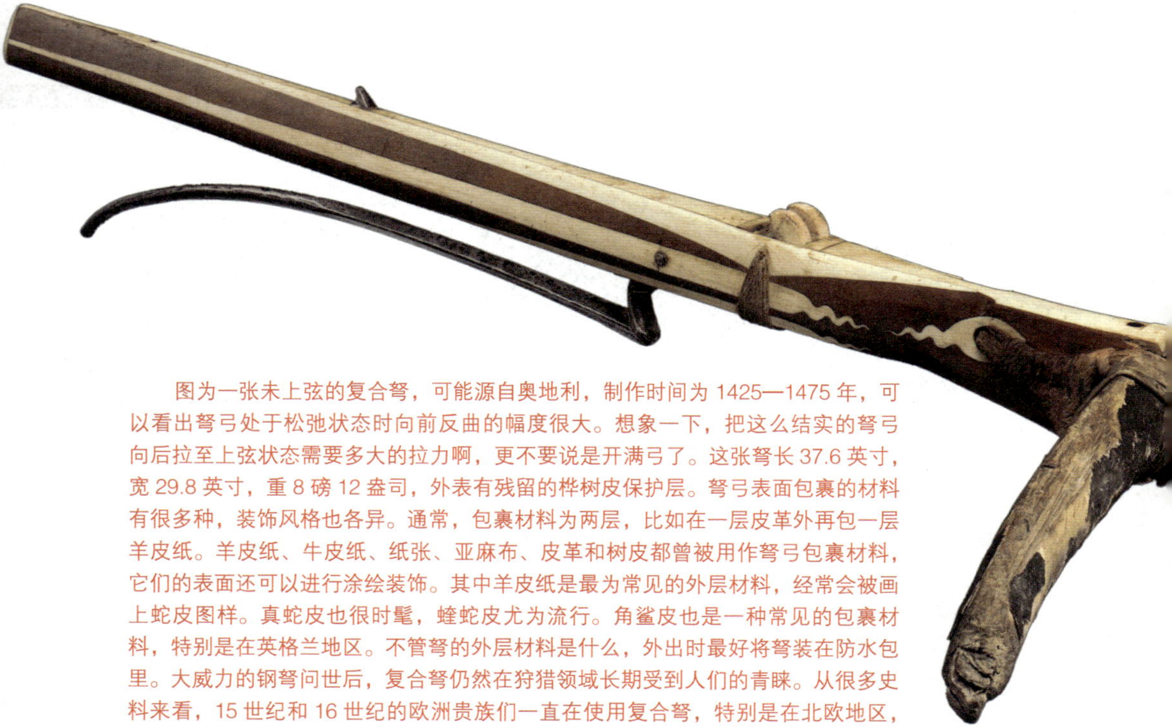

图为一张未上弦的复合弩，可能源自奥地利，制作时间为 1425—1475 年，可以看出弩弓处于松弛状态时向前反曲的幅度很大。想象一下，把这么结实的弩弓向后拉至上弦状态需要多大的拉力啊，更不要说是开满弓了。这张弩长 37.6 英寸，宽 29.8 英寸，重 8 磅 12 盎司，外表有残留的桦树皮保护层。弩弓表面包裹的材料有很多种，装饰风格也各异。通常，包裹材料为两层，比如在一层皮革外再包一层羊皮纸。羊皮纸、牛皮纸、纸张、亚麻布、皮革和树皮都曾被用作弩弓包裹材料，它们的表面还可以进行涂绘装饰。其中羊皮纸是最为常见的外层材料，经常会被画上蛇皮图样。真蛇皮也很时髦，蝰蛇皮尤为流行。角鲨皮也是一种常见的包裹材料，特别是在英格兰地区。不管弩的外层材料是什么，外出时最好将弩装在防水包里。大威力的钢弩问世后，复合弩仍然在狩猎领域长期受到人们的青睐。从很多史料来看，15 世纪和 16 世纪的欧洲贵族们一直在使用复合弩，特别是在北欧地区，由于那里的狩猎季节气候极为寒冷，严寒会造成钢弩的崩碎，非常可怕！（图源：巴什福德·迪恩藏品，纽约大都会艺术博物馆）

一张由伦敦华莱士收藏馆收藏的 15 世纪钢弩（A1032）。它的弩弓做了熏黑处理，外面包裹着镀金的羊皮纸，涂绘有红色的花卉图案，弩弓用麻绳系带固定在弩臂上。到 15 世纪末期，用铁箍固定钢弩的做法越来越普遍。在弩的前端有镀金的铁质吊环，用皮革带子捆扎固定。这个钢弩的整个弩臂都镶有抛光的鹿角板，雕刻着华丽的象形浮雕。彩绘的盾形纹章使整个弓臂的画面栩栩如生，它在白色的浮雕背景映衬下显得格外鲜明。与复合弩相比，钢弩的分量要重一些，很多高水平的猎人依旧青睐轻巧、便携、优雅的老式弩，这就是诸多原因之一。弩弓越重，引弓所需的势能就越大，因此钢弩的拉力必然比复合弩或木制弩的更大。不过由于钢弩具有超常的威力，这点重量问题也就不算什么了。（图源：伦敦华莱士收藏馆 / 布里奇曼图片社）

对蒸汽处理的反应很好，这可能是它用作弩弓材料的特殊优势。为了增强复合材料的力量，一些弩弓被制成反曲形状，即未上弦时弩弓的两端向前方弯曲，而蒸汽处理是使弩弓形成反曲形态特别有效的方式。但也有证据表明，有些反曲弩弓在制作时并没有使用木架支撑。所有动物的角都有自然的曲线，野生山羊角的弧线很长，特别适用于制作反曲弩弓，加工时只需进行少量的蒸汽处理，将弧度调整得对称些即可。

黏合剂是复合弩弓各层材料紧密结合的关键，但是潮湿的环境可能使黏合剂效果变差。为了防止恶劣天气的影响，复合弩弓的外表往往被涂上清漆进行密封。

钢制弩弓

钢制弩弓（即钢弩）最早出现在1316年布拉班特公国玛蒂尔达伯爵夫人（1268—1329）的被盗物品清单里，那是一张镀金的钢弩[46]。很可能这是一款威力较小而造型新颖独特的弩。制造一把可以射击的小威力钢弩是一回事，而制造一把大威力的钢弩则是另一回事。在整个14世纪，钢弩的测试一直在进行，但是直到钢弩的拉力超过复合弩时，它才开始逐步篡取老式弩在军队中的优势地位。到了14世纪末期，制造具有惊人拉力的钢弩最终获得了成功。大型钢弩拉力可能略微超过1500磅，其他的钢弩拉力大多小于这个数值，即便是拉力750磅的钢弩，与最大拉力只有600磅的复合弩（多数不及）相比，性能的提高依旧非常显著[47]。

在15世纪头25年末，钢弩已经变得比较常见。由于钢材比木材或牛角保存的时间更久，很多现代博物馆收藏的各种中世纪弩的数量比例与当年的实际情况并不相符。在兵器史上，木制弩或复合弩从未被钢弩完全取代，至少在17世纪前是如此。从那以后，木制弩或复合弩的主要用途转为狩猎和室外射箭运动。

防锈措施

钢弩最令人担心的问题就是生锈。锈蚀会使弩弓的应力出现弱点，在受力时有可能断裂。由于钢弩在射击时拉力很大，一旦断裂极可能造成流血事故，后果不堪设想。出于这个原因，人们采取了很多防锈措施，其中最简单的方法就是给钢弩涂上防锈漆，而先进一些的是通过热处理方法使钢变黑[48]。钢弩和复合弩弓一样，外表也会用皮革或其他材料包裹起来，但是存在弩弓锈蚀难以被及时发现的潜在风险。弩手在出行时都会把弩放进由上蜡皮革或帆布制成的防水包里，大多数防水包只把弩弓包住，也有的会把整个弩都包起来。1239 年，切斯特的治安官曾花费 5 个先令买帆布来装国王的弩[49]。

令人好奇的是，有些存世的钢弩上面有一些小丝绒球状的装饰物，它们多数吊在系带绳周围，也有的系在弩臂末端和手柄上。很多博物馆里的狩猎弩上都有这种绒球，可能与狩猎的特殊环境有关。比如它们也许是用来改变弩弓外形的伪装手段，也有可能是一种防锈措施，像鹿皮衣上的流苏一样，把弩弓上的雨水吸走排掉，防止水分附着过久导致生锈，尤其是系带下看不到的地方。

利奥·托德斯奇尼制作的 15 世纪钢弩复制品，注意弩弓上安装有保险绳。钢弩通常包裹着皮革或其他材料，这不仅是为了防止生锈，也是为了防止弩弓意外断裂时碎片飞散。无论生锈与否，钢弩相对而言都更容易断裂。防止金属碎片飞散的方法就是在弩弓上绑扎这种保险绳——先将一根编结的绳带粘在弩弓的前侧面，再沿着弓臂方向，每隔几英寸横向绑扎一段绳子。（图源：托德·托德斯奇尼 / 托德工坊有限公司）

钢铁生产技术在14世纪取得了重大进步，不仅铠甲的质量得到了大幅度提高，钢材的潜力也得到发掘，用来制造威力更大的钢弩。铁匠们对热处理工艺有了更深入的了解和掌握，能够根据钢在锻炉中显现的颜色，在淬火前更好地控制钢的结构。钢铁工艺史学家赫克托·科尔建议在制造钢弩时先用均匀的橙色火加热坯材，在盐水或植物油中淬火后，再快速回火[50]。

在14世纪，减少钢材杂质及提高碳含量也已成为可能，可以使钢材中的矿渣夹杂物含量降到最低。这些杂质是二氧化硅和杂质元素的混合物，是在将铁从铁矿石中提炼出来时残留下来的，如果钢材中含有这些杂质，可能导致钢弩在受力时断裂。铁匠们制作钢质弩弓时实际上就是先锻造出一块具有足够强度、弹性和密度尽可能均匀的金属条，然后再将其锤打成两端对称、从中间向两端均匀渐变的弩弓形状，确保使用时应变分布均匀即可。

尽管锻造钢弩需要相当的技术水平，但它比复合弩弓的制造要快得多。制造复合弩弓不仅需要高超的技术，而且每道干燥工序都要花费好几个月时间，而钢弩只需几小时就能制成，完成最后一次回火，冷却下来就算完工了。钢弩是用单一、易获取、可循环利用的材料制成的，投入大规模生产时，钢弩远比复合弩弓便宜。

在中世纪前后，西欧的佛兰德斯地区一直是传统的制弩中心。安特卫普市在16世纪曾收到过很多“弩绳”（大概是用于制作弓弦和系带的麻绳）订单，注明是用于“100磅拉力的弩弓”[51]。钢弩是按重量进行交易的，它们的价格主要取决于重量而不是品质，拉力越大的弩需要越厚的弩弓。也许当年的钢弩品质都差不多，除非它们是没有回火的毛坯。

吉勒斯·勒·布维耶是法国编年史作家，他并不相信钢弩在低温条件下还能使用。在1455年，他赞美了复合弩在多雪地区的优异表现：“这些人（巴伐利亚人）是优秀的弩骑兵和步弩手，他们使用筋角复合弩，这种弩性能很好，非常有力，低温下不易折断，天气越冷，它们反而越强劲。”[52] 钢弩虽从未完全取代木制弩或复合弩，但在弩这种武器活跃于军事舞台的最后半个世纪里，钢弩的使用确实最普遍。而在这个阶段，火药武器也已经开始走上战争舞台，与钢弩等传统武器展开了竞争。

辅助引弦装置

脚蹬

如前所述，早期弩的引弦方法是弩手坐在地上用两只脚蹬弩弓，动作很不方便。12 世纪，马镫式脚蹬出现了，弩手可以站着引弦。西方国家的脚蹬用钢铁制成，而马穆鲁克[53] 弩和一些中国弩的脚蹬用绳子制成。

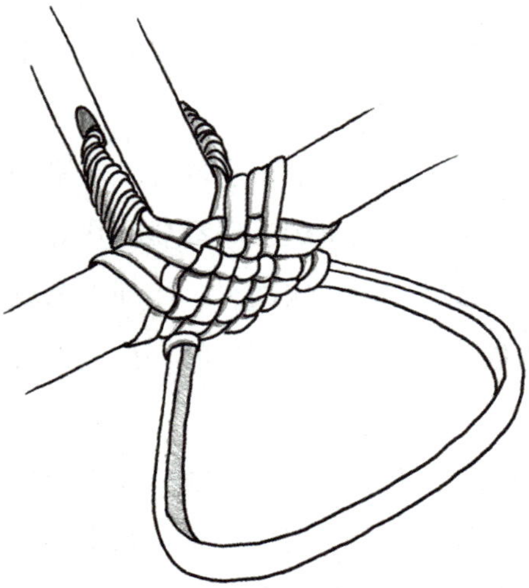

脚蹬通常用密集编织的皮带绑在弩臂前部，与固定弩弓的麻绳系带不同。（图源：戴维·约瑟夫·赖特）

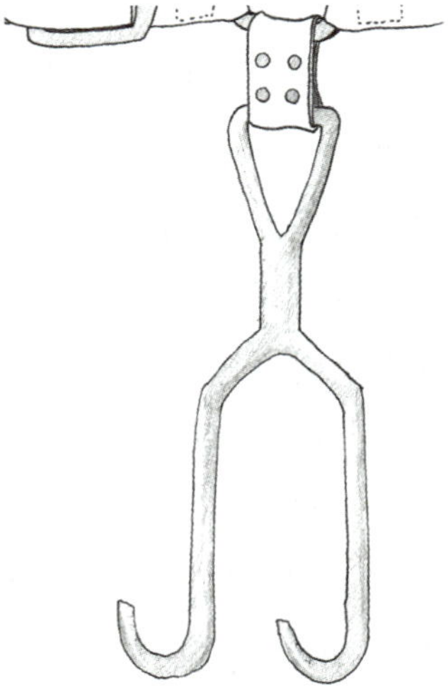

爪带引弦装置。图中展示的是双爪弦钩，它的优点是两个钩爪可以沿着弩臂的两侧钩弦，确保钩住的是弩弦中央。依靠这种装置，弩手可以采用立姿引弦，主要使用腿部和部分背部力量，而不是手臂的力量。这些部位的肌肉群非常发达，能大大减轻弩手引弦操作的疲劳程度。（图源：戴维·约瑟夫·赖特）

14 世纪的德意志史料对踏张弩和背张弩做了区分，“1307 和 1308 年，汉堡市购买了 10 张背张弩和 10 张踏张弩”[54]。对这种区分的第一种解释是，踏张弩主要依靠手臂力量向上引弦，只有使用爪带引弦装置时，弩手才能用上背部力量。第二种解释是，背张弩引弦时，弩手坐在地上，双脚踩在弩弓上。看起来，在脚蹬发明后，人们仍然继续使用最早的引弦方法，《卢特雷尔诗集》对此予以了佐证。

杠杆引弦弩和齿轮引弦弩都不需要脚蹬，它们的前端安装的是吊环而非脚蹬。弩放入城堡警卫室或大型国家军械库储藏时，通常会用脚蹬或吊环把它们挂起来。

爪带引弦装置

爪带引弦装置由一个铁钩和一条可调整的皮带组成，这种装置在穆尔达·本·阿里 - 阿塔苏西 1180 年的作品中被首次提到，在中世纪的英格兰史料中被称为佩带（baldric）。它是最简单的引弦辅助工具，虽然有一些更强力的引弦装置不断出现，但它在军队中的使用一直持续至 15 世纪末期。爪带引弦装置不仅结构非常简单，操作速度快，而且非常廉价，易于制造。

爪带引弦装置所能提供的辅助拉力相对有限，虽然有些强壮的人能拉到 200 磅，但我猜测多数人能拉倒 150 磅左右，重要的是弩手能够连续稳

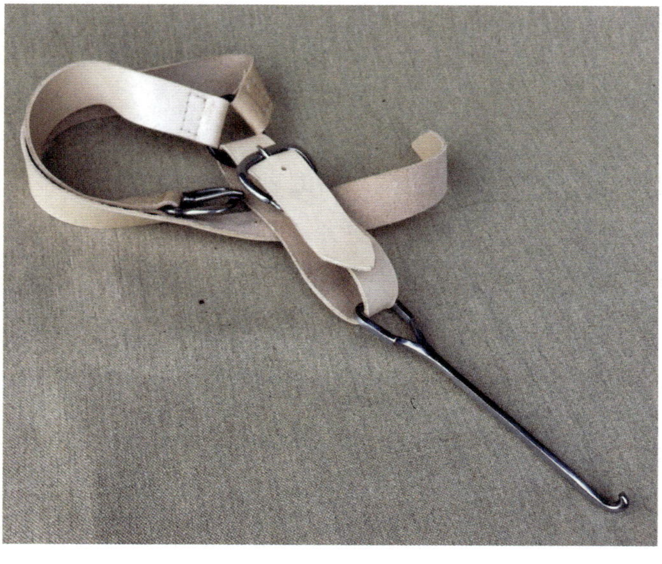

利奥·托德斯奇尼复制的单钩爪带引弦装置。单钩爪带引弦装置的使用非常广泛，但在操作时弩手要特别注意把单钩置于弩弦的正中央。（图源：托德·托德斯奇尼 / 托德工坊有限公司）

图中这位闷闷不乐的修道士正在演示爪带引弦装置的两种使用方法之一。引弦时，要先把弩提起来，用爪钩住弩弦，然后抬起一只脚向下踩脚蹬，直到弩弦挂到弩机弦牙上。这种抬起一只脚向下踩的引弦方法在历史画作中很常见，弩手们要有像火烈鸟一样的单脚站立并保持平衡的能力。在其他历史画作中能看到一些身手不够敏捷的弩手把脚蹬放在地上，然后弯腰利用胳膊和背部的力量把弩弦拉起来。（图源：英国国家图书馆《卢特雷尔诗集》/ 布里奇曼图片社 [Add 42130 f.56r]）

定地保持操作多长时间。在整个中世纪，爪带引弦装置一直是大多数军用普通弩的标准配置。

绞盘引弦器

绞盘引弦器也叫绞车，是中世纪抛射式武器的重型牵引装置，有多种式样。随着复合弩弓的出现，弩的拉力变得更大，而绞盘引弦器的发明促进了这些弩的继续发展，并运用到下一代弩弓——大威力钢弩上。

绞盘引弦器最早出现在 13 世纪，起初它的样式很简单，仅仅是个绞盘，没有滑轮。弩臂的末端有个盒状金属盖帽，上面装有支架，用于安装绞盘和曲柄摇臂，绞盘牵引绳的末端装有弦钩。操作时，弩手将弩的前端朝下倒立在地上，脚踩住脚蹬，用手转动摇臂引弦，弩弦搭到弩机的弦牙上后，再反向转动摇臂几圈，引弦绳就可以放松解脱弦钩。

在钢弩出现后，为了满足特大威力弩弓的需要，早期绞盘引弦器的形式得到了改进，增加了不同数量的滑轮组。滑轮越多，缠绕的牵引绳就越长，当绞盘装置放在地上时，牵引绳容易绞缠在一起，弩手操作时必须有条不紊，掌握一定的技巧。测试表明，训练有素的弩手能用 30 秒多一点的时间完成一次引弦和射击，但是一分钟装填和发射两支弩箭比较难做到，比较合理的速度是在 5 分钟内发射 8 支弩箭（最强的弩）。

为了使绞盘装置安装在易于弩手操作的高度，绞盘弩的弩臂都比较长。长长的弩弓加上绞盘装置，整套武器显得庞大而笨拙，更适用于静态的攻城战而不是陆地野战。虽然绞盘引弦器后来被更精密、更加有力的齿轮引弦弩取代，但仍有绞盘弩在一些军队服役。在 1523 年蒙提格尔勋爵

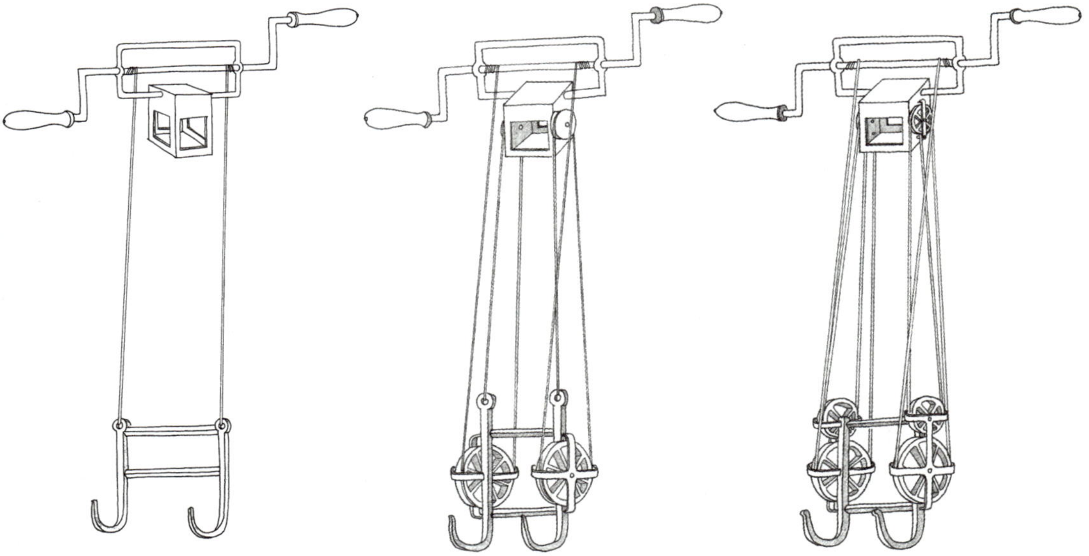

左边是一个简单的绞盘引弦器，机械优势约为 10∶1。中间的绞盘增加了一套滑轮组，机械优势大约为 30∶1。右边的绞盘又多了一套滑轮组，机械优势约为 45∶1。（图源：戴维·约瑟夫·赖特）

的一份货物清单中就包括了两套绞盘引弦器[55]。

绳索滑轮引弦装置

绳索滑轮引弦装置于15世纪初开始投入使用，是一种更简单、快速的引弦辅助设备。它也是利用滑轮组的机械优势，看起来像是绞盘引弦器的祖先，但是目前的证据表明它是在绞盘引弦器之后出现的。

与绞盘引弦器或齿轮引弦器等装置相比，绳索滑轮引弦装置的机械优势较低，但是即使是2∶1的机械优势也能使弩手比较轻松、快速地操作300磅拉力的弩。它是一种实用、便宜、重量较轻的装置，适用于中

绳索滑轮引弦装置。这些图画展示的是双钩滑轮组，机械优势为2∶1，也有的绳索滑轮装置只有一个钩子和一个滑轮。牵引绳的一端挂在弩手的腰带上，另一端有个环，固定在弩臂下方的钩子上，滑轮（组）带动引弦钩沿着绳索移动。引弦时弩手要弯曲膝盖，降低身高，使弩弦搭上引弦钩，然后用力站起将弦拉至弩机弦牙上。（图源：戴维·约瑟夫·赖特）

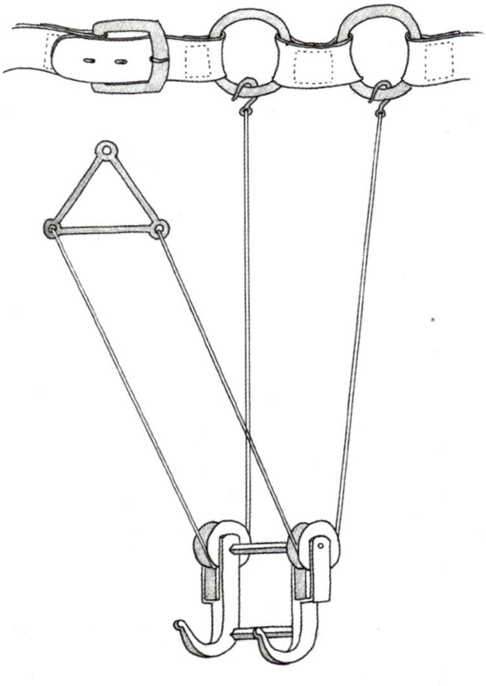

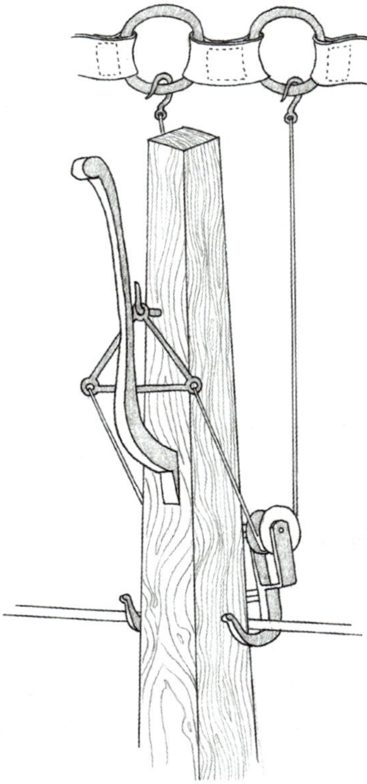

等拉力弩，操作速度比爪带引弦装置慢，但比其他类型的引弦装置要快。据阿尔姆称，绳索滑轮引弦装置在15世纪的瑞典特别流行，被他称为“桑普森带”[56]。

安东尼奥·德尔·波拉约洛（约1432—1498）所著《圣塞巴斯蒂安的殉难》（*The Martyrdom of Saint Sebastian*）描述了这种装置的操作方法[57]。这种装置的弩是没有脚蹬的。引弦时，弩手一只手握住弩臂末端，一条腿跨过弩，用脚踩住弩弓，将其置于前腿脚后跟和后腿胫骨之间，而后用装有一个滑轮和一个钩子的单根牵引绳进行引弦。

杠杆引弦装置

“gaffle”是杠杆引弦装置最初的英文名字，它的样式有很多种，主要包括定装式和铰接式。由于弯曲的杠杆臂形似山羊后腿，所以它还被称为山羊脚杠杆。杠杆引弦装置的机械优势为5∶1，非常强劲，操作速度也很快。利奥·托德斯奇尼曾进行过实验，使用杠杆引弦装置为拉力300磅的弩引弦时，一分钟内可以发射出5支弩箭。

杠杆引弦装置在14世纪中期之前的艺术图画中没有出现过，但在那之后就变得广为人知了，并且在整个15世纪都能看到它的身影，猎弩手和骑兵弩手尤其喜欢它。尽管杠杆引弦装置的效率很高，但它在14世纪的战场上运用得并不广泛，更加廉价的爪带引弦装置仍然占据主流地位。但在要塞防御作战中，杠杆引弦装置确实更好用，在引弦速度上它比绞盘引弦器快，而在机械优势上又比爪带引弦装置高。

杠杆引弦装置还有一种衍变类型，能使弩手发挥更大的力量引弦。它的杠杆末端呈“T”形，可以顶在大腿上，弩手能够腾出双手抓住弩臂，用背部和胳膊的力量拉动弩弦。这种装置非常稀有，只在瑞士伯尔尼历史博物馆收藏了一具。在意大利的一些历史画作中能看到这种装置，所以它也被称为意大利式杠杆引弦装置。

图为一具 15 世纪晚期或 16 世纪早期的杠杆引弦装置 / 山羊脚杠杆。每根杠杆臂的表面都有冲压凹点装饰，桥接和钩弦爪上也有类似的装饰性锉痕。杠杆臂尾端有个挂钩，可将整个装置吊挂在弩手皮带上。杠杆在不用时可以折叠，挂钩能旋转 90 度，既能固定杠杆的两个前叉，又能使整个装置变成可悬挂状态。该装置展开状态下全长 19.6 英寸，宽 2.8 英寸，重 25 盎司。当钩弦爪钩住弩弦后，两根杠杆叉末端要支撑在弩臂两侧突出的固定销上。向弩臂尾端方向拉动杠杆臂时，杠杆的前叉依靠杠杆作用将弩弦向后拉开，它的机械优势约为 5：1。（图源：纽约大都会艺术博物馆）

齿轮引弦器

W. F. 帕特森认为，齿轮引弦器的最早历史记录出现在 1373 年 [58]，15、16 世纪是它的鼎盛时期。齿轮引弦器的部件制作非常精密，在各种弩弓引弦装置中，它的力量最强大，结构最复杂，价格也最高。它曾被称作“rack”或“cric”（两词均有齿轨的意思），在其他地区还有一些别的称谓。德意志的齿轮引弦器有止动棘齿条的一边刻有锯齿，齿轮盒安装在弩臂顶端，手柄与弩弓平行，而法国或西班牙的齿轮引弦器手柄与弩弓成直角，与弩臂平行。

纽约大都会艺术博物馆收藏的一具齿轮引弦器曾被安装在一张拉力为1090 磅的弩上进行测试，只需在手柄上施加 7.5 磅的力就能引弦，机械优势高达 145：1[59]。各种齿轮引弦器结构都很复杂，差别很大，但是 145：1 应当是这类装置机械优势的极限数值。

尽管齿轮引弦器性能突出，但是引弦速度相对较慢，也因为笨重而携带困难，操作时噪音还很大。不过，这些缺点丝毫没有降低它的吸引力，一些地位高的猎手特别喜欢它。当然，如果你的地位足够显赫，会有人替你引弦的。

在人们的心目中，齿轮引弦器价值不菲，是当时的尖端技术产品，而且它的金属构件表面还为艺术创作留下了空间。许多齿轮引弦器都是精美的工艺品，工匠们在它的表面用了各种工艺手段进行装饰，钻孔、敲、凿、锉、蚀刻、镀金等，装备作战部队使用的齿轮引弦器则更加讲求实用价值。然而，当齿轮引弦器问世的时候，弩在军事领域的地位正在走下坡路，这种装置后来被更多地用在狩猎时和射击场上。

这是一具精美的高档齿轮引弦器，齿轮盒和止动棘齿条的表面都有蚀刻和镀金的痕迹，棘齿条的右端有个携行挂钩。齿轮引弦器享有特殊的声望，不仅机械优势首屈一指，而且代表了当时最先进的精密制造技术。图中的齿轮引弦器由齿轮引弦组件和止动棘齿条组成，棘齿条的一端有钩弦爪。齿轮盒上系有一根很粗的系带绳，绕过弩臂的末端绑在弩臂两边突出的销子上。转动手柄，止动棘齿条就会慢慢移动将弩弦拉开。（图源：伦敦华莱士收藏馆 / 布里奇曼图片社）

螺杆引弦器

螺杆引弦器在中世纪的画作中比较罕见，但在14世纪的史料中常被提及，也被称作“台钳”。以下条目选自伦敦塔锦衣库的记录：

> 4张1英尺复合弩，1张配有螺杆引弦器的木弩（1330）
> 2具旧的弩弓螺杆引弦器（screw winder，1330）
> 另一批次的32张弩，其中2张为螺杆引弦弩（1340）
> 14张配有螺杆引弦器的复合弩（1353）
> 12张螺杆引弦弩（1553）
> 3具弩弓螺杆引弦器（screw winder，1360）
> 7张螺杆引弦弩，其中3张为巨弩（1360）
> 7张螺杆引弦弩及3具额外的螺杆引弦器（1364）
> 1张6英尺长的螺杆引弦复合巨弩（1375）[60]

从清单可以看出，螺杆引弦器既可用于标准尺寸的弩，也可用于巨弩。从它在存货清单里出现的频繁来看，它绝不像历史画作中描绘的那么少。

螺杆机构的机械优势取决于螺纹的螺距，可能有大小差别，但是由于没有存世的实物，目前很难确定。虽然螺杆引弦器的上弦速度比较慢，但它能够提供足够的辅助。清单里有两处提到“screw winder”，究竟是指整个螺杆引弦装置的另一种说法，还是单指“旋转手轮”这一个部件，现在很难搞清。可以肯定的是，旋转手轮操纵臂的长短是决定其机械优势的主

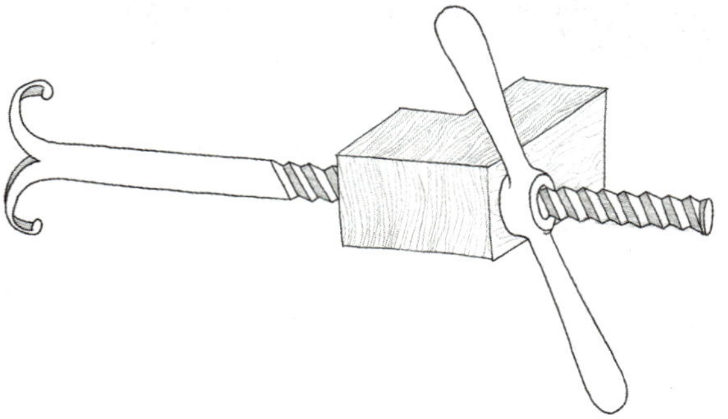

螺杆引弦器在中世纪史料中被称为“台钳”，它可能是可拆卸式的（如图所示），也可能安装在弩身上。它的机匣安装在弩臂末端，中间有一根螺杆，一端为钩弦爪用于钩住弩弦，另一端装有手轮。当手轮转动时，内齿啮合螺杆螺纹，螺杆就会慢慢回退，把弩弦拉开。当弩弦被弩机的弦牙钩住后，将手轮反向旋转几圈，钩弦爪和螺杆就可以移开。（图源：戴维·约瑟夫·赖特）

要因素，尤其是巨弩的螺杆引弦器手轮，通常有 4 根更长的操纵臂，转动起来可以发挥显著的杠杆效应。

其他样式的弩

巨弩

巨弩是标准弩的特大号版本。让・利贝尔是迄今为止唯一撰写这个主题的作者，根据他的研究，巨弩的起源可追溯到 11 世纪初[61]。在 15 世纪中期以前，巨弩的使用非常广泛，特别是城堡、乡镇和城市的防御作战中，通常作为防御武器使用，但也可用作攻城武器。

图为军事指导手册《高贵、智慧与谨慎的规则》(*De nobilitatibus, apientiis,et prudentiis regum*) 中描述的两种巨弩之一，该书是沃尔特・德・米利埃布拉于 1326 年为年轻的爱德华三世撰写的。这张巨弩的弩弓外观嶙峋，是木制弩弓的典型特征。它被安装在操作台上，由两个人操作大型绞盘为它引弦。当巨弩引好弦后，一名弩手举起盾牌掩护，另一名弩手射击。该书描述的另一种巨弩使用的是用螺杆引弦器引弦。尽管巨弩威力巨大，但与图中的普通弩相比，局限性也很明显。普通弩能以极限角度射击，运用更灵活，携带更方便。(图源：牛津市基督教堂管理机构 [MS92, fol. 70v])

引弦（绘于约1400年）

到 1400 年，已经有一系列机械引弦装置问世，促使弩的威力不断提高。绞盘引弦器（左上）最早出现于 13 世纪，滑轮的数量各不相同。图中的绞盘引弦器正在为一张拉力约 600 磅的复合弩引弦，它只有一组滑轮，机械优势为 30∶1。绳索滑轮引弦装置（右上）正在为一张拉力约 200 磅的复合弩引弦，它出现于 15 世纪初，晚于绞盘引弦器，机械优势为 2∶1。山羊脚杠杆引弦装置（左下）在为一张拉力约 300 磅的复合弩引弦，它出现于 14 世纪中期，但是到 15 世纪才得到较多的使用，机械优势为 5∶1。齿轮引弦器（中右）在为一张拉力约 800 磅的新式钢弩引弦，它是在 14 世纪最后 25 年才发展起来的，是最强力的引弦装置，有些类型的齿轮引弦器机械优势高达 145∶1。

一英尺弩和两英尺弩

历史资料经常提到“one-foot”弩和“two-foot”弩这两个概念短语，由于“foot”一词有“英尺”和“脚”两种含义，存在一定的误解。W. F. 帕特森先生[62]研究了佩恩－盖尔维等早期学者的思想，认为这两个概念是为了区别不同的脚镫宽度，“one-foot”弩是指单脚弩，“two-foot”是指双脚弩，双脚弩的脚蹬可以容纳两只脚。对于这个意见我不敢苟同，在历史画作中从没见过弩手把两只脚都踩在脚蹬上，而且根据常识，如果采取这样的站姿引弦很容易摔倒，成为敌人的笑料。

早期史料提到“two-foot”弩时常常特指是用绞盘引弦的弩。波切斯特城堡在 1326 年采购了一批弩和其他武器用于城市防御，清单上写着，“100张绞盘引弦弩用于‘two-foot’，200张佩带（爪带）引弦弩用于‘one-foot’”[63]。该史料及其他许多史料都对“two-foot”弩和“one-foot”弩进行了清楚的区分，“two-foot”弩引弦时需要绞盘引弦器，而“one-foot”弩引弦时用的是佩带（爪带）引弦装置。把绞盘引弦器和“two-foot”弩联系在一起肯定会造成一定的误解，让人认为“two-foot”弩与原先弩手躺在地上用双脚踩弓引弦的方法有关。如果没有上下文予以明确解释，我们在翻译“绞盘引弦”弩这个词时必须谨慎，它可能是指一种“巨弩”[64]，也可能是指正常尺寸的“一英尺”弩，只是拉力大得足以需要使用绞盘引弦装置。“巨弩”和“two-foot弩”应当指的是尺寸。“one-foot”弩仍然有可能指的是使用便携式绞盘装置的一英尺弩，而“windlass”这个术语在涉及巨弩的句段中，指的是发射台上的绞盘引弦器。

在与这两种弩有关的史料中，都提到了木质、角质和钢制弩弓，所以材料并不是“脚”或“英尺”的分类因素，但是这两种弩的价格有明显区别。1305年，“one-foot”弩在英格兰的价格为3先令6便士，“two-foot”弩的价格为5先令，而“three-foot”弩的价格为8先令[65]。这是迄今唯一的关于“three-foot”弩的资料，表明这些弩是根据尺寸分类的。弩弓越长，威力越大，价格就越昂贵。现在人们普遍相信，“one-foot”弩指的是用来发射一英尺弩箭的普通弩，“two-foot”弩指的是发射两英尺弩箭的巨弩[66]。这个区分方法比较有说服力，虽然弩弓有大有小，但是把弩箭的长短进行标准化规定有很大好处。弩箭或方镞箭在上弦后，箭镞都会伸出弩弓一段长度，这样不仅可使箭杆在弩臂上放平，也可以防止金属箭镞刮伤弩弓，所以弩箭的长度不一定非要和弩完全匹配，长度差个半英寸左右也不算什么大问题，很容易调整。将方镞箭区分为两种标准规格对于大规模的军备采购非常有益，便于生产操作，需要更大尺寸的弩箭时可以另外专门定制。但是很少有记录表明弩箭的制造是根据弩的类型（根据几只脚操作或专为绞盘弩）来确定的，绝大多数的弩箭订单都没有明确具体的尺寸[67]。我们推定，如果没有额外说明，弩箭订单默认用一英尺弩，这种箭的订购数量比两英尺弩要多得多。1288年，爱德华一世命令伦敦郡郡守给布里斯托尔城堡治安官送去“40张优质的一英尺弩，4张两英尺弩”[68]。1328年，伦敦郡郡守又受命给朴次茅斯送去100张一英尺弩和20张绞盘弩[69]。成本无疑是军备的重要考虑因素，一英尺弩的引弦和射击速度确实要快得多，可以用于更多类型的作战环境，而巨弩则是一种专业性武器。

利贝尔对一些已知的巨弩进行了分类，根据弩弓的长度划分为：5英尺3英寸、5英尺9英寸、6英尺1英寸、6英尺2英寸和6英尺6英寸弩[70]。这些巨弩的尺寸与古代画作中的巨弩基本一致，比普通手持弩要大，但比列奥纳多·达·芬奇设计的巨弩要小得多。达·芬奇设计的巨弩弩弓长达27英尺6英寸和82英尺[71]，显然超出了正常范围，不可能造得出来。

大部分巨弩的弩弓是木制或角质的，也有一些是钢制的，1419年和1427年，奥尔良城曾部署了12具钢制巨弩[72]。由于巨弩尺寸巨大，钢弩与木制、角质弩弓的重量差异很大。选择木材还是角来制造弩弓主要考虑的是成本，复合弩弓固然性能更好，但是价格太贵。1313年，角质弩在阿托伊斯的价格是2里弗（Livre），而同样大小的木制弩只要1里弗[73]。

伦敦塔军械库14世纪的记录中，有很多处提到使用了一种叫“*hancepes*”的装置为巨弩引弦[74]。这个词在其他地方没有出现过，但它和在法国史料中经常出现的“*haussepied*”一词非常相似，据推断应当是“立式引弦架”[75]，在拉丁语文本中被称为“*ausepearum*”或“*auceprem*”。1358年，教皇英诺森六世（1352—1362年在位）戏剧性地背离了前任教皇们的政策，订制了“30具立式引弦架”，为他的阿维尼翁城堡的防御巨弩所用[76]。立式引弦架比结构复杂的螺杆引弦器要便宜，根据1353年伦敦塔军械库的记录，一具立式引弦架的价格只有5先令，而一具巨弩螺杆

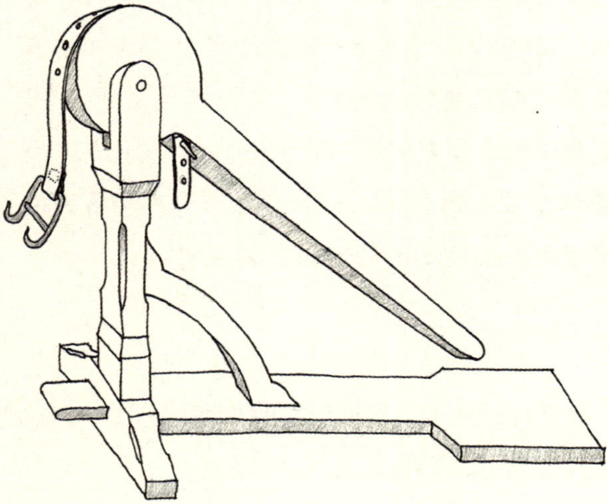

立式引弦架示意图。这是巨弩引弦的方法之一，先在引弦架上为巨弩引弦，然后再转移到小型发射平台上发射。引弦架的爪带长度可以调整，以适用于不同大小的弩。该装置在狭窄的防御工事通道内和楼梯上搬运时比较方便，而且引弦速度非常快。（图源：戴维·约瑟夫·赖特）

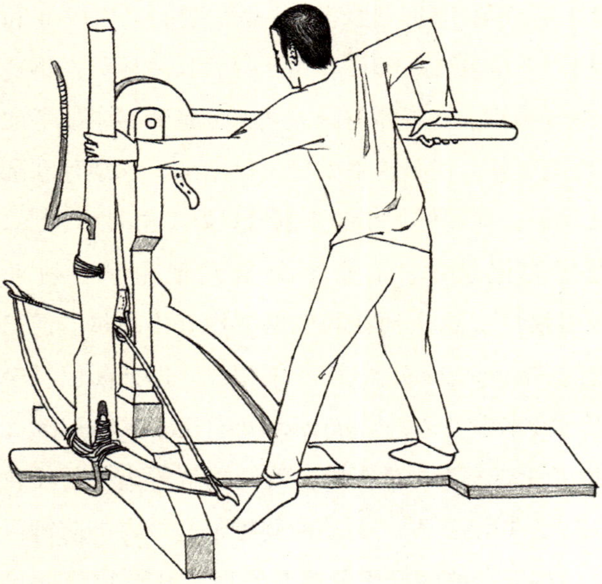

立式引弦架的操作演示图。它可由单人操作，如果弩特别大，可能需要两人操作。如果两人配合使用两张弩，可由一人负责引弦，另一人负责发射，流水作业，射速会更快。（图源：戴维·约瑟夫·赖特）

引弦器的价格为 13 先令 4 便士[77]。

在 1445 年第戎的城防武器清单里列举有多种紫杉巨弩，其中有一具被称为"'孪生兄弟'——一具老旧的双联发弩"[78]。阿尔姆认为这是一种能同时发射两支弩箭的巨弩，利贝尔则认为这种弩装有两根弩弓[79]，它在 1402 年的法国梅斯有过作战使用记录[80]。15 世纪，火炮已经开始逐渐超越巨弩担任远距离火力的角色，但在 1505 年巴黎市政厅军械库存清单上仍列有"48 张钢制巨弩"和"5 张紫杉巨弩"[81]。

安装在发射台上的三联发巨弩，使用螺杆引弦器引弦[82]。1353 年约克郡的罗宾和伦敦的其他工程师们制造了专用于巨弩的 11 具螺杆引弦装置，每具价值在 13 先令 4 便士[83]。螺杆引弦器是巨弩的常用引弦装置，虽然速度较慢，但是只要螺距合适，只需一人就能为巨弩引弦。(图源：慕尼黑巴伐利亚州立图书馆 [Clm197, I, fol. 40r])

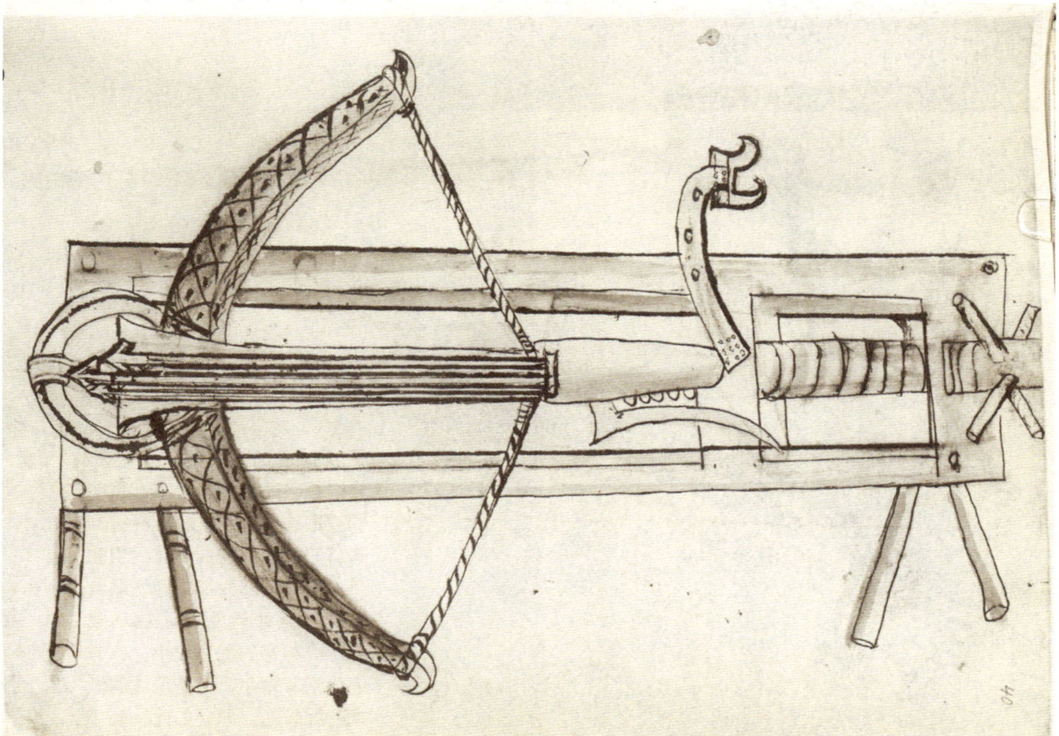

闩锁弩

16 世纪出现了一些小型弩，拉力一般不大于 200 磅，专为骑手使用而设计，被称为闩锁弩。它们装有内置引弦杠杆，结构简单，引弦迅速。射手一手挽住马的缰绳和分量很轻的弩臂，另一只手拉动杠杆就能引弦。弩臂后侧顶部有个拇指扳机，可单手操控发射。

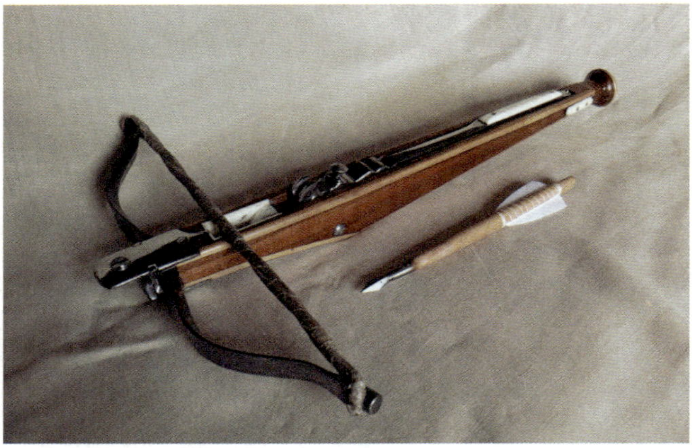

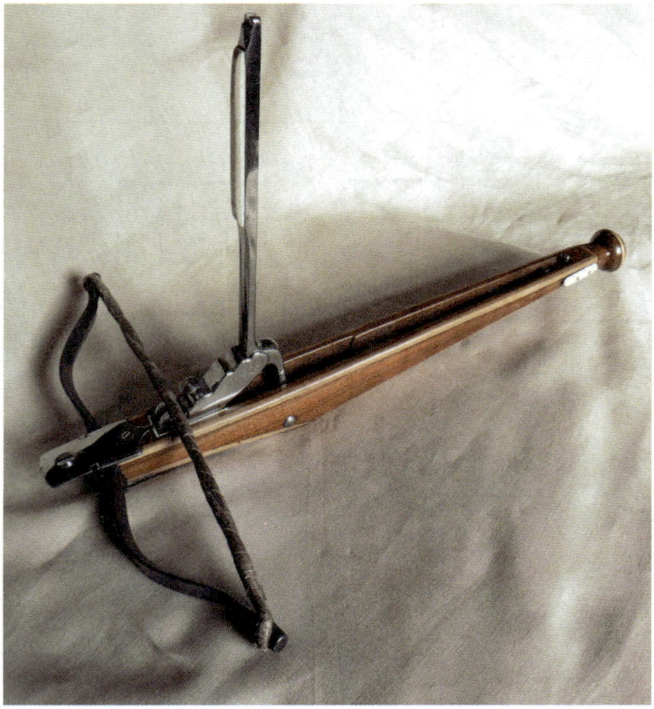

利奥·托德斯奇尼复制的 16 世纪闩锁弩的两张视图，弩弓长度仅有 13.5 英寸。将内嵌的引弦杠杆拉起来，可使钩弦爪钩住弩弦，将杠杆拉回弩臂凹槽即可完成引弦。引弦后，弩臂顶部的拇指触发器会升起来，弩箭发射后自动复位。这种弩的威力较小，并非因为钢弩短小，而是弩弦的做功行程较短。即便如此，骑手使用它射击近距离目标仍然有效。（图源：托德·托德斯奇尼 / 托德工坊有限公司）

在苏格兰和英格兰边境地区，这种闩锁弩被简称为“latch”（闩锁），是边境劫匪[84]常用的武器之一。在16世纪，这些剽悍的劫匪除了背负强盗和窃贼的恶名，还被公认为是欧洲最优秀的轻骑兵。闩锁弩不仅在盗抢牲畜时是理想的静音武器，还可以充当簧轮手枪（不总可靠）的备份武器。对于那些希望保卫家园的普通民众来说，闩锁弩也是易于上手的个人防卫武器。

意大利小弩

“*Balestrino*”在意大利语中是“小弩”的意思，是这种小型弩的唯一历史名称。它于16世纪首次出现在西班牙和意大利，也被称为“刺客弩”。意大利小弩虽然尺寸小，可是威力却挺大。它的部件基本上都是钢质的，由内置螺杆机构操作滑动式触发装置来引弦，做功行程不到两英

图中的意大利小弩长10.8英寸，弩弓长8.8英寸，由利奥·托德斯奇尼基于几件存世小弩的设计制作而成。它使用内置螺杆机构和滑块系统引弦，拉力可达320磅。圆筒形的手柄可以转动。另一种常见样式的手柄是像时钟发条钥匙一样有翼片，拇指扳机设置在弩机顶部。它使用的弩箭是根据推测制作的，作为近距离杀伤武器，弩箭应当重一些。钢制的箭身前部增加了一些重量，在近距离内，这对弩箭速度的影响很小，却能产生更大的冲击力。（图源：托德·托德斯奇尼/托德工坊有限公司）

寸。它像汽车千斤顶一样，只需施加很小的力就能给拉力超过300磅的弩引弦。这种弩存世极少，美国纽约大都会艺术博物馆有一张16世纪的原品，长11.5英寸，弩弓长8.6英寸，让我们得以知晓它的大概尺寸。这种弩小巧、隐藏、静音，近距离射击足以刺穿没有穿铠甲的人，显然适用于隐秘的刺杀行动，如果弩箭涂有毒药将更有效。但是迄今为止还没有发现用它们行刺的记录，一些学者认为它们更有可能是有钱人把玩的新鲜玩意儿，谁能质疑它们带来的乐趣呢？

二、实践运用：稳定、稳定、稳定：射击！

中国弩

弩和古代战车

弩最先出现在战场上时，主要是被用作反战车武器。随着青铜铸造技术在中国的发展，大批量生产弩机的条件日益成熟，弩在军队中的装备数量达到前所未有的规模。中国的第一位皇帝秦始皇（前259—前210）就曾部署大量的弩兵部队来对抗敌军的战车部队。

用普通手持弓射箭是一门精深的技艺，需要历经多年苦练。随着精密弩机的发明，你可以把弓安装在弩臂上做成弩，只消花几分钟的时间就能掌握射击要领。弩需要的训练时间很短，加上装备供应充足，军队就可以大规模扩招，于是成千上万的农民被征召入伍充当弩兵。面对严密的防御阵形和密集的箭雨，战车的作战效能越来越低。弩和敏捷的马弓手成为战车的克星，最终在公元前250年，战车退出了中国的战场舞台。在此之前的秦朝后期，弩取代手持弓成为战车弓箭手的武器。

弩的引弦时间比手持弓要长，无法与之达成同等的射速。手持弓的快速射击能力，疾驰的战车的冲击力，使得早期的战车弓箭手在战场上所向披靡。相比之下，如果战车上配置的是弩手，战车的使用效率将大打折扣。弩可以在战车上射击，但是需要整个车组付出更多努力，而且射击间隔时间太长。虽然我们目前没有确切的史料证据，但是弩很可能是在战车停止的状态下进行射击的。战车具有机动性强、可快速部署的优势，但我认为战车在战场上一旦就位后就会排成一定的阵形。考古显示，古代战戟长度的增加与将弩部署在战车上使用的时间恰好吻合，支持了我的观点。

中国的古代战车通常配备三名士兵，包括一名驭手、一名弓箭手和一名戎右。“戎右”实际上是一名车载步兵，所持的武器是戟（halbert），负责在近战中保卫战车。早期的戟长度不超过 8 英尺，可以在战车上使用。但是考古研究发现，战车上的手持弓被弩取代后，戟的长度便大幅增加，长达 14 英尺。在战车平台上使用这么长的武器非常笨拙，不切实际，所以我认为戎右的职能是下车战斗，在相对固定的位置上保卫战车。除了配有戎右，每辆战车还有 25 名步兵随行。当战车处于静态队形时，很容易受到敌方骑兵的冲击，而这些步兵手持长长的戟排列成密集的环形防御队形，能有效对抗这种威胁，战车则成为弩的有效射击平台。

在中国东汉时期的史书《吴越春秋》[85] 中，楚国著名射士陈音向越王描述了弩的基本射击知识：

> 夫射之道，身若戴板，头若激卵；左蹉，右足横。左手若附枝，右手若抱儿。举弩望敌，翕心咽烟。与气俱发，得其和平。神定思闲，去止分离。右手发机，左手不知。一身异教，岂况雄雌！此正射持弩之道也。（意为：弩的基本射击姿势是，身体直立，像固定在一个木框里；头部放松，像小溪中翻滚的鹅卵石。左脚尖朝向目标，右脚与目标成直角。左手像粘在握把上一样，右臂好像怀抱着婴儿。你举起弩对准敌人，吸气时把注意力集中在一起，呼气时及时击发，整个射击动作要协调。你要清除所有的意识和想法，内心保持安定。身体运动的部分要和不运动的部分绝对分开：右手操作击发器，左手一动不动，整个身体好像被完全不同的节奏控制着。）[86]

这段描述令人不禁想起一些贵族武术的最高法则，如“静心术”，但是从内容上来看，这又是适用于大众的寻常指导。秦始皇陵的兵马俑中有大量弩兵，他们的姿势和陈音的描述一模一样。

齐射

弩引弦后能待机很长时间，这是手持弓无法做到的。当然，如果弩弦张紧的时间过久，弩弓（特别是木制弩弓）的弹性就有可能下降，因而需要有所节制。弩的这个特性对猎人和狙击手而言具有特殊意义，也为战时组织多具弩齐射创造了有利条件。中国史学家司马迁记载的马陵之战（公

（左图）秦朝战车的围栏大约只有膝盖高。弩手在移动的战车上采取屈膝站立的方式保持平衡，无论战车运动还是停止，弩手都可以立起身射击。由于围栏比较低，弩手的前腿膝盖要抵住前方栏杆的上沿，后脚抵住后方栏杆的立柱。弩手以这种姿势射击，射线高于前方的马头，射击视野很清楚，也将自身正面暴露降到了最低。（图源：韩章［音译］）

（右图）在中国古代战车上使用弩的最大问题是如何引弦。秦弩的尺寸比较大，必须用脚蹬住弩弓才能引弦。战车平台可容纳 3 个人（驭手、弩手、戎右），空间极其狭小。笔者在图中展示的是一种可能的引弦动作，即由戎右充当引弦手坐在战车平台后部，两腿向车后伸出为弩引弦，然后将弩递给弩手，这种协作方式在战车停止或机动的状态下都能进行。（图源：韩章）

元前 341 年）是个典型的例子，据称军事家孙膑在一条峡谷两侧埋伏了万名弩手，命他们“火起为号，一齐放箭”[87]。他还命人将一棵树放在路上，树干上剥去了一块树皮，写上“庞涓死于此树之下”。薄暮时分，庞涓率军到达关隘，见一棵树横在路上，命人点燃火把查看，顿时大惊失色。孙膑的弩手们看到火起，万箭齐发，大败魏军。

作于 759 年的唐朝（618—907）兵书《太白阴经》中有一幅画描绘了成排的弩手轮流齐射的场景——前排的弩手射击，后排的弩手引弦，循环作业，画中的鼓手按节拍整齐地击鼓，指挥弩手集体操作。其后 50 年，唐朝史学家杜佑在《通典》（801）中写道：“复以阵中张，阵外射，番次轮回，张而复出，射而复入，则弩不绝声，敌无薄我。”（意为：弩手们轮流射击，前后往复。装好箭的弩手前出到射击阵列，射击完毕后，他们就会退回准备阵列中。弩的射击持续不停，敌人难以伤害我们。）[88]

11 世纪，当欧洲刚刚开始使用军用弩的时候，中国的军事家们已在战时弩兵的“发弩”（射击列）、“上弩”（引弦列）两列阵形之间增加了第三列，即“进弩”（待发列），三列交替，轮流射击。这种“三段击”阵列至少沿用至明朝末期。1621 年，少林寺俗家弟子程冲斗写道：

> 古人用万弩齐发胜敌……先用百人，弩已上，箭已搭，列于前，名为“发弩”；再用百人，弩已上，箭已搭，列于次，名为“进弩”；再又用百人，列于后，方上弩搭箭，名为“上弩”。先百人“发弩”者，发完退后，以次百人“进弩”者，上前变为“发弩”，以后百人“上弩”者，上前变为“进弩”，以先百人发完者，退后变为“上弩”。如此轮流发矢，则弩不绝声矣。[89]（意为：古人使用一万张弩齐射制敌……一百人弦已张，箭已搭，位于阵形前列，名为“发弩”列；另一百人位于其后，弦已张，箭已搭，位于第二列，名为“进弩”列；再一百人，引弦搭箭做准备，名为“上弩”列。“发弩”列射击完毕后，退向后排，其后的“进弩”列则上前成为“发弩”列，“上弩”列也向前移，成为“进弩”列，而原先的“发弩”列一百人退至后排成为“上弩”列。各列按照这样的次序轮流射击，弩箭就会源源不断地射向敌人。）

程冲斗倡议明朝军队采用齐射战术，还提倡训练弩兵使用长矛、刀剑遂行近战防御。组织齐射训练显然是在战场上大规模使用弩的有效方法，遗憾的是，目前缺乏弩齐射战术在欧洲战场上运用的证据，不是说欧洲没

一名明朝弩兵正在引弦。弩兵在作战中常被编成三个阵列——“上弩”“进弩”“发弩”列。弩弓用廉价的绑扎竹条制成，弩手脚踏吊索，用手向上引弦。这种弩的制造和操作都很简单，适合部队大规模使用。虽然这一时期主力部队装备的弩已经开始逐步减少，但在地方部队弩的使用数量仍然庞大。中国弩的形式在明代出现了分化，用竹条制作弩弓的方法很容易造出不同尺寸和强度的弩，巨型弩复制品的弩弓就使用了多达 20 根竹条。生活在中国南方山区的苗族的巨弩非常有名，木制弩弓硕大无比，引弦时需要 3 个人，每个人都要把一只脚踏在弩弓上同时发力。标准的弩用 5 根竹条制成，只需一个人就能引弦，拉力相对较小，适于大量装备部队及实施齐射。（图源：戴维·约瑟夫·赖特）

有运用过这种战术，只是目前无从查考，关于希腊和罗马使用弩的情况我们知道得更少。

日本弩

日本弩在平安时代（Heian period，794—1192）的战争中肯定得到了使用，但是在那之后似乎就退出了军事舞台。日本弩目前没有实物留存，但是它们很可能采用了中国弩的设计。在日本军队中，每 50 人的分队配有两具日本弩 [90]，说明它们的体积可能相当大，是野战型“巨弩”。有史料称，“成千上万的野蛮人都无法抵挡一具日本弩的箭” [91]，这意味着这个时期的日本弩可能是连发弩，且机械构造很先进。政府曾频繁发布告示招募经验丰富的弩手来训练新兵，日本汉学家三善清行（847—918）于 914 年抱怨说，“那些人甚至还不知道有弩这种武器，更不用说如何使用弓弦和弩弦了”[92]。

尽管没有历史图像的印证，但是既然日本弩适合海上作战，而海上作战占日本内战的比例很大，那么我想它最有可能在舰船上找到用武之地。日本弩在 19 世纪作为高档狩猎武器得到复兴，这可能是受到欧洲而不是本土的影响。后来的日本弩大多采用多层叠片形式的弩弓，显然是承袭了

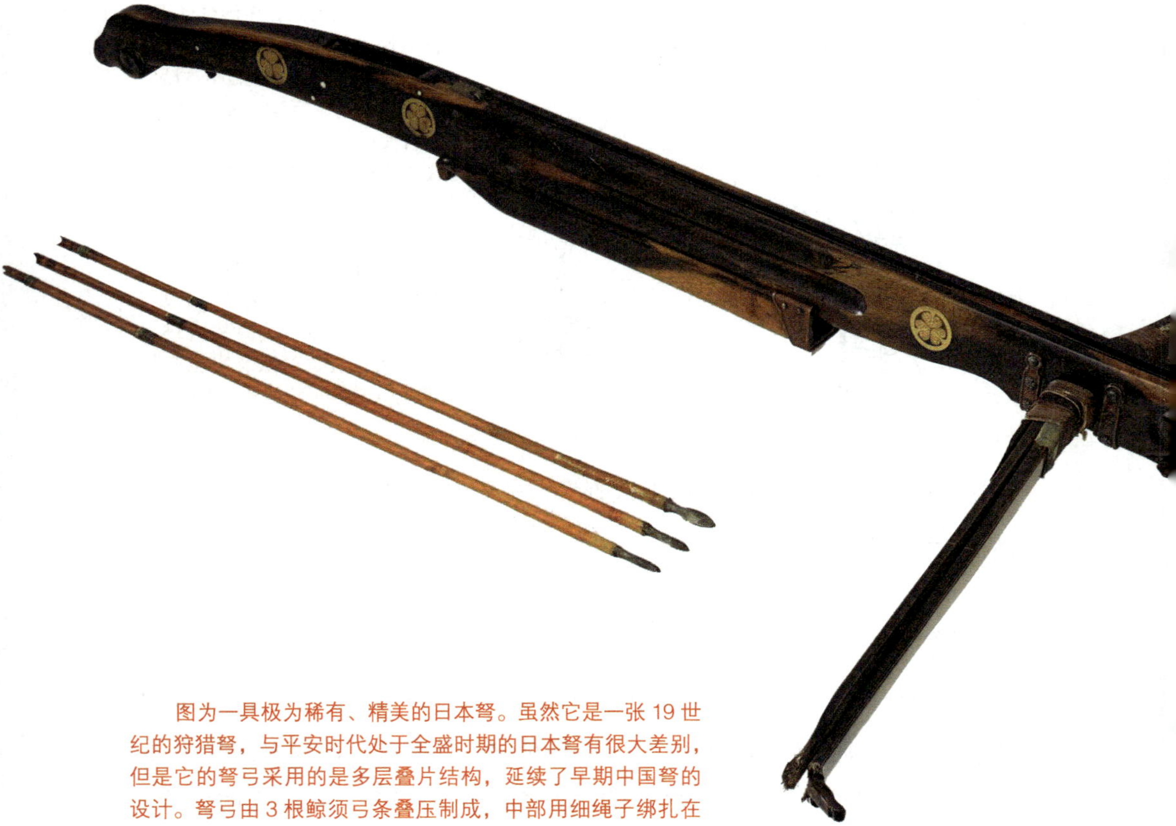

图为一具极为稀有、精美的日本弩。虽然它是一张 19 世纪的狩猎弩，与平安时代处于全盛时期的日本弩有很大差别，但是它的弩弓采用的是多层叠片结构，延续了早期中国弩的设计。弩弓由 3 根鲸须弓条叠压制成，中部用细绳子绑扎在一起，两端各有一个铁夹子。弩臂用柿子木制作而成，两边有凹槽，便于手指握持。弩臂下方有个箭槽，可容纳 4 支弩箭。弩机弦枕为黄铜材质，由水牛角制成的击发手柄控制，弩机内部有一系列传动机件，可围绕象牙销旋转。弦枕的后侧有个凹槽，安装有黑色角质的仰角瞄准器，它的一部分残留了下来。弩臂的左面有 2 个用金漆、红漆涂绘的德川幕府（Tokugawa）家族徽章，弩臂的右边也有 3 个。（图源：英国皇家军械博物馆）

此前中国弩弓的传统，制弩的工艺和理念并没有失传。

欧洲弩

5 世纪西罗马帝国灭亡后，弩似乎从欧洲的历史记录中消失了，直到 10 世纪才重新出现。法国编年史作家里基勒斯记录了 949 年桑利斯围城战和 984 年凡尔登围城战中弩的使用[93]。但是，在这之前的 500 年里，弩不可能完全停用，可能只是被偷猎者使用过，所以没有留下任何历史记录。迄今为止最早的考古发现是在法国格勒诺布尔市西北帕拉德鲁湖发现的一具 11 世纪弩的残骸，它的尺寸很小，只有 20 英寸长。在 11 世纪，弩只是偶尔出现在史料中——法国普瓦提埃的威廉[94]证实弩曾经在 1066 年的黑斯廷斯战役中使用过，而威廉二世鲁弗斯国王则在 1100 年被弩箭杀死。到了 12 世纪早期，弩已经成为战场上的主流武器。

弩兵

英格兰国王理查一世对弩非常热衷，在与法国的战争中，他动用了从叙利亚招募的兵员，包括彼得·德·塔尼托内和拿撒勒城的马丁麾下的弩兵部队[95]，这些可能是最早把复合弩带进欧洲的部队之一。1205 年，撒拉逊人[96]彼得被派往北安普敦制造和修理弩，每天的薪金为 6 便士，他很可能是新型复合弩弓的制造者，而在爱尔兰战争（1184—1185）中，约翰王子麾下的“特平弩兵”日薪也是 6 便士。斯特里克兰认为这个特平可能就是 1190 年被理查一世授予一块法国土地的特平[97]。很多弩兵通过参战获得了更高的地位，据威廉·勒·布雷顿记载，理查一世曾经的朋友、后来的死对头法国国王腓力二世·奥古斯都（1180—1223 年在位）对弩兵的奖励非常慷慨，他“用庄园、货物和金钱让他们富裕起来”[98]。理查一世的弟弟约翰（1199—1216 年在位）也赐给弩兵大量财富，给予他们土地和养老金，并把他们的地位提高至仅在骑士之下。在诺曼底战役（1202—1204）中，约翰的高级弩兵每天能拿到 4 先令，这么高的日薪在当时可谓令人咋舌[99]。

雅法之战（1192年8月5日）

在一场壮观的两栖登陆行动后，“狮心王”理查一世率领的军队收复了雅法镇，而后与萨拉丁统帅的大军展开了一场陆地大战。萨拉丁的部队是7000名轻骑兵，其中许多是骑射兵，而理查的军队只有50—60名骑士和约2000名步兵，其中有很多热那亚和比萨弩兵，其余的是长矛兵。

理查的长矛兵们排成跪姿防御队形，他们将长矛柄插在地上，矛尖向前上方竖起至马的胸部高度。成排的长矛寒光闪闪，像豪猪的刺一样林立。半数以上的骑士下马到各个盾墙防区指挥，稳定军心士气。弩兵配置在长矛兵后侧或中间，每两人一组行动，一名负责引弦，另一名负责射击，保持连续的射击状态。阵前的岩石地面上插着帐篷钉等障碍物，马踩上去会受重伤。这是军队弓箭手特别是弩兵作战的铁律，他们只有部署在严密的防护下才能发挥作战效能。

萨拉丁的骑兵发起了一轮又一轮连续攻击，但都无法接近理查的军队，只能在阵前徒劳地折转。理查的弩兵们以优势火力压制了阿拉伯弓骑兵的每一次攻击，他们无情地引弦射击，将一支支弩箭射向防护薄弱的敌军骑兵，敌军根本无法接近查理的长矛手和剑士部队。

经过一场血腥的厮杀，萨拉丁的部队退却了，理查率领部队发起了反击，弩兵们冲在最前面，边行进边射击。理查总共只有不到10名骑兵了，却将萨拉丁强大的骑兵部队杀得抱头鼠窜。

纵观整个中世纪，欧洲各国军队对雇佣弩兵的需求一直很旺盛。1215年，约翰国王被迫签署《大宪章》（*Magna Carta*）[100]，雇佣兵和弩兵都在条款中被专门提及，“一旦战争结束，我们将立即遣散外国的骑士、弩兵、军士和雇佣兵”[101]。

此类条款主要是为了限制王室的军事力量，减少约翰国王对外国雇佣兵的依赖，并非对弩这种武器存在偏见。虽然有《大宪章》约束，英格兰国王亨利三世和摄政王威廉·马歇尔仍然继续雇佣外国弩兵为英格兰效力，他们特别喜欢从加斯科涅招募弩兵，其他的弩兵来自法国安茹、普瓦图、佛兰德斯、布列塔尼、西班牙和葡萄牙，还有意大利的几个城邦。这些人都是非常专业的弩手，名不虚传。亨利三世很重视弩这种兵器，他自己有 20 名近卫弩兵。1255 年，他还要求所有郡守都要确保所有宣誓参战的勇士都要定期练习弩[102]。

亨利三世的儿子爱德华一世在 1282—1283 年的威尔士战争中指挥了一支精锐的加斯科涅弩兵部队[103]。在苏格兰战役中他招募了数量空前的长弓手，但他没有忽视弩兵，派遣的弩兵数量也很庞大，1295 年他还曾命令伦敦郡派遣 500 名弩兵来防御海岸。同一年，爱德华一世的密友沃里克伯爵威廉·德·比彻姆在梅斯莫伊道哥战役中击败了威尔士军队，他的战术是把长弓手和弩兵混编，与骑兵一起作战，尤其是每隔两名骑兵就配置一名弩兵的队伍编排，彻底打垮了马多格·阿普·卢埃林的军队[104]。通过混编作战，沃里克伯爵的军队成功突破了威尔士军队的长矛阵。骑兵紧随弩兵行动，一旦弩箭攻击在敌军轻装甲步兵阵列上打开了缺口，骑兵就立即突入。

到了 13 世纪，封建土地保有制“采邑制”，也就是以分封土地换取军队服役的政策扩大到了弩兵。约翰·德·科德博夫在萨福克郡曼德尔沙姆拥有土地，“根据服役土地占有权制度，他带着自己的弩到军队自费服役了 40 天”。威廉·勒·阿雷勃拉斯特拥有 4“卡勒凯特”（carucate，约合 120 英亩）土地，“在战争时期，他自费在约克城堡担任弩兵执行防卫任务 40 天，如果超过这个时限，将由国王负担服役经费，动用国王的财产支付这项开支”[105]。封建兵役的标准期限是 40 天，超过这个期限，国王将不得不筹集资金支付军队的开销。同时，封建土地保有制所换取的军队服役只能用于国内，境外战争的兵员开销也要由国王自己支付。

由安德烈亚斯·比克勒复制的木制弩，样式为1200年的一种弩。它的弩弓为梣木材质，弓背贴有一层筋腱，拉力约为80磅。经过几个世纪的演变，弩在许多方面取得了长足的发展，出现了复合弩弓、钢质弩弓和各种辅助引弦装置等，但是在战争中使用最广泛的还是结构简单的木制弩。图中的弩安装有辅助引弦的脚蹬。在12世纪晚期脚蹬发明之前，这种弩的引弦方法只能是由弩兵或负责引弦的助手坐在地上，用脚蹬住弩弓，双手发力将弩弦向上拉来引弦。如果去掉脚蹬，这就是理查一世的专业弩兵使用的那种弩。（图源：安德烈亚斯·比克勒）

长弓在战争舞台上占据优势很长时间后，英格兰没有停止在国内招募弩兵。1314年11月，英格兰军队在班诺克本战役中战败，几个月后英格兰北部地区形势危急，国王命令约克郡、林肯郡、北安普敦和伦敦等城市提供“装备有软甲、链甲衣或覆面轻盔的弩兵，费用由国王支付”[106]。用这些铠甲装备弩兵，可能是想把他们打造成铠甲精良的步兵，既能在陆地野战中站稳脚跟，也能守卫乡镇和城堡。

由于国家经济在不同时期发生很大变化，很难评估弩兵薪酬的实际价值，但我们可以对比弩兵与其他兵种的薪金差异。弩兵的薪酬普遍比较高，并且比长弓手高。由于长弓手的招募成本相对低，手头并不宽裕的英格兰国王都喜欢征召大批的长弓手。在14世纪中期，长弓手的日薪是3便士，骑兵长弓手的日薪是6便士，而弩兵的日薪是8便士，和徒步的重骑兵一样！[107]。虽然国王可以给水手和守备部队免费提供弩，但是参战士兵更有可能使用自己的武器。要想获得更高的薪金，就要进行必要的投资。

根据一位伦敦杂货商 1381 年的一份存货清单，一位叫理查德·托基的弩兵不仅有一张弩，还有 4 张手持弓、弓箭、弩箭和铠甲[108]。他置备这些弩和手持弓可能是为了狩猎，也可能是为了带到军队，通过短期服役来赚钱，他可以当长弓手，也可以当弩手，就看届时军队招募什么样的兵员了。

15世纪的弩兵

南安普敦大学和雷丁大学开通了一个在线网站（http：//www.medievalsoldier.org），可以提供可搜索的数据库，搜索内容包括中世纪后期在英格兰军队中服役的官兵花名册及其副本。通过对弩手的检索可以得出 1415—1450 年弩手职位的以下情况：

英格兰在 1415 年夺取阿金库尔战役胜利之后占领了许多法国城镇，花名册中的大部分弩兵（约 55%）担任城镇驻防任务。城防工事是弩兵主要的工作场所，像鲁昂这样的大城镇甚至划分了具体的巡逻区域，市区、城堡或城门等，而在普瓦西城，弩兵们则负责守卫一座桥。约 7% 的弩兵担任城市警卫，履行警务职责；约 5% 的弩兵担任骑士的私人随从或贵族的护卫；约 13% 的弩兵担负围城作战任务；3% 的弩兵没有任务记录；余下的 17% 弩兵在海军服役，分别参加“海上远征”“海域防卫”和“海上攻城”等任务，港口城镇是驻舰弩兵的主要攻击目标。

根据诸位学者的进一步分析发现，有许多士兵曾先后在多个不同的兵种部队服役[109]。例如，雷蒙德·德·洛在 1442 年担任炮手，1446 年在鲁昂担任弩手，另外的两次服役他担任的是弓箭手。同样，约翰·帕斯金的军旅生涯始于担任威洛比勋爵的弓箭手随从，后来他又在约翰·法斯托夫爵士手下当过弩手，然后又回到威洛比勋爵麾下当了重骑兵。在英格兰军队中，能够从事多种专业岗位是个非常重要的优势，当弩是最适合执行任务的武器时，士兵们就会拿起弩。无论一个人的专长是弓箭手、戟手还是炮手，如果他想寻求到军队服役的机会，就可以去当弩手，因为这种武器最容易上手。

弩在欧洲大陆的地位更高一些，各国军队对弩手的技能需求格外热忱和专一。毋庸置疑，“职业化”弩兵的技能水平，特别是射击的精度和速度，远远超过临时招募的弩兵。在英格兰军队花名册上，随处可见来自葡萄牙、热那亚、佛兰德斯以及本国的弩兵。

弩骑射

位于中国徐州的汉文化景区博物馆有一个弩骑兵引弦的石像（马鞍上还挂着敌军头颅）；在中国南阳的博物馆内有一幅汉代弩骑兵的画像，他的肩上扛着弩，骑着马在护卫着官员的马车，它们是我们目前所知的最早的弩骑兵历史参照。

136 年，古希腊史学家阿利安撰写了一部罗马骑兵战术专著《战术指南》(*Ars tactica*)，书中提到“箭不是用弓而是用一种机械发射的”[110]。根据原文语境，这种“机械”是在马背上操作的，他说的很可能是罗马弩。弩骑射被列为骑乘武器技能之一，遗憾的是，没有其他史料可以证明弩骑射被广泛运用。令人好奇的是，中世纪弩的最早画面也许是一名骑兵手持一具张弦的弩策马飞驰，弩的特征与罗马弩极为相似。这幅图画来自加泰罗尼亚历史手稿《天启四骑士》(*The Four Horsemen of the Apocalypse*)，现存于西班牙布戈·德·奥斯马大教堂图书馆，创作时间为 1086 年。弩骑兵与龙骑兵弩手有所不同，但是在史料中很难寻觅到线索，倒是有许多弩手在狩猎中有骑射的记述。

我亲自测试过弩用于骑射的可能性，在马静止状态或全速疾驰的状态下都完全可行。它的操作诀窍在于，当马在奔跑时，要用拇指压住滚转弦枕顶部的箭尾，也就是箭尾突出弦枕的部位，只需施加轻微的压力即可。另一种方法是使用弩箭固定夹，但是这样会延长弩箭搭弦的时间，在作战时并不便捷，而且更大的问题是影响引弦。

马克西米连一世非常喜欢骑着马用弩狩猎，这是一种危险的娱乐活动，风险性高，需要使用拉力很大的强弩。要想在马背上为这种劲弩引弦，齿轮引弦器是唯一选择。齿轮引弦器可以挂在马鞍或腰带上，只要马停下来，弩手用它来引弦就非常容易。许多15或16世纪的画作显示，猎人们在马背上用齿轮引弦器为弩引弦，但是用于作战的话，齿轮引弦器的引弦速度实在太慢了。山羊脚式杠杆引弦装置虽然力量小些，但是携带轻便，引弦速度更快。

1590年，约翰·斯迈思爵士在专著中主张骑手使用弩而不是手枪，因为在不停运动的马背上装填手枪弹药时，火药很容易撒出去。他建议为弩骑兵配备杠杆引弦装置，“所有的弩骑兵……我建议他们配备最好的两磅半弩，弯曲的杠杆引弦装置仿照德意志样式挂在他们的腰带上，箭袋里装24支[111]方镞箭，这样他们在马背上引弦就会更容易”[112]。

这里所说的“两磅半弩”，可能是书写错误或是当时的一种速记表达方法，合理的解释应当是弩的拉力为250磅，和杠杆引弦器所匹配的弩的拉力相一致。斯迈思还建议他的弩手要骑“优良的冷血阉马”[113]，这种马性情沉稳（冷血），适于运输任务，也适于弩手在马背上引弦和射击，但它不太适合战场冲锋。艺术家阿尔布雷希特·丢勒（1471—1528）描绘了一名持弩的雇佣兵骑在一匹这样的马上。也许只是日常骑乘，这名士兵的胸甲外穿着切口服[114]，带羽毛的软帽上还插了一只弩箭，显得格外温文尔雅。在德意志王国众多的《家书手稿》（*Hausbücher*）中，类似着装的军队形象很常见，但是没有那么炫耀。《家书手稿》是15世纪德意志王国非常流行的图书，画面描绘的都是日常生活，特别是军队的随从人员。书中常能见到枪骑兵单元中有弩骑兵，枪骑兵单元是14和15世纪的一级军事单位，由一名骑士和一小组随从人员组成，这些随从人员包括数名戟手、弓箭手，通常还有一名弩手。他们都是骑马行军，到了战场后通常下马战斗。《家书手稿》中的弩骑兵带着杠杆引弦装置，但是这种装置直到14世纪才出现，那么12世纪早期的弓弩手杰拉德·图萨德[115]是如何在马上给弩引弦呢？

一份马穆鲁克人的历史手稿提供了一条线索，泰布加描述了在马上用爪带引弦装置引弦的方法：

> 弦爪应当有两个钩，引弦时，弩手将引弦带越过左肩……将弦钩放在右腋下靠近胸口的地方。当他想要射箭时，用左手挽住缰绳，右手持弩，将弩弦挂到弦钩上，弩臂夹在两臂之间，然后向前弯腰，右脚踩到（弩的）脚踏上。然后踩着（马鞍）脚蹬站起来，用力挺身引弦，直到弩弦挂到弩机弦牙上……引弦完毕后，向前弯腰，脚从弩的脚踏中抽出，将弩提起，弦爪离开弩弦，将弩移至左手与缰绳一起握持，右手取出弩箭置于弩机槽上，伺机发射消灭敌人。[116]

根据这段史料，泰布加给出了一种在奔跑的马背上引弦的方法。那些对此持怀疑态度的人应当考虑，相比于一些奥斯曼帝国的弓箭类专著描述——弓箭手在飞驰的战马上将强劲的复合弓弓弦摘掉后再重新挂弦[117]，在骑行中为弩引弦只是一项相对简单的技能。更重要的是，泰布加清楚地表明，他所说的这种引弦方法是在战时运用的。他还提到，即使是“体格瘦弱的弓箭手”也能使用一张拉力很大的弩，而且“仅需练习几天”[118]。

斯迈思爵士强调，弩手应当能在运动的马背上射击和引弦，“弓箭手和弩手都应该好好练习骑射，不管马是在快跑或是别的什么运动状态，都能射出弓箭和方镞箭，弩手还能极为迅速地再次引弦”[119]。句中的短语“hand-gallop”至今仍在使用，是指马用一种比慢跑稍快、比全速跑稍慢的速度奔跑。在结尾，斯迈思爵士这样写道，“我的结论是，很多国家使用弩骑射的历史很悠久……它远远超过和优于任何其他骑射武器”[120]。值得注意的是，斯迈思爵士未必是在评论当时的实践，而是提出他认为应当改进提高的问题。

马穆鲁克军事著作《军事艺术》(*Kitāb al-mahzūn ğāmiʿ al-funūn*)中的一幅图画，一名弩手正在疾驰的马背上射击[121]。这张弩的弩臂很长，弩手像夹长矛一样把弩夹在臂下，可维持其在运动中的稳定和平衡。这种长臂弩在描绘阿拉伯徒步弩兵的古代画作中也可以看到，由于弩臂很长，弩机的击发手柄可以设置得靠后一些（注意弩手右手的位置），滚转弦枕也就可以比较靠后，增加了做功距离。射击时，马缰绳在弩手的左手里挽着。除了脚蹬，看不出这张弩有什么别的引弦装置，所以它的拉力可能比较小。如果弩的拉力不太大，骑手在马鞍上用脚踏引弦是很容易的。（图源：法国国家图书馆）

图为一名弩骑兵向后方实施越肩射击，该图源自德意志剑术大师汉斯·塔尔霍夫于1459年撰写的《战斗指南》(*Fechtbuch*)[122]，图画由米歇尔·罗特勒绘制。凭借这种技能，弩手不用调转马头就可以直接射击后方的追兵，坐骑也不会失控。这幅图中的弩骑兵和书中另一幅画中的穿的都是平民服装，说明弩在当时是德意志流行的司法决斗武器之一。在塔尔霍夫1467年撰写的《战斗指南》中，他展现了弩骑兵与长矛骑兵之间的较量，演示了弩骑兵向长矛骑手射出弩箭后，如何用随身武器将迎面而来的长矛格挡开。（图源：汉斯·塔尔霍夫/维基共享/公版网站）

弩兵铠甲

图为欧洲中世纪弩手常戴的三种头盔复制品，它们有不同的称谓，如战帽、铁帽、壶帽等。前两种头盔的样式源自奥地利壁画，（A）头盔源于13世纪，（B）头盔源于14世纪，第三种头盔（C）源自勃艮第的画作，源于15世纪。弩兵们的铠甲都是极为精良的，有些可能还相当华丽，如（C）图中的头盔。这些头盔都经过了抛光打磨，非常明亮，通常还会涂绘所属部队的标识性色彩。12、13世纪的铠甲通常都会涂漆，不仅利于战场识别，还能有效防锈。除了弩和战帽，弩兵们还必须提供作战用的铠甲。早期的弩兵会穿厚实的衬甲衣和链甲，到了15世纪下半叶，他们可能还得穿戴板甲。弩的优点是，即使弩手穿戴全套的铠甲，也不影响弩的操作。弩兵属于重装步兵，他们的装备很昂贵，这是他们能获得较高薪酬的原因之一。宽檐头盔是弩兵的特有装备，而且戴着这种头盔对射击动作没有任何阻碍，而长弓手就做

A

不到这一点。当弩兵们弯腰引弦时，宽阔的帽檐可以保护他们的面部和喉咙，而在射击时，他们只需略微向斜下方低头，沿着弩臂瞄向目标即可。弩兵最擅长的作战样式是攻城战，这些战帽非常适用。当弩兵们向城墙抵近时，头盔可以抵挡城墙上雨点般落下的石头和箭矢。(图源：A、B为安德烈亚斯·比克勒，C为杰森·多布)

弩骑兵

根据“服役土地占有权”制度[123]，亨利一世要求杰拉德·图萨德“为国王招募一名弓箭手骑兵，给他提供一张弩，当国王进军威尔士时，他要在国王的军队里自费服役40天”[124]。这里提到的“弓箭手骑兵”显然指的是弩骑兵。弩骑兵的作战速度比步兵快，他们可以迅速赶到已夺占的据点担任驻防，也可以担负巡逻执法、维护秩序的职能，还可以为行进中的部队提供侧翼防卫。

东征的十字军征募了成千上万的弩骑兵，他们为骑士纵队提供了重要的保障，使他们免受敌军弓骑兵和轻步兵的袭扰。弩骑兵和骑兵长弓手一样都是重骑兵，他们的典型战术是下马战斗，这和那些惯常在飞奔的战马上射箭的弓骑兵完全不同。弩骑兵的作战方式与骑兵长弓手相似，通常都是下马作战，在马背上发射弩箭属于偶然情况。

弩骑兵的报酬非常丰厚。在12世纪，法王腓力二世·奥古斯都雇佣弩骑兵的日薪是48—54便士，而徒步弩兵只有12—18便士[125]。弩骑兵的薪水悬差可能不仅与个人资历有关，还要看他们带了几匹马来服役。1200年，在英格兰国王约翰麾下曾有一支由84名弩骑兵组成的部队，其中26人有三匹马，52人有两匹马，7人只有一匹马[126]。弩骑兵特别适合担任护卫任务，1515年在马里尼亚诺战役中，法王法兰西斯一世（1515—1547年在位）有200名弩骑兵当他的卫队[127]。

攻城战中的弩

无论弩在陆地野战环境中取得过怎样的成功，最适合它的战位无疑是城镇边墙或城堡等防御工事区域。弩手可以依托工事的防护，安全地完成比较费时的引弦动作，除了露头射击的瞬间，弩手通常不易受到攻击。弩的鼎盛时期与中世纪城堡的演变时间相吻合，相互存在一种共生关系。

文多弗的罗杰（卒于1236年）在《弗洛尔斯史》（*Flores historiarum*）

中讲述了1215年英格兰罗切斯特城堡被攻破后守城弩兵遭受的厄运。罗切斯特城堡当时被一群反叛约翰国王的贵族占据，经过约两个月的攻城战后，约翰的军队取得了胜利，“所有的士兵（战俘），除了弩兵，他（国王）都交给了手下的士兵去换取赎金；一些弩兵在攻城战中杀死了他的很多骑士和士兵，他下令绞死他们”[128]。将弩兵单独挑出来处以极刑的报复性杀戮，凸显了弩兵在防御作战中的重要性和有效性。两个世纪后，亨利五世在攻占鲁昂后也有类似的行径，他释放了大多数守军俘虏，唯独将弩兵首领阿兰·布兰查德处决了[129]。

马修·帕里斯（约1200—1259）在他撰写的编年史中加了旁注，讲述了威廉·阿尔伯尼手下一名弩兵的故事。据他描述，罗切斯特城堡的弩兵看见约翰国王骑着马在巡视攻城战的防御，这名弩兵问阿尔伯尼要不要发射弩箭干掉他，阿尔伯尼答道：“不，不，我们这些农奴不能杀死主的受膏者”[130]。鉴于约翰的哥哥“狮心王”理查一世被弩箭射伤致死的厄运，这个小故事可能是杜撰的，意在动荡时期向人们传达一种令人安心的神权秩序感，然而这个故事仍然告诉人们，弩是一种可怕的狙击武器。

战斗在城防木廊内的弩兵

弩兵在抵抗敌军攻城（绘于约1200年）。城堡的城墙、塔楼及一些城镇的护墙上，会加装一种木制廊道，称为城防木廊或突廊。这种木廊悬于城墙顶部之外，地板上留有间隔的孔洞，如果攻城之敌想用镐破坏城墙或用梯子攀越城墙，守军可以投下石块砸向他们。木廊的顶板低矮，空间狭小，特别适合弩手作战。他们可以在木廊内快速转移，哪里情况紧急他们就奔向哪里。图中的弩手们两人编为一组，一人负责射击，另一人负责引弦。可以看到他们使用的弩既有木制弩也有复合弩，都是用爪带引弦装置引弦。

巨盾[131]

由于引弦颇费时间，弩兵在战场上极易遭到敌方弓箭的袭击。14世纪，欧洲出现了一种称为巨盾或帕西斯盾（音译）的大型盾牌，据信它起源于帕维亚，是意大利众多以骁勇的弩兵而闻名的城邦之一。巨盾可以保护弩兵跪着或蹲着引弦，而当弩兵把弩举过盾牌顶部射击时，身体的暴露面积可以降到最小。巨盾的面板中央有一条山脊状的凸起，该设计可提高巨盾的整体刚性，在制作选材上可以使用轻质的材料。凸起的顶部边缘略为倾斜，当弩兵射击时可提供一定的支撑，其背部的凹槽可以容纳巨盾的立柱，运输时不会显得凌乱。作战时，

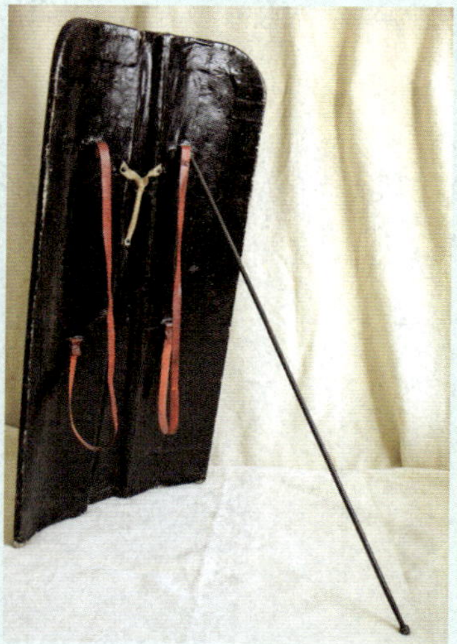

用薄椴木板制造的巨盾复制品（从两个视角拍摄）。面板上的木板用榫钉和胶水连接。椴木既轻又硬，是传统的盾牌制作材料，但是作为盾牌的面板，仅靠椴木还不够，还需要额外的材料加强。通常会将兔皮胶浸过的亚麻帆布铺在盾牌的表面，帆布在干燥后会收缩，这样就可以把所有的木板紧紧地聚在一起，增强盾牌整体的结构强度，而面板中央的脊状凸起又能进一步提高刚性。类似图中这种有装饰的巨盾，它的面板表面涂有几层石膏（胶水和石膏的混合物），打磨得非常光滑并有涂绘装饰，最外层则使用虫胶清漆密封。巨盾往往展示了中世纪艺术的奇妙，许多精美的实物仍留存于世。盾牌上通常会有城镇徽章或行会纹章，就像图中的这个巨盾一样，涂绘装饰得非常精美，可供在祭坛上陈列。巨盾的背面有一副肩带和一个握把，传统上握把是用公牛鞭制成的。（图源：亚历克斯·凯）

弩兵们用肩带把巨盾背到战场上树立起来，山脊状的凸槽是整个面板的中坚，可使巨盾稳稳地立在地上。但是巨盾对于步兵来说过于笨重，无法携带长途行军，对弩骑兵来说体积太大，无法背在肩上，所以它们通常是由辎重车队来运送的。

在克勒西战役中，热那亚弩兵还没拿到他们的巨盾，就被不耐烦的法国雇主们赶上了战场。他们的巨盾装在辎重车辆上，被法军主力部队堵在了后面。由于缺乏防护，热那亚弩兵一旦进入英格兰长弓的射程就败下阵来。尽管头脑发热的法军指挥官们大声呵斥，热那亚弩手们还是做出了撤退的明智决定。旧时有传言说热那亚人逃离前线是因为弩弦被倾盆大雨打湿了，这纯属无稽之谈，因为涂了蜡的弩弦根本不怕潮。拉尔夫·佩恩-盖尔维爵士在1903年写道，他曾将一张上弦的弩放在水箱中一天一夜，弩弦的松紧程度没有发生变化[132]。

在1217年的林肯攻城战中，弩兵再次发挥了核心作用。路易王子（1187—1226），也就是后来的法王路易八世（1223—1226年在位）率领军队在英格兰登陆，被叛乱的英格兰贵族拥戴为英格兰国王（未加冕）。在叛乱的英格兰贵族支持下，路易王子率法军围攻林肯城堡，英格兰年幼国王亨利三世的摄政王威廉·马歇尔派遣了一支部队前往解围，其中包括406名骑士和317名弩兵。文多弗的罗杰写道，“弩兵一直部署在军队的前面”[133]，这句话是关于行军队形的线索，当向敌方行军途中遭遇敌军时，弩兵将率先迎敌，形成屏障，为其余部队展开部署创造条件。解围战发起后，弩兵们继续担任先锋：

> 法尔科斯·德·布鲁特率部进入了城堡，他把弩兵安排在屋顶和城墙上，向敌人射出致命的弩箭，贵族军的骑兵和马纷纷倒地……最终，经过弩兵们的奋战，贵族军的大批战马像猪一样被射杀倒地，严重削弱了他们的战力。[134]

实施俯射时（向前下方目标射击），弩的射击方法和骑射基本相同。弩手在引弦后须用拇指轻压弩箭尾部，防止其滑落。弩不仅可以用来俯射攻城者，仰射防御者，还可以配置在攻城塔上。攻城塔的主要功能是掩护地面部队槌击城门或地下掘进，也可输送部队翻越城墙。塔上的弩兵要压制城墙上的守军，阻止他们投掷石头或用弓弩攻击己方的攻城部队。攻城塔非常庞大，顶部很沉重，底部装有轮子，但是移动起来非常缓慢。一份史料称，攻城塔一天只移动了 90 英尺 [135]。攻城塔的推进速度如此缓慢，必然需要良好的弓箭防御，阻止敌军的破坏企图。

弩有时被间谍用来发送情报。1522 年，在罗德岛被土耳其人围困期间，阿佩拉·雷纳塔用弩向城外的土耳其人发送了一份情报，事情败露后他被绞死并分尸。另一名间谍，布拉斯科·迪亚兹也因为用弩发送情报而被送上了绞刑架。由于他已经走不了路，不得不被人抬着去行刑 [136]。

中世纪著名女作家克里斯蒂娜·德·皮桑（1364—1430）在她的著作中详细列举了城镇防御所需的军备清单。虽然她的许多建议摘录自 5 世纪罗马军事作家维吉提乌斯的军事著作，但是她所列举的火药武器和各种形式的弩无疑属于她所处的时代。尽管她没有说明所需防御的地方有多大，可她强调使用各种弩很能说明问题。她建议道，“3 张带轮子的大型弩及所需的弩箭……24 张好弩，6 张装在木制基座上的弩……240 张带钩子的弩……12 具弩弓引弦器” [137]。在这段文字中，“240 张带钩子的弩”显然指的是爪带引弦弩，如此庞大的数量显示了它的重要性。“3 张带轮子的大型弩”和“6 张装在木制基座上的弩”肯定是巨弩，只有“24 张好弩”的类别不清楚。“12 具弩弓引弦器”可能是立式引弦架或绞盘引弦器，也许就是用于所谓的 24 张“好弩”，每两张弩配一具引弦装置，一个人引弦，另一个人射击，这样数量就非常合理了。

守城部队用弩从塔楼和城墙上向下俯射的射程远远超过仰射的攻城方，但是标准的手持弩仍然应当被视作近战武器，射程在 100 码以内最有效，极近距离则更有效。当敌军的云梯搭上城墙、攻城槌抵近城门，或是攻城塔已抵近至有效射程，或是敌军破坏了城防木廊、登上城墙步道时，守城的弩兵们必须沿着蜿蜒的楼梯和狭窄的通道迅速占领有利战位，击退敌人的进攻，此时他们的便携式弩将大显身手。如果围城的时间长达数天乃至数周，敌人的活动在普通弩的射程以外，守军只有使用巨弩才能袭扰敌军。

巨弩

巨弩通常设置在塔楼的顶部，一方面是便于实现更大的射程，另一方面，巨弩在塔楼顶部可以旋转更大的角度，水平射界比在射孔内要大得多。有一些城堡，例如叙利亚的骑士堡，漏斗状的射击室空间很大，足以容纳一具安装在引弦平台上的巨弩，但这只是例外。巨弩的主要任务是攻击远距离目标，最好是设置在制高点上，这样自身也不易遭敌攻击。一些史料会提到“great-crossbow”，有时很难辨别它所说的是不是巨弩，特别是仅仅提及某种弩使用绞盘引弦器引弦。用绞盘引弦器引弦的弩未必就是巨弩，要确定其是否为巨弩，需要根据史料的上下文，包括该弩的成本、品质等信息进行判定。

1209 年，西蒙·德·蒙德福尔在纳尔邦尼城堡的塔楼上部署了“巨弩”（balestas tornessas），可以飞越图卢兹城的城墙，距离不超过 100 码。1229 年，在收复巴利阿里群岛失地的战争中，阿拉贡国王、“征服者”詹姆斯（1213—1276 年在位）携带了一具威力强大的绞盘弩进攻马略卡岛，他特别要求将其用于对付守军的反掘进行动。这张巨弩安装在低矮的射击平台上，守在敌人拦截詹姆斯部队掘进的坑道口处。即使敌方派遣一支自杀式小队引导进攻，他们的尸体也会阻塞隧道，在敌人不得不花时间清理隧道的空当，足够巨弩重新引弦。对敌军来说，这是强大的震慑。

克里斯蒂娜·德·皮桑声称，被围困的城镇或城堡需要 6 张绞盘弩，每一张都需要敌军用 30 人来对付[138]。由于巨弩遭受攻击时难以快速转移，所以用其攻击坚固的防御工事时，必须将这些精贵的武器置于良好的

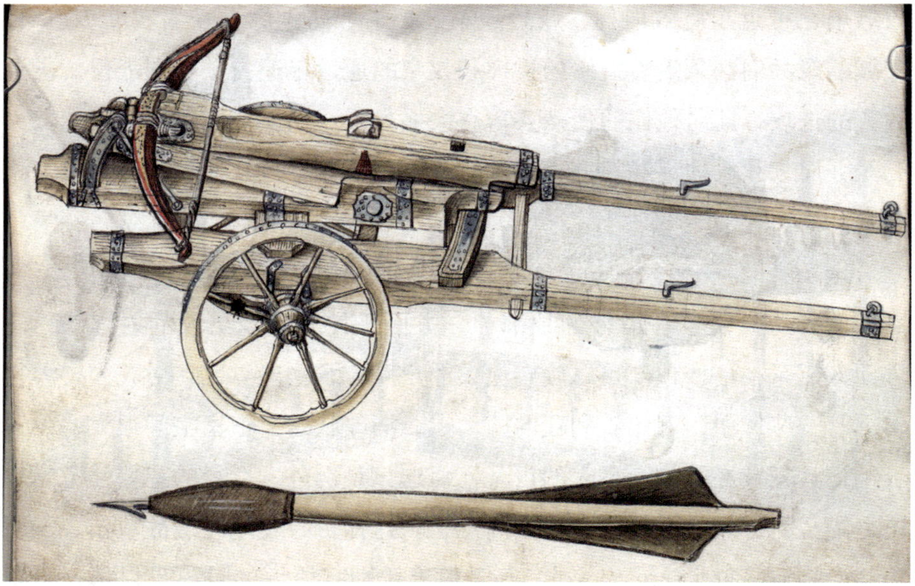

图为一具装在马车上的巨弩，摘自马丁·默茨 1473 年撰写的《烟火指南》(Cgm599, fol.35v)。图的下方还有一支单倒刺箭镞的火弩箭，大小未按弩的相对比例绘制。巨弩的制造成本很高，操作也不方便，但是它的射程远，能够发射很重的弩箭。发射火弩箭可能是它最大的战术价值，特别是敌方的工事内有易燃建筑物时。巨弩的射角和射向都能精确地调整，进入阵位也比较容易。乍一看，这具弩似乎没有引弦装置，但在原书的前一页插图中有一具大型齿轮引弦器，下方有一个方形的卡榫。而这张图中的巨弩弩机后侧有方形孔，显然就是为了安装这具齿轮引弦器。(图源：慕尼黑巴伐利亚州立图书馆)

防护之后。在陆地野战中弩兵依靠便携式盾牌提供防护，而攻城时则需要更结实的装备——移动式防盾。移动式防盾是尺寸较大的立式遮蔽物，可以防御弓箭等一般性抛射物，并能有效阻挡敌方突袭。防盾通常用柳条制成，重量较轻，但足以抵御箭矢，也有的用硬木板制作，防护效果更好，只是较为笨重，行动相对不便。有时会给这两种防盾装上轮子，具备一定机动性。还有一种防盾结构更复杂，外形为 L 形，可同时掩蔽几名士兵和一张巨弩。在战场上部署运用这些大型装备都会增加后勤保障的负担。1367 年的纳胡拉战役是"黑太子"征战西班牙的决胜之战，他用"手推车和马车"运送绞盘弩[139]，因为单靠个人根本搬不动它们。

不管是开阔地的战斗还是攻城战，巨弩都有攻击敌军首领的可怕能力。在1429年的巴黎攻城战中，“圣女”贞德的大腿被弩箭射伤，据说这支弩箭来自一张使用立式引弦架的巨弩[140]。贞德能从箭伤中恢复过来，说明巨弩的箭只是擦伤了她。巨弩杀伤人员纵然有效，但它们最具破坏性的用途还是发射纵火型弩箭。中世纪有很多种火弓箭的配方，在本书的前一章已有介绍。中世纪的欧洲城镇充斥着各种木结构的建筑物，还有很多房屋是茅草屋顶，它们交错排列在狭窄的街道两旁。这些建筑物非常怕火，而巨弩恰能把纵火弩箭精准地射到这些目标上。

攻城战（绘于约1300年）

由于城主正在其他地方战斗，该城堡的防御作战是由他的妻子指挥的。攻城部队将弩兵配置在最前线，弩兵们躲在用柳条和实木制作的各种防盾后面。在城堡上，巨弩已经装上了一支火弩箭，正瞄准了敌军一个巨大的L形木制防盾，它的后面藏着准备掩护步兵登城的弩兵。一具螺杆引弦器正在重置，准备在巨弩射击后为其引弦。在巨弩的后侧，一名士兵正搬起盒子，里面装着各式箭镞，另一名士兵正在从桶里取出箭杆。然而更常见的做法是，弩箭是装好了箭镞后再封装在桶里，特别是标准的弩箭。战斗补给可能是用人力滚轮起重机吊到塔上。巨弩的前面有一个木箱子，里面装着巨弩用的火弩箭。

塔上的普通弩兵支援巨弩作战，他们有的用木制弩，有的用威力更大、更昂贵的复合弩。都使用引弦速度较快的爪带引弦装置，随时准备击退敌人的进攻。他们在塔楼制高点上居高临下，占有射程优势。

攻城者躲藏在防盾后面，使用绞盘引弦器为他们的劲弩引弦。这种引弦方法虽然速度慢，但是能够满足远射程的要求，而且在防盾保护下，他们的操作动作不需要太快。而守城部队的境遇完全不同，一旦敌军开始搭设云梯攻城，他们必须快速行动以击退敌人。

弩箭、美酒和兄弟情谊

弩手行会、协会和兄弟会在中世纪及其后的欧洲大陆部分地区非常兴旺，许多延续至今。在佛兰德斯和法国北部，在瑞士和德意志王国，以及意大利的许多城邦，弩被提升到几乎受人崇拜的地位。这些组织的成立依据的是 15 世纪宪章的一项条款——“为了城镇的安全、警卫和防御”[141]。成立于 1213 年的布鲁塞尔弩手行会声称自己最古老，但是鉴于大部分宪章适用于已经存在的习俗和惯例，所以有些弩手组织可能成立的时间更早。弩手的社会来源与长弓手相似，大都是各行各业的生意人，但是弩手协会也吸引了一些极其富有的市民，并且得到贵族和王室的资助，所以弩射赋予了人们一定的社会地位。

弩手协会既是民间社团，也是军队的附属机构。来自社会各阶层的弩手穿着各自的标志性服装，以平等关系在一起聚会、吃喝、射击。弩手社团有一些特权，包括允许随身携带武器、免缴税款和建立社会关系网，这些都是吸引弩手入会的诱因。位于法国里尔市的圣塞巴斯蒂安弓箭协会成员还可以免于追究造成意外死亡的刑事责任，这对于爱喜庆热闹的弩手们来说是个莫大的福利。大多数弩手社团的会员资格是终身的，这意味着退役军人离开军旅生涯后既能受到公众的尊敬，又能尽享战友情谊。最重要的是，会员如果受伤或生病了，可能会期望从会友那里获得一些资助。

会员的资质要求通常包括良好的品性、娴熟的射击技术，并且要有一张可用的弩。里尔市的弩手协会规定，新会员在入会 6 周内必须拥有一张价值 3 英镑的弩及“射箭运动所需的其他配套装备”，比利时布鲁日协会也要求会员拥有价值 3 英镑的弩，而在法国阿拉斯的协会要求有一张价值 16 先令的弩就够了[142]。弩的价值差异可能不仅与弩的质量有关，也与所谓的“其他配套装备”有关，一张需要用昂贵的齿轮引弦器辅助引弦的强弩，肯定比爪带引弦的木制弩要贵得多。1452 年，法国贡比涅市的一位议员购买了一张紫杉木弩，仅仅花了 12 先令。1383 年，法国杜埃市的弩手

皇冠头弩箭复制品及包装盒，制作人为安德烈亚斯·比克勒。这种弩箭可用于小游戏、“鹦鹉”射击和其他射箭比赛。欧洲弩兄弟会的成员们将他们珍贵的弩箭放在装饰精美的盒子里，盒身上通常饰有纹章。比赛用的弩箭会根据所要使用的弩进行仔细的调校、称重和平衡，射手还要用羽毛笔把自己的名字写在箭杆上，这样就能分清每支弩箭都是谁射出的。（图源：安德烈亚斯·比克勒）

们入会时只需要有“一张合用的弩”即可，但到了1499年，会员们要在木制弩和金属弩之间做出选择[143]。

除了要求持有武器，新人入会时还必须缴纳一定数额的会费。法国里尔弩手协会1442年的会规要求，会员“向协会缴纳24先令”，“缴纳12先令的入会庆祝酒水费”，还要预存12先令，用于支付“为抬尸体的会友提供酒水”这个必要的丧葬开销。[144]

除了入会时收取的会费，弩手兄弟会还会得到乡镇财政基金的支持。每年它们都有一定的拨款，还有捐赠的葡萄酒。有些协会，特别是勃艮第地区的协会，既吸收弩手会员，也吸收长弓手会员，协会内部的葡萄酒配给标准从侧面反映了会员的等级制度。据里尔市协会1437年的记录，高级别弩手能分到“18份额葡萄酒”（约8加仑），低级别的弩手能分到“12份额葡萄酒”；高级别的长弓手能分到“12份额”，低级的长弓手只能分到“9份额”[145]。很明显，弩手的地位要更高。

随着中世纪商业化的繁荣发展，越来越多的城镇开始修造城墙，加强安全防卫。雄伟的城墙自然而然地成为各地市民的骄傲和身份的象征，而城墙的守卫者，弩手社团，也随之成了城镇形象的代表，因而得体的穿着显得非常重要。佛兰德斯是布料产区，当地的弩手行会被赠予大量的布料，会员们的穿着非常华丽。德意志的弩手行会比较节俭，只免费发放裤子或买裤子的钱（津贴）。为了进一步提高城镇声望，欧洲的弩手协会还举办了许多给人留下深刻印象的活动。弩箭射击比赛规模宏大，四面八方的宾客应邀前来观看，游行和布景是活动的重点。1498年根特市[146]弩箭比赛邀请函中非常经典地写道，“高贵的弩箭比赛比其他任何比赛都要道德和高尚”[147]。纵观历史，自11世纪教皇颁布弩的禁令之后，人们对弩的态度发生了怎样的变化啊！

弩手每周的射击训练都在干净整洁的固定射击场进行，而邀请赛的场地往往是城镇广场，各城镇来的弩手集中在那里比试高低，有的赛事能持续一个月之久。当组织一年一度的“鹦鹉”射击比赛时，人们会竖起一根高高的桅杆，把木鸟放在横桁上。弩手们轮流用重重的钝头箭射击，看谁能把木鸟射下来。我个人认为，“鹦鹉”射击起源于海战。给弩手比赛用的“鹦鹉”射击桅杆高得惊人，达 90 英尺以上。当然，大多数比赛项目是射击水平目标，弩手的射击排序根据抽签结果决定。根据图尔奈弩手协会的记录，1455 年比赛时，弩手的射击排序是在一片乱哄哄的吹奏声中宣布的：

> 市政厅里铺设了临时性草坪，上面插着用蜡做的灌木和鲜花，草坪中央矗立着一些女性蜡像，代表来自各地的参赛队伍。这些女性蜡像的头上挂着弥撒书，上面写着各参赛队所属地名。一个漂亮的少女穿着绣有图尔奈弩手协会徽章的鲜红色短上衣站在草地旁边，手里拿着一根小木棍，用它来依次触碰这些蜡像。[148]

图为一种装有角质箭镞帽的钝头弩箭复制品。钝头弩箭主要用于“鹦鹉”射击等比赛，也可用于捕猎小动物，特别是水禽。钝头弩箭与金属头弩箭的区别是，钝头弩箭不会沉到水里，猎狗可以把射出去的箭找回来。1576 年，伊丽莎白一世的内科医生约翰·基斯[149]撰写了一本关于狗的书《英格兰犬》（*Of Englishe Dogges*），在水猎犬一章中他写道，“我们也用它们（狗）把弩箭和弓箭从水里叼回来”[150]。中世纪著名的德意志军事工程学家康拉德·凯瑟（1366—1405）在他撰写的专著《战争堡垒》（*Bellifortis*，1405）中，提出在钝头弩的空心箭杆中加注一些有魔法效果的东西。他推荐的配方之一是车轴润滑油和鸡蛋黄，另一个是蝙蝠的心脏，这些配方据他声称能使弩箭百发百中[151]。（图源：金·霍金斯）

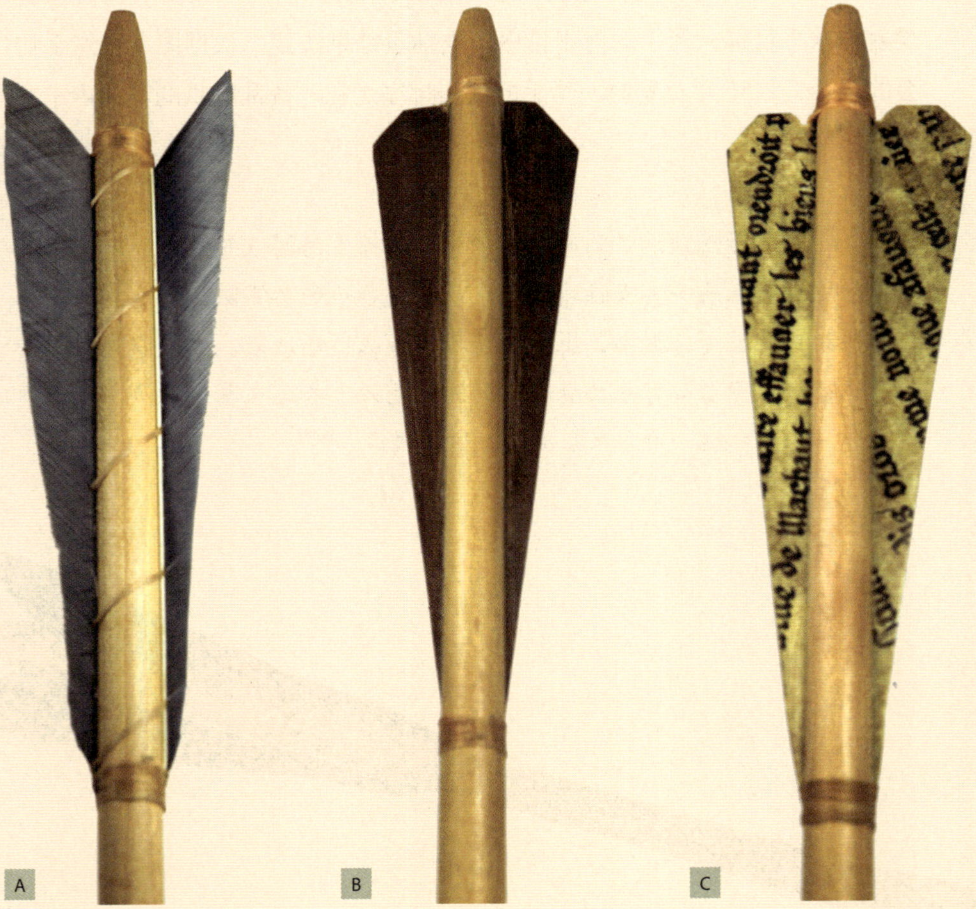

常见的弩箭尾羽材料：羽毛（A）、皮革（B）和羊皮纸（C）。废旧的羊皮纸书页常被剪开用来制作箭羽。箭杆的尾部会刻出浅槽，用于安装箭羽。图中羽毛材质的箭羽（A）用的是鹅毛，是最常见的箭羽材料。不过，伦敦塔军械库 1355 年曾指定发放了一批方镞箭，数量达 1920 支，它们的箭羽是用鹰毛制成的[152]。（图源：金·霍金斯）

1498 年，安特卫普市代表团参加了根特市举办的弩箭射击大赛，其阵容之豪华令人叹为观止。安特卫普代表团的成员超过 1300 人，盛装马车有 50 辆，还有一头大象[153]。而奥德纳尔德代表团则带来了 130 辆马车、一大群号手、美女和长长的马队。勃艮第的安东尼曾率领里尔市代表团参加大赛，这在当时是非常盛大的场合。

在都铎王朝时期，英格兰也认识到了弩射的重要性。1537 年，亨利八世授权成立了“长弓、弩和手枪等抛射兵器协会”，该协会后来演变为“荣誉炮兵连（团）”，是英国军队中历史最悠久的团队。它最初的章程里写道，成立该协会的目的是“维持长弓、弩和手枪射击的科学和技艺”，三种兵器的射击技艺地位均等。

供给：弩箭和方镞箭

从多种证据来看，弩箭的尺寸很可能是标准化的[154]，而箭羽的材料和制作方法不尽相同。箭羽是箭的尾翼，主要功能是在弩箭尾部产生一定的阻力，防止箭在空中翻转。加工箭杆和安装箭羽都是制箭工的活。长弓的箭羽有三片，而弩箭或方镞箭的箭羽只有两片，以使弩箭能够平正地放在弩臂上。制作弩箭箭羽的材料有木头、羽毛、羊皮纸、皮革、牛角和金属等。1307 年，为了备战苏格兰战役，英格兰购置了 2200 支铜制箭羽方镞箭，供绞盘弩使用[155]。用这么昂贵的铜材制作弩箭尾翼确实令人咂舌，但是这种做法屡见不鲜。在多数情况下，方镞箭订购和供应时是装配完毕的，箭镞已经安装到箭杆上了。不过也有例外，在伦敦塔军械库 1378 年的记录中，提到有 4760 支方镞箭装有箭镞，而另外 14950 支方镞箭的箭镞还没有安装[156]。

1421 年，有两种用于巨弩的螺旋尾翼箭被列入法国布卢瓦城堡的军备清单[157]，它们被称为“奥蒂”，属于奥尔良公爵。螺旋尾翼箭（vireton）也被称为旋转箭（vire），箭羽为螺旋形安装，可使弩箭在飞行时沿箭杆轴线方向旋转，飞行姿态更加稳定。这种箭羽似乎常用于巨弩的大型弩箭。据 14 世纪末期史料记载，意大利博洛尼亚军械库存有

标准的中世纪方镞箭（由赫克托·科尔复制）。它的箭镞每一侧有4个棱面，形成略微扁平的八面体。在箭镞与箭杆的接合处，八面体渐变成圆形插套。箭镞尖端的4个棱面仅有下部4个棱面（靠近插套）长度的三分之一。方镞箭是使用非常广泛的军用弩箭镞，它独特的外形使其具有很好的刚性，穿刺威力强大。虽然它不像针刺状箭镞那样尖，但是它的箭刃（棱面相交线）非常锋利，足以对铠甲造成一定的穿刺和破坏。阔头弩箭主要用于狩猎，在战争中并不常见。（图源：金·霍金斯）

弩箭箭筒的底部通常为喇叭形。图中箭筒是原始真品，筒身为木制，顶上是个用有毛兽皮制成的盖子。由于年代久远，原本的兽毛已脱落，但是仍能辨认出兽皮为獾皮。双色调的獾皮与常用的野猪皮有明显的区别，看上去更加漂亮。（图源：纽约大都会艺术博物馆，巴什福德·迪安纪念品）

“300 支巨弩专用的铁头旋转箭，其中一部分的尾翼为角质”[158]。克里斯蒂娜·德·皮桑的书中曾列举有 2.4 万支旋转箭，其中 1.2 万支用于远距离射击[159]。螺旋尾翼箭更加昂贵，查尔斯·福克斯引述了一份 1419 年的订单，一打螺旋尾翼箭的价格为 8 先令，而一打普通的弩箭只要 4 先令[160]。一份 1543 年的装箱清单列举了一些为亨利八世精心准备的狩猎装备，其中包括“4 个装野鸡用的帆布袋、西班牙黑丝绒皮鞋、2 张弩、16 支叉形箭、2 支‘vyrall’弩箭”[161]。这 16 支叉形箭正是我们所期望的狩猎用箭，特别适合捕猎野鸡，而“vyrall”弩箭肯定是螺旋尾翼弩箭。令人难以捉摸的是，为什么在 18 支弩箭中只有 2 支螺旋尾翼箭，可能它们是用来射击远距离目标的。

海战中的弩

关于弩在海战中的使用，泰布加这样认为，“我个人的观点是，手持弓在骑兵机动战、沙漠地区作战以及远征行动中是更好、更实用的武器，而弩在要塞防御和攻城作战、舰艇作战中有更大的威力和优势”[162]。1241 年，丹麦日德兰地区通过了一项法律，规定每艘军舰上的舵手除了其他应有的武器，还应有“一张弩和三打弩箭，以及一个替补射手”[163]。14 世纪中期英格兰国王舰队一位名叫托马斯·德·斯内瑟姆的职员的记录，揭示了尽管长弓在当时非常流行，但是弩仍被视为必不可少的海战武器。1338—1339 年，舰队共订购了 256 张 1 英尺弩，而长弓只订购了 241 张，或许更有说服力的是，舰队还订购了 2496 支 1 英尺弩箭和 30844 支 2 英尺弩箭[164]。根据后者的数量推测，舰队极可能已经装备了大量的巨弩。在远征的战舰上虽然有不少长弓手，但是似乎有理由认为，舰队订购如此多的弩，是为普通的水手配备，因为这种武器不需要太多的训练就能掌握。

可以说，斯鲁伊斯海战（1340）是中世纪具有决定意义的一战（本书前部分章节已有一些介绍）。值得重申的是，法军舰船上大约有 2 万名热那亚弩手，而英军也有大量的弩手与闻名遐迩的长弓手战友并肩作战。当时的编年史作家杰弗里·勒·贝克提到，在战斗中，有“来自弩弓的钢铁箭雨”[165]。为了加强防御，中世纪的“柯克船”上增加了木制船堡，为弩手提供了良好的作战条件。他们可以躲在厚实的木板后引弦上箭，然后居高临下射杀敌船甲板上的目标。此外，正如勒·贝克所言，弩引弦上箭后可在一定时间内保持待发状态，弩手可以根据涌浪情况适时射击，还可以进行齐射。普通弩在海战中很可能使用爪带引弦装置，还有证据表明在斯鲁伊斯战役中使用了巨弩。利贝尔曾引述了一条史料，“一具巨弩引弦台”曾于1340年装上了一艘参加斯鲁伊斯海战的舰船。巨弩的射程更远，还能发射火弩箭，在海战中无疑有更大的用场。

1239年，神圣罗马帝国皇帝腓特烈二世命令所有的船长都要在船上配备“三张优质绞盘弩”[166]。大约1400年，法国海军上将下令，一旦发现敌船，应该“用强劲的绞盘弩‘迎接’敌人”[167]。1441年，热那亚船长们收到一道命令，每条船都要携带28张绞盘弩和14具绞盘引弦器[168]。这个数量比例意味着弩

安德烈亚斯·比克勒复制的弩箭和箭筒。该箭筒用兽皮制成，上面有一些装饰性的雕刻骨板。对弩手们来说，野猪是比较珍贵的猎物，而用兽皮制作箭筒的图腾式做法非常普遍。弩箭装在箭筒中都是箭镞朝上，与弩手取箭上弦的动作非常匹配，而且便于弩手凭手感抽取不同的箭。有时弩手会把弩箭别在腰带里，但是这种做法曾给一位名叫德西迪拉塔的俏皮寡妇带来了灾难。据英格兰萨塞克斯郡1276年的案件卷宗记载，德西迪拉塔在街上遇到了挎着弩路过的弩手威廉·德·斯坦格特，她便走上前和他搭讪，问他是不是在追捕不法之徒，并开玩笑说她可以打得过三个他这样的人。随后，德西迪拉塔用胳膊勒住威廉的脖子，把腿别到他的腿后面，将他摔翻在地。但是，她自己也踉跄地跌倒在威廉身上，一支别在威廉腰带上的弩箭刺穿了她的心脏，她当场死亡，后来这个案件被裁定为意外死亡[169]。（图源：安德烈亚斯·比克勒）

手们在作战中为每两人一组，一人引弦，另一人射击，每两张弩配一具引弦装置。

三、作战效能：晴空霹雳

“弩”这个术语不能局限于某种具体的武器，不能进行泛泛的无差别评估。评估“弩”的威力，就像评估“枪”的威力一样，必须明确是滑膛枪、手枪还是大威力步枪，否则评估将毫无意义。弩的种类很多，威力也各不相同，应当根据每种弩的具体性能，结合当时的铠甲技术、战术运用等因素综合评估。与长弓相比，我们几乎没有做多少弩的测试，因此不得不更多地依靠轶事和传闻对弩进行评估。

中国古代兵书《战国策》中写道：

> 天下之强弓劲弩，皆自韩出。溪子、少府、时力、距来，皆射六百步之外。韩卒超足百射，百发不暇止，远者达胸，近者掩心。（意为：天下最强劲的弓弩都出自韩国[170]。“溪子”“少府”“时力”“距来”四种弩的射程均达到600步以外。韩军的弩手用脚引弦，可连续发射上百次，百发百中。远处的敌人被刺中了胸膛，近处的敌人被射穿了心脏。）[171]

能给拉力168磅的弩引弦是韩军对弩手的要求。为了说明弩的威力，科姆内毫不避讳地夸张写道：

> 弩箭击中目标后不会反弹，它们刺穿了盾牌，刺穿了厚厚的钢质胸甲，然后继续向远处飞行，它们是如此强劲、不可阻挡。据说有一支弩箭曾将一尊铜像射穿；当弩箭射到大城镇的城墙上时，箭杆完全

扎到了墙里，从外面连箭尾都看不到……弩箭的威力如此之大，以至于被射中的人在死去时感觉不到丝毫痛楚。[172]

虽然弩箭可以射入土墙甚至穿透空心的青铜雕像，但是科姆内所描述的是早期的木制弩，做功行程约为6—7英寸，拉力约为100—175磅，如果射击条件不是极近距离，它们是否有这么大的穿透能力？这很令人怀疑。约公元1200年之前人们使用的都是木制弩弓，虽然后来出现了复合弩弓和钢弩弓，但是木制弩弓的使用仍然很普遍。遗憾的是，木制弩弓至今尚未引起考古科研人员的重视，我们既没有性能数据，也不清楚它们在制造过程中可达到的最大拉力。

皇家方镞箭工匠

在评估抛射类武器系统的效费比时，采购抛射物的后勤需求远远超过武器本身的成本。弩所用的方镞箭显然是以工业规模生产的。克里斯蒂娜·德·皮桑曾就攻城战的准备提出了一些建议，她认为要保障300张普通弩和30张巨弩作战使用，应当准备20万支方镞箭和1000支巨弩箭[173]。1344—1351年，恰值长弓在英格兰军队中处于巅峰之时，伦敦塔军械库发放了103张弩和37095支方镞箭[174]。有人可能认为，和长弓相比，弩用的方镞箭比较简单，制造成本比较低。但不管是哪种箭，国家军火库都必须大量储备，因为一旦战争爆发，库存箭很快就会耗尽，消耗速度比生产速度要快得多。

英格兰格洛斯特郡圣布里维尔斯城堡曾是方镞箭的制造中心，它位于迪安皇家森林内，距离英格兰和威尔士边境很近。13世纪20年代，爱德华一世的父亲亨利三世派铁匠威廉、约翰·德·马勒莫特及制箭工威廉，在该地建立了制箭工厂。据《亨利三世令状档案（1226—1240）》（*Calendar of Liberate Rolls of Henry III*）记载，这三人的日薪标准为：威廉7.5便士，约翰6.5便士，制箭工威廉5.5便士[175]。由于王室提供了制箭的所有材料以及厂房、锻炉、风箱等，方镞箭的实际成本并不太好计算，但是以当时的标准来看，这几个人的薪酬都很高，同时期的熟练木匠日薪只有2便士。

威廉·德·马勒莫特可能是约翰的父亲，他在制箭厂开始生产后不久就去世了，所以在13世纪30年代的史料中只提到约翰·德·马勒莫特。从1241年到1245年，约翰的制箭厂生产了26.6万支方镞箭，数量非常惊人[176]。圣布里维尔斯城堡只是众多的弩箭制造中心之一，弩箭生产的规模从侧面体现弩在13世纪的英格兰使用非常广泛。在13世纪50年代，约翰·德·马勒莫特与王室签订了生产合同，每年需制造2.5万支方镞箭，报酬为25马克[177]，这相当于一周工作6天，每天的工钱为13便士。如果没有其他开销，作为国王的方镞箭制造者，约翰是个非常富有的人。1257年，王室希望他能年产5万支方镞箭，给他的报酬也翻了一番！

亨利三世的儿子、爱德华一世是圣布里维尔斯城堡这个“大军火库”更大的主顾。1277年3月，在远征威尔士之前的4个月，他提出了数量惊人的方镞箭制造要求，“命令圣布里维尔斯全速生产20万支方镞箭，其中15万支用于1英尺弩，5万支用于2英尺弩。所有的方镞箭要按照国王的旨意生产和存放，随时候用”[178]。在这么短的期限内生产这么多的方镞箭，显然已远远超出了一个人的能力，马勒莫特肯定雇了大量的人手，所需的费用可能不得不从他自己丰厚的薪酬中支付。即使是形势相对没那么紧张的军备订单，其数量对于任何单个制箭工来说都太大了，比如这份1293年10月的征调令：“致圣布里维尔斯城堡治安官约翰·布特图特，令你立即备齐6000支方镞箭，其中3000支用于2英尺（弩），其余的用于1英尺（弩），送交科尔夫堡治安官理查德·德·博斯科，不得有误！”[179]

圣布里维尔斯城堡的地理位置非常理想，拥有制造方镞箭所需的丰富原材料。制造方镞箭箭镞需要铁矿石，而这个地区蕴藏着丰富的铁矿。铁矿石的冶炼和锻造需要大量的木炭，而木炭的制作要消耗大量的木材，迪安森林的伐木工人一定把他们其他的活都停掉来满足这激增的烧炭需求了。迪安森林里生长着茂密的橡树和山毛榉，丰富的果实是养猪的好饲料，这对制造方镞箭箭镞很有利，因为猪油是箭镞淬火的首选材料。淬火工序是将烧得红热的金属投入冷猪油中，在可控的速度下逐渐冷却，改变其分子结构，提高硬度，而且在猪油中淬火的箭镞自然得到了一定的防锈保护。制造大批的弩箭还需要大量的箭羽，鹅的羽毛可能是圣布里维尔斯弩箭最可能的箭羽材料。塞文河河口的湿地吸引了大量的鹅，所以鹅羽的供应不成问题。该地区还有塞文河和怀伊河的很多支流，这些湍急的溪流能为水磨坊提供动力。麦麸（bran），也就是麦皮，是面粉制作时的副产品，可以在方镞箭包装箱、桶（tub）里充当填充物。弩手们从箭桶中拿到的可能是高品质的弩箭，也可能是被麦麸遮盖、质量不怎么样的箭，就看他们的运气了，所以英语词汇中圣诞节摸彩桶“bran-tub”一词可能就来源于此。

大规模制造弩箭需要矿工、烧炭工人、铁匠、伐木工人、制箭工、制桶匠及包装、运输人员，约翰·德·马勒莫特到底雇了多少人还不得而知，不过，根据命令，他必须在1277年7月爱德华一世国王发起征服威尔士的战役前完成方镞箭的制造，也就是说，他必须在4个月内制造出20万支箭，每日产量大约为1500支。在建厂之初，马勒莫特每日只需制造100—200支方镞箭，而这份订单要求的产量实在太大了。根据资深制箭师赫克托·科尔估算，一名铁匠锻制一个方镞箭箭镞约需6分钟[180]，但是要注意的是，不是每6分钟就能造出一个箭镞，因为工匠们还要花时间维护锻炉，把铁坯分类锻造成毛坯，在高强度的工作间隙，还需要休息。他们采取12小时工作制，轮番作业，日夜不停地赶工，可以创造出惊人的产量。以这种模式生产，马勒莫特需要一支得力的工匠队伍，采取类似流水线式的流程进行生产。

迪安森林是皇家森林，必须得到王室的许可才能砍伐橡树、山毛榉、白蜡树和栗树，其中山毛榉似乎是制作方镞箭箭杆的主要选择。1278年，王室给圣布里维尔斯治安官下达了一项指令："准许约翰·德·马勒莫特在迪安森林砍伐两棵山毛榉树用于造箭，砍伐两棵橡树用于制造两个弩箭储运箱。"[181]1288年4月，爱德华一世命令伦敦郡郡守提供40张弩，同一天还命令格洛斯特郡郡守和圣布里维尔斯治安官各提供5000支方镞箭，命令中还写道，"致布里斯托尔城堡治安官，令你接收这些弩和方镞箭，送交给克默丁（卡马森城堡治安官）"[182]。这个日期正值卡马森城堡进行大规模重建，所以这些武器可能是城堡防御重新规划后所需的更新储备。我们无法知晓它是不是在已有军备基础上进行的扩充，但是命令中的数字不禁令人揣测，弩箭与弩的数量比例可能正是当年每张弩的弩箭配给数，每张弩配发125支方镞箭，这是敌军攻城时守军需要谨慎使用的作战资源。

远距离射击

1901年，拉尔夫·佩恩－盖尔维爵士发射的一支弩箭飞跃了梅奈海峡，射程约为450码[183]。在那次测试中，他使用的是一张古董钢弩，据信是1500年在热那亚制造的，拉力约为1200磅，他射出的距离与16世纪史料的记载基本一致。1588年夏季，正值英格兰海军和西班牙无敌舰队冲突最激烈的时候，沃尔辛厄姆勋爵收到一封匿名信，促请他"考虑重新启用弓、弩和钢弩，此类兵器可有效慑敌，而敌无此类装备。弓是我们天然的武器，我们国家很擅长用它，而外国用得不好；弩的射程远，打击有力，但是最重要的是钢弩，射程可达400码，射速是普通弩的两倍"[184]。这里值得注意的是，书信人强调了钢弩和普通弩（可能是复合弩）的区别。钢弩虽然在15世纪已经出现，但在当时属于相对稀有而尖端的技术装备。现在有大量的钢弩保存在众多的博物馆中，如果借此判断钢弩在中世纪非常普遍，就大错特错了。尽管 1200 磅的拉力可能是普通短弓复合弩拉力的两倍，但是装有复合长弩弓的巨弩能够达到。

巨弩

2015 年，安德烈亚斯·比克勒制作了一张巨弩并对其进行了测试，它的拉力为 1276.48 磅，与佩恩－盖尔维使用的弩拉力差不多。这张弩的弩弓用的是复合材料，参考的样品是瑞士苏黎世国家博物馆收藏的一张巨弩。经他计算，当拉距为 14.7 英寸（从弩弓到弦枕）时，弩的拉力为 5680 牛顿，发射能量将近 1277 焦耳。射击测试使用了多种弩箭，重量为 5.4—12.2 盎司。根据计时仪的测量，弩箭的速度为 173.60—222.96 英尺 / 秒。12 盎司弩箭的入射能量为 487.79 焦耳，几乎相当于 9 毫米鲁格手枪的枪口能量 [185]。在 26 码的距离上，方镞箭的箭镞穿透了厚 1.7 英寸的云

安装在绞盘引弦台上一张 14 世纪晚期至 15 世纪早期款式的巨弩，制作人为安德烈亚斯·比克勒。这张巨弩参照的是瑞士国家博物馆 AG2570 号藏品，引弦台参照的是瑞士锡安城堡的一件藏品。未上弦的状态下，弩弓内侧弦槽的间距为 59 英寸，弩臂长度为 50 英寸，总重 23 磅，拉力达 1276.48 磅！它还装有一根用来弯曲弩弓、便于上弦的“副弦”。在作战时，可以在引弦台前端装一根支柱进行射击，或者将弩取下来架在城墙上射击。弩箭射出时，巨弩的反冲非常剧烈！（图源：安德烈亚斯·比克勒）

杉木板，并在板的背面露出一英寸多，而普通的弩箭没有能够穿透这块木板。虽然没有测试这张巨弩的最大射程，但它看上去应该能和佩恩－盖尔维的弩相媲美。

同一类弩的拉力也可能会有很大的差异，所以我们在将射程和冲击能量归于某一级别的弩时必须谨慎。按照让·利贝尔的计算，巨弩较为适合的射程约为 275 码。他认为如果巨弩实施远距离射击，难以保证精度，所以远距离射击的主要目的是袭扰敌人，例如 1347 年，“比尤尔”号战舰的舰长命令他的弩手射击时先用“射程更远的绞盘弩”[186]。和其他军用弓一样，巨弩更为重要的性能是它的冲击力，而非最大射程。利贝尔曾引用过一份 1431 年第戎保卫战的史料，称巨弩具有“射穿板甲”的能力[187]。

近距离射击

弩箭比长弓的箭重，外形更为短粗，飞行中受到的阻力更大，减速也就更快。速度的降低意味着动能的损失，对目标的冲击力也会降低。2003 年，为了制作一个由我主持的介绍长弓的电视节目，我们在什里弗纳姆英国国防学院进行了一些测试。我们当时想用多普勒雷达进行测量，以对比 150 磅拉力的长弓和 300 磅拉力的钢弩射出的箭的减速情况。正如我在前面提到的，由于雷达发生故障，无法得出确切的结果，但是有些情况是显而易见的。长弓发射的是一支沉重的船用箭，它在飞行的初始阶段就开始减速，但仍持续飞行了约 200 码。而弩箭在飞行的初始阶段速度衰减很小，具有巨大的发射能量，但在飞行约 60 码后大幅减速，尽管它又持续飞行了约 30 码，但是已经没有什么杀伤力了。

瑞典作家奥劳斯·马格纳斯（1490—1557）1553 年撰写的《北方民族历史》（*History of the Northern Peoples*）中有一幅弩手向骑兵射击的图画，画中成排的弩手将弩托顶在胯部，以 45 度角实施仰射，雨点般的弩箭呈抛物线轨迹飞行[188]。他们使用的是一种在瑞典常见的弩箭，插装式铁箭镞至少有箭杆的一半长。未命中目标的弩箭插在地上，形成了一道防骑兵

一根巨弩的复合弩弓和一张标准尺寸的普通弩并排放在一起，展示出二者的大小差异。这两件复制品均由安德烈亚斯·比克勒制作，普通弩参照的是奥地利林茨国家博物馆收藏的一张中世纪弩（C805），巨弩弩弓参照的是瑞士苏黎世国家博物馆的藏品（AG2570）。拍摄这张图片时，巨弩弩弓尚未包上带有装饰的白桦树皮。（图源：安德烈亚斯·比克勒）

尖刺的障碍墙，像蒺藜一样。当然，在多数情况下，弩被用作精确打击武器，在相对较近的距离内精确杀伤敌人。在这种情况下，一定要考虑箭的数量和最佳射程，力求发挥弩箭的有效打击威力。远距离射击肯定是巨弩的作战功能之一，普通的手持弩虽然也能实施远距离射击，但这不是它们的首选战术。手持弩更适用于近距离射击，对敌人的打击更为有力。

齿轮引弦器和强劲的钢弩使 12、13、14 世纪的弩转变成为具有强大力量的武器，但在此时，弩作为陆地战场兵器的全盛时期已经过去。在那之前，手持弩只是一种中等威力的武器，同样强调引弦上箭的速度。在强力的机械引弦装置出现后，爪带引弦装置仍被广泛使用，它仅限于一个人

一具制于 20 世纪初期的中国连弩。这种武器在本质上与它们的“祖先”没有什么差别，在中国持续使用至 20 世纪 50 年代。图中的这具连弩装有双联箭匣和双联箭槽，可同时发射两支弩箭，操作方法与前文介绍的单发箭匣连弩基本相同。（图源：英国巴斯皇家文学与科学研究院藏品）

所能实现的拉力。

W. F. 帕特森先生在他的权威性研究中指出，“如果将弩弓的拉力提高一倍，并不能使弩的射速和射程也相应增加一倍，最多只能增加四分之一。但是更重要的是，在同等距离上，更大拉力的弩弓可以射出更重的弩箭”[189]。射程是抛射式武器的关键性能，它使你能够攻击 20—60 码以外的敌人。然而最重要的是，你的攻击威力要足够。正如在长弓那一章所讨论的，抛射式武器的效能取决于钝性冲击力对敌方造成的伤害程度，而非能否穿透敌方铠甲（见前文），弩也是如此。

除了远射程的巨弩，我认为普通的中世纪弩主要用于近距离作战。中世纪早期的弩是非常有效的陆地野战武器，特别是在近距离密集使用时。只有在 15 世纪末期，当齿轮引弦弩开始普及使用时，远距离狙击才成为现实。但是到了这个时候，手枪已经开始担任近战武器的角色，而弩作为军事武器，它的地位已经在衰落。

铠甲

评估弩的穿透能力，必须充分了解铠甲的样式、弩的类型和威力。关于中世纪一些铠甲的简要介绍，可参见前一章的相关内容。

在阿卡[190]攻城战（1189—1191）中，一名撒拉逊守军弩手发射的弩箭射穿了一名法兰克军士的三层铠甲，链甲头罩、第二层的长袍式链甲（hauberk）和最里层的衬甲衣都被刺穿。幸好这名军士脖子上挂了一件饰品，让他幸免于难[191]。有时即便弩箭命中的是要害部位，也不一定致命。1238 年，在西班牙瓦伦西亚攻城战中，阿拉贡国王詹姆斯一世的前额被一支弩箭射中，虽然箭刺得很深，但他把箭杆折断了。目击者描述了鲜血怎样从他的脸上流下来，但他大笑着把血擦掉，以稳定军心士气。在回帐篷的路上，他的眼睛已经肿得什么都看不见了。后来，詹姆斯奇迹般地挨过了这个打击，继续在位执政了 38 年。

亨利八世派驻法国的大使约翰·沃洛普爵士记录了 1543 年发生的一

起与弩有关的事件：

> 星期六下午，法国阿德要塞的三名步兵从吉讷镇（旧时法语拼写为 Guisnes）返回，碰见了两名从安德内来的英格兰人，双方发生了争吵。英格兰人见对方人多，而且一名法国人的弩已经张好了弦，就退让了。但是法国人随后喊着“杀、杀”，并发射了一支方镞箭击中了一名英格兰人。中箭的英格兰人拔出箭愤怒地冲向法国人，用戟打倒了其中两个，另一个法国人逃走了。当天夜里，中箭的英格兰人不幸去世，两天后，那个用弩射伤他的法国人也死了。[192]

这份报告没有说明弩箭射中了英格兰人身上的哪个部位，可能是胸腹躯干部位[193]。值得注意的是，这名伤者不仅能把箭拔出来，还能立即冲上去和敌人进行英勇的搏斗。同样值得注意的是，法国人巡逻时携带的弩已经张好了弦。

铠甲的验证

铠甲的主要功能是尽可能保护穿戴者免受同时代武器的攻击。为了对抗弓箭、长矛的突刺和刀剑的砍劈，铠甲技术也在不断发展。弩弓制造工艺及引弦装置的发展使弩的威力不断增大，而板甲制造技术也在不断提高，两者存在平行发展的关系。厚度、形状和硬度是铠甲防护的三个主要因素。较厚的铠甲其重量可能让人难以承受，除非它的有效性能被证明，否则人们会更倾向于轻型铠甲。铠甲的硬度是由工匠的冶炼技术决定的，需要把握合适的加热和淬火时机，而购买铠甲的人对此难以了解。从 14 世纪开始，铠甲制造工匠为了证明他们的产品能够抵御弩的打击，通常会在近距离向铠甲发射一支弩箭，在其表面打出酒窝状的凹坑，以此证明铠甲的防护性能。

在此之前，人们用剑、斧来验证链甲，测试的方法被称为“剑斩”。随着弩的威胁越来越大，用弩射击铠甲成了更常用的验证标准。1347 年的英格兰法规要求伦敦海默斯协会（Heaumers Company of London）派遣监管人员监督铠甲的验证工作，“头盔及其他用铁锤锻造的铠甲……今后必须由前述的监管人员检验并打上他们的标记，否则不得以任何方式暗中或公开销售”[194]。

根据检测的结果，有的铠甲可能被标记为“全防”，而有的仅是“半防”，在 1448 年的法国“昂热铠甲供应商章程”（*Statutes of the Armuriers Fourbisseurs d'Angers*）中可以找到这种差别的有关线索。章程指出，能够经得住绞盘弩射击测试的为全防铠甲，测试通过的甲片会被打上两位鉴定师的标记，而半防铠甲只需抵挡爪带引弦弩的射击测试即可，只打一位鉴定师的标记[195]。从这个章程中我们可以得到一些大致的概念，但是有许多因素仍然不清楚，诸如测试的射程是多少？弩箭装的是什么箭镞？最重要的是，弩弓的威力到底有多大？毫无疑问，当年肯定存在很多不同的标准。法国昂热 1378 年有一道法令专门要求在铠甲测试中使用螺旋尾翼弩箭，这意味着带螺旋尾翼的弩

箭产生的冲击力更大[196]。法国奥尔良市档案馆有一份1416年的文件提到，用于测试铠甲的箭要用蜡浸涂箭镞[197]，人们可能认为这有助于减少偏转效应，但这仍有待现代科学方法的实证检验。此外，尽管有行会的监督，但是鉴定师往往也是铠甲的卖家，夸大验证结果的诡计肯定少不了。

结论

在19世纪后膛枪出现之前，弩一直是狩猎武器的首选，尤其受到欧洲贵族精英的青睐。作为竞技运动武器，弩也继续活跃在欧洲弩手行会的射击场上。在陆地战场上，弩有时比火药武器更令人生畏。随着弩的威力不断提高，铠甲的质量和硬度也在不断改进。为了能在战场上继续发挥有

伦敦华莱士收藏馆收藏的一张16世纪狩猎弩（A1037）。弩臂的顶部和底部都有精美的装饰性鹿角板，两侧有复杂的镶式图案，描绘了狩猎场景，辅以树叶和点状装饰。注意弩机弦枕有一根固定绳索，可以防止弦枕脱出。弦枕上方有一个角质的弩箭固定夹，当弩实施仰射或俯射时，可以阻止弩箭滑落。该装置非常有实用价值，猎人可以手持已上箭的弩到合适的位置发射，这对于弩骑兵来说也非常有意义。这种弩箭固定夹直到1500年才出现，在此之前，弩手只能用拇指轻轻压在弩箭尾部，将其固定在弩臂上等待发射。该弩的钢质弩弓是复制品，为了防止其生锈，同时也为了减少狩猎时弩弓反光，它被涂成了黑色，还被安装了一些丝绸绒球。（图源：伦敦华莱士收藏馆 / 布里奇曼图片社）

效作用，弩最终以钢弩的终极面目出场，使用齿轮引弦器或绞盘引弦器引弦。钢制的弩弓和引弦装置都大大增加了士兵的负重，而且到了 1482 年，钢弩的价格变为手枪的两倍，达 6 先令 8 便士[198]。再者，火药的成本在不断下降，铅弹的生产成本比弩箭低得多，而且也可以回收再利用。到了 16 世纪初期，弩基本退出陆地战场，此后也只是偶尔露面。即便如此，在今天的特种部队中，弩仍然占有一席之地，它不仅被用作静音武器，还能抛射滑索和抓钩。伦敦帝国战争博物馆收藏有一张 19 世纪的弩，曾在第一次世界大战（1914—1918）期间用于从战壕中抛掷手榴弹。

迄今为止，英国作家对中世纪弩的关注相对较少，希望本书能促使人们展开更多的研究和实验，进而更加全面地评估弩的军事效能，特别是木制弩和复合弩。弩和长弓并存于中世纪，一些士兵有时应征当弩手，有时当弓箭手。不能说弩和弓哪一个更有优势，值得肯定的是它们各有千秋，相得益彰。弓箭手和史学家们最好能欣然接受这两种弓的研究，将它们视为在同一舞台上的两个平等的演员。

注释

[1] 原注：引自 Komnene, Anna, trans. E. R. A. Sewter (2009). *The Alexiad*, Harmondsworth: Penguin, p.282。

[2] 原注：骨质片为替代品，原件为象牙片。

[3] 译注：中国俗称为“弩担”，相当于弓臂。

[4] 原注：引自 Paterson, W. F. (1990). *A Guide to the Crossbow*, London: Society of Archer-Antiquaries, p.28。

[5] 译注：一种用于室外场地射击运动的弩。

[6] 原注：引自 Selby, Stephen (2000). *Chinese Archery*, Hong Kong: Hong Kong University Press, p.172。

[7] 译注：中国称其为“悬刀”。

[8] 译注：中国称其为“望山”。

[9] 原注：引自 Mike Loades (2016). *The Composite Bow*, p.27。

[10] 原注：同注 [6]，p.170。

[11] 原注：引自彼得・德克尔 2017 年私人通信资料。

[12] 译注：16 世纪末朝鲜人民抗击日本侵略的战争，中国明朝应朝鲜求援发兵，共同迎战。

[13] 译注：中国称为床弩或车弩。

[14] 原注：引自 Turnbull, Stephen (2001). *Siege Weapons of the Far East(1)*, New Vanguard 43, Oxford: Osprey Publishing, p.13。

[15] 原注：同注 [14]，p.14。

[16] 原注：引自 2018 年私人通信。

[17] 译注：亚历山大城赫伦为古希腊几何学家和发明家。

[18] 译注：凯斯布为古希腊的物理学家和发明家。

[19] 译注：“De re militaris”为拉丁文，英文意为“Concerning Military Matters”。

[20] 原注：后期为铁质。

[21] 原注：成品表面有漂亮的图案。

[22] 原注：引自 Alm, Joseph, trans. H. Bartlett Wells, ed. G. M. Wilson (1994). *European Crossbows: A Survey*, London: The Royal Armouries, p.25。

[23] 译注：前 27—公元 1453 年。

[24] 译注：790—1066 年。

[25] 原注：特别是在《乌得勒支诗篇》(*Utrecht Psalter*) 里。

[26] 译注：萨拉丁为埃及阿尤布王朝君主，1174—1193 年在位。

[27] 原注：同注 [4]，p.35。

[28] 原注：引自 2017 年私人通信。

[29] 原注：同注 [1]，p.282。

[30] 原注：盖伊・威尔逊为皇家武器博物馆原馆长，杰出的弩研究家。

[31] 原注：引自 Wilson, Guy M. (2007). “What’s in a Name? One-Foot and Two-Foot Crossbows”, in Robert D. Smith, ed., *ICOMAM 50: Papers on Arms and Military History 1957–2007*, Leeds: ICOMAM, p.322。

[32] 原注：同注 [22]，p.25。

[33] 原注：同注 [22]，p.27。

[34] 原注：同注 [22]，p.34。

[35] 原注：引自 Payne-Gallwey, Sir Ralph (1981). *The Crossbow*, London: The Holland Press, Reprint of the 1903 edition, p.6。

[36] 原注：引自 *Calendar of Patent Rolls, Edward III, 1345–1348*, p.9。

[37] 原注：引自“Close Rolls, Richard II: July 1390”, in *Calendar of Close Rolls, Richard II: Vol. 4, 1389–1392*, ed. H. C. Maxwell Lyte (1922), pp.274–283。

[38] 原注：引自“Close Rolls, Edward I: December 1284”, in *Calendar of Close Rolls Edward I: Vol 2 1279–1288*，ed. H. C. Maxwell Lyte (1902), pp.307–309。

[39] 原注：引自 Latham, J. D. & Paterson, W.F. (1970). *Saracen Archery*, London: The Holland Press, p.8。

[40] 原注：引自 Richardson, Thom (2016). *The Tower Armoury in the Fourteenth Century*, Leeds: The Royal Armouries, p.150。

[41] 原注：同注 [40]，p.150。

[42] 原注：同注 [22]，p.27。

[43] 原注：同注 [40]，p.151。

[44] 原注：同注 [9]，pp.22–26。

[45] 原注：同注 [40]，p.147。

[46] 原注：引自 Breiding, Dirk H. (2013). *A Deadly Art*, New York, NY: The Metropolitan Museum of Art, p.30。

[47] 原注：大多数复合弩的拉力都小于 600 磅。

[48] 译注：在现代称为钢铁发黑技术。

[49] 原注：引自 Blackmore, Howard L. (1971). *Hunting Weapons*, London: Barrie & Jenkins, p.181。

[50] 原注：引自 2017 年私人通信。

[51] 原注：引自“London Port Book, 1567–1568: Nos 500–599 (May–June 1568)”, in *The Port and Trade of Early Elizabethan London: Documents*, ed. Brian Dietz (1972), pp.79–97。

[52] 原注：同注 [35]，p.64。

[53] 译注：也被称为马木留克。

[54] 原注：同注 [22]，p.26。

[55] 原注：引自 *Letters and Papers, Foreign and Domestic, Henry VIII, Vol. 3, 1519–1523*, ed. J. S. Brewer (1867), pp.345–355。

[56] 原注：同注 [22]，p.41。

[57] 原注：伦敦国家美术馆。

[58] 原注：同注 [4]，p.51。

[59] 原注：同注 [4]，p.52。

[60] 原注：同注 [40]，pp.144–153。

[61] 原注：引自 Liebel, Jean, trans. Juliet Vale (1998). *Springalds and Great Crossbows*, Leeds: The Royal Armouries, p.25。

[62] 原注：同注 [4]，p.38。

[63] 原注：引自“Close Rolls, Edward II: August 1326”, in *Calendar of Close Rolls, Edward II: Vol. 4, 1323–1327*, ed. H.C. Maxwell Lyte (1898), pp.638–643。

[64] 原注：2 英尺弩。

[65] 原注：同注 [49]，pp.183、362。

[66] 原注：同注 [61]，p.24。

[67] 原注：同注 [31]，p.317。

[68] 原注：引自“Close Rolls, Edward I: April 1288”, in *Calendar of Close Rolls, Edward I: Vol. 2, 1279–1288*, ed. H. C. Maxwell Lyte (1902), pp.502–504。

[69] 原注：引自“Close Rolls, Edward III: September 1328”, in *Calendar of Close Rolls, Edward III: Vol. 1, 1327–1330,* ed. H. C. Maxwell Lyte (1896)，pp.413–414。

[70] 原注：同注 [61]，p.25。

[71] 原注：同注 [61]，p.25。

[72] 原注：同注 [61]，p.35。

[73] 原注：同注 [61]，p.24。

[74] 原注：同注 [40]，p.145。

[75] 原注：同注 [61]，p.43。

[76] 原注：同注 [61]，p.48。

[77] 原注：同注 [40]，p.151。

[78] 原注：同注 [22]，p.37。

[79] 原注：同注 [61]，p.55。

[80] 原注：同注 [61]，p.36。

[81] 原注：同注 [61]，p.56。

[82] 译注：可同时发射 3 支弩箭。

[83] 原注：同注 [40]，p.151。

[84] 译注："the Border Reivers" 是 13 世纪末至 17 世纪中活跃在苏格兰、英格兰边境的劫匪，成员有英格兰人和苏格兰人，他们无差别地袭击、劫掠两国边境地区，17 世纪末为他们的鼎盛时期。

[85] 译注：东汉赵晔撰。

[86] 原注：同注 [6]，p.160。

[87] 原注：同注 [6]，p.171。

[88] 原注：引自 Andrade, Tonio (2016). *The Gunpowder Age*, Princeton, NJ: Princeton University Press, p.150。

[89] 原注：同注 [88]，p.155。译注：摘自程冲斗《蹶张心法》"轮流发弩进弩上弩说"。

[90] 原注：引自 Turnbull, Stephen (1998). *The Samurai Sourcebook*, London: Arms and Armour Press, p.128。

[91] 原注：同注 [90]，p.128。

[92] 原注：同注 [90]，p.128。

[93] 原注：同注 [49]，p.175。

[94] 原注：1090 年去世。

[95] 原注：引自 Strickland, Matthew & Hardy, Robert (2005). *The Great Warbow,* Stroud: Sutton Publishing, p.115。

[96] 译注：撒拉逊人是阿拉伯人的古称。

[97] 原注：同注 [95]，p.115。

[98] 原注：同注 [95]，p.115。

[99] 原注：引自 Powicke, F. M. (1960). *The Loss of Normandy 1189–1204*, Manchester: Manchester University Press, p.225。

[100]译注：简称《大宪章》。

[101]原注：引自 Carpenter, D. A. (1996). *The Reign of Henry III*, London: The Hambledon Press, p.11。

[102]原注：引自 Tyerman, Christopher (1988). *England and the Crusades*, Chicago, IL: University of Chicago Press, p.168。

[103]原注：同注 [95]，p.114。

[104]原注：引自 Bradbury, Jim (1985). *The Medieval Archer*, Woodbridge: The Boydell Press, p.84。

[105]原注：同注 [104]，p.79。

[106]原注：引自 Powicke, Michael (1962). *Military Obligation in Medieval England*, Oxford: Oxford University Press, p.142。

[107]原注：引自 Bell, Adrian R., Curry, Anne, King, Andy & Simpkin, David (2013). *The Soldier in Later Medieval England*, Oxford: Oxford University Press, p.190。

[108]原注：同注 [104]，p.175。

[109]原注：同注 [107]，p.191。

[110]原注：引自 Hyland, Anne (1993). *Training the Roman Cavalry*, London: Grange Books, p.76。

[111]译注："four-and-twenty" 为 "24" 的古英语写法。

[112]原注：引自 Smythe, Sir John (1964). *Certain Discourses Military*, Washington, DC: Folger Shakespeare Library, Originally published in 1590, p.113。

[113]原注：同注 [112]，p.113。

[114]译注："切口服"（puff and slash clothing）为中世纪欧洲雇佣步兵的典型服装，原意是用刀、剑等乱砍、劈刺、割伤等，引申为切口、裂缝、开衩，或开缝于衣服上的装饰。

[115]译注：杰拉德·图萨德是 11—12 世纪英格兰著名的弓弩手。

[116]原注：同注 [39]，pp.85–86。

[117]原注：同注 [9]，p.46。

[118]原注：同注 [39]，pp.85–86。

[119]原注：同注 [112]，p.114。

[120]原注：同注 [112]，p.115。

[121]原注：作于 1470 年。

[122]原注：引自 MS Thott 290.20。

[123]原注：土地所有权换取军事服役的封建制度。

[124]原注：引自 *An Essay Towards A Topographical History of the County of Norfolk, Vol. 6* (1807), p326。

[125]原注：同注 [95]，p.115。

[126]原注：同注 [95]，p.115。

[127]原注：同注 [35]，p.48。

[128]原注：引自 Wendover, Roger of, trans. J. A. Giles (1849). *Flores Historiarum*, London: H.G. Bohn, p.339。

[129]原注：同注 [104]，p.307。

[130]原注：同注 [128]，p.339。

[131]译注：国内亦音译为帕西斯盾或全身盾。

[132]原注：同注 [35]，p.5。

[133]原注：同注 [128]，p.393。

[134]原注：同注 [128]，pp.394–395。

[135]原注：同注 [104]，p.249。

[136]原注：同注 [104]，p.317。

[137]原注：引自 Pizan, Christine de, trans. Sumner Willard (1999). *The Book of Deeds of Arms and of Chivalry*, University Park, PA: Penn State University Press, p.111。

[138]原注：同注 [61]，p.38。

[139]原注：同注 [61]，p.38。

[140]原注：同注 [61]，p.42。

[141]原注：引自 Crombie, Laura (2016). *Archery and Crossbow Guilds in Medieval Flanders*, Woodbridge: The Boydell Press, p.21。

[142]原注：同注 [141]，p.65。

[143]原注：同注 [141]，p.65。

[144]原注：同注 [141]，pp.65–66。

[145]原注：同注 [141]，p.129。

[146]译注：现比利时佛兰德地区。

[147]原注：同注 [141]，p.178。

[148]原注：同注 [141]，p.214。

[149]原注：他按照拉丁风格把自己的名字改为约翰内斯・凯尤斯。

[150]原注：引自 Caius, Johannes (2005). *Of Englishe Dogges*, Alcester, Vintage Dog Books, First published in 1576, p.17。

[151]原注：同注 [49]，p.195。

[152]原注：同注 [40]，p.151。

[153] 原注：不知道是一头真的大象还是用绳子拉着的木头大象。

[154] 原注：12 英寸长的箭杆用于 1 英尺的弩，24 英寸长的箭杆用于 2 英尺的弩或巨弩。

[155]原注：同注 [61]，p.36。

[156]原注：同注 [40]，p.152。

[157]原注：同注 [61]，p.36。

[158]原注：同注 [61]，p.36。

[159]原注：同注 [137]，p.111。

[160]原注：引自 ffoulkes, Charles (1912). *The Armourer and his Craft*, London, Methuen, p.64。

[161]原注：引自 *Letters and Papers, Foreign and Domestic, Henry VIII, Vol. 14 Part 1, January–July 1539*, ed. James Gairdner & R. H. Brodie (1894), pp.330–348。

[162]原注：同注 [39]，p.9。

[163]原注：同注 [22]，p.23。

[164]原注：引自 Wadge, Richard (2007). *Arrowstorm*, Stroud: The History Press, p.159。

[165]原注：同注 [104]，p.102。

[166]原注：同注 [61]，p.38。

[167]原注：同注 [61]，p.39。

[168]原注：同注 [61]，p.39。

[169]原注：同注 [104]，p.78。

[170]译注：中国古代的诸侯国。

[171]原注：同注 [6]，p.172。

[172]原注：同注 [1]，p.283。

[173]原注：同注 [137]，p.121。

[174]原注：同注 [40]，p.149。

[175]原注：引自 Storey, Randall (1998). "The Tower of London and the garderobe armorum", in *Royal Armouries Yearbook 3*, Leeds: The Royal Armouries, p.177。

[176]原注：同注 [175]，p.177。

[177]原注：同注 [175]，p.177。

[178]原注：引自"Close Rolls, Edward I: March 1277", in *Calendar of Close Rolls, Edward I: Vol. 1, 1272–1279*, ed. H. C. Maxwell Lyte (1900), pp.373–375。

[179]原注：引自"Close Rolls, Edward I: October 1293", in *Calendar of Close Rolls, Edward I: Vol. 3, 1288–1296*, ed. H. C. Maxwell Lyte (1904), pp.303–305。

[180]原注：引自 2017 年私人通信。

[181]原注：引自"Close Rolls, Edward I: January 1278", in *Calendar of Close Rolls, Edward I: Vol. 1, 1272–1279*, ed. H. C. Maxwell Lyte (1900), pp.435–440。

[182]原注：同注 [68]。

[183]原注：同注 [35]，p.14。

[184]原注：引自 *Calendar of State Papers Domestic: Elizabeth, 1581–1590*, ed. Robert Lemon (1865), p.520。

[185]原注：引自 Sensfelder, Jens (2016). *Jahrblatt der Interessengemeinschaft Historische Armbrust*, Norderstedt: Books on Demand, p.101。

[186]原注：同注 [61]，p.42。

[187]原注：同注 [61]，p.41。

[188]原注：同注 [22]，p.53。

[189]原注：同注 [4]，p.31。

[190]译注：阿卡最早由生活在那里的迦南人的一个部落所建，后来逐渐发展成为从地中海东岸通往西亚内陆的重要商业口岸。现为以色列阿卡市。

[191]原注：引自 Bradbury, Jim (1992). *The Medieval Siege*, Woodbridge: The Boydell Press, p.124。

[192]原注：引自 *Letters and Papers, Foreign and Domestic, Henry VIII, Vol. 18 Part 1, January–July 1543*, ed. James Gairdner & R. H. Brodie (1901), pp.114–134。

[193]原注：很可能是体内脏器受伤，导致这个可怜的家伙几小时后死亡。

[194]原注：同注 [160]，p.65。

[195]原注：同注 [160]，p.65。

[196]原注：同注 [160]，p.64。

[197]原注：同注 [160]，p.64。

[198]原注：引自 Williams, Alan (2003). *The Knight and the Blast Furnace*, Leiden: Brill, p.49。

第三章

CHAPTER THREE

复合弓

THE COMPOSITE BOW

以传统技能使用复合弓射箭是一项充满活力又令人兴奋的运动，射手需要具备必要的天赋、力量和激荡的情怀。可以采取站立、跪姿、行走和奔跑的方式射箭，也可以在雷霆战车、疾驰的骏马上射箭。弓的各种材料，木料、兽角、筋腱，都在你的手中放声歌唱，和你的身体一起纵情舞动。它的设计巧夺天工，各部件富有弹性，弯弓引弦时顺滑流畅。真正的筋角复合弓是超级完美的弓。

在东方和近东方地区，不同历史时期的复合弓外形发生了巨大的变化。为了使复合材料不受气候的影响，复合弓通常包有树皮或皮革，涂绘上华丽的图案，而后用漆封缄。它们不仅是高性能的武器，也是精美的工艺品。

W. F. 帕特森撰写的《箭术百科全书》（*Encyclopaedia of Archery*）将复合弓定义为“由三层（含）以上的不同材料制成”的[1]。根据该定义，紫杉弓或榆木弓等用单一材料制成的弓属于单弓[2]，而叠片弓是“用几层近似材料制成的弓”[3]，与复合弓有所不同。日本和弓（Japanese *yumi*）是用竹片和落叶木[4]制成的，理应划归为叠片弓。和弓非常大，上下弓臂不对称，外观非常精致优雅，但它们不能算是复合弓。

弓在本质上就是个弹射器，弓臂弯曲时储蓄能量，撒放时释放能量，弓的拉力越大，储蓄的能量越多。由于复合弓构造的特殊性，它

彼得·德克尔收藏的 4 张复合弓，展示了复合弓的不同形式：从上至下分别为朝鲜弓（Korean bow）、莫卧儿蟹弓（Mughal crab bow）、奥斯曼战弓（Ottoman war bow）、中国清弓（Qing bow，这张弓的弦桥已遗失）。这些弓的大小和形状有很大的差异，最大射程不同，所以重量、尺寸和箭镞样式也都有所不同。有些弓主要讲求速度和距离，如朝鲜弓，能够快速发射轻箭；另一些弓，如中国清弓，设计的着眼点是发射又长又重的箭。在当时的人看来，冲击力和精准度比射速和射程更重要。（图源：彼得·德克尔）

的做功效率很高，只需相对较小的拉力就能达到单体弓或叠片弓的威力。如果用英国的长弓和复合弓发射同等重量和尺寸的箭，长弓的拉力要比复合弓大得多才能达到同样的初速。

复合弓是昂贵的高档武器，制造需要高超的技能，所需的时间也很长。由于黏合筋角的胶水干得很慢，造一张复合弓通常要几个月，最强劲的弓要一到两年才能完工。每道工序完成后，弓都要在预应力状态下花一段时间静置晾干，而弓最终的拉力大小与静置时间的长短有直接关系。虽然复合弓价值不菲，但是鉴于它的优良性能，很多国家将其大量装备至步弓手和弓骑兵部队，同时，它作为一种高档武器始终受到贵族们的青睐。

中世纪马穆鲁克军事专著《阿拉伯骑兵战术》（*Furusiyya*）一书将骑射推崇为最高贵的军事技能，中国、奥斯曼土耳其帝国、印度和波斯等国也有很多步弓手和马弓手实践指导书籍。这些史料表明，大多数高水平的复合弓射手具有一定的文化程度。直到 1545 年，英格兰著名作家、弓箭爱好者罗杰·阿斯坎姆撰写的《弓箭爱好者》出版后，西方国家才有了类似的作品。

弓的设计主要着眼于要发射的箭的样式。图中较长的箭是由贾普·科普雷耶复制的中国清箭，短一些的箭是笔者收藏的一支土耳其飞箭[5]。通过对比可以看出，不同的箭存在巨大的差异，对弓的设计也提出了不同的要求。（图源：金·霍金斯）

阿拉伯人、亚述人、阿瓦尔人、中国人、埃及人、赫梯人、匈人、朝鲜人、马札尔人 / 匈牙利人、莫卧儿人、帕提亚人、波斯人、斯基泰人和土耳其人等都非常重视复合弓的使用。在其他地区和历史时期，复合弓在弓箭武器中也非常突出。但限于篇幅，本章只研究几个主要范畴，探讨复合弓深远的历史背景和相关知识，并借此抛砖引玉，引发读者对这种令人心醉而入迷的武器进行深入的研究。

一、发展历程：打造最理想的弓

复合弓的几何原理

弓形和材料是复合弓制作的两个基本要素。根据几何学的定义，弓臂向射手前方弯曲称为反曲，向射手后方弯曲称为正曲，既有正曲又有反曲的弓臂称为反曲弓。复合弓有多种形态，但基本上都是反曲弓。为使复合弓具备最佳的性能，人们在反曲和正曲之间进行了不同的尝试，使得复合弓的形式种类非常丰富。

反曲弓首要的特点是其独特的反曲结构，在多种材料的弹性作用下，弓臂能够加速回弹，推动箭矢高速射出。相比之下，直拉的单体弓[6]需要更大的拉力才能实现同等的性能指标。另外，射手使用反曲弓时，弓两端直挺的长稍[7]发挥着杠杆作用，使开弓所做的功较少。直拉弓（例如长弓）在开弓时，如果弓臂的曲度超过最佳角度，就不再继续提升弹力，射手要继续拉弓的话，会感觉到所需的拉力陡升，这种现象称为“超拉”[8]。在这种状态下，弓很难拉得更开，而且弓的威力和有效拉力也都不会再继续增加。当弓稍不再发挥杠杆作用以后，射手拉弓的作用力实际上是在试图将弓臂拉长，而不是让它进一步弯曲。复合弓的反曲弓臂就像撬棍一样，改变了力量传递的角度，可以让射手不费太大的力就能拉开相当大拉力的弓。

接触式反曲弓（弓弦接触弓臂两端）有长长的反曲弓梢，可以提供额外的机械优势——“省力比”（let-off）。刚开始引弦时，射手会遇到阻力，但是继续拉弓使反曲弓梢达到一定的角度时，阻力会明显减小。有了这种效应，射手可以保持满弓状态较长的时间。反曲弓也存在固有的缺点，由于弓臂上装有反曲弓梢和弦桥（string bridge），在一定程度上增加了弓臂的质量，弯弓时就会消耗一些原本应当作用于箭上的能量。非接触式反曲弓在一定程度上仍有杠杆效应，而且由于弓臂的角度更加稳定，弓梢可以做得更薄更轻，可使更多的能量有效地作用在箭上。复合弓形态的各种改进和演变都会提高相应的机械优势，并增强实用效果。

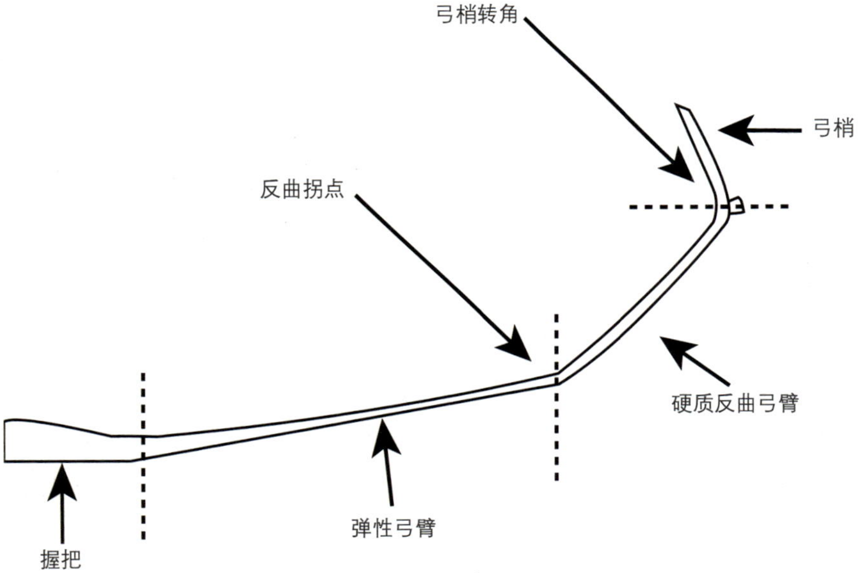

复合弓的一些部件被不同国家以各自的语言命名。由于英语语种的文物学家对奥斯曼帝国的弓最为熟悉，将其视为正宗流派，所以在讨论复合弓时通常使用土耳其术语。“*kabza*”意为握把，“*sal*”意为弹性弓臂，“*kasan*”意为硬质反曲弓臂，通常呈脊状弯折。“*kasan-gezi*”是弹性弓臂和硬质反曲弓臂之间的转角结合部，弓臂反曲由此开始，可称为“反曲拐点”。“*bash*”是指弓臂末端成一定角度弯折的硬质尖端，作用类似于杠杆，通常用实木制作，可称为“弓梢”或“小梢”。“*kasan-bash*”是硬质反曲弓臂和弓梢之间的转角，可称为“弓梢转角”。“*siyah*”这个单词的来历比较特殊，它源于阿拉伯语，含义与“*bash*”类似。如果一张复合反曲弓的弓梢很长，不管它产自哪里，都会被英语语种的人称为“*siyah*”，即弓臂末端延伸出的硬质“长梢”。（图源：罗伯特·J. 莫利诺）

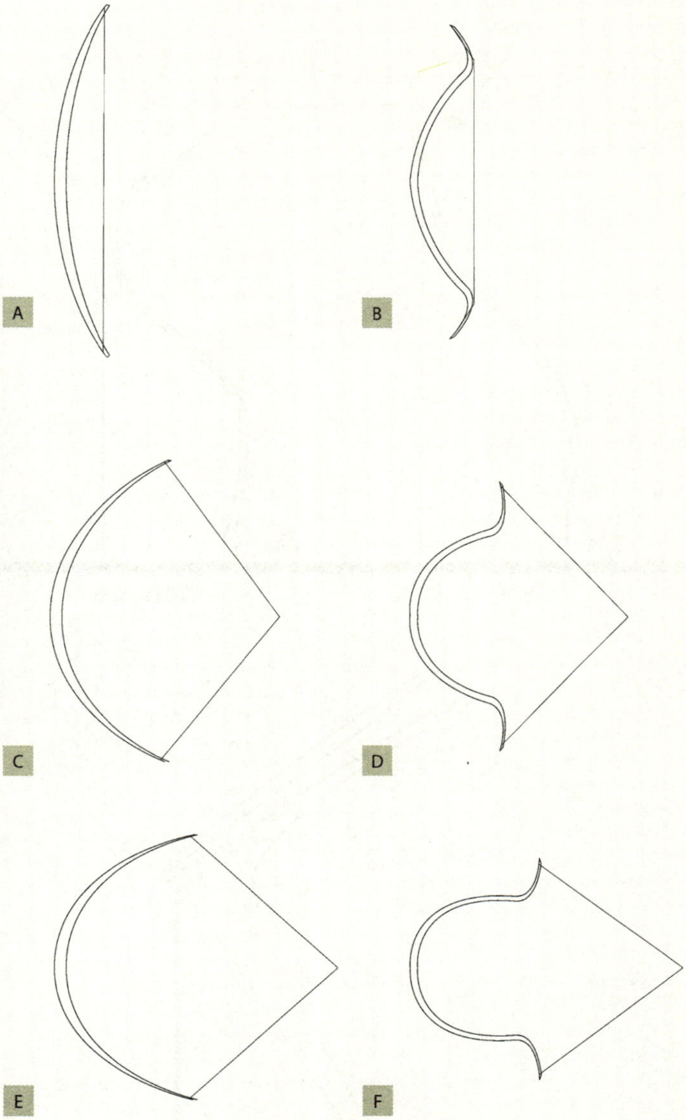

从该图我们可以看到直拉弓（A）和反曲弓（B）的物理形态差异。（C）图为直拉弓引弦时弓臂弯曲至最佳状态，由于机械效率的限制，直拉弓通常不必拉满。（D）图是一张被拉开至相同拉距的反曲弓。这张弓在此状态下仍有很大的潜力继续弯曲，超过这个点，长梢将开始发挥杠杆作用，使弓臂做进一步的弯曲。（E）图，可以看到直拉弓已被拉开超过最佳弯曲度，弓臂在此状态下已经被拉长而非增大曲度。（F）图，反曲弓也被拉到同等拉距，刚性长梢继续发挥作用，弯曲弓臂所需的力量进一步减小，说明反曲弓具有更大的机械效率和更长的拉距。（图源：罗伯特·J. 莫利诺）

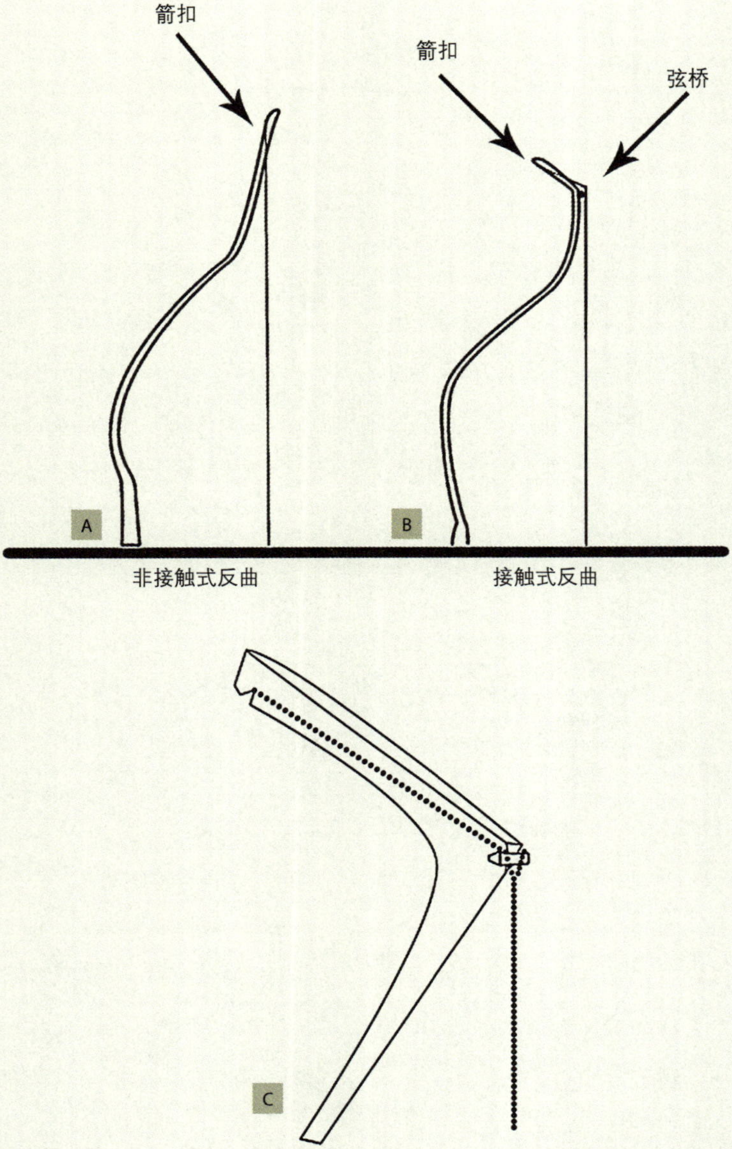

另一个值得注意的几何问题是非接触式反曲弓（A）和接触式反曲弓（B）的差别。有些反曲弓的长梢反曲幅度较大，开弓时弓弦会接触到弓臂，如果不加以控制，它可能会滑脱（导致翻弓）。要使弓弦紧绷于正确的位置，有效的解决办法是将一个角质、木质或骨质的垫块粘贴在硬质反曲弓臂和长梢之间（C），该垫块被称为弦桥或弦垫。弦桥的大小各异，中国清弓的弦桥很大，而土耳其或朝鲜弓的弦桥很小。（图源：罗伯特·J. 莫利诺）

起源

反曲机械优势的发现时间可能与复合材料的早期应用相吻合。最初，人们发现筋腱是一种强劲、富有弹性的材料，将筋腱用作弓臂贴背很可能是复合弓发展的第一步，以提高弓臂的强度，美洲土著使用的很多木弓就是用筋腱作为弓背。筋腱的纤维比木纤维有更大的拉伸能力，弓臂弯曲时，弓背纤维承受的拉力最大。筋腱贴到弓臂上的时候是湿润的，干燥以后会收缩，压缩木制弓臂纤维，使其在被牵拉时更具弹性。筋腱干燥收缩时，也会拉动弓臂两端向前弯曲，形成基本的反曲。

筋腱贴背弓的抗拉能力很强，可以用于制作短臂弓。有些地区缺乏制作长臂弓所需的木材（如紫杉或榆树），于是这项技术就显得特别有价值。即使在不缺乏木材的地方，如北美洲西海岸等，筋腱贴背短弓的使用也非常广泛，它们力量强大，韧性非凡，喜欢在灌木丛中隐蔽狩猎的猎人们可能更喜欢它们。

木材和筋腱的简单组合催生了非常实用的复合弓，进一步的发展是添加角质材料，增强弓臂的力量。短弓所需的角质材料不多，就特别适合采用这种改进方法，如水牛、盘羊或是山羊的角都可以。牛角的“弹性”非常好，受压时储存能量的能力很强，是加强筋腱抗拉能力的理想材料。然而，使复合弓成为现实的关键性发明是胶水，只有兽皮胶和鱼胶具有足够的黏性和韧性将筋腱和角质粘在木质弓胎上，其本身的弹性也有助于提高复合弓整体的弹性和韧性。[9]

木质弓胎构成了弓的基本形态，它本身也具备一定的弹性，能够抵抗一定程度的扭弯，但它的主要作用是作为复合弓的基本框架。多层的筋腱将各种复合材料固定在木质弓胎上，使其最终呈现出相应的几何形态，在受压时能够最大程度地优化角、筋和木材产生的弹性能量。

笔者正在使用一张由罗伯特·J. 莫利诺仿制的美国克拉马斯谷地土著人使用的紫杉木弓，原型弓来自克拉马斯河谷的考古发现。它的弓背为筋腱材质，外表涂了防潮的油漆，在筋腱的作用下，整个弓臂被拉成反曲状态。在松弛状态下，弓臂弦槽间距为 40 英寸，宽大强韧的弓背筋腱使弓臂在拉伸时不易断裂。它的拉距只有大约 20 英寸，但是冲击力可达 50 磅。许多土著部落都使用短臂弓，猎人们可凭借高超的跟踪技能尽可能地接近猎物，短臂弓较小的拉距可使猎人的动作幅度变小，不至于惊动了猎物。（图源：金·霍金斯）

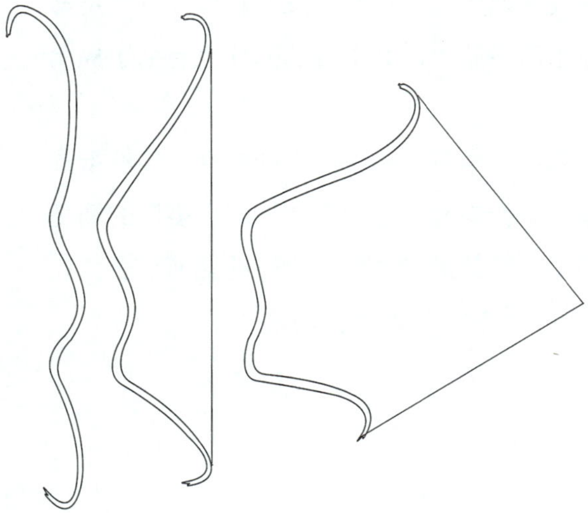

特立独行的斯基泰弓同时具有幅度极大的正曲和反曲。古希腊历史学家希罗多德（公元前 5 世纪）认为斯基泰人是个古老的游牧民族，起源于北高加索、克里米亚和黑海地区。公元元年后的前几个世纪，斯基泰种族的概念变得比较宽泛，涵盖了庞蒂克－里海草原生活的各个民族。斯基泰人擅长使用复合弓，他们的势力影响及弓箭文化扩展到了很远的地方，向西到达了多瑙河地区，向东到达了中国丝绸之路沿途地域，那里发现了他们的一些手工制品，在印度西北旁遮普地区还有印度－斯基泰人繁衍。（图源：罗伯特·J. 莫利诺）

复合弓的种类

古代复合弓的样式繁多，因篇幅所限，只简单介绍一些主要类型。

斯基泰弓

据说斯基泰弓是最早的复合弓，人们使用了多个世纪。它的反曲结构别具匠心，非常独特，一度被认为是艺术家们别出心裁的创作。21世纪初，考古学工作者在中国新疆维吾尔自治区的洋海古墓群发掘出了大量古代弓箭，其中有一张几乎完整的复合弓（以下简称“洋海弓”），外表非常华丽，距今已有约3000年了。它的筋腱形态与希腊艺术品中常见的弓相同，是一张斯基泰类型的复合弓。

2009年，根据斯蒂芬·塞尔比现场测量的第一手资料，亚当·卡波维奇复制了一张精美的“洋海弓”[10]。它的上下弓臂各有一根长约6英寸的角质弓条，像三明治一样夹在木质弓条之间。角质弓条的截面为三角形，尖端朝向弓腹。木质弓条贯穿整个弓臂，截面形状较圆，筋腱贴在木质弓条的外侧作为弓背。筋腱把弓臂包裹起来以后，外面再包裹一层桦树皮作为保护层。发掘出的“洋海弓”内部构造有一定的差异，但是长度和外形基本相同。

目前“洋海弓”木质和角质材料的具体种类尚未确定，但是据信木材很可能是柽柳。亚当仿制的“洋海弓”用的是水牛角，但塞尔比和卡波维奇认为，“洋海弓”的角质材料很可能是西伯利亚北山羊角。这种角的卷曲弧线非常独特，造就了斯基泰弓怪异的形状[11]。如果确实如此的话，就引发了一个问题，那就是形式异常复杂的斯基泰弓究竟是根据机械原理设计的，还是人们迷信在野羊身上存在神奇的萨满力量而特意采用的[12]？野山羊和鲟鱼（制作筋腱胶的最好原料）[13]在斯基泰人的画作中很常见，人们可能认为把野山羊的角用在武器上，能够借助它的神奇力量。关于斯基泰人箭术的研究以及笔者的使用体会，请见后续章节。

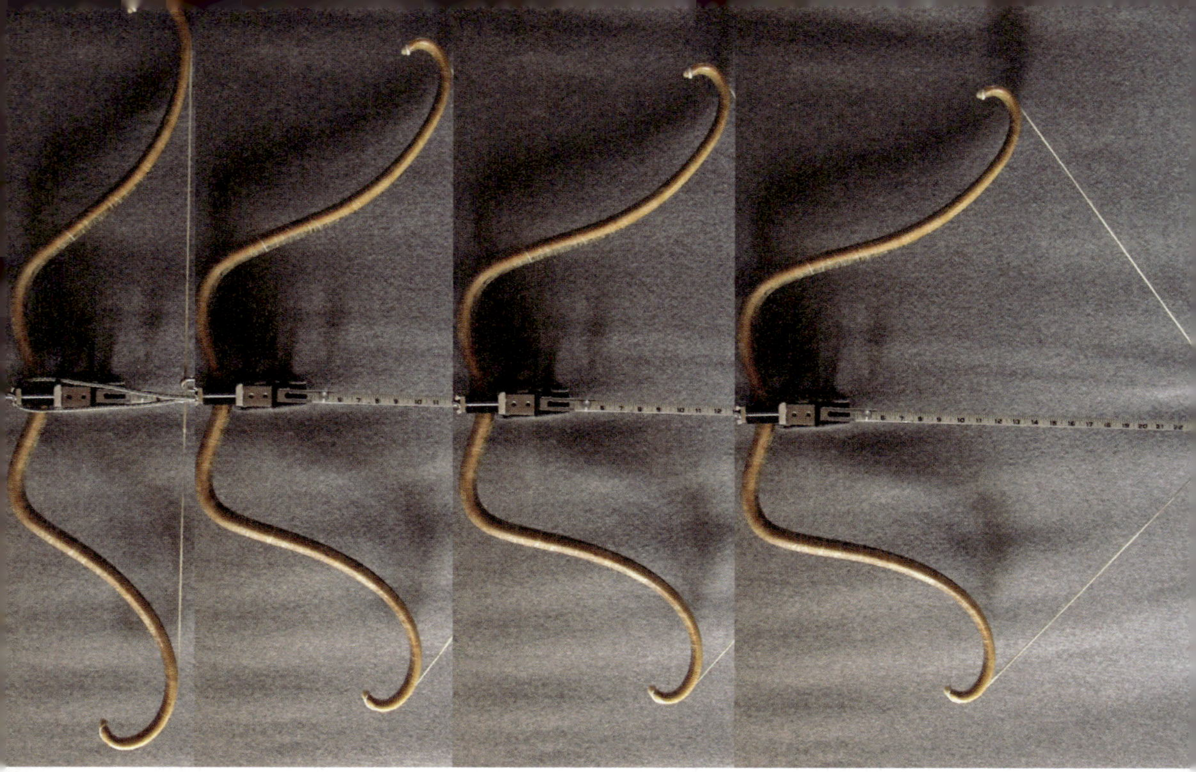

亚当·卡波维奇仿制的斯基泰弓，当拉距为 28 英寸时弓的拉力为 120 磅，开弓后弓的形态会发生巨大的变化。这种弓臂较短的斯基泰弓在艺术作品中很常见，考古人员在发掘弓的时候在其旁边还发现了长 30—31 英寸的箭，说明这种弓的拉距可能会更长。根据塞尔比和卡波维奇的计算，再参考其他复合弓的拉力数值对比，推测得出斯基泰弓的拉力范围可能在 80—140 磅[14]。关于斯基泰弓的拉力，需要注意的是亚马孙女战士也使用这种弓，她们出色的骑射技能震慑古希腊人。虽然她们在骑马、箭术和战斗精神方面都不输于男性，但她们使用的弓的拉力可能属于比较低端的水平。不过，马弓手通常是骑着马抵近目标射击，弓的拉力小点不算太大的问题。（图源：亚当·卡波维奇）

角弓

斯基泰弓可能是第一种复合弓，而角弓的历史也非常悠久。斯基泰弓看上去弯弯曲曲，角弓则是棱角分明。角弓最早见于古代的近东地区，在从美索不达米亚到安纳托利亚地区的历史画作中都很常见，图坦卡蒙墓[15]还出土了角弓的实物。人们普遍认为角弓在公元前 17 世纪由喜克索人[16]引入埃及，而喜克索人可能起源于利凡特地区[17]的某个区域。埃及人、赫梯人、亚述人以及该地区的许多民族都曾使用过角弓，战车弓箭手普遍使用这种弓，亚述人还将其作为弓骑兵的常用武器。它也被当作步弓手的武器，在陆地野战和攻城战中都能见到它的身影。

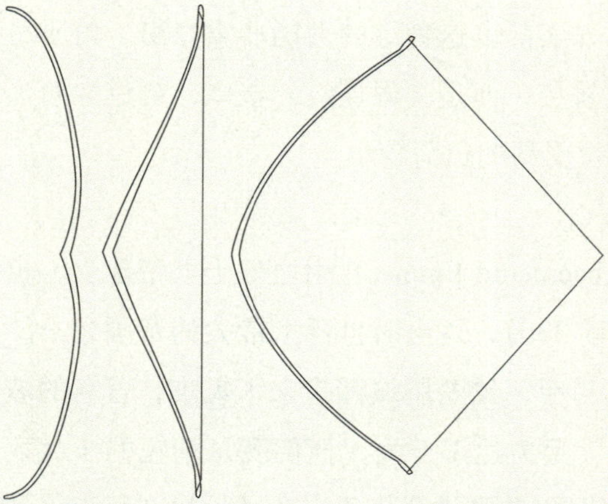

未上弦的角弓弓臂像个非常扁平的W字母，握把处反曲线形很明显。开弓到一定程度时，弓臂会变成三角形，在一些古代画作中可以看到。但需要注意的是，角弓的弓臂曲度及弓梢反曲幅度比人们想象的要大，一些制作粗糙的历史画作没有充分体现角弓的这个特点。当角弓拉至满弓状态时，弓臂会魔术般地变成完美的新月形。握把处尖锐的反曲可使弓臂实现非常大的拉距，在历史画作中可以看到，射手可以一直引弦至右肩。长拉距的优点很明显，它的原理和枪管类似，弓弦作用在箭上的推动时间更长。（图源：罗伯特·J. 莫利诺）

图为笔者收藏的角弓仿制品，由萨卢基弓业公司的卢卡斯·诺沃特尼制作。弓臂外表覆盖有桦树皮，可保护筋腱免受自然环境的影响。这是一种快捷有力的弓，拉力为75磅，但是重量很轻，易于携行。我曾在徒步、乘车和骑马等不同状态下使用这张弓射箭。它的弓臂很细，没包树皮的时候还不到1英寸宽，经不住扭曲。当我最初使用角弓时，出现了几次险情，在上弦或解弦时，它的弓臂会突然翻转[18]，从手中跳出来，而且力量惊人，令我惊恐万分！出现这种问题（翻弓）的原因是弓的弦距设置得不正确。弦距是指未开弓时弦的中心至弓臂中心之间的距离，它的大小可以通过扭转弓弦进行微调。角弓的弦距大于其他弓弦距的平均值，以使弓臂在相应的张力下保持稳定。角弓握把处的大幅度反曲有助于弓臂正常弯曲，确保弓形稳定。（图源：金·霍金斯）

角弓上了弦但未开弓时，乍一看不像是一张弓，弓臂中部尖锐的顶角让人觉得这张弓好像已经断了，实际上这种弓的性能非常杰出。角质弓条和筋腱在弓臂中段没有中断或拼接，而是一根连续的整体，绕过尖角延展至弓臂两端。开弓时，握把部位受到的负荷较小。

阿契美尼德弓

阿契美尼德王朝（The Achaemenid Empire）由居鲁士大帝建立，也被称为波斯第一帝国（前 558—前 330），是当时世界上最大的帝国之一。阿契美尼德军队招募了大量的步弓手，给希腊城邦带来了灾难。著名的波斯精锐“长生军”（Immortals）[19] 兵力达 1 万人，他们既是精锐的步兵，也是近卫军，阿契美尼德弓是他们的主要弓箭装备，在弓骑兵部队也得到了很好的运用。

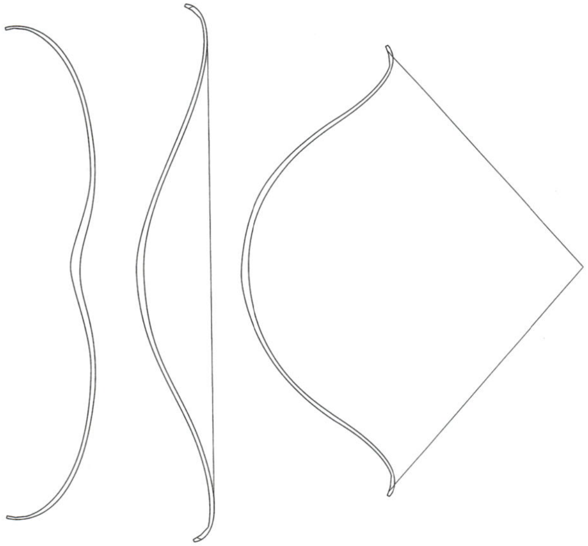

阿契美尼德波斯弓拥有角弓简约的线条和斯基泰弓优雅的曲线，设计非常精妙。细长的弓梢能产生杠杆效应，有力地拉开弓臂，使其以极高的速度回弹；握把部位有足够的反曲，可以实现较长的拉距。（图源：罗伯特·J. 莫利诺）

土耳其弓

在奥斯曼帝国统治时期，每个城市、乡镇和村庄都组织射箭活动，射箭文学创作也大量涌现，优秀的弓箭手受到格外的尊重。其他地区也有类似的情况，但是都比不上奥斯曼土耳其王国的盛况。弓箭射远是全国人民喜爱的活动，他们把弓箭的设计推上了一个新的台阶。奥斯曼土耳其弓有两种主要类型——新月弓（*hilal kuram*）和船形弓（*tekne kuram*）。这两种弓的用途不同，弓臂长度、曲度及弓臂转角的硬度有一定的差别。

新月弓主要用于射击飞箭（亦称轻箭）。飞箭（轻箭）射击是奥斯曼土耳其帝国非常受欢迎的贵族运动，只看重它的射程，而新月弓能将非常轻的箭射出很远的距离。我有弓箭大师卢卡斯·诺沃特尼制作的两张新月弓，获得这些弓时，我在复合弓方面还是个新手，而这种弓不是新手可以驾驭的。我的意思是，即使是大师制作的弓，如果某些方面错了，它们也会出现“无常”的情况。当然，这些弓仍然美得惊人，我从它们身上学到了很多东西，非常喜欢用它们射箭。开弓的时候，我能看到弓形发生巨大的变化，一张如此轻的弓能爆发出那么大的力量，令我激动不已。

除了这两种弓，土耳其还有其他类型的弓，包括“凯帕德”弓（*kepade*），它的拉力较小，弓臂轻微反曲，主要用于练习。它的弓弦上有衬垫，初学者训练时用三根指头引拉弓弦。土耳其弓箭大师穆斯塔法·卡尼在1847年撰写了一部箭术专著，要求新手要能反复拉弓500次不觉得累。似乎觉得这个标准还不够惊人，他又补充写道：“如果能拉上3万次，那才算是有绝对优势了。”卡尼还规定，不管弓箭手的经验水平如何，也不管他们是否忙于其他事务，一生中每日清晨早起后都应练习拉弓66次[20]。

土耳其弓背部和侧面筋腱裸露的部位都要用上等的皮革包裹起来，然后用清漆[21]密封，这样不仅可以保护筋腱免受潮湿环境或水分的影响，还使它的外表变得比较粗糙结实，行军打仗时的磕磕碰碰也不会对弓造成

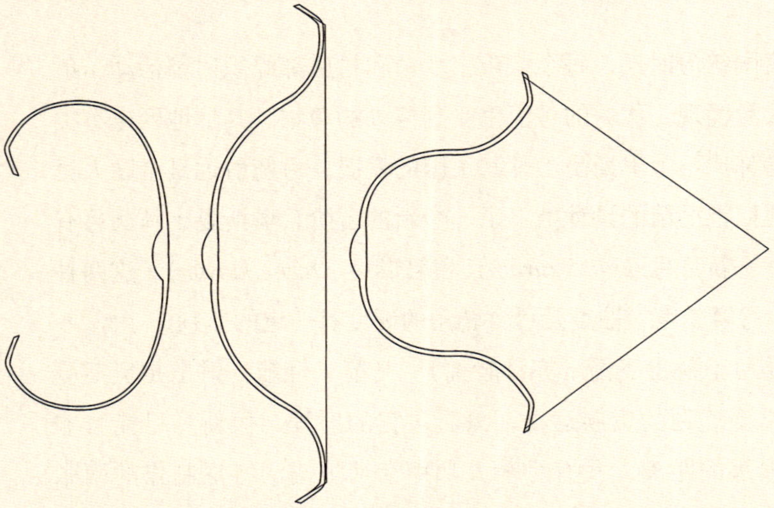

新月弓 /“希拉尔 · 库拉姆”弓 [22] 很短小，弓臂细长，反曲幅度极大。这种结构能有效地减少弓的重量，提高弓臂的回弹速度，但是稳定性有所降低。它的弹性弓臂和硬质反曲弓臂之间有个比较长的过渡段，在不同的曲度下都很坚硬。新月弓弓臂的弯曲部分比其他弓更接近握把，这个特性可以提高机械效率，但也进一步降低了弓的稳定性。这种弓虽然不好驾驭，但是性能举世无双。（图源：罗伯特 · J. 莫利诺）

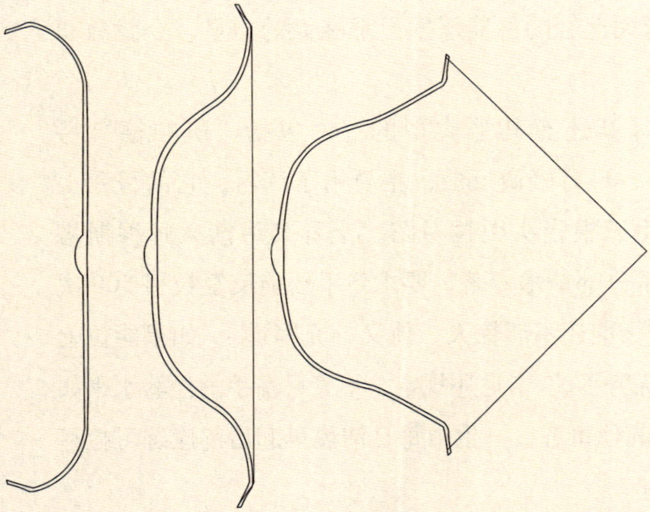

船形弓 /“泰克恩 · 库拉姆”弓 [23] 是为作战和目标靶箭术训练而设计的。它的弓臂比新月弓的宽，反曲幅度较小。最重要的是，它的弓臂反曲拐点可适度弯曲，这点微妙的柔韧性虽然牺牲了一定的机械效率，却使弓形保持相对稳定，不容易翻弓，能够经受严酷战争的考验。此外，船形弓的张力分布在宽而长的弓臂上，必要时可保持较长时间的上弦状态。（图源：罗伯特 · J. 莫利诺）

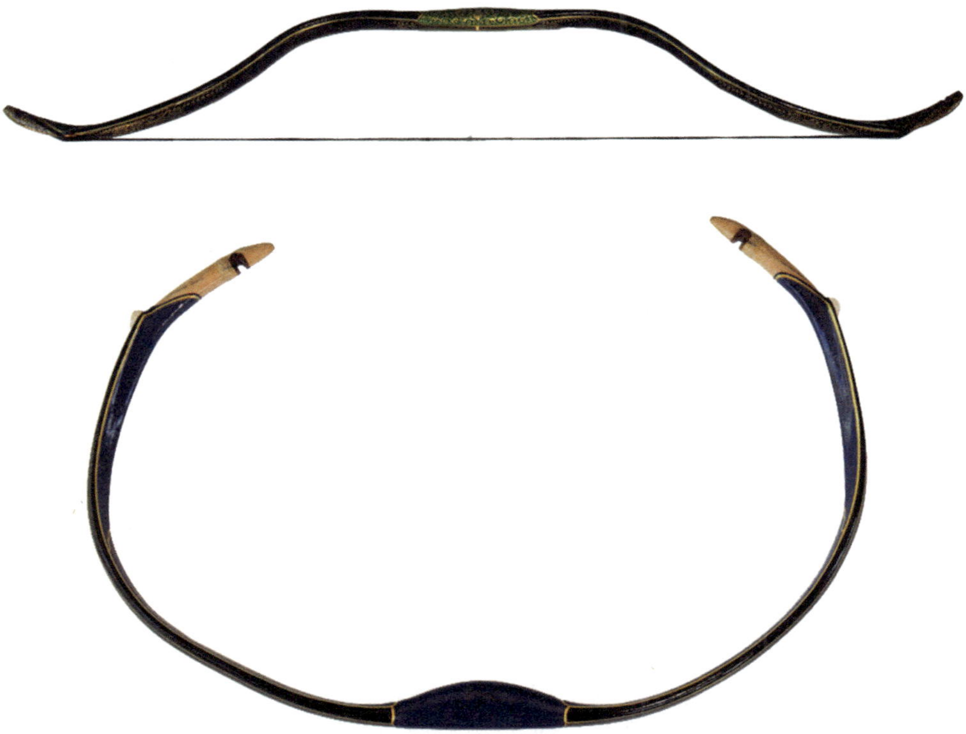

从这两张卢卡斯·诺沃特尼制作的新月弓可以看出土耳其弓的巨大威力。上弦后弓臂的曲线发生了明显变化，蕴藏了巨大的力量。（图源：金·霍金斯）

太大损害。弓臂皮革的表面像一张画布，可以涂绘或粘贴阿拉伯风情的装饰图案，弓腹的角质部件经过高度抛光，也会进行类似的装饰，使得整张弓显得异常精美。

莫卧儿蟹弓

印度莫卧儿帝国的卡曼弓（*Kaman*）或蟹弓与土耳其新月弓非常接近，它将反曲设计和复合材料的特性发挥到了极致。一些蟹弓在未挂弦的状态下弓臂向外弯曲得很厉害，两端的弓梢能搭在一起，像螃蟹的钳子一样。

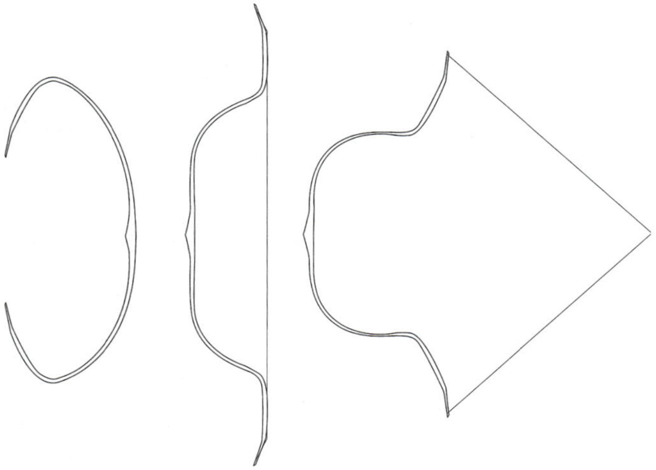

蟹弓弓臂反曲拐点的反曲幅度很大，硬质反曲弓臂和弓梢之间也有小幅度反曲。这两处反曲段质地非常坚硬，不易弯曲，使得整个弯弓动作几乎全部由弹性弓臂完成。弓拉满时，弹性弓臂的尖端超过了上下弓臂的平行点。（图源：罗伯特·J. 莫利诺）

与新月弓不同的是，莫卧儿蟹弓的弓臂很宽，可以让弓保持挂弦状态更久些。这一点在战时很有意义，因为挂弦和解弦的过程既费力又危险。但是由于蟹弓的弓臂比较宽，意味着它的性能不及修长的土耳其新月弓。

印度–波斯弓

印度－波斯弓在陆地野战和追击战中使用广泛。土耳其弓是典型的 3 根木弓胎，而印度－波斯弓通常有 5 根甚至 7 根木弓胎。它们的外表朴素优雅，内部结构却非常复杂，华丽的镀金和彩绘外表令人叹为观止，足以与最精致的土耳其弓相媲美。不过，土耳其弓只绘有涡卷纹或花卉图案，而印度－波斯弓则有令人愉悦的象形装饰图案。

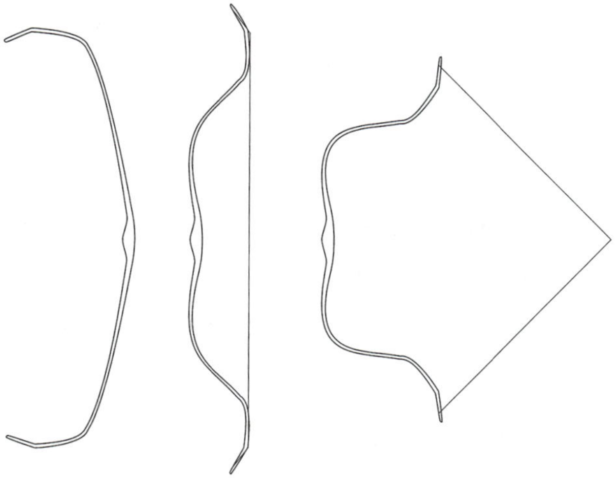

印度－波斯弓的弹性弓臂比土耳其战弓的更宽更长，硬质反曲弓臂和长梢更短，弓形更稳定，弓臂回弹速度更快，射出的作战箭矢也比土耳其弓的箭矢更重。（图源：罗伯特·J. 莫利诺）

英国牛津皮特河博物馆收藏的一张印度－波斯弓。它的弓臂很宽大，弓背绘有精美的狩猎场景。（图源：牛津大学皮特河博物馆，1936.76.1）

克里米亚鞑靼弓

克里米亚鞑靼弓比土耳其弓长得多，但制造方法与之极为相似。克里米亚鞑靼人是奥斯曼土耳其军队的一部分，为了满足该地区的作战需要，奥斯曼制弓匠为克里米亚鞑靼人生产了具有民族特色的弓。克里米亚鞑靼弓的弯曲弓臂很长，握把处的弓臂反曲幅度很大，但是弓臂反曲拐点向硬质反曲弓臂的过渡不像短臂弓那么尖锐，硬质反曲弓臂占弓全长的比例比土耳其弓要小。

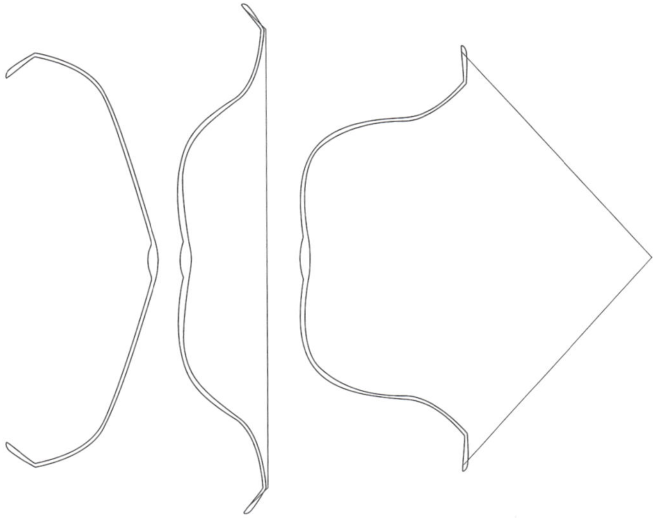

长梢是克里米亚鞑靼弓最大的特点。长梢是指从硬质反曲弓臂向弓臂末端延伸的硬质木构件，能像杠杆一样辅助开弓，特别适用于长拉距、大拉力的弓。鞑靼弓的结构使其非常适合发射长而重的作战箭矢。（图源：罗伯特·J. 莫利诺）

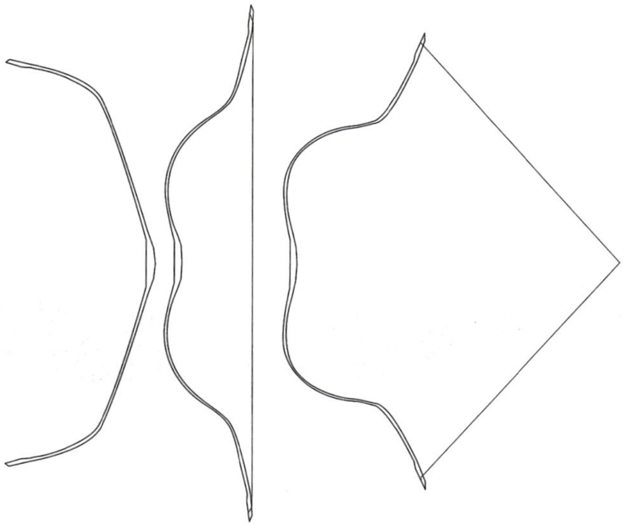

匈弓是一种强劲粗壮的中型弓，弓臂两端有长梢。它的起源与现在的匈牙利地区有密切关系，装备有匈弓的阿提拉[24]大军曾四处劫掠，在军事战功上可圈可点。但因匈弓的使用区域非常广泛，更应被视为泛欧亚地区的弓。从本质上讲，匈弓是古代突厥草原弓箭，是使用时间最长的弓之一。(图源：罗伯特·J. 莫利诺)

马札尔/匈弓

复合弓主要由角、木、筋等材料制成，时间久了很容易腐烂分解，大多数都没有留存下来，但是马札尔 / 匈弓是个例外。马札尔人和匈人在广义上是同一民族的孪生分支，他们都用骨质侧板来加强握把和长梢，使得弓在任何土壤环境下都能被很好地保存下来。马札尔民族还有个风俗，武士死后下葬时，他的弓会作为陪葬品放在胸前。从西伯利亚到西欧的很多古墓中都出土了这种骨板，保存非常完好，使后人得以对匈弓的大小、形状进行精确可靠的计算。匈弓长梢的角度恰到好处，能有效地调整弹性弓臂的弧度。虽然匈弓不能算是最高效的复合弓，但它是最易于操作的弓之一，被在野外生活的人们广泛使用。

不对称匈弓

不对称匈弓是常规匈弓的一种衍变，弓的握把和长梢用骨板进行了加固，上下弓臂的长度不一样。不对称弓的力学效果在制弓师中存在激烈的争论，由于这些观点比较冗长，技术性过强，在这里不便展开陈述。其中有一种理论认为，不对称的弓臂可以实现非常可观的拉距和力量，它是一种长弓，但是下弓臂可以做得尽量短些，便于弓骑兵骑射时使用。

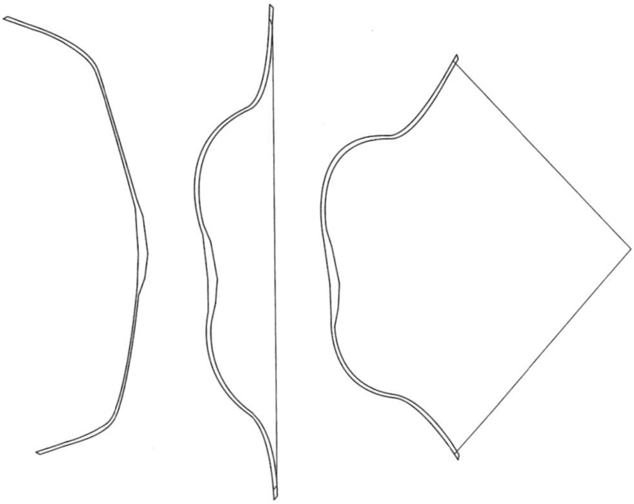

不对称匈弓的上弓臂比下弓臂长，日本和弓也是这种弓形。（图源：罗伯特·J. 莫利诺）

蒙古弓

蒙古人到了 17 世纪就基本不再把弓箭用作战争武器了，而他们的主要对手满族人 [25] 是世界上把弓用作主要武器的最后一个民族。直到 1757 年准噶尔汗国灭亡后，蒙古军队才重新把弓箭——清弓纳入军队装备序列。

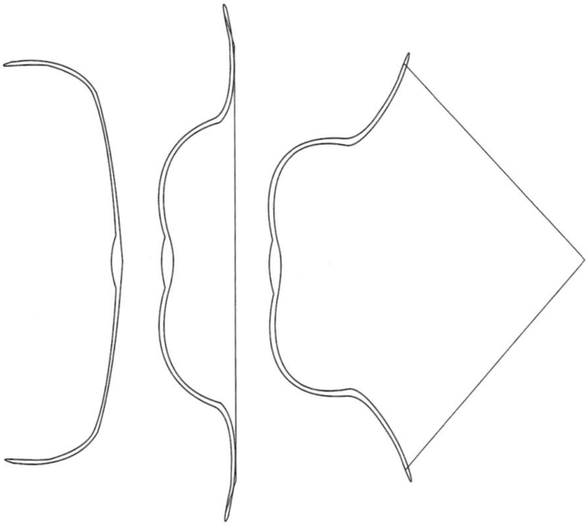

该图描绘的是成吉思汗时代的弓。它源自蒙古国查干哈达地区某个洞穴发现的一张 14 世纪的弓（该弓被发现时弓弦仍然系在弓上），以及该时代一些弓箭的绘画作品。从历史画作中可以看出，这种弓的弓臂较宽，长度相对较短，弧形长梢较长，硬质反曲弓臂向前突出，略成三角形，结构强度很高，能够承受弓弦大角度引拉、弓臂剧烈弯曲时产生的巨大力量。从查干哈达地区出土的弓表面可以看出，其上有红色、黑色、黄色颜料的痕迹，以及金箔、桦树皮镶嵌的精美装饰，弓弦是红色丝质的。如今在蒙古国广泛使用的现代弓实际上是清弓的缩小版，而非 13 世纪时期成吉思汗或其继任者们用过的这种弓。（图源：罗伯特·J. 莫利诺）

朝鲜弓

朝鲜封建王朝（Choson Dynasty）统治朝鲜半岛长达5个世纪（1392—1910），弓箭在其统治时期蓬勃发展，在军事和文化上都占据很高的地位。朝鲜弓是一种高速弓，弹力惊人。它的弓臂非常纤细，反曲幅度很大，操作时容易扭转和翻弓，需要专业、持续的调校和维护。

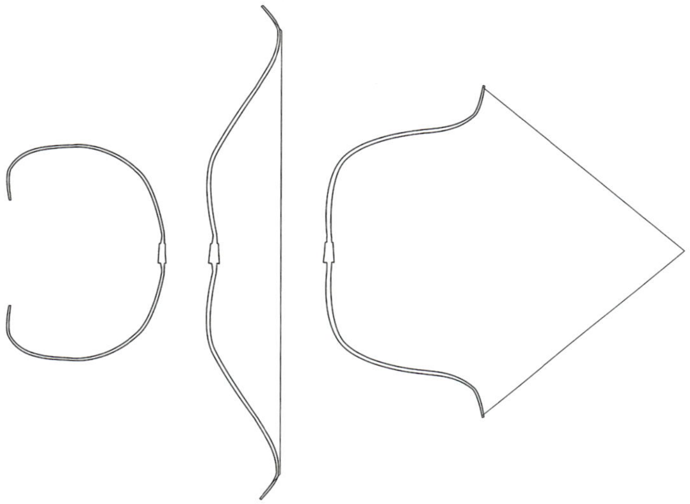

朝鲜弓在许多方面与奥斯曼土耳其的“飞箭”弓相似，它的设计强调极限性能。早期朝鲜战弓的弓臂比较宽，具有作战武器必要的稳定性。（图源：罗伯特·J. 莫利诺）

明弓

弓箭在中国明朝的军事文化中非常受重视，在作战、狩猎和奢华的宫廷表演中都占据核心地位。目前为止尚无明弓实物出土，也没有任何实物藏品，但在各种史料中屡见不鲜，清楚地展示着各种常见的明弓形态。明朝末期的弓箭射学家高颖在1637年撰写的《武经射学正宗》（*The Way of Archery*）中详细记载了明弓的用料和制造工艺，填补了这一领域的空白。他写道：“今人择弓，只取外面色泽光美，而不知弓之大病在胎，弓稍次之，角次之筋胶又次之。”（意为：如今人们在选择弓时，只关注弓的外观是否光鲜漂亮，却不知道弓最关键的是弓胎，其次是弓梢，再次是角质弓板，最后才是筋腱和弓胶。）[26]

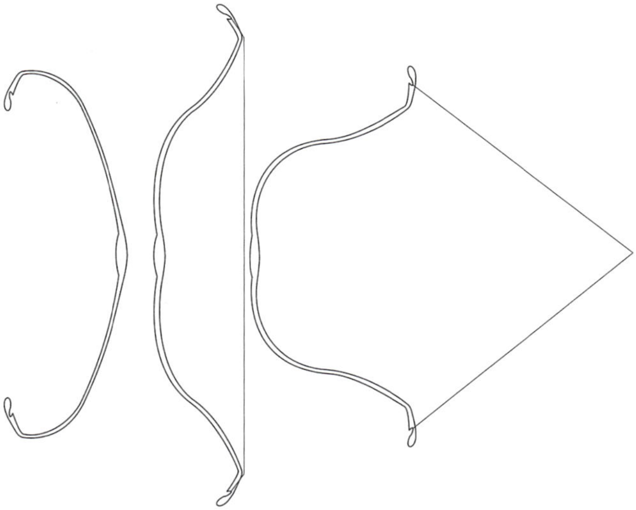

大多数制弓匠选用木材做弓胎，但明弓的制作者更偏好用风干的竹材。高颖详细记录了竹质弓胎材料的准备步骤，列举了优质筋角材料和弓胶的产地，并推荐用桑木制作长梢[27]。（图源：罗伯特·J. 莫利诺）

清弓

清弓，它的长度和体量在所有复合弓中首屈一指，令人印象深刻。它的弓胎通常用桑木或类似的木材制作，低档的清弓用竹子做弓胎。清朝统治时期，正值热兵器时代，火枪逐步在战场上投入使用。但是对于那些勇猛的武士们来说，弓仍然是步兵和骑兵的首要武器。

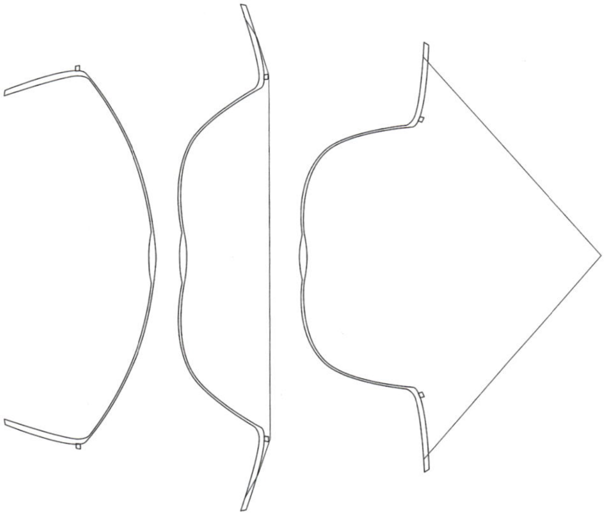

清弓很大，适于发射冲击力强大的重量级箭矢，近距离射击时，箭的冲击力甚至超过火枪子弹。清弓的长梢较长，由短而坚实的硬质反曲弓臂与弹性弓臂相连，反曲的角度很大。这种结构易于实现特别长的拉距，清朝弓箭手可以尽力引弦至右肩部位，拉力非常强大。（图源：罗伯特·J. 莫利诺）

清弓与土耳其新月弓（飞箭弓）的设计理念截然相反，它主要是用于发射最重、最长的箭，以巨大的动能传递强大的冲击力。它所追求的是射击能量，而非高射速。虽然它很庞大，但是清朝马弓手用它作战或狩猎时都能熟练驾驭。清朝步弓手们身手都很敏捷，他们经常在运动中射击。

清弓有一个分支叫“力弓”，也被称为“编号弓”。这些弓的尺寸比通常的弓要大，弓臂很宽，弓弦用粗牛肠线制成，拉力超常。很多弓上有代表拉力的蜡封数字铭文，诸如，1 号弓的拉力为 156 磅，2 号弓的拉力为 130 磅，等等。但是并不是序号越靠后弓的拉力就越小，有些弓的拉力可达 240 磅。

“力弓”主要用于武举考试的弓箭技能项目中检验应试者拉重弓的能力，它们从不用于实射，而仅仅是测试弓箭手力量的工具。测试时，应试者要伸展左臂，用四根手指扣住弓弦尽全力拉满弓，这个动作要做三次。在使用普通弓进行实射测试时，也要进行这样的力量测试。

英国利兹市皇家军械博物馆收藏的一张 18 世纪的清弓，重 2 磅 4 盎司，弓臂上弦后长 64.7 英寸。它有长长的长梢和鹿角制成的弦桥。弓背包着桦树皮，握把上包有软木。值得一提的是，它至今仍然能够上弦。（图源：英国皇家军械博物馆）

材料和制造

材料

作于公元前 14 世纪的乌加里特语《阿奎图史诗》(*Tale of Aquat*)起源于现在的叙利亚，其中有这样的诗句：

我献上黎巴嫩的紫杉树
我献上野牛的腱；
我献上山羊的角
牛蹄跖关节的筋
我献上藤林芦苇：
把这些给科塔・瓦哈西
他将给您做一张弓。[28]

这些语句实际上就是一份复合弓和箭的原材料清单。各个地区在不同历史时期制造复合弓的材料有些差异，但基本上都是木、角、筋，外面包裹树皮或皮革。

枫木通常是制作弓胎的首选木材，在一些土耳其历史文献里还提到用紫杉木制作弓胎。枫木的纹理细密挺直，弹性很好，而且黏合牢固，“枫木用胶水黏合的效果极好，是橱柜木材中黏合性最好的木材之一”[29]。最好的弓用休眠期的树材制作，一棵枫树的树干只够做两张弓[30]。

枫木被认为是制作弓胎的最佳材料。图中木材的纹理非常笔直，有助于防止弓臂扭曲。枫木受人青睐的另一个原因是它能很好地吸收胶水，无论是把角质层粘到木质弓条上还是弓胎自身的连接，都极为依赖黏合的强度。(图源：麦克・洛兹)

图为水牛角，它们是制作复合弓最常见的材料，它的承压能力很好，蓄能和释放能量的能力都很突出。也可以使用其他类型的角，但是其他牛角容易脱层。上下弓臂的角质弓条用的是从动物角上纵向锯下的整根长条，通过蒸煮将其软化成形。为了消除角质弓条的自然卷曲特性，确保其形质均匀，在晾干的过程中有时要把它们用扁平的铁条夹起来。（图源：麦克·洛兹）

四足动物脊柱上又宽又长的筋腱俗称“背肌筋”，通常取之于牛。它们易于分解成纤细的丝缕，还能制成特别长而结实的纤维用作弓的贴背。制作时通常要把筋腱放在木块上锤打，然后手工将其分解，撕成越来越细的纤维，再整理成整整齐齐的一束束，准备用到弓上。（图源：麦克·洛兹）

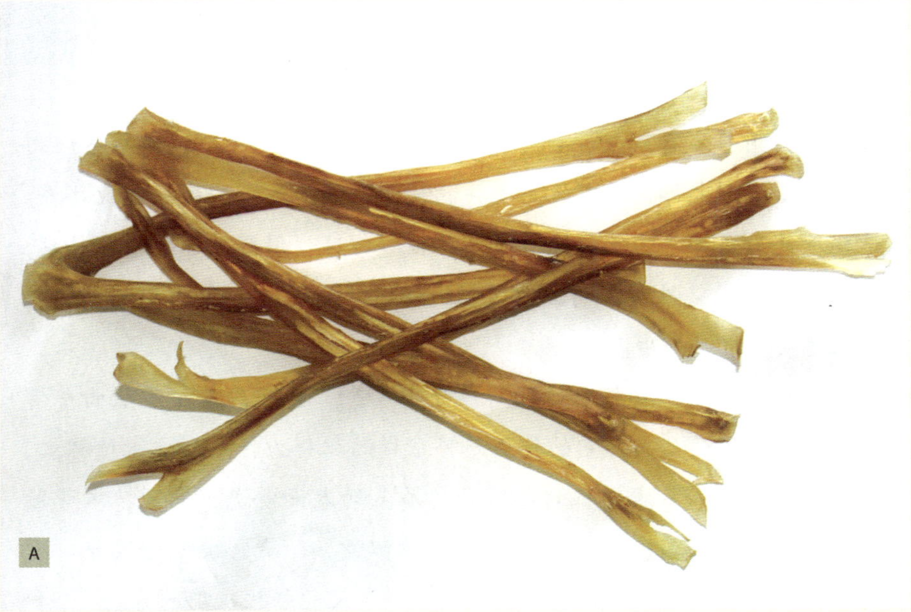

牛腿筋（A）用于制作最重要的弓胶，用来黏合弓胎和角质弓条。卡尼称，要用雨水炖牛腿筋好几天，待它冷却后，再将凝胶块切成条状风干。制弓匠日常工作需要时再将凝胶条放在水里煮软[31]。干鱼胶（B）用鱼鳔或上颚皮制作，最好是来自鲟鱼。鱼胶干燥后，将它切碎捣磨成细小的颗粒（C），放在溶液中煮沸。小块的筋腱弓条要先放在鱼胶溶液中浸泡，然后粘在弓背上。鱼胶的优点是干燥速度比较慢，制弓匠可以利用这个时间完成这项艰苦细致的工作。（图源：麦克·洛兹）

弓的制造

各种材料齐备以后，制弓匠首先制作木质弓胎（1）。枫木弓坯用蒸汽熏蒸后形成弹性弓臂至关重要的反曲弧线，成形后安装其他部件。这些部件用锯子、凿子和锉刀等工具精心打造，用筋腱弓胶紧密粘贴，确保弓胎的完整性。在高应力区域，如硬质反曲弓臂和小梢，可能会插入角质片提高强度。

胶水干燥后，要将木弓胎打磨光滑（2）。要注意看硬质反曲弓臂在受力情况下的形态，它的作用是将弓梢的杠杆力传导到弹性弓臂上，产生反曲应力。弓腹部位的弓胎和角质条的表面要进行处理，木弓胎的表面要刻出凸齿，角质条表面要刻出凹齿，两者需要紧密贴合。这种凹凸啮合结构提高了结构强度，就像钢卷尺的强化机理一样。

处理这两种材料的表面都要用到一种名为“塔辛”（*tasin*）的制弓

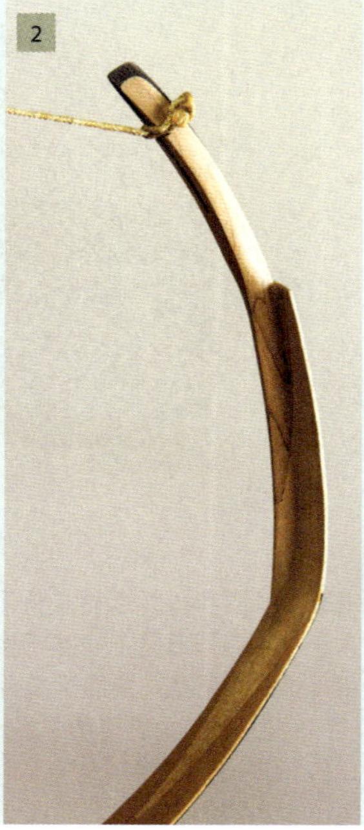

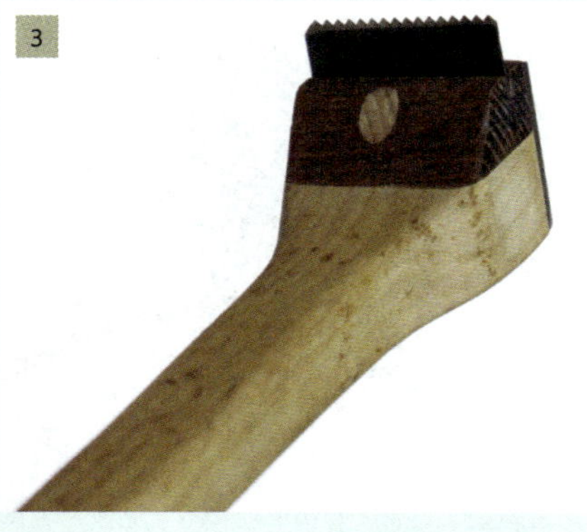

刮刀（3），它可以在弓胎和角条上形成平行的波纹槽，增大胶水黏合面积，提高抗侧滑能力。

下一个步骤，用筋腱弓胶给上下弓臂各粘上一根角质弓条，塑造弓臂的“肌肉”。在干燥过程中，制弓匠会使用一种名为“滕特耶克”（*tendyek*）的拉紧工具，将弓胎和角质条用绳子紧紧缠绕压紧（4）。它的压力强大而均匀，可用在各个层压段。随后，在弓臂两端弦槽之间系上一根绳子，用一根固定销拉紧，使弓臂在反曲应力下干燥，并将弓形调正。完成后，把弓放进空调箱里。

现代制弓用的空调箱是个隔热容器，内部使用烤灯（5）加热，而古代用的是放在烤箱里的毛毡衬里的木盒。弓及其部件在干燥过程中或调制之前，都要放在恒温的条件下。图中的空调箱里放了两根蒸汽熏弯的枫木条，它们已经成反曲形，固定在定形架里。空调箱里还有一根已经安装了角质弓条的弓胎，正在等待干燥。它的外面用一圈圈的绳索紧紧捆绑，以使整根弓臂的叠层材料都处于压力之下。

这一步完成以后（干燥的时间越久越好），用锉刀修整弓背角质弓条，使其与弓胎结合顺滑，并根据所需的拉力将弓条的厚度打磨均匀。接下来，用刮刀、锉刀和研磨纸将整个弓胎加工成更完美的形状。弓的正中央两根角质弓条相交的地方有个狭窄的空隙（6），制弓匠会将一小块名为“切利克”（*chelik*）的骨片插在这里。这块骨片没有什么实用功能，但它却有神秘的含义。

到这一步，弓胎就准备好了，可以粘贴筋腱了。筋腱可以增加弓臂的力量，并使它更加坚韧而富有弹性。将小捆的筋腱放在鱼胶里浸泡，然后小心地贴在弓背上（7）。制弓匠会从凝胶状的鱼胶中理出黏性的纤维束，并保证每一股都必须是直的，否则会导致弓臂扭曲。这道工序重要而艰巨，是一门复杂的艺术，通常依靠制弓匠灵巧而耐心的手来完成。制弓匠通常还会使用一种特殊工具——“筋梳”（*sinir kalemi*）（8），它的细齿可以梳理筋腱，背部可以用来将筋腱刮得光滑

5

6

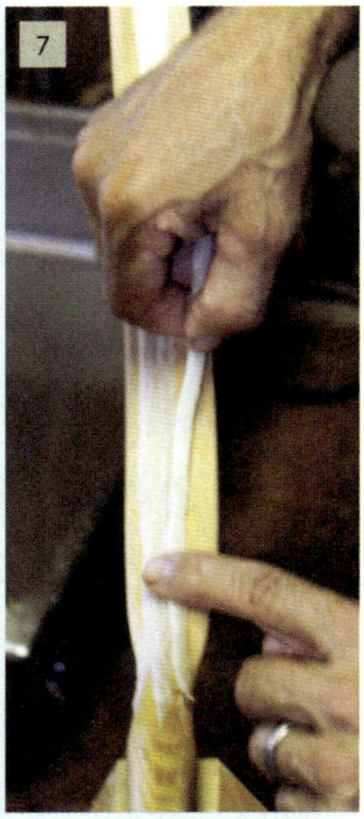
7

8

9

平整，小钩子可用来挑出杂物。它的材质是黄铜的，通常放在盛水的罐子里，可以防止黏合剂在其表面干结。

强力弓通常需要铺装几层筋腱，每一层的干燥都需要几周的时间。每铺装一层筋腱，制弓匠都要调整弓臂的曲度，校正弓形。最后一层筋腱干燥后，要用研磨料将整个弓进行打磨，然后将弓臂弯成像椒盐卷饼一样的最大反曲状态，用绳索绑起来定形风干（9）。卡尼称，要制作最好的弓，应该将其保持这个状态大约一年的时间[32]。（图源：麦克·洛兹）

虽然匈弓的制作以使用匈牙利灰牛角而闻名，但在世界范围来看，水牛角才是制作复合弓最常见的材料，在各地获取也都比较容易。如果把角比作弓的肌肉，木制弓胎是弓的骨架，那么，还应当想到筋腱在动物体内所起的作用，而这正是筋腱在复合弓上所担负的角色——将各种弓材聚在一起，共同承受巨大的压力，为弓臂弯曲和反弹提供强劲的弹力。

经过反复捶打和梳理后，筋腱会变成细丝，抗拉强度十分惊人。据克洛普斯特格称，穆斯塔法·卡尼在 19 世纪的专著中称，最好的筋腱是牛的跟腱[33]。许多现代制弓匠更喜欢用牛或鹿的背肌腱，它们更宽、更长、纤维状更明显，鸵鸟的筋腱也很受欢迎。

木材、牛角和肌腱都要用胶黏合在一起，才能有效应对开弓时的巨大作用力，使弓能够正常弯曲、拉伸、收缩而不会断裂，因此优质弓胶的发明在复合弓发展中的重要意义毋庸置疑。牛腿筋腱在过去和现在都用于制胶，以用来连接弓胎的各个部分，也用来黏合角质弓条和弓胎。筋腱胶的黏合力最强，其次是皮胶。但是，黏合筋腱的时候就要用另一种不同的黏合剂——鱼胶。

调整和上弦

弓臂从固定架中取出后，通常成极度的反曲状态，需要将它的曲度扭转一定程度才能上弦。这个步骤要用到木制定形块（*tepelik*），在中国叫“檠”。在首次为弓挂弦之前，制弓匠要在弓臂的不同部位绑上檠，使其处于半紧绷状态。

弓弦可用蚕丝制作，但 15 世纪的专著《阿拉伯箭术》（*Arab Archery*）的不明作者认为，最好的弓弦应该用“饿了一冬的瘦骆驼皮”来制作，并称在冬天“应该用抛光石把骆驼皮磨光，然后用熔化的狐狸油脂和黄色蜂蜡混合物处理”[34]。弓弦也可用山羊皮、肠子或筋腱制成。我测试过一根涂了蜂蜡的筋腱弓弦，将其放进水里浸泡了 24 小时，结果这根弓弦没有出现任何延展迹象，出水后能立即挂弓射击，使用效果很好。

定形块（檠）绑在一根尚未挂弦的弓臂上。要将极度反曲的“椒盐卷饼”[35]式反曲弓臂的曲线反转过来，会产生相当大的反作用力，而且弓臂首次弯曲时不能有任何扭曲。定形块不仅提供了杠杆作用的支点，还能使两侧弓臂的曲线完全一致，把弓臂塑造成应有的曲线。（图源：麦克·洛兹）

为弓上弦的过程看上去就像是一场摔跤比赛，制弓匠要把弓臂放在膝盖上，用双手扭转和弯曲弓臂。每次调整时都要使弓臂保持形态几分钟，使弓臂能够顺从新的形态。然后要根据观察，修正弓臂受力后出现的弯曲，并根据一侧弓臂的曲度变化调整另一侧弓臂，确保上下弓臂平衡。这是一项十分艰苦的工作。偶尔制弓匠也会做一些细微的调整，比如用刮刀刮掉一小部分，或者用磨料磨光。制工匠将弓的拉距逐渐拉大，每拉几英寸就调整一下。如果需要做大的调整，可能还要把弓重新放进空调房里软化。每张弓后期还要经过几天的射击测试，根据每支箭的飞行状态对弓进行检查、修正和调整。调整完毕后，再将保护性的皮革粘在筋腱上，弓就可以交付给弓箭手了。弓交付使用后仍然是个动态变化的装备，弓箭手需要知道如何保养，以使弓的状态保持良好。

维护

很多人认为复合弓在西欧并不常见，因为那里的潮湿气候对其很不利，其实这是个误解。复合弓的密封性很好，不仅在气候湿润的亚洲使用广泛，在欧洲也以弩弓的面目大量存在。复合弓在西方不够流行的原因是社会因素、军事文化和经济条件，而非气候。但是话说回来，复合弓的确

需要专业的维护保养。它们不能承受阳光的暴晒，要保持相对的温暖和干燥，急剧的温度变化会使弓臂变形或性能降低。

《弓箭入门者教程》的作者泰布加·阿什拉菲·巴克拉米什·亚内纳奇提出，“弓箭手在作战中要时刻关注他的弓，在恶劣天气下更要昼夜照看。即便弓箭手确信弓的状态是稳定完好的，也不要在脑海里忘了它”。他还说，“天气冷的时候，最好的办法是解开衣服，把弓放在怀里，用身体温暖它。晚上睡觉的时候，把弓放在衣服里，防止受潮”[36]。

如果弓严重扭曲、失调和需要驯弓，泰布加建议弓箭手要先用温火暖弓，再用适当的压力调整[37]。高颖在《武经射学正宗》中提出，要将射箭前用火加热弓作为常态化做法，这很可能是严寒气候条件下的实践经验[38]。如果需要更大的修整，泰布加建议把弓加热后放进一个刚性框架内，可能是某种模具或夹具，类似为新弓塑形的檠[39]。这种工具很可能是放在辎重车队车辆上，应该不会由弓箭手随身携带，但泰布加显然认为每个弓箭手都应具备很好的维护能力。除了高超的箭术，保养维护复合弓这种精密武器的能力也是高级弓箭手与一般部队的区别。

复合弓固然可以比长弓挂弦的时间更长些，但也必须定期把弦摘掉，否则弓臂会逐渐失去弹性。历史图画中的弓箭手看上去往往只有一张弓，但是复合弓射手打仗时只带一张弓是不可思议的。他们必须有一张上了弦的弓，随时应对敌军的伏击或突袭，另一张弓不挂弦，保持弹性。

弓弦的保养和弓臂一样重要，“为你的弓多备一根弦”是条基本准则。16 世纪波斯的一篇箭术史料提到，丝质弓弦应当每隔 40 天更换一次。如果射箭次数比较多，更换的间隔时间还要更短[40]。

印度钢弓

异类的反曲弓

印度钢弓不是用复合材料制成的，但它的反曲形式与复合弓相同，所以从逻辑上划分，它也属于复合弓范畴，只不过是个特殊的子属。

18 至 19 世纪，印度以工业化规模大量生产全钢制弓。欧洲人虽然早在 15 世纪就用钢制作弩弓，但是它们太过粗重，拉力极大，根本不能用作手持弓。印度钢弓的制造非常精细，在现代条件下，用一根金属片制造弹簧轻而易举，但制造一张钢弓则需要极其复杂的技术。印度钢弓的线形与反曲复合弓一样优美，重量很轻，弓臂较宽但很薄。在印度各地均有发现，它们成排地堆放在军火库中，数量非常庞大。把钢弓作为制式武器，全世界仅有印度一家，它们完全是军用弓——战弓。

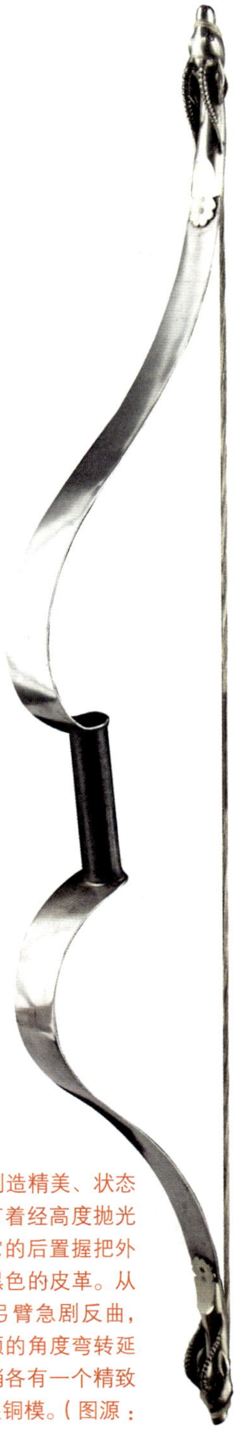

这是一张制造精美、状态极好的钢弓，有着经高度抛光的华丽外表。它的后置握把外形独特，包着黑色的皮革。从握把延伸出的弓臂急剧反曲，然后以较为柔顺的角度弯转延伸至弓梢。弓梢各有一个精致的印度黑羚镀银铜模。（图源：林吉特·辛格，私人藏品）

印度次大陆上产出了各种各样杰出的复合弓，从莫卧儿蟹弓到信德四角弓，性能都超过了最好的钢弓，但是这些复合弓存在固有的缺点，无法满足拉其普特人[41]为了应对威胁大量储备武器的迫切需求。复合弓的制造周期较长，成本很高，而且在炎热潮湿的气候下很难长期储存。它们需要专业的维护，如果放置在潮湿的环境中多年，它们就会扭曲或脱层。而钢弓就不存在这个问题，只要涂上一层保护性油脂就不容易生锈损坏。印度也出产各种高品质的木弓，但到了季风季节，这些木弓在桑拿室般湿热的军械库里很容易卷曲。私人弓通常会照看得很好，但是军队武器架上成排的弓却难以得到及时的维护。G. N. 潘特在《印度箭术》（*Indian Archery*）中引用了帕特森信函中有关钢弓的内容：

> 根据我自己的观察和经验，大多数钢弓的性能不如复合弓。但是复合弓容易变形……从这个角度衡量，钢弓更为可靠，不需要操心这种问题。即使钢弓的（机械）效率不高，惯于实施近距离射击的骑兵仍然很喜欢它们。[42]

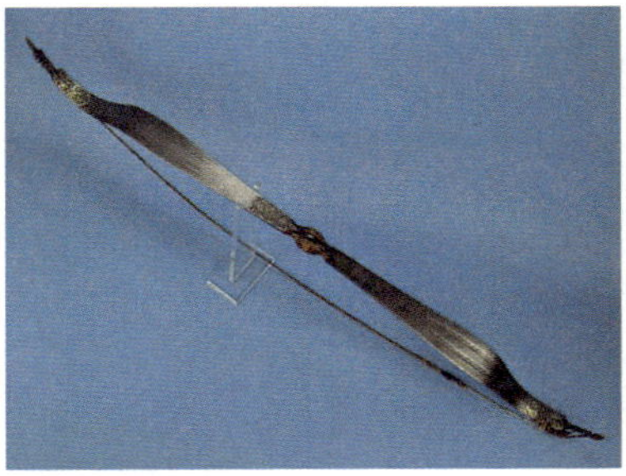

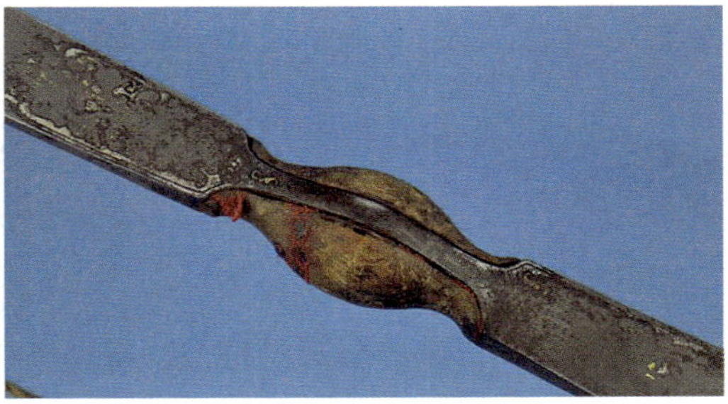

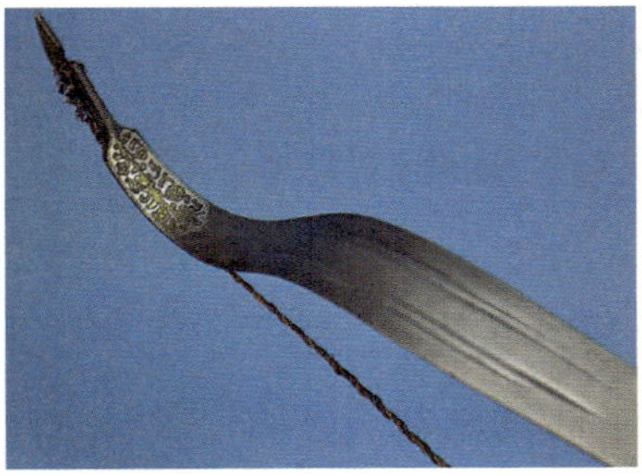

三幅 18—19 世纪的印度钢弓图片。它的弓臂比较宽阔，从握把处出来先略微弯曲，而后向弓臂末端的长梢方向陡然弯曲。木制握把非常独特，外面曾经包着红色天鹅绒。厚厚的弓臂无声地彰显它强大的威力。弓梢的雕刻装饰很精美，材质也很坚固。弓臂外侧的凹槽既能增大弓臂强度，看上去也非常美观。弓臂扭转是各种复合弓的“死穴”，而这种结构有助于防止这种情况的发生。（图源：林吉特·辛格，私人藏品）

高档弓

钢弓解决了军火库存武器储存的各种问题，大多数军用钢弓简单、朴素。但在最初，钢弓被视为先进技术装备，许多存世的钢弓装饰豪华，配得上任何王公贵族。在大量列装军队之前，钢弓早就问世了。

位于列支敦士登瓦杜兹的“骑兵技能”艺术基金会收藏有一张 15 世纪的伊朗钢弓，是比较罕见的早期钢弓。印度查谟市多格拉艺术馆收藏有莫卧儿王朝皇帝沙·贾汗（1628—1658 年在位）的一张钢弓。它的握把为木制，钢质弓臂上镶有黄金，还刻有一行铭文，意为“这张弓是沙·贾汗手上的装饰品”[43]，显然这张弓的地位不凡。

高档钢弓的装饰方式多种多样，从简单的雕刻到纯金纹饰不一而足。工匠们用锤子将金丝银线敲进弓臂，形成各种各样的精美图案。一些钢弓采用了烤蓝工艺，镶有金色的花卉图案，例如诺福克郡桑德林汉姆宫皇家藏品收藏的一些钢弓。伦敦华莱士收藏馆收藏有一张 18 世纪的钢弓（cat：2299），整个握把都镀了金，弓臂上纹饰了具有波斯风格的金色花卉涡卷形细条纹。许多弓上刻有波斯文字，所以这些钢弓常被视为“印度－波斯”弓。当年在印度莫卧儿王国肯定有很多来自波斯的工匠，他们在军事文化和材料工艺上相互融汇交流。最精美的钢弓在伊朗和印度具有同等的价值。但是目前的研究表明，只有印度把钢弓作为军用武器大规模生产和使用，莫卧儿王朝时代的微型画里经常见到弓骑兵使用钢弓的画面。

印度钢

钢铁在印度享有极高的地位，特别是在旁遮普地区的阿卡利·尼昂族[44]部落，各种钢制武器都特别受欢迎。用钢制造复合弓不仅是技术上的成就，也是审美上的成功。

印度的钢铁技术一直位于世界前沿。早在公元前 1000 年，印度就已经进入了铁器时代，比其他国家和地区早了好几个世纪，零星的炼铁活动可能出现得更早。最重要的是，印度早在公元前 200 年就开始制造坩埚钢，现存的钢弓很可能都是用坩埚钢制成的。坩埚炼制法在称为坩埚的密封陶罐中熔炼钢材，金属被完全熔化为液态，杂质浮到上层分离出去，留下的是非常纯净的钢。欧洲用炼铁炉生产的钢含有过多杂质，包括硅酸盐等。炼铁炉是通过一种名为熔炼的热诱导化学反应从矿石中提炼钢铁的，但是由于温度不够高，金属熔化不完全，残留了很多杂质，成为钢材的瑕疵，而坩埚钢很纯净，不容易断裂。直到15世纪末期，欧洲才掌握了铸铁技术，直到18世纪才开始生产坩埚钢，比印度晚了近2000年！

印度钢弓可能都是用坩埚钢制造的，而且很可能用的是著名的“乌兹”钢。“乌兹”钢都是坩埚炼出来的钢，但并不是所有的坩埚钢都是“乌兹”钢。从坩埚中熔炼出纯净的钢坯后，再进行热循环处理（将钢坯加热、冷却、再加热，重组钢材内部的分子结构），只要操作正确，就可以制造出“乌兹”钢。“乌兹”钢有一个特质，它是由球状碳化物组成。用“乌兹”钢制成的弓臂在弯曲时，由于内部微粒圆形表面的相互作用，内部产生的应力更小，无疑是制作钢弓的最佳材料。

大马士革“乌兹”钢（*Wootz Damascus*）是一个专用术语，特指表面有特殊波纹的“乌兹”钢。大马士革钢以其美妙绝伦的外观受到人们的高度青睐，它表面的图案本身就是正统“乌兹”钢的标志。没有特殊波纹的“乌兹”钢也有同样的机械性能，而有波纹图案的大马士革钢能从外观上直接判明它的真伪。

目前世界上尚无15世纪前的钢弓存世，但早在公元第一个千年之际就有关于它们的史料记载。《阿

印度海得拉巴市及其周边地区是钢弓制造中心。在海得拉巴北部的毕达里，制弓匠用白镴（*bidri*，锡）[45]装饰钢弓（如图）。它的工序是先用硫酸铜处理弓臂表面，使其变成黑色，然后用雕刻刀在其表面刻出图形，再把金丝银线嵌入凹槽里。（图源：斯特凡·多莫尼）

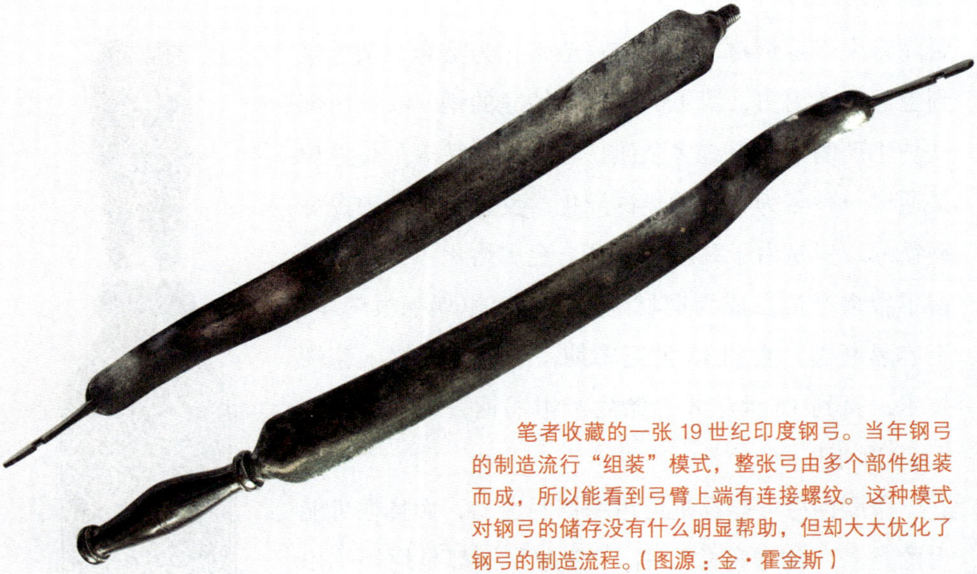

笔者收藏的一张 19 世纪印度钢弓。当年钢弓的制造流行“组装”模式，整张弓由多个部件组装而成，所以能看到弓臂上端有连接螺纹。这种模式对钢弓的储存没有什么明显帮助，但却大大优化了钢弓的制造流程。（图源：金·霍金斯）

已经组装好的钢弓。弓臂表面有精美的嵌金波形纹饰玫瑰图案。弓臂从握把处微微弯曲向两端延伸，而后向弓梢方向大幅度反曲，弓臂末端装有很长的长梢。（图源：金·霍金斯）

图为一枚精美的“乌兹”钢扳指，表面有纯金纹饰，体现了印度人对钢材的钟爱。这个扳指据信是 17 世纪至 18 世纪早期由海得拉巴人制造的。（图源：林吉特・辛格，米西利尔博士藏品）

耆尼往世书》(*Agni Purana*)[46] 和《毗湿奴往世书》(*Vishnudharmottara Purana*) 两本梵文诗歌中都提到钢是制弓材料之一，其他的制弓材料自然包括木材和角[47]。有趣的是，《阿耆尼往世书》还指出，钢弓通常拆成多个部件制造，并且表面镶嵌着黄金。

拉力

评估钢弓的平均拉力非常困难。我个人收藏的一张古代钢弓已经失去了弹性，需要经过热处理才能恢复，但我不可能为了评估而破坏一件文物。它的表面有很多金色的玫瑰图案，如果进行热处理，这些图案就会消失。后来，我用弹簧秤测试了一张友人的印度钢弓。在测试过程中，我们感到非常紧张，生怕出现什么意外。当拉距超过 26 英寸后，弓臂开始出现“超拉”效应，此时它的拉力为 45 磅。在正常情况下，当弓臂快要拉满时，每增加一英寸拉距约需 3—4 磅拉力，所以当这张弓的拉距为 30 英寸时，拉力可能为 57—61 磅，这是比较合理的估测。道格拉斯・埃尔米在“印度钢弓”一文中称[48]，罗伯特・埃尔默博士（1877—1951）有一张印度钢弓，拉力约为 60 磅，使用不同重量的箭射击，射程可达 97—137 码。这样的射程已经远远超过近距离战斗的需要，马弓手用这种弓实施近距离射击时，威力也足够强大。当人们在鉴别弓的威力时，拉力其实只是多种参数之一。弓的威力大小主要看弓臂回弹的速度，除了拉力大小，还取决于弓的材料性能和几何形状。目前人们认为钢弓的回弹速度相对较慢，但研究工作尚未完成，对钢弓仿制品的性能数据积累是个有待探索的领域。

随着时间的推移，钢铁会慢慢失去弹性（就像我那张钢弓的命运一样），这与人们的初衷相反。当人们制造这些钢弓时，更希望它们能长久储存并保持良好状态。道格拉斯·埃尔米称，他见过一些钢弓的弓背和弓腹铆接了细窄的强化钢条，以期提高弓臂的性能[49]。军用弓上面没有什么装饰，用久了通常会回炉再造。但是，钢弓的性能在很大程度上取决于第一手锻造工艺，质量上乘的弓弹性能保持很久，不会因为时间推移或经历使用而轻易减弱。

我在前面说过，钢弓的弓臂形式“模仿”了复合弓，它们的弓臂是反曲的，但是它们的具体形态与任何一种复合弓都不完全相同。大多数钢弓弓臂顶端的反曲幅度极大，复合材料做不到这一点，因此钢弓有自己独特的形态。

练习弓

在伊朗传统体育馆中有一种被称为“卡布巴德”弓的训练器械，虽然它们也是由钢材制成，具有弓的形态，但与印度钢弓没有任何关系。它的弓臂是用厚重的钢材制成的，不能弯曲，仅仅作为一个弓形物体，提供相应的训练重量。弓臂上挂的不是弓弦，而是一根松散的铁链，完全展开时就像拉满弓的弓弦一样。铁链上还有一些配重金属盘，也充当叮当作响的铙钹。这种弓用在“鲁卡内”[50]搏击武术训练中，参训者要将“卡布巴德”弓举过头顶，有节奏地从一边摆到另一边，来锻炼手臂和背部肌肉。“鲁卡内”训练内容还包括木棒铃和重型盾牌力量训练，训练时有吟唱和鼓点伴奏，铁链配重的响声非常刺耳。

一名伊朗男子正在用“卡布巴德”弓训练。弓有节奏地左右摆动，锻炼参训者射箭所需的手臂、肩膀和背部的肌肉力量。（图源：埃里克·拉福格 / 伽玛拉弗，盖蒂图片社）

现代钢弓

20 世纪 50 年代末至 60 年代初，钢弓非常流行。英国阿克斯和波洛克公司[51] 制造了一种组装式钢管弓。它的重量很轻，易于携行，尤其适合突击队员使用，它的弓臂回弹速度之快令人惊叹不已。但是，这种弓在很大程度上属于现代弓。V. R. 戴克西塔在《古印度的战争》（*War in Ancient India*，1948）中评论了莫卧儿王朝时期钢弓的兴起，称“钢是最新的发明，新的事物将旧的事物排挤到了一边”[52]。

他的话或许有些夸张，因为钢弓并不能完全取代复合弓，复合弓以其优异的性能仍在莫卧儿军队中广泛使用。但是，他的观点不无道理。虽然有些新装备并不一定优于现有装备，但是军队常常会被新技术所吸引，不然早期的火炮如何能逐步取代长弓呢？钢管弓的缺点是无法检测内部的锈蚀情况，这可能导致弓臂在毫无先兆的情况下发生极其危险的崩裂[53]。虽然管状结构的弓臂非常轻，回弹速度很快，但是长时间储存后会存在巨大的隐患。印度钢弓的储存能力明显比这种弓好，它们完全不同。

目前，有大量的印度钢弓被博物馆和私人收藏，很多还是簇新的，我猜它们中有很多仍能用于射击，这些绚丽的武器呼唤着人们对它们进行深入的研究。

射击技能的发展

拇指引弦法

伴随着弓的机械性能发展，开弓引弦和撒放方式也在不断改进。在复合弓射击领域，拇指引弦法是主流射法，也有少量的其他射法。

拇指引弦法与西欧的“地中海式”射法有很大不同，后者是用两三根手指扣住弓弦。长弓射手使用的就是“地中海式”射法，至今仍是各种弓的标准射法。而拇指引弦法通常要借助扳指，拇指关节将弓弦钩住，其他几根手指予以辅助。

《阿拉伯箭术》的作者曾轻蔑地提到，一些希腊人用四根手指引弦，唯独不用拇指，是“愚昧的人使用的错误引弦方法”[54]。当然，笔者也注意到，希腊的历史艺术展示了其他多种引弦方法，“斯拉夫人有一种奇特的引弦法，他们的小拇指蜷曲在掌心，无名指和中指钩住弓弦，食指伸直朝向箭镞方向，拇指没有参与引弦……他们的手指尖戴着金、银、铜或铁质的指套”[55]。这个描述让人联想到《撒拉逊箭术》(*Saracen Archery*)[56]中的一张私人藏品图片，图中的弓箭手据说是公元前 5 世纪的腓尼基人，指尖戴有一对金质的指套。撇开这些指套或其他一些不为人知的装置不提，历史上绝大多数复合弓射手无疑都采取拇指撒放法，这是一种规范动作。

无论是戴着皮革护片、手套还是扳指，用拇指引弦都有明显的优势。其中之一是，射手可以在运动中紧紧扣住上了弦的箭，这一点非常重要。复合弓射手包括战车弓箭手、弓骑兵及徒步步兵等，他们在战斗中往往处于剧烈运动状态，需要牢牢掌控手中的弓箭，并随时准备射击，这种引弦方法对他们非常有利。

如果用三指引弦法，手指会顺时针旋转弓弦，箭搭在弓臂左边部分是出于这个原因。为了使箭在弓上保持稳定，射手必须使弓弦有一定角度的扭曲，必要时，要将弓臂纵向倾斜一个角度[57]。但是，如果射手乘坐的是颠簸不停的战车，或是骑着疾驰的战马，要想把箭稳稳地架在弓上非常不容易。使用拇指引弦法，可以把箭搭在弓臂右边，不管射手怎么运动，食指都能将箭稳稳地固定在弓上。

决定箭搭在弓臂哪边的另一个因素是“弓箭手悖论”。当箭离弦时，箭身会绕着弓臂弯曲扭摆，使用拇指引弦，弓弦会逆时针扭曲，使用其他手指引弦，弓弦会顺时针扭曲。将箭搭在正确的一边，离弦时才不容易刮擦弓臂，飞行姿态会更好。

拇指引弦法比三指引弦法接触弓弦的面积更小，摩擦力也就更小，弓弦回弹速度会更快、更利索，能将更多的能量作用在箭上。使用扳指引弦的效果则更好，它那光滑而坚硬的边缘可以引开最强力的弓弦。最重要的是，拇指引弦法有助于加快上箭速度。习惯右手射箭的射手会把箭筒放在臀部右侧，用右手抽箭，搭在弓的右边，这样非常顺手。拇指引弦法使速射技术成为可能，待发的箭可以用持弓手或引弦手握住。

卢卡斯·诺沃特尼演示扳指扣弦动作。《阿拉伯箭术》介绍了拇指引弦法的 6 种扣弦方式[58]，在其他民族的艺术品中还能看到其他的扣弦方式。（图源：麦克·洛兹）

图为私人收藏的腓尼基黄金指尖套示意图。指套底部的孔洞应当是缝纫孔，用来将其缝在皮手套上，但是它的具体用法仍是未解之谜。据推测，这种指套很可能是戴在其他手指的指尖上，辅助拇指引弦。拇指可能会被食指锁住，或者像萨珊撒放法那样被中指锁住，无名指和小拇指的指尖抵住弓弦，但不是钩在弦上。爱德华·莫尔斯在 1885 年的作品中描述了一位年轻的日本人的引弦法，“他用拇指引弦，食指和中指的指尖提供辅助”[59]。（图源：戴维·约瑟夫·赖特）

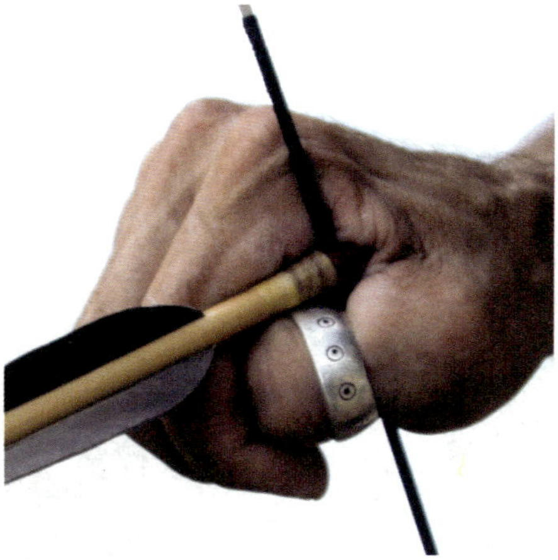

卢卡斯·诺沃特尼正在演示拇指撒放法的扣弦状态。采用此种撒放法，弓弦会逆时针扭转，所以最好把箭搭在弓臂的右侧，而且引弦手的食指要对箭身施以一定的压力来确保稳定。（图源：麦克·洛兹）

拇指贴

从古代画作中可以看到，埃及人、亚述人、赫梯人和其他使用角弓的人通常使用拇指撒放法。目前尚未发现古代扳指或射击手套的实物，但是有皮革拇指贴的一些线索。我在纽约大都会艺术博物馆曾看到过一件藏品，但是我认为考古人员将它的真实“身份”搞错了。在1926—1927 年古埃及底比斯城的考古发掘中，人们在一座埋有 59 名士兵遗体的群体墓葬里发现了这件文物。当时它被绑在一名弓箭手遗骸

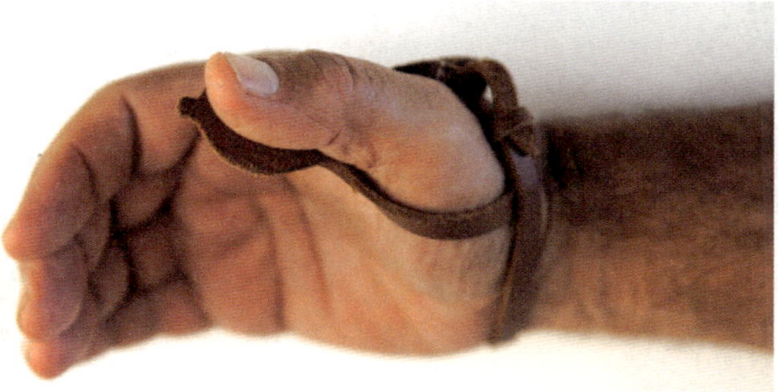

笔者参照纽约大都会艺术博物馆藏品复制的埃及拇指贴，经过测试，它的保护效果很好。拇指贴顶端有个小小的突起，测试发现，它的功能是让射手用食指和中指将其夹住，确保拇指贴位置稳定，不易滑脱。（图源：金·霍金斯）

的手腕上，所以考古人员认为它是弓箭手的护腕。但它只有 2 英寸大，作为护腕实在小得离谱。从它的形状和大小来看，这应该是一个拇指贴。

该墓葬的时间可以追溯到辛努塞尔特一世法老[60]统治时期，比喜克索人进入埃及的时间要早 300 年。由此推断，古埃及人在使用复合弓之前就已经开始使用拇指引弦法了，而且皮革拇指贴很可能一直沿用到角弓时代。

持弓手指环

有一张亚述国王亚述巴尼拔骑射的图画显示，他的持弓手拇指根部戴着一个宽宽的指环。画中的他已经将弓拉满，拇指垂直压着弓臂，正稳稳地夹着箭，策马疾驰，瞄准待发。由于角弓的弓臂比较窄，允许射手的持弓手采取这种握法。在撒放的瞬间，拇指会让开一点缝隙，让箭顺利飞出。拇指此时的作用是充当箭台，指环起着保护和支撑作用。

在朝鲜的射箭传统中，持弓手佩戴指环很普遍，材质也是多种多样的。朝鲜语将其称为“*san ji geun*”，翻译过来是“支撑环”[61]。其他国家和民族的历史艺术作品中偶尔也能看到复合弓射手的持弓手佩戴指环，但我猜想它的使用要比史料表现得更为广泛。

图为一个持弓手指环。射手用拇指引弦时，箭搭在弓臂的右边，持弓手的拇指根部担任箭台的角色。射出的箭可能会擦过手指、手背，特别是那种用丝线绑在箭杆上的箭羽非常锋利。在持弓手的拇指上戴上指环，就相当于一个光滑的箭台，既能保护手指，又能使箭的飞行不受影响。我用皮革做了这样的指环，发现它非常有用。如果不戴指环，胶粘的尾羽箭刮擦手指表面时，尾羽可能会脱落，甚至把手扎破。（图源：金·霍金斯）

波斯萨珊射箭手套

在波斯萨珊王朝（226—651）的画作中有一种不寻常的锁指方式，食指和小拇指是伸展的，只能看到射手的手背，拇指、中指和无名指被遮蔽了，很可能是用中指和无名指引弦。但是射手的手腕略向外翻，这在多数画作中是拇指引弦的典型特征。

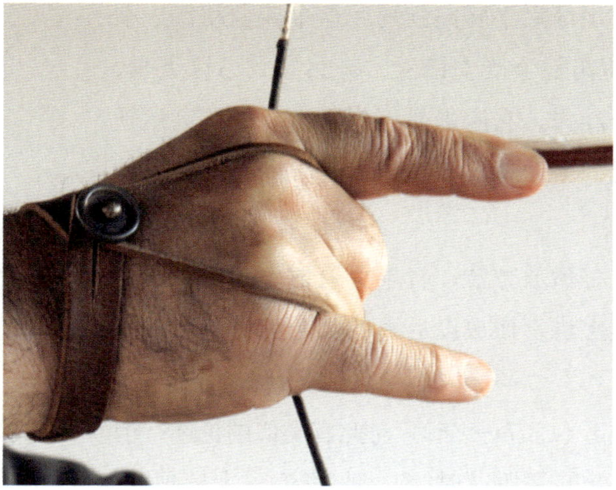

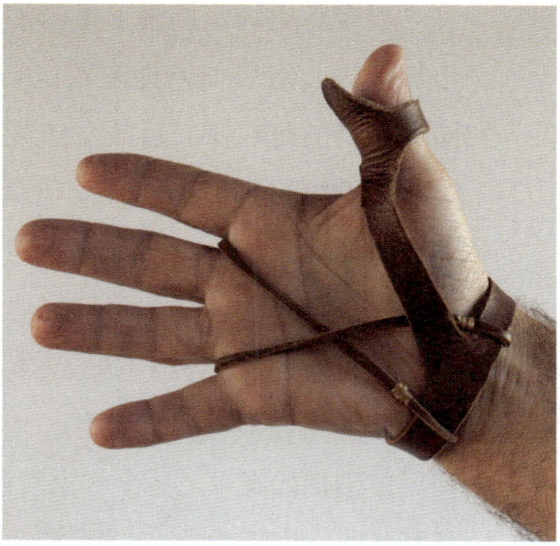

笔者演示萨珊射箭手套可能的构造和使用方法。拇指贴由交叉的带子固定，拇指的指尖顶住无名指，然后被中指锁住。日本箭术有的引弦方法也是食指向箭杆方向伸展，但是伸展小拇指的目的尚不清楚，在一些历史图画中，小拇指通常是握拢的。（图源：金·霍金斯）

使用扳指的技巧

拇指引弦可以说是一种神秘的技术，当使用扳指辅助时，这种技巧将变得更加微妙。它比三指引弦法要难学得多，很多初学者往往知难而退。使用复合弓是一种高水平的军事技能，硬质的扳指相当于微力扳机，引弦时的所有压力都集中在一个非常狭窄的界面上，角度和方向略有偏差就会导致弓弦从扳指上过早滑脱。它是一位出色的“老师”，也是一位严厉的“监工”，错误动作往往会令拇指或食指疼痛。随着拉力的逐步增大，扳指的容错性就越低，滑脱的弓弦会像惩罚的鞭笞一样愈发“严厉”。通过反复训练，最终射手会固化正确的引弦动作，快速、利索地撒放会让人受益匪浅。

与扳指引弦密切相关的是持弓手的推弓动作和弓箭撒放后身姿的效果，被称为“哈特拉”式撒放动作（*khatrah*）。泰布加称：“弓箭手应当从握把处向前下方用力推弓，撒放时弓弦将他的推力作用到箭上。这个动作必须做得非常有力，力量从腕关节爆发出来，就像发怒的人出拳一样。”[62]

很多历史画作展现了弓箭手射出箭后手腕向前翘起这个典型动作，泰布加认为，射手如果提前做这个动作是个严重错误，将会导致弓臂下垂，同样糟糕的是在撒放后故意做这个动作。它应当是正确射击姿势的自然延续，左臂推弓和右臂引弦同等重要。泰布加称，“这个动作将增大射箭的力道和射程”[63]。

很多年长的弓箭大师都提倡这种撒放方法，日本弓道射手们则提倡在撒放后弓臂向左旋转半圈。从本质上讲，撒放以后弓的状态应该是自然而然的，不是为了表演和炫耀。

中国古代将军、军事作家唐荆川（1507—1560）对此有类似的论述，但是有些动作比较夸张。（编者注：实出自王琚《射经》）他写道，“上梢画地”（撒放后，弓梢冲向地面），“压其肘，仰其腕”（持弓手缩回，肘关节压低，手腕上抬）[64]。后来，明末射学家高颖严厉批判了他的夸张动作，嘲笑说，“年轻人喜欢这种花哨的撒放动作，却不知道其中存在的问题”[65]。

随着复合弓的技术进步和多样化发展，箭术思想也在发生变化。远距离狙击弓箭手、目标靶射手或猎人更注重射击的稳定性，而弓骑兵面临的情况不一样，他们骑着马高速飞奔，要在几秒钟内向有效射程内的目标射出尽可能多的箭。因此，对弓骑兵来说，“哈特拉”式撒放动作的快速推弓能够提高他的射击效能和直觉瞄准能力。在我看来，“哈特拉”式撒放是紧张、果断、攻击性的射击方法，只会增大使用这种强大武器的刺激趣味。

二、实践运用：箭术——一门真正的武艺

战车弓箭手

周朝（前1046—前256）时期，中国人在战车上使用弓箭的现象非常普遍，但是为了方便研究，我把探讨的范围缩小到早期的战车文化以及角

弓的使用情况。

角弓是早期的复合弓，主要装备有步弓手、弓骑兵和战车弓箭手，但是战车弓箭手使用角弓的表现在古战场上最为出色。它是古代埃及人、赫梯人、亚述人和其他一些种族的主要武器。角弓的弓臂比木制弓的弓臂短，更适合在狭窄的战车平台上使用。战车弓箭手通常站在驭手旁边，朝各个方向射击。

为了展示射箭，战车弓箭手通常会把马缰系在腰间独自驾车。有份史料记载了古埃及法老阿蒙霍特普二世（前 1427—前 1401 年在位）从疾驰的战车上射击铜锭靶的故事：

> 他进入了北花园，发现那里已经设了 4 个亚细亚铜靶，每个有一掌厚，靶子间距约为 20 腕尺（cubit）[66]。而后，他驾着战车像埃及战神蒙图[67]一样出现了，手里握着弓和 4 支箭，由南向北疾驰，依次射击铜靶[68]。

法老的持弓手中同时握了 4 支箭，这个情节展示了复合弓速射技能的早期运用，射手把多余的箭握在持弓的手中，随时准备实施连续的快速射击。一腕尺约合 20 英寸（略小于），也就是说靶标距离阿蒙霍特普法老大约 11 码。他能在疾驰的战车上对 4 个目标实施连续射击，射速极为惊人，而同样令人惊异的是弓箭的力量。传统的铜锭靶标通常做成兽皮形状，是标准的交易商品，因为在历史上兽皮曾经充当交易货币。铜锭的正常厚度约 1 英寸，这段文字称法老的铜锭靶有“一掌厚”，可能是由多层铜片背对背叠放做成的。

射箭表演时把马缰系在腰间是法老们炫耀武艺的惯常做法。我进行了亲身实验，发现在向前方射击时，可以通过身体的轻微扭动来调整和控制马的前进方向，但是要向侧方或后方的目标射击时，腰部不得不进行一定幅度的扭转，这样会使马的前进方向发生改变。如果目标与马的前进方向约成

作战时，会有驭手伴随着战车弓箭手。我曾在土耳其希沙立克的特洛伊平原和埃及吉萨的沙地上驾驶过仿古战车，飞驰的马蹄和滚滚的车轮在干旱的土地上掀起浓厚的尘埃。几千年前，数千辆古代战车驰骋在这样的古战场，漫天的沙尘遮云蔽日，有时能见度只有几英尺。图中的战车是罗伯特·赫尔福德仿造的埃及战车，弓箭手为笔者，手持仿古角弓（卢卡斯·诺沃特尼制造），弓一直置于战车平台之外。我曾经在仿古的埃及、赫梯和亚述战车上使用角弓射箭，感到战车平台的空间确实非常狭窄，箭筒只能放在车辆外部便于弓箭手取用的位置。根据这样的布局，射手用拇指引弦法射击，要把箭搭在弓的右边。（图源：罗伯特·赫尔福德）

45 度角，可以采取向前射击的姿势，此时的射向相对于马的前进方向是条斜线，射出的箭不用飞越马头。

在作战中，每辆战车都配有一名手持长矛的护卫兵（徒步随从）。他的职责可能包括调整马具、更换马匹、清除障碍、补充箭矢、看守俘虏或在小规模战斗中击退敌人。从现代长跑运动员的耐力和速度来看，当年精锐的护卫兵在多数情况下完全可以徒步跟随战车行动，有时他们也可能坐在战车上，负责支撑盾牌。这方面的内容与主题有些偏离，不再赘述，但是毋庸置疑的是，长矛兵对弓箭手的支持非常重要。在防御阵形中，这些长矛兵可能会和弓箭手部署在一起，形成一道防护屏障。

当与步兵集群作战时，如果战车的机动方向与敌方阵列平行，即使辕马穿了马铠也极易受损。我个人认为，战车部队更有可能采用“车轮战”，即每 10 辆战车编为一个梯队，轮流向敌方阵列冲锋。每个梯队冲锋时，不是让弓箭手们向梯队正前方射击，而应当与敌军阵列的正面成一定的角度，使弓箭手的射界没有障碍。战车梯队抵近敌军阵列时应迅疾转弯，以尽量缩短侧翼的暴露时间，后续的战车梯队依次继续冲锋。有意思的是，椭圆形的罗马战车竞技赛道与这种战术的流程几乎一模一样。这可能不是巧合，或许这就是古代战车的攻击模式？战车弓箭手在抵近和退出的过程中不停地射击，一遍遍重复这套动作，守在赛道终点的随从们则抱着满捧的箭为他们补给，战车冲击的距离可能也是不超过 200 码就替换下一队马。

战车弓箭手的这些进攻和撤退战术后来为弓骑兵所继承，成为他们的典型战术。

扳指

拇指引弦使用最广泛的终极辅助器材是扳指，它实际上是一种控弦撒放机械装置。迄今为止，考古发现中历史最久远的扳指出土于中国东北地区，时间大约为公元前4700—前2920年，它的材质是石头的，呈圆桶形（A）[69]。桶形扳指（cylindrical ring，以下简称桶扳）为中国特有，在世界范围内并不普遍。清朝建立后，扳指的使用变得非常兴盛。我在中国的街市上买了很多不同的扳指，它们很结实，射击时戴着它会感到很安全。桶扳套住了拇指关节，与戴着坡形扳指（亦称为唇形扳指，以下简称坡扳）相比，拇指会显得更直。桶扳的顶部有内凹的斜面，有助于拇指稍微弯曲扣住，防止扳指飞落。下端与弓弦接触的部位是凸缘。引弦时，食指顶住拇指的尖端将其锁定。

对军队弓箭手来说，桶扳的优点是它总能保持在正确的位置，而坡扳容易出现错位问题。作战时如果弓箭手做剧烈运动，坡扳就有可能会旋转错位，等把它转回来，战机可能已经失去了。

坡扳上窄窄的指环戴在拇指背部指节下方，并向上呈一定角度，指环边缘或凹槽固定在指腹一侧的关节上。从该处延伸出来的唇形部分被称为"护指片"，可保护拇指在撒放时不被弓弦刮伤。

大多数坡扳的底部有突出的钩弦台（B），从图片可以看出这个突起有多么纤细，引弦时所有的拉力都作用在这个小小的装置上，它能帮助实现利索和快速的撒放；另一种钩弦样式是利用"护指片"根部的凹槽来钩住弓弦（C）[70]。扳指与拇指的适配至关重要，在战斗中万一脱落会让射手陷入极大的困境。佩戴时，先将扳指戴在拇指上，护指片偏向一边，然后旋转扳指，使护指片紧贴拇指肚。弓箭手可能经过很多次试戴才找到真正适用的扳指，保证它在使用中既不会旋转，也不会滑下，这对弓箭手的意义超出它的原本价值。中国有几款坡扳，

特别是明朝时期的坡扳的底部有 V 形凹槽，可以容放拇指弯曲时凸出的肉。图（D）展示的是一个复制品。

中国战国时期的战国韘（spur ring）是一种侧面带有弧形爪突的坡形扳指（E），有的土耳其扳指也有这种设计。使用时，爪突的圆弧卡住箭尾搭弦槽前部的箭杆，与球形的箭尾共同作用，将箭固定在弓弦上（F）。其他的引弦方式通常是用食指施加侧向压力捏住箭尾，如果用力过大很容易扭曲弓弦，而战国韘的发明可能就是为了解决这个问题。它以反向的侧压力来平衡食指的压力，使得作用在箭上的力量主要来自弓弦，这对当时常用的浅弦槽箭非常有利。但是令人惊异的是，尽管这种扳指非常精巧，它却从未得到广泛的使用。

朝鲜有雌雄两种不同的扳指。从传统意义上讲，雄扳指（*sugakji*，图 G）不是真正的扳指，而是戴在拇指上的撒放辅助装置。射箭时，

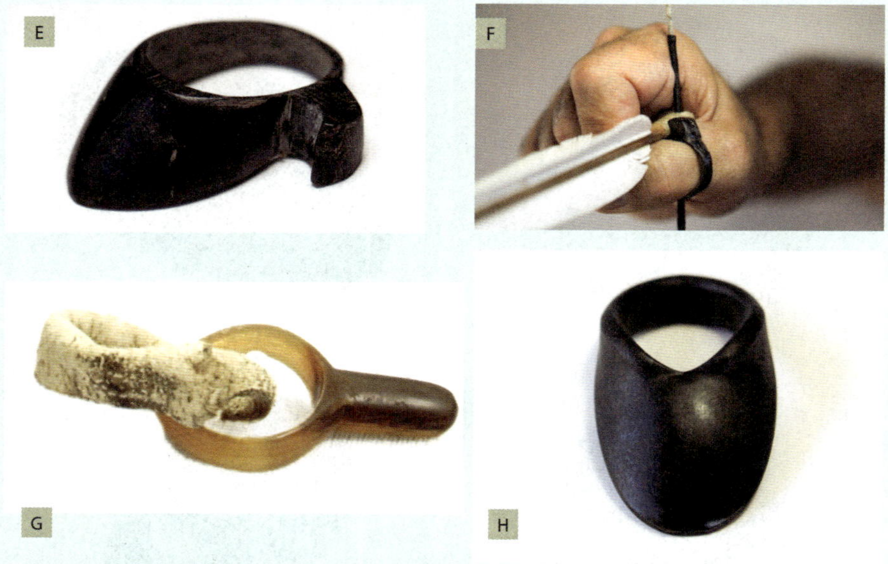

射手将指环套在拇指上，弦齿钩住弓弦，再用食指压住弦齿。它像门闩一样，可以钩弦、引弦和撒放。雌扳指（*amgakji*，图 H）和其他的坡形扳指相似，只是护指片长一些。图中的雌扳指是笔者收藏的一件仿制品。

扳指的材质多种多样，有角、骨、象牙、鹿角、硬木、石头（特别是玉石），以及铁、青铜、黄铜、银等金属。扳指的尺寸差异也很大，有些扳指因材料原因显得粗大些。每个人都有自己的喜好，但是银扳指受到更多的青睐，图（I）的银扳指是笔者收藏的仿制品。金属材质的扳指要小些，但是强度很高。弓骑兵骑射对上弦的快速性要求很高，拇指、食指和中指主要用于快速上弦，扳指越小巧精致，对它们的灵活性影响就越小。

有些扳指还嵌入了一块薄薄的皮垫（图 C 和 I）。这块皮革垫片可使扳指与拇指的贴合更加紧密，增大摩擦力，避免扳指旋转或滑动。皮垫的底部有一块小的凸舌伸出指环边缘，为弓弦提供了平坦的接触面，也避免拇指肚凸起的肉被弓弦和指环夹住。

扳指后来成了高级的装饰品，不仅代表了主人的品位和财富，也彰显了身份。很多印度王公及印度教和伊斯兰教显贵的画像描绘了他们在非军事场合将扳指反过来戴在拇指上，护指片放在拇指的背面。有人认为这是和平的象征[71]，佩戴者既显示了自己具有弓箭手的技能，同时又传递了一个信息，那就是他在此时不想和任何人动武。

制作扳指的材料经过精心的装饰。图（J）是一枚制作于17—19世纪的波斯扳指，它的材质是白玉，上面用粉色和绿色的碧玺镶嵌形成花卉图案，还有金色的外廓线。扳指的表面还可以进行雕刻、切刻，嵌入金丝银线或精美的珠宝。有的扳指由于过于奢华已经不再具备原本的用途，只适合在礼仪场合作为珠宝佩戴。中国清朝的一些贵重扳指通常盛放在精致的盒子里，这些盒子用绣花的丝绸、雕刻的木头、象牙或玉石制成，非常华贵；而在周朝，佩戴扳指是正式集会的惯常礼仪[72]。

虽然有各种材质的硬质扳指，皮革仍被广泛用于保护拇指（K）。《阿拉伯箭术》的作者非常赞同皮革扳指的优越性，认为戴着它们射箭具有与裸指撒放相似的敏感性。他建议用中等厚度的皮革制作扳指，内衬用上等皮革，并应刻有钩弦槽[73]。我曾经试用过一个皮革扳指，按照上述的说法刻了一道钩弦槽，觉得非常好用，能迅速地感应到引弦方向是否正确。（图源：图片G和J来自密苏里大学人类学博物馆，其他为金·霍金斯）

I

J

K

埃及人与赫梯人的战车战争

车轮滚滚，马蹄飞踏，掀起漫天的沙尘，战场上能见度非常有限。战车军队之间的战争像第二次世界大战中的空战，敌人会在云层中突然出现，为了创造最佳的射击条件，驭手要尽力操控马车，不停地转向、飘移、佯动，不仅要使车组处于防御状态，还要最大程度地方便弓箭手射击。通常弓箭手只有几秒钟的“窗口”时间进行射击，谁的快速射击能力强，谁就有更大的优势。

我认为从战车的两边射击是完全可行的，弓箭手和驭手交换位置就像跳两步舞一样简单。不过，根据历史艺术画作和存世的埃及战车箭筒位置来看，弓箭手通常站在驭手的左边，而中国的战车弓箭手则站在驭手的右边[74]。中国战车乘员的这种站位似乎更加有利，弓箭手可以随意开满弓，不用担心肘部碰到驭手。

在战车部队的遭遇战中，马肯定是双方攻击的主要目标。可以将硬化的生牛皮小块缝合在织物上制成鳞片型马铠，它既轻便又柔韧，能提供大面积的防护。如果经济条件允许，弓箭手和驭手也可以穿类似的皮革或青铜鳞片铠甲进行防护，战车厚厚的皮革车身也能保护乘员的腰部以下部位。

如果战车受损丧失机动能力，只要弓箭手还能战斗，他们就可以依托战车残骸继续狙杀敌军。

弓骑兵：起源

历史上，把战车弓箭手技能转化为弓骑兵战斗技能的是亚述人。公元前 9 世纪，亚述人开始在作战中运用弓骑兵，他们装备的是角弓。令人好奇的是，在古代亚述浮雕上，弓骑兵都是成双成对的，一人是弓箭手，另一人仅是个骑手，负责挽着弓箭手的马缰，很像战车弓箭手和驭手之间的

仿古埃及战车平台细节图（罗伯特·赫尔福德制造）。埃及战车的宽度为36—43英寸，具有弹性减震效果的车厢平台用生皮革编织而成，不到20英寸。高速冲击的战车颠簸不停，如果要向前方和侧向射击，弓箭手要将右脚撑在平台后部的横梁上，左臀部倚靠在前护栏上，使身体保持稳定。如果要向后射击，弓箭手可以转过身靠在护栏上。狭窄的平台提供了支撑部位，射手不用站起或蹲下改变姿势。（图源：麦克·洛兹）

伙伴关系。图画中的马都没有马鞍，只在马背上盖了鞍布。我和朋友在土耳其一处崎岖的岩石山谷里进行了测试，他骑着马与我并肩同行，我的马缰交给他挽着。尽管我在马上用弓箭射中了目标，但是让我非常不安的是，我的坐骑不是由我自己掌控的，我不觉得这样一位副手有什么好处。但是没多久，这种想法就消失了，弓骑兵雷鸣般地冲上了古老的战场。

草原游牧民族可能在更早的时候就有了骑射的观念，但这两个发展方向相对独立，考古学尚无明确的结论。但不管怎么说，手持复合弓的弓骑兵是新的兵种，他们在随后的几个世纪里主宰了东方战场。复合弓的威力加上马的速度和机动性，催生了一种新型作战力量，一种足以开疆拓土、创建新帝国的能力。

马鞍、马镫和弓骑兵的崛起

骑着没有马鞍的裸背马也可以射箭，这是我的寻常练习科目。许多美洲土著部落的弓箭手也惯于在战争和狩猎中骑着裸背马射箭，其中最著名的是科曼奇人，他们直到19世纪才开始使用鞍垫和马鞍。

很多民族都有骑射文化，马鞍和马镫不是能否进行骑射的决定性因素。即使马背上只有鞍垫或马鞍，亚述人、斯基泰人和帕提亚马弓手也能进行骑射，并不一定需要马镫的辅助。我并不是说有没有马鞍都一样，事实上马鞍非常有助于提高射击的稳定性，并且刚性的鞍座还可以悬挂马镫。马镫对马弓手的帮助非常大，他们可以借助马镫改变骑行的姿势。有了马镫，马弓手能以膝盖为支点，在马背上略微欠起身向前倾斜一定角度，身体只有部分重量仍然落在脚上。采用这种姿势，可以使马弓手的身体与运动的马身相对分离，使射箭的动作更加稳定流畅。

早期的马镫有脚趾绳环和辅助上马用的单边马镫等多种样式，后期出现的双马镫对马弓手意义重大。这一突破性技术是 5 世纪后期匈奴人发明的，有人认为匈奴人是匈人的祖先，而匈人则普遍被视为骑射民族。

还要进一步指出的是，马镫的主要优点是有利于马弓手在骑射时使用较大拉力的弓。弓箭手徒步射箭用的弓比骑射用的弓拉力大，但是身体强壮的马弓手可以比身体羸弱的步弓手使用拉力更大的弓。这样的个体差异无法进行精确的比较，但是在一般情况下，由于步弓手可以用全身的力量拉弓，所以他们用的弓比马弓手的弓拉力大。

重拉力弓射手，例如英格兰长弓手和使用强劲复合弓的清朝弓箭手，他们射箭时膝盖会弯曲，骨盆成一定角度倾斜。这种姿势与举重运动员很相似，既能避免脊椎出现严重的椎体压迫，又能调动包括腿部肌肉在内的全身肌肉参与拉弓。但是，在马镫出现之前，马弓手坐在马鞍上射箭只能依赖上半身的力量。很多马弓手身体强健，上身力量很强大，即使没有马镫，他们也已经开始将重拉力弓用于骑射。但是，由于坐姿射箭的固有限制，他们的潜能没有全部发挥出来。

埃及阿布辛贝神庙北墙壁画的局部。这是已知的历史最久远的马弓手图画，创作时间约为公元前 1264 年，比马弓手成为作战力量的时间早了几百年。图中的这名骑手可能是信使，他携带了一张角形复合弓，但是很难知晓他带着弓是为了下马战斗还是骑射。马的身上没有装马鞍，骑手坐在马背的后侧，也就是所谓的“驴座”。古画中，骑士都是采用这样的坐姿，可能那时马的骨骼和肌肉还不够强壮，人不能坐在马背靠前的位置，但坐在马背的后侧不管是骑行还是射箭都不太安全。（图源：戴维·约瑟夫·赖特）

马和弓骑兵

欧亚草原矮种马和土库曼/阿拉伯马两种不同类型的马催生了不同的弓骑兵传统。

欧亚温带草原（干草原）地域辽阔，横跨欧亚大陆，东起中国阿尔泰山脉，经蒙古、哈萨克斯坦和乌克兰，西至匈牙利潘诺尼亚平原，是欧亚草原矮种马的原产地。这种马头大、矮胖、毛发蓬松，它们承载着蒙古大军创建了世界历史上面积最大的帝国，阿提拉统帅的匈人大军也曾骑着这种马横扫欧洲。

长途旅行时，人们会带着一小队马，累了就在马鞍上歇息，备用的马跟在马队后面。斯普利特市（现克罗地亚）副主教托马斯（13世纪）曾这样描述蒙古军队，“不管他有多少马，都经过了严格训练，会像狗一样跟随他”[75]。行进途中，骑手们会不时地更换马匹，让马轮流休息，但是整个大军不会停止前进。成吉思汗于1227年去世，几年后有一位不知名的作者撰写了一本《蒙古秘史》(*The Secret History of the Mongols*)，其中援引了成吉思汗的一道命令，与行军中马的使用问题有关——“行军时不要给马戴笼头，要把马嘴放开”[76]。这些强壮的矮种马在路上吃些粗糙的牧草就能饱腹，换作其他品种的战马就需要用马车运载燕麦、干草和其他饲料做好沿途保障。它们的马蹄很坚硬，不需要钉蹄铁。笨重的后勤辎重也不会减缓这支游牧民族大军不可阻挡的前进步伐。

草原矮种马天生爱用第五种步态行进，这是一种非常快速的行走方式，称为漫步，在前面的长弓章节中有过介绍。马以这种步态行进会特别平顺，骑手不会感到很累。更突出的是，矮种马可以用这种步态连续行进几小时，时速可达10—15英里/小时。

作战时，草原矮种马具有同样的短距离冲击能力，但它们真正的长处还是能连续数天不间断地行军，非常适合奔袭作战。侦察兵如果前一天报告说有一支蒙古军队还在几天的行程之外，第二天拂晓也许他们就会突然杀到了。这些矮种马在作战行动中表现得非常出色，只是缺乏沙漠马的锐气和激情。

土库曼马源于阿尔泰山脚下的土库曼斯坦和哈萨克斯坦的石质荒漠地区。它们与草原矮种马截然不同，性情暴躁，体表光滑，刚烈如火，有一颗战士的心。这片地区曾是乌古斯人和其他土耳其部落的家园，11 世纪他们大举西进南下，建立了塞尔柱帝国，这些勇敢的马随之而来。到了现代，这种马已经衍变成了阿哈尔捷金马（Akhal-Teké）[77]，同样坚韧、快速、耐力惊人。不过，饲养这种马并不容易，它们要吃肥羊肉、鸡肉、大麦、葡萄干和海枣，这实在是军需官的噩梦。

阿拉伯马产于阿拉伯沙漠地区，它们往往看起来精神饱满、趾高气扬。阿拉伯马的骨架长得很好，头部较小，脸部扁平，是体表光滑、身材修长的竞速机器。它们的外表和性情与土库曼马很相似，也需要相当多的照料和后勤保障，吃的东西和阿哈尔捷金马差不多。

阿拉伯马和土库曼马在作战中都表现出了无与伦比的勇气、冲劲和速度。弓骑兵可以在任何地方突然出现，攻击、脱离、再攻击，来无影去无踪，“打了就跑”，对行军中的敌军部队威胁很大。

沙漠马体形修长，马弓手可以在马上活动自如，轻松地转身，并向各个方向射击。这些雄壮的战马给马弓手带来了激情、神韵和天赋，骑射随之成为一门艺术。

笔者在马背上示范向前方射击。进行骑射时，马弓手在马背上立起身，膝盖像个悬挂系统，将震动和颠簸影响降到最低，保持身体相对稳定。他也可以采用半立姿的姿势，将骨盆倾斜，与步弓手用重弓射箭的姿势非常相似。这样不仅能保护脊柱免受损伤，还能利用身体的核心肌肉和腿部肌肉辅助开弓。如果采用坐姿射箭，射手只能用手臂的力量开弓。（图源：金·霍金斯）

如今，基本没人再使用军事级别拉力的弓。像这种将骨盆倾斜射箭的姿势在历史上为重拉力弓射手特有，虽然在古代画作中很常见，但在现代人的眼里会觉得很奇怪，如今人们更倾向于用拉力低于 70 磅的休闲弓射箭。马弓手骑射时通常会踩着马镫站起来，向前略微倾斜身体，并模仿步弓手拉重拉力弓的姿势。为了保持身体平衡，马弓手拉弓的力量会有所减弱，但是借助马镫，弓箭手就能把力量尽量集中在拉弓上了。打个比方，如果一名弓箭手可以在地上拉开 100 磅拉力的弓，在马背上他就能拉开 80 磅拉力的弓，但是如果没有马镫，他只能拉开 60 磅的弓。

马镫还有其他的优点，比如能帮助骑手骑上高大的马背、减轻长途骑行的疲劳、驮载骑手跨越更高的障碍，等等，在冲击战斗中还能辅助骑手保持稳定[78]，但是总的来看，马镫最大的贡献是对马弓手的辅助。

马弓手：作战准备

复合弓用于宫廷娱乐、公开表演及比赛、训练的史料很丰富，但是作战运用的资料却很少。我们只能从零散的史料中分析相关事物的可能性，探索历史真相，研究复合弓在战争中的运用。

“卡巴克”射击训练

对马弓手技能要求最高的是“卡巴克”射击科目。“卡巴克”的原意是葫芦，这种射击方式在中东和波斯极受欢迎，广泛用于训练、比赛和表演。

真正的葫芦是最常用的箭靶，但在一些高级场合会使用金银制成的人造葫芦箭靶，弓箭仍然能射穿它们。现代的“卡巴克”射击科目已经改为用钝头箭射击金属板靶标，根据声音记录命中成绩。

另一种现代“卡巴克”射击是把鸟放在柱子顶上的笼子里。射手的目标不是鸟，而是要用箭击中笼子的插销把鸟放走。更具挑战性的“卡巴克”射击是用绳子把鸟拴在桅杆上，射手要设法用新月形箭镞射断绳子，把鸟放走，这纯粹是一场表演。

长期以来，人们以为对桅杆目标的射击训练是为了捕猎鸟类，其实这是一种误解。“卡巴克”射击科目的初衷很可能是弓骑兵练习在攻击城镇要塞时射杀防御者，这种战斗场景在古代画作中有所体现。不管怎么说，“卡巴克”射击是展示军事技能水平的一种手段，受到了大多数人的青睐。

马弓手参加“卡巴克”射击时，目光必然集中在高处的目标上，泰布加对此提出了警示，“应该提防马撞到桅杆……马和桅杆要保持一臂长的间距”[79]。马弓手和桅杆之间的距离越近，射击效果越好，但是这么窄的间距要求马弓手具有高超的马术和射击技能。这个项目的风险显而易见，

图为伊斯坦布尔托普卡帕宫博物馆收藏的一份微型历史手稿[80]的局部画面，描绘了奥斯曼土耳其苏丹穆拉德二世（1421—1444 年和 1446—1451 年在位）在进行“卡巴克”射击。在这个练习中，一只葫芦被放置在 25 英尺高的桅杆顶部，弓箭手们骑着战马疾速通过，尽力将葫芦射穿。这项运动令人兴奋，弓箭手通常在马脖子的一侧以极大的仰角射击，力求射出的弓箭垂直向上，与桅杆平行。射手也可以在接近或远离桅杆时实施锐角射击，但垂直命中目标才能获得最大的褒奖。（图源：戴维·约瑟夫·赖特）

根据泰布加的记叙，的黎波里总督阿兹达穆尔阁下在一群欢呼雀跃的观众面前表演“卡巴克”箭术，但他没有注意马的行进方向，不幸撞上了桅杆，结果总督和他的马都丧了命[81]。

可能是出于对这起事故的考虑，泰布加对这种训练提出了一个改进方法，就是在地上画一个圈，让弓箭手骑着马通过靶心时向上射击，如果射击方向足够垂直，箭就会落在圈里。在箭落下之前，马已经驮着骑手飞奔到了安全区域，但是这种训练不能用那种冲劲不足的马！

“骑兵技能”训练程序

14 世纪马穆鲁克军事指南《忠诚武士的希望》(*Münyetü'l-Ġuzāt*) 是一份介绍骑射训练目标设置的稀有史料，描述了马弓手训练必须经历的各个阶段：

> 当你希望在马背上练习射箭时，你应该用适合骑射的轻拉力弓和箭，然后竖立 5 个相邻的靶子（土耳其语 barca），靶子间距 40 阿尔辛（arshin）。你要带上 5 支箭，骑上马快速行进，挨个射击这些目标。当你已经擅长这种射击后，再把各目标之间的间隔调整为 30 阿尔辛，而后再逐次缩短（目标间隔），直到间隔只有 7 步。[82]

1 阿尔辛约等于 28 英寸，40 阿尔辛约等于 31 码，这是一些现代骑射比赛靶子之间的大致距离。在这样的间隔条件下，我骑着快马也能命中所有目标。逐步缩短靶子之间的间隔来提高射击难度可以理解，但是一直缩短到 7 步就不可思议了。作者的进一步描述让我们自叹不如：

> 当你对这一步的训练熟练掌握后，就可以开始练习快速射击了。这（7 步间隔）是该训练的极限，需要更换目标的设置方式，左边设置 3 个，右边设置 2 个，然后骑上马快速前进，先射击左边的目标，再射击右边的目标。当你熟练掌握这些以后，再换用重拉力弓，这时

和用轻拉力弓射箭的方法一样。一旦你的射击精准度练习得不错了，那么你向任何方向射击都会很准，不管是在战场上，还是猎鹿或竞技场。从此以后，射箭对你而言再也不是难事了。[83]

作者不仅要求射箭和骑行的速度，还要求能向行进方向的两侧射击。为了防止学徒们骄傲自满，他还要求用一张重拉力弓换下拉力较小的“初学者”弓。弓的拉力对快速射击水平有很大的影响。用拉力小的弓完成这些科目相对容易，但是高射速不仅需要快速上弦，更要有能力快速拉满弓，没有时间慢慢拉。因此要在身体不受伤的情况下做到这一点，既需要技巧，更需要强大的力量，否则引弦不充分，杀伤效果会大打折扣。在这个训练程序的最后一步，标准再次提高：

下一步，在左右两边不同的位置各设置 5 个靶子，靶子间隔应达到前述标准。取 10 支适合该训练科目的箭，持弓手握住 5 支，右手其他手指夹住 5 支。当你射完夹在右手手指间的箭后，把持弓手里的箭换到右手手指间继续射箭。这些箭的箭杆要细一些，在你射箭时你右手的其他手指能夹得住它们。[84]

作者在这里提倡用持弓手和引弦手同时握箭，这样手中所持的箭的数量就会超出寻常。如果能用重拉力弓以如此快的速度向两侧目标射击，这个能力实在是太惊人了！

奥斯曼骑射训练程序

《马术指南》（*Kitab-ı Makbûlder-Hâl-i Huyûl*）是一部撰写于 17 世纪的奥斯曼军事马术手册，书中详尽描述了骑术训练的内容，将弓箭的使用与刀剑、狼牙棒和盾牌训练组合起来，生动展示了马弓手能够使用多种武器的精湛技艺和作战能力。非常感谢高克曼 · 阿尔廷库尔普先生提供了这份史料的相关信息。

书中的所有训练内容都要求马弓手能左右开弓，可以用右手持弓向右侧射击，也能换用左手持弓向左侧射击。一些更高级的练习还要将弓的射向换到中央位置。马弓手的持弓手上要戴一个小指环，用一根系绳连接到马缰上，确保缰绳不脱手。

值得特别注意的是，马弓手在射击时要适时变换盾牌的位置。射手用一根带子将盾牌背在身上，然后根据持弓手的方向，将盾牌从一侧的肩膀快速灵活地换到另一侧。左手持弓向左侧目标射击时，盾牌必须挂在右肩上，反之亦然，这要求马弓手具备快速调整弓和盾牌的技能。

这套训练程序包括近20个不同的科目，起步的科目是“三靶骑射”，指马弓手从箭筒中抽出箭来骑马行进，在迫近和远离每个箭靶时各射一支箭。由于这个科目对每个靶要连续射两箭，他们通常会被建议用引弦手夹持待上弦的箭。

更复杂的训练科目是射箭和剑击的结合。例如，马弓手抽出剑挂在右臂上，并取出3支箭，一支箭上弦，另外两支夹在引弦手的指间。他们首先要在疾驰的状态下向前方的目标射第一支箭，通过后再向后转身向这个目标射第二支箭，第三支箭射向“卡巴克”靶，而后持剑砍击箭靶，收剑入鞘，再用箭射下一个箭靶，如此循环。另一个训练科目是将箭靶设在低矮的沙丘上，马弓手在驰过箭靶之前不允许将箭上弦。还有些训练科目除了射箭，还要用剑砍击3个剑靶。同样，狼牙棒也会被要求用于攻击剑靶。在训练中，狼牙棒插在第一个沙堆上，马弓手骑马接近时先对狼牙棒射一箭，而后俯身拿起狼牙棒，旋转3次，用狼牙棒打击一个剑靶，然后再对“卡巴克”目标射箭，最后抽出剑，砍击右侧的下一个剑靶。

还有更难的训练科目，要求马弓手全速疾驰，先用箭射击接近的第一个目标，然后将弓弦摘下来重新安装上，再用剑砍击一个剑靶，随后射击“卡巴克”目标，最后用剑把葫芦砍成两半。相比之下，在骑射训练科目的开始，让马弓手从疾驰的马背上俯下身来捡起沙堆上的箭更容易做到

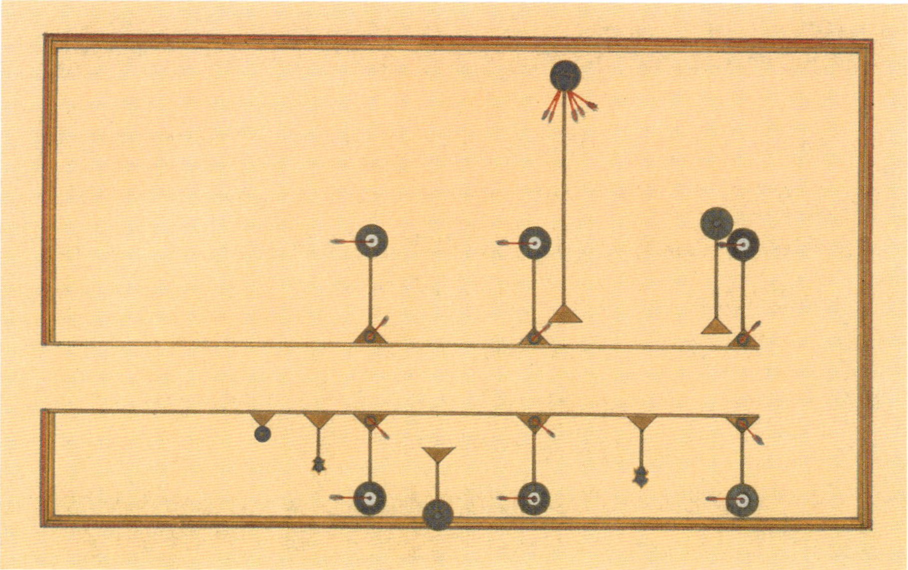

17 世纪《马术指南》书中的骑射训练程序插图。它有一条宽 8 码、长 190 码的跑道，目标布设在跑道两边。原书中的距离以弓长为单位，1 弓长约合 3 英尺 5 英寸。跑道左边第一列为 3 个设在靶杆上的箭靶，相互间隔约 60 码。靶杆下的沙堆上各放了一个绳圈，是第二类箭靶。一个“卡巴克”目标也设在跑道左边。左边倒数第二个靶标也是设在靶杆上的箭靶，但是距跑道较远。跑道右边也有 3 个设在靶杆上的箭靶，惯于用左手引弦射击的马弓手可以使用这些箭靶，靶杆下的沙堆上也设有第二类箭靶。设在右侧 1、2 箭靶之间的第 4 个靶子也是个柱顶箭靶，但是距离跑道更远。跑道右边还有用于剑或狼牙棒攻击的 3 个目标（可能是葫芦），第一个设在齐膝高的沙堆上，另外两个设在靶杆上，与骑手骑马时的腰部高度差不多。（图源：戴维·约瑟夫·赖特）

（推荐的另一个练习）。

马弓手将武器从剑换成弓，再换成狼牙棒，盾牌在左右肩上也要快速互换，展示了他们高超的多样武艺。这些训练科目引人入胜、自信高雅，它所塑造出的能力必然会被马弓手们运用到战场上。凡是观看过骑射表演的士兵们都会感到胆战心惊，在他们眼中，一定会觉得马弓手是富有魅力而又令人生畏的敌人。每当各大箭术场举行骑射比赛时都会吸引大批热情的观众，场面非常热烈。马弓手们的技艺被人们啧啧称道，社会地位空前提高。

骑射训练

14世纪骑兵技能训练指南《忠诚武士的希望》一书现存于土耳其伊斯坦布尔托普卡帕宫博物馆，书中记载了奥斯曼马弓手的训练程序。图中的马弓手已是箭在弦上，弓满弦张。这个训练科目总共要射10支箭，他已经射出了2支箭，引弦手上还夹了2支，另外5支箭握在持弓手中。箭靶放在跑道左右两侧，都是由装满沙子的柳条筐制成，表面蒙了一块布。各靶标之间的间隔从初学者的31码减少到令人难以置信的“7步”，这是训练指南中对顶级马弓手的要求。

书中详细说明了射手的每只手中要拿多少支箭，并建议选择细一点的箭。箭越细，手中能握的箭数量就越多，所以这种速射技术仅限于使用较轻的箭。马弓手手中拿这么多的箭，很可能只是为了表演和比赛需要，并不是实战时的做法。

向右侧目标射击对于惯用右手引弦的射手非常具有挑战性，他们不得不把弓从马脖子的左侧移到右侧，弓臂较短的弓会好移一点，长的弓就比较麻烦。这种射击方式仅仅要求射手扭动腰部还不够，因为引弦的手臂肘部需要与弓臂对齐，所以射手必须在马鞍上站起来，身体上半部沿中轴线侧转，腿部辅助调整，这需要运动员般的敏捷性。

奥斯曼帝国统治时期，许多城市专门建立了面积很大的射箭场地。这些大型场所被称为箭术场，专门用来进行箭术训练、比赛和奢华的表演。这里既可供步弓手举行飞箭（轻箭）射击和目标靶射击比赛，也可供马弓手训练和表演。职业马弓手运动员、箭术大师等顶级弓箭手和他们的教练、勤务人员都住在这个场地附近。射箭活动受到极高的重视，顶尖级的弓箭手们个个声名显赫。

宫廷表演

1582 年 7 月 21 日，受女王伊丽莎白一世之命派驻奥斯曼帝国的英格兰大使威廉·哈伯恩在君士坦丁堡观看了一场精心编排的军事表演。根据他的记叙，有 100 名骑手表演了武艺，包括“卡巴克”射击和其他弓箭技艺：

马术竞技场中央竖立着一根高高的桅杆，顶部有一个金光闪闪的圆球。桅杆两侧设置了两排木盘式箭靶，靶杆高 1.5 码（6 夸特），在箭靶的对面树立一根木质人形靶。靶标的距离是按照优秀射手的标准设置的。

骑手策马入场后先径直冲向靶标，拔剑砍击木质人形靶，而后立即换用弓箭射击桅顶球靶，再取一支箭射其他箭靶，算完成单趟动作流程。所有的骑手都按照这样的流程行动。

随后，骑手们只使用弓箭，在高速疾驰中依次射击第一个箭靶、桅顶金球、最后一个箭靶，回程时换用左手引弦，完成同样的射击动作。

接下来，一些骑手携带盾牌进入场内，左手持盾牌，右手引弦射箭，之后再换作右手持盾牌，左手引弦射箭，所有马匹依旧是高速疾驰状态。

另一些骑手带着箭和剑，剑在左右手中交换，做出很多绝妙的动作。

还有一些骑手进场射出第一支箭后，就拔出剑来单脚离鞍点地砍击剑靶，而后敏捷地上马继续前进，再射击最后一个箭靶，回程时换另一只手持剑或引弦射箭，动作流程和进场流程一样。弓箭脱靶的状况极少，有些射手命中了除桅顶球靶外的全部箭靶……

骑手们会骑着马往返场地轮流射箭，他们的箭术精准、技艺精湛，特别是能马上回转身来射中身后的箭靶，令所有在场的人惊叹不已。[85]

哈伯恩着重强调，这些骑手（马弓手）完成以上表演动作时全都是“全速”疾驰状态，他接着记叙了马术和标枪投掷表演。这一定是一场极为精彩的表演，不仅展示了马弓手高超的射箭技术，还显示了他们熟练使用多种武器的技能。弓箭技能肯定最受人尊崇，而使用盾牌和长剑的技能也受到同样的关注。

土耳其、波斯和马穆鲁克的马弓手通常会携带三支标枪作为备用武器，另外，虽然哈伯恩观看的表演中没有出现长矛，但是马弓手们一直都把使用长矛作为必备的军事技能之一。匈奴、蒙古、鞑靼、马穆鲁克、波斯或土耳其的马弓手几乎都把套马索用于作战，这是游牧民族祖先在他们身上留下的遗迹。使用套马索不仅能把敌人从马背上拖下来，还可以用来捆绑俘虏。马弓手是多才多艺的战士，他们每天都要参加训练，日复一日，从不间断。

土耳其弓的握把通常装饰精美，使用时要包裹浸蜡的亚麻布。细细的布带在握把上螺旋形缠绕，可使它的尺寸和外形更加贴合弓箭手的手掌。也可以用皮革带包缠，防止握把被手弄脏或被箭擦伤。（图源：金·霍金斯）

下图为卢卡斯·诺沃特尼制作的新月弓弓梢，它处于弓臂的末端，是不会弯曲的“杠杆”。弓背的筋腱层包着皮革，弓腹贴有抛光角质片，但没有包裹。两个部位均有描金装饰。（图源：金·霍金斯）

满族训练程序

19 世纪，耶稣会神父艾蒂安·齐记录了当时清朝“弓马骑射”考试的细节，这是当时中国政府组织的武举科考内容之一。为了传承游牧民族引以为豪的战斗技艺和“马背上得天下”的传统，清朝历代皇帝长期重视在军队中推广和提升马弓手技能。它是满族人民族身份的象征，凝聚了马弓手阶层的独特战斗精神。

根据艾蒂安·齐的记载，清军马弓手的初级测试要求马弓手骑着马完成一个测试流程，先是骑马从弯道进入直道，射三个箭靶。射箭时，马弓手左手持弓和一支箭，腰带上别着另外两支箭。这个测试的设置与目前国际射箭比赛采用的韩国“一组三箭制”很相似，但是它的靶标间距和对快速射击的要求与现代射箭比赛有很大的不同。现代比赛的赛道长 90 码，靶标间距为 30 码。高水平的马弓手骑着最快的马完成这一测试，只需大约 7 秒钟，普通人大约需要 9 秒。按照阿拉伯“骑兵技能”训练流程，骑手要骑着马匀速疾驰，射击 10 个间隔 7 码的靶标。相比较之下，现代射箭比赛的流程显得悠闲得多。满族人的骑射距离为 335 码，靶标间距为 100 码，则更像是一次从容的远足。最常用的靶标是“天地人”靶，是个盘卷的藤垫，高 8 英尺，表面用白纸包裹，中心画有 3 个圆圈。靶标顶部插着两面小三角旗，指示风向，但是没有什么实际意义，因为靶标距离跑道边缘仅 6 英尺[86]。

满族马弓手初学者的训练重点及标准与马穆鲁克精英马弓手有所不同，在训练之初，并不强调他们的射速和射程，这对初学者来说非常合理。靶标可能是细窄的柱子（直径不详），射手骑马经过时要把握正确的发射时机。有趣的是，艾蒂安·齐补充写道，“一些急性子的人总是在全速疾驰中慌乱引弦，导致不同程度的损伤”[87]。我们推断，为了防止出现类似的问题，初学者们使用的应当是轻拉力弓，其他各种箭术文化在训练初期也都是这样。

满族人一般从小就要接受马术和弓箭的训练，所以他们基本上不需参加初级测试。这种主要为测试想从军的平民，或想在清军部队中谋求发展的人。由于这些人多数不进入精锐部队，所以轻拉力弓与他们所达到的能力水平较为匹配，但也有一些清军指挥官抱怨过这些兵员的射击水平较差。精锐的满族马弓手更可能是在狩猎场使用重拉力弓以展示他们的过人武艺。

左右开弓

《圣经》中有一段文字提到，在大卫王（约前 1010—前 970 年在位）的精锐部队中有一些武士可以“用左手或右手射箭”[88]。威廉·哈伯恩在君士坦丁堡观看的军事表演、奥斯曼的《马术指南》都有关于马弓手要能左右开弓的要求，都特别描述了弓箭手们会根据目标方位把弓在左右手中转换。

惯用右手引弦的弓箭手向马的右侧射箭会比较麻烦。虽然他们不换手也能向右侧射击，但是由于人体结构的固有限制，即使射手在马上大幅度转体，也只能覆盖右侧角度很小的射界。如果能换另一只手持弓，就能很容易地做到向任何角度射击，这在作战时具有明显的优势。

中国很多箭术资料中要求马弓手要具备左手开弓的能力。明代李呈芬所著《射经》（*Archery Manual*）中写道：“学骑射者，须习左右手皆便方可。虽然，此以射言也。”（意为：如果你想学习骑射，必须学会用两只手射箭，才能射击任何方向的目标。）[89]“设使众敌丛对，或敌在右，将旋马以应酬之也。”（意为：如果遭遇众多敌人，有敌人在你的右侧，你不会右手持弓射箭的话，就不得不调转马头去对付他们。）

有几幅印度莫卧儿王朝武士贵族的画像描绘了他们两手的拇指都戴有弓箭手扳指[90]，说明他们擅长左右开弓。瓦西斯塔在 17 世纪用梵文撰写的《箭术与科学》（*Dhanurveda Samhita*）也赞同弓箭手要能左右开弓这种理念，并认为要在更早的训练阶段练习这种技能[91]。

近年来，我尝试着自学左手引弦射箭。一开始觉得很困难，但很快就变得容易了，左手射箭的上靶率（及脱靶率）和右手差不多。虽然我的左手现在还不能拉同等拉力的弓，但是我想只要训练足够就一定能做到。“左右开弓”这种能力让人非常快乐和自信。

朝鲜射马球

在朝鲜，马弓手除了练习沿着跑道射击靶标，还要参加一项非常有趣的射猎竞赛，称为“射马球”(*mogu*)。马球是一种用柳条编成的球体，直径约3英尺，表面包着帆布，用一根绳子拖在马的后面。参赛的马弓手一对对地骑马跟在后面，用浸过染料的钝头箭追射马球，比赛结束后根据球上不同颜色的斑点数量判读各人的命中次数。虽然比赛的动作看起来更像是模拟狩猎，但是这种追击训练对军队弓箭手非常有价值。

射击表演

阿拉伯箭术的一些科目难度很高，诸如用箭射灭蜡烛的火焰、回飞箭射击等，回飞箭是两头都有弦槽和四片箭羽，其中一头插有铅块配重。但是最壮观的还是骑射表演，马弓手使用的木质钝头箭没有箭镞，箭杆头部成展开状，目标是插在地上的一把剑，射得准的箭能被剑劈开[92]。

马弓手：射击角度

对于惯用右手引弦的马弓手来说，最方便、最常用的射击方法是从马脖子的左边向前射击，或是直接向左侧射击，这样便于在抵近敌军或者沿敌军阵列正面机动时攻击敌人。如果马弓手能够左右开弓，就可以迅速转换射向，反击另一侧出现的敌军骑兵。但是即便这样，仍会有一些射击盲区，有几种射击方法可以填补这一空白。

帕提亚射法

这是一种很经典的射箭姿势，据信起源于帕提亚人而因此命名。马弓手在马鞍上转过身去，从肩膀上方引弦射箭，射击后方目标。这种射法在很多民族的箭术史料中都可以看到，包括一些早于帕提亚人历史的画作，例如亚述人的壁画中。帕提亚射法在骑射传统中普遍存在，它和骑射本身一样古老。

《阿拉伯箭术》描述了帕提亚射法的一个特殊情况——弓箭手要在马

笔者演示“帕提亚射法”（该术语与“马弓手战术”同义）。这种射法就是弓箭手在马鞍上转身向后方射击，主要用于射杀受骗追击的敌军骑兵，也可用于攻击敌军步兵。马弓手们向敌军阵列高速冲击，能在行进间射杀敌军。如果马弓手成单纵队，以一定的斜角线接近敌军阵列，他们就能依次向敌军实施连续的斜向射击。抵近至一定距离后，再调整行进方向，沿对称的斜角线逐渐远离敌军，在机动中继续以“帕提亚射法”向敌军射击。（图源：金·霍金斯）

鞍上做足够的转身，从身体右侧向马尾后方的马蹄印射击。该书的作者称，这种射法“在你身后有一头狮子追你时很有用……它可能会抓住你的坐骑……这样射它一箭就能把它赶跑”[93]。

帕提亚马弓手攻击队形混乱的罗马军团

虽然这幅画并不是专门表现卡雷战役（公元前53年）的场景，但它反映了这场著名战役的很多方面，马弓手在这场战役中发挥了巨大的作用。在图中场景发生之前，罗马人已经编成了龟甲队形，准备抵御帕提亚马弓手的连续攻击。帕提亚人派出的是重型装甲骑兵——具装重骑兵（*cataphract*）。实施冲击的一部分重骑兵及其战马在接近罗

马阵列时被标枪刺倒，尸体散落在罗马人的阵列前，但是大多数重骑兵冲破了防御，使罗马人的阵形陷入一片混乱。这些重骑兵们骑着铠甲精良的战马，举着重重的长矛左突右刺，在罗马军团阵列中横穿而过，扬长而去。

罗马人被帕提亚人的钢铁洪流冲击得头晕目眩、血肉横飞、乱作一团，但他们仍然努力振作起来，重新列阵。但是，图中展示，帕提亚弓骑兵正像旋风一样冲了过来，数千只马蹄重重地踩踏在沙漠岩石地面上，激起厚厚的尘埃。他们在罗马人标枪的射程之外，乘乱发起了滚动式攻击。罗马人死的死、伤的伤，手忙脚乱，互相冲撞。由于指挥混乱，罗马人无法迅速组织盾牌进行防御，导致他们更易受到弓箭伤害，帕提亚人的弓箭雨点般地射中了他们暴露的脖子、脸、手臂和腿。

正如柏林伊斯兰艺术博物馆的帕提亚马弓手浮雕展现的情形那样，弓骑兵们将备用的箭握在持弓手中，能够实施高射速射击，抵近和远离敌人时都能快速射出一阵阵箭雨。帕提亚射法既可以在佯攻撤退时突然转身射击后方目标，也同样可以应对敌军前沿阵列的攻击。只要敌人在射程之内，弓骑兵们就可以一刻不停地攻击他们。

土耳其背射

土耳其背射（*Jarmaki*，音译为“贾马基”射法）要求弓箭手在头部后方引弦，以近乎垂直于地面的角度紧贴马身射向下方的目标。马弓手在战时可用这种方法射杀倒在地上的溃败之敌，也可以在狩猎时射杀已经被超越的猎物，还可以射击扑向马后腿的狮子等动物。

泰布加建议步弓手也可以使用背射法向防御工事下方的目标射击，这种射击方式可以使射击的角度更贴近城墙底部，而且弓箭手不需从城防工事内大幅度探出身体，防止暴露在敌人武器的威胁之下。他还进一步建议将这种射法用于射击躲在井里的敌人[94]。

笔者演示土耳其背射动作。泰布加在专著中提到过一种不同寻常的射击姿势，他将其称作“贾马基”。这种射法要求射手“将右手举过头顶，头埋在右手腕下面，将右手置于颈后”[95]。这个动作乍一听非常有挑战性，但是做起来并不难，可以先引一半的弦，然后持弓臂旋转至手掌向上状态的最高位，借机将引弦手置于脖子后面，最后持弓手向下推弓臂开满弓。（图源：金·霍金斯）

速射

提尔的威廉在编年史中写道，“撒拉逊骑兵……开始射击，其密度之大、速度之快令人难以置信”[96]。连续速射是许多马弓手的基本战术能力，因为他们对每个目标的射击机会可能只有几秒钟。

速射需要两个基本能力，一是开满弓的能力。中国明朝杰出军事家戚继光（17 世纪）指出：“教骑射箭法曰：势如追风……满开弓，急放箭。”意为“你教马弓手骑射时，要教导他们骑马像风一样快……开满弓和撒放的动作要迅速”。[97] 高颖很赞同他的观点，指出弓开不满是射箭时的常见错误动作[98]。把重拉力弓的弓弦引至耳边需要费一点时间，还需要全身肌肉共同发力，所以弓箭手通常都是逐渐发力的。但是骑着快马作战的马弓手没那么多时间，开弓动作不能拖泥带水，否则战机稍纵即逝。马弓手不仅要有拉开重拉力弓的力量，还要能在瞬间将弓拉满而不撕裂和扭伤肌肉。

二是要有快速上弦的能力，要能在瞬间将箭搭到弦上。从箭筒取出箭来上弦的速度再快也比不上手中拿着两三支箭的上弦速度快，《阿拉伯箭术》中讲述了 4 种持箭射击的方法[99]。

方法一：用拇指和食指将箭上弦，并用这两根指头引弦撒放，其他 3 个手指收于掌心，握住几支箭。这个方法看上去似乎很不可靠，不一定适合实战环境，但是很多现代的马弓手使用这种方法取得了惊人的射速。

方法二：根据权威资料，将箭尾置于引弦手的指缝间，箭镞从手背方向伸出，每两根指头之间夹 3 支箭，总共可以夹 9 支箭。但是，该方法没有说明如何用食指锁住大拇指进行引弦，另外，马弓手在骑马行进时，夹在指缝间的箭会猛烈地摆动和脱位，这在实际运用时也是个问题。

方法三：用引弦手持箭的另一种方法是握住箭杆的中间位置，箭尾朝向肘部。我在乘坐战车和骑马时都试过这种方法，手中握着只有芦苇粗细的箭杆，感觉很保险、很舒服，这个方法比较容易掌握。

方法四：《阿拉伯箭术》中提及了用持弓手握箭的方法，但是文中对此持否定态度，认为“这样握弓无力”[100]。戚继光谈到这种握箭方法时写道：“马上射把箭，须以箭二枝连弓弝把定，又以一枝中弦挂为便。”意为骑射时应同时拿 3 支箭，1 支上弦，另 2 支握在持弓手中[101]。但是高颖不太赞同这个方法，认为这样会影响持弓手握弓的稳定性。

这种观点并非人人赞同。在绝大多数历史画作中，弓箭手是把箭握在持弓手里，而不是引弦手上。大英博物馆中保存有一幅伊拉克尼姆鲁德古城（公元前 865 年）的亚述壁画——一名弓箭手正站在城楼上，持弓手中握有 2 支箭，前文中提到的法老阿蒙霍特普二世也是用这种方法手持 4 支箭。

12 世纪，穆尔达 · 本 · 阿里 - 阿塔苏西在呈送给萨拉丁的军事图册中建议说，“如果你手握长剑时想射箭，你的右手就要把剑放下，将剑的腕

图为德国美因茨市博物馆收藏的一块墓碑。根据碑上的铭文，墓主是一位名叫马里斯的弓骑兵，父亲叫卡西佗。他和兄弟马西特斯、提格拉努斯都在罗马帝国的一支由帕提亚人、阿拉伯人混编的部队里服役。图像中，马里斯的持弓手里握着一把箭，而站在地上的人正在分发成把的箭。从这个场景可以看出，弓骑兵在进攻敌阵时很可能是这样一种行动流程：他们策马疾驰往返于敌我阵线之间，通过己方补给点时抓起一束箭就再次冲向敌阵。（图源：GDKE 美因茨州立博物馆，乌苏拉·鲁迪什）

环滑到前臂；左手持弓并握三支箭”[102]。显然，这个动作使弓箭手比较容易控制挂在右臂的长剑，因为从持弓手中取下一支箭，右臂只需做小幅度的水平方向前后运动。如果是从身后的箭筒取箭，右臂就不得不做垂直向后的抽箭动作，这个动作会让臂上挂的长剑摆动幅度很大。

《忠诚武士的希望》一书证实，弓箭手射箭时在持弓手和引弦手里都可以夹5支箭。现在很多马弓手都喜欢在持弓手中持箭，包括我自己。用较小拉力的弓参加比赛或进行表演时能达到很高的射速，箭握得也比较稳，即便这样，《阿拉伯箭术》的作者和高颖仍然认为，用持弓手夹持箭矢可能会削弱弓臂的握持力。

《阿拉伯箭术》中还提到，塔巴里（中世纪波斯著名学者）能够连续射15箭。如果弓箭手使用的是重拉力弓，肯定无法手持这么多的箭，两只手分开各拿一些也还是太多了，会影响握持弓臂的稳定性。根据我个人的经验，如果用的是轻拉力弓（60磅以下），持弓的手最多可以握3支箭，如果要用更大拉力的弓，持弓手能握住的箭必须也减少。除了贝叶挂毯（Bayeux Tapestry）[103]上有一名弓箭手拿了4支箭，在其他古代画作中都显示，马弓手作战时持弓手只会握两到三支箭，这对握持弓臂的力量基本没有影响。在一些特殊场合，例如箭术表演上，马弓手会使用拉力较小的弓，手中握的箭会多一些，到了战场上，握两到三支箭就足够了。

除了影响握弓力量，客观

图为帕提亚马弓手的雕刻，在他的持弓手里握着几支箭。马虽然没有配马镫，但他的身体向前倾斜，射击姿势很像重拉力弓射手射箭或马弓手借助马镫射击时的姿势。（图源：乔治·尼德梅塞，柏林伊斯兰艺术博物馆）

上也没有增加手持箭数量的必要。全速疾驰的马几秒钟内能奔驰很长的距离，马弓手在抵近目标的过程中，只能快速射出两到三支箭，然后迅速从箭筒中抽出下一组箭，准备攻击下一个目标。

单纯从技术角度讲，弓箭手确实可以在持弓手中夹持更多的箭，有些现代射箭爱好者甚至可以在手指间夹 12 支箭。在射箭比赛或表演中，马弓手骑着马慢速奔跑，连续不断地射击多个目标，看上去非常潇洒，其实在军事上的价值非常有限。战场上的情况瞬息万变，绝不像射箭表演那样总是一组三箭射击规定的目标。

马弓手是多能型兵种，他们还擅长使用长剑和狼牙棒。在情况瞬息万变的战场上，他们要能快速转换武器，挽住缰绳举剑砍杀敌人，同时也不能丢弃手中的箭。持弓手（也是挽缰手）中握有一到两支箭的情况下还是可以挽住缰绳的，但不能是一大把箭，而引弦手（也是持剑的手）最好不要拿别的东西。

亚述王亚述巴尼拔狩猎的壁画及细节图。他骑着一匹背上盖有凸起纹理鞍布的马，持弓手上戴着相当于箭台的指环，坐在马背上向右前侧射击。他和侍从都背着箭筒，侍从的手中拿着 2 支箭正准备递给他，这说明亚述王的持弓手中可能还握着一支箭，以便能快速地对猎物射第二支箭。还有其他类似的图画描绘他在徒步狩猎时，也有一名侍从递给他 2 支箭。（图源：沃纳・福尔曼）

步弓手：训练和实践

步弓手运用复合弓也需要一系列射击技术和训练模式。瓦西斯塔在《箭术与科学》中高度赞扬了能同时刺穿两个空抛木球的射手，他很慷慨地给弓箭手提供了两个选择，要么用一支箭射穿两个球，即一箭双雕，要么快速连发两箭分别射中两个木球[104]。虽然这对普通弓箭手来说似乎无法做到，但是它强调了对运动目标射击的重要性。瓦西斯塔还要求步弓手在练习徒步箭术时，也要练习在奔跑中射箭，这又令我们注意到一个事实，即弓箭手在战斗中自己可能也在运动。

在中国清朝的武举科考中，参考人员要射击6个人形靶，各靶距离135码，这是满族重箭的射程。1693年之后，这个距离降至84码，1760年后，最终降至50码。此外，参考人员还要射击第7个目标，即一个设在土堆上的亮红色皮革球。根据艾蒂安·齐的目测，这个球距离地面约2

马腾（《箭道》作者之一）[105]在展示高颖提倡的优雅射箭姿势。身体各部位的骨骼以最佳方式排列时，能够提高机械效率，减少肌肉和韧带的压力。古代各种箭术流派都强调弓箭手在提高弓的拉力或练习远距离射击之前，必须先掌握正确的射击姿势。（图源：麦克·洛兹）

英尺高，直径约 1 英尺。他没说球的内部用什么材料填充，我猜可能是种子或谷物，使它能有一定的重量。该训练的规则是“撞球”，艾蒂安·齐称，“参考人员射的箭不仅要命中球，还要把它从小土堆上打下来”[106]。艾蒂安·齐还提到，为了完成这个科目，参考人员使用的皮革钝头箭箭镞直径达 2.5 英寸。这种箭非常重，必须用重拉力弓发射，需要弓箭手有足够的力量。该科目的射击距离不详，但是合格标准是命中 7 个目标中的 3 个。

萨法维王朝（Safavid）时期的箭术专著《弓箭射术指南全集》（*Jāme al-Hadāyat fi Elm al-Romāyat*）撰写于 1575 年前后，它提倡弓箭手用立姿和跪姿射箭，“跪姿射箭时，右脚踩地，右膝（小腿）挺直，左膝点地，臀部坐在左脚上”[107]。这种射击方法适用于多排阵列中的前排射手，或是适于采取低姿射击或发起隐蔽攻击的地形。

《阿拉伯箭术》中描述了一种盲射技能训练，弓箭手的眼睛要被蒙住，

中国农历新年之际，弓箭手在北京后海向乾隆皇帝（1736—1795 年在位）表演滑冰。滑冰部队通常用于北方作战，因为他们可以快速通过冰冻的河流。拱门下的弓箭手正在射击拱门上悬挂的靶标，这种射术综合了“卡巴克”和帕提亚射法的特点。（图源：北京故宫博物院）

仅凭听觉判断方向进行射击[108]。这项训练也受到瓦西斯塔的推荐，他还描述说，训练时，由一名助手向青铜器皿投掷石头发出声音，引导射手射击[109]。这种技能在夜间作战时有巨大优势，当然，对敌方和己方人员都存在同样的风险。

弓箭手的起步训练通常是按照标准的射击姿势使用轻拉力弓射击近距离目标。近距离箭靶的样式都差不多，例如土耳其的袋形靶、中国的藁砧。它们大都为圆桶形，里面装着塞紧木屑的麻袋或捆束的稻草，射手们在几英尺外进行射击。从箭的命中角度能看出射手撒放动作存在的问题，

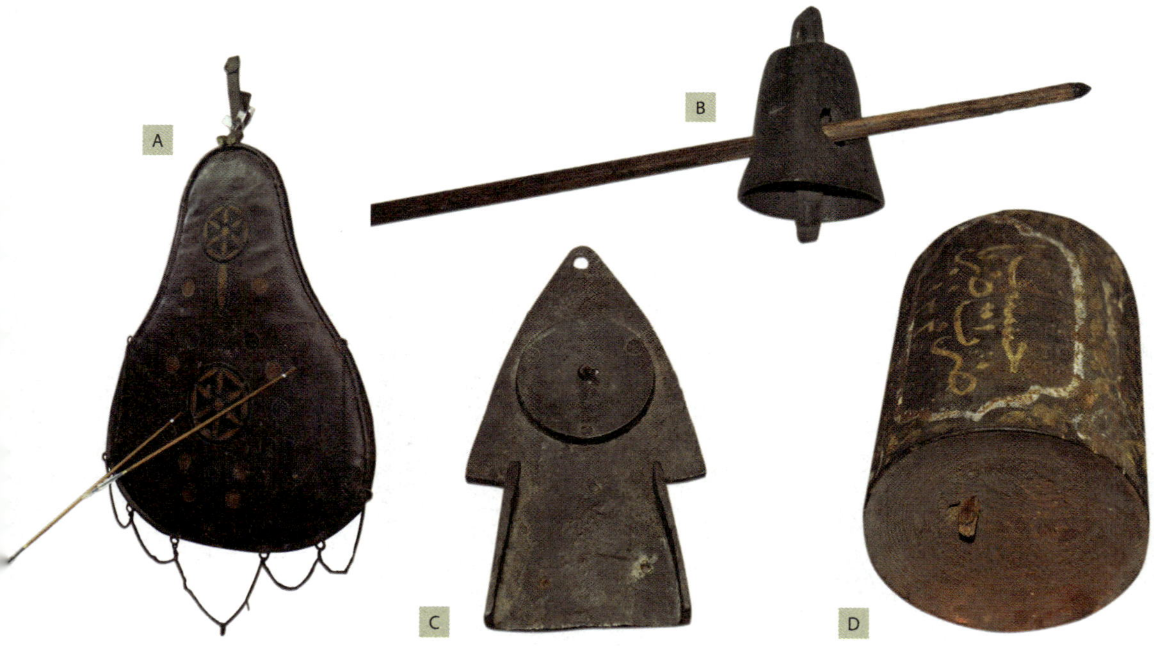

土耳其箭靶。“普塔”箭靶（A）主要用于精度射击，它的外壳是皮革做的，里面塞着棉籽。它的外形呈梨形，大概是模拟骑手在马上的正面轮廓，下半部分较宽，可能模拟的是骑手夹着马身的双腿。“普塔”靶有好几种尺寸，最大的和真人差不多大小。挂在木制框架上时，靶子顶部离地面的距离和骑马的人离地面的距离差不多，为弓箭手提供了正面攻击敌军骑兵的训练条件。远距离射击时，靶子上会挂上铃铛，弓箭手在远处射击能凭声音判断是否命中。目前尚不清楚这种靶子怎么计分，如果命中的是靶子上的不同部位，比如“人”形部位或“马”身部位，得分应当有所不同。穿刺靶主要用来检验弓箭的穿透能力，包括抛光的金属板（类似镜子）、犁铧、铃铛和木块等，射击的时候由仆人心惊胆战地举着。伊斯坦布尔军事博物馆陈列有被弓箭洞穿的铃铛（B）、穿透的犁头（C），以及 1719 年被哈西布·齐亚射穿的一根厚原木（D）等。（图源：哈比耶-伊斯坦布尔军事博物馆）

只有干净利索的撒放才能使箭垂直射入靶标。到户外练习远距离射击之前，射手必须掌握扎实的箭术基础。

复合弓的种类本来就很多，而靶标的样式就更加丰富了。有的靶标不过是一堆土或一块喷湿软化了的黏土，用尖头箭或钝头箭射击均可。好一些的靶标是沙筐或稻草圈，表面蒙着着色的帆布。有一种名叫“普塔”（音译）的奥斯曼靶标格外特殊，是个填充起来的皮包。这些靶标都用于弓箭手练习精准度。但另有一种靶标的用途不同，叫“穿刺”靶，主要用来测试弓箭的穿透能力。

不同国家和民族对靶标的大小和穿透性有不同的要求。在土耳其和波斯，人们认为首要的箭术技能是远射程，相应的训练科目被称为“飞箭远射”（flight shooting），是复合弓威力的最好展现。

飞箭远射

1794 年 7 月 9 日，土耳其驻伦敦大使随员马哈茂德·埃芬迪在贝德福德广场后的空地上射了一箭，射程达 482 码，令在场的人叹为观止。史料上没有说明箭的射向，但是据推测，箭可能落在了现在的大英博物馆区域。现场的一些目击者来自“皇家弓箭爱好者协会”，埃芬迪于 1794 年被该协会吸纳为荣誉会员。当时埃芬迪向他们抱怨说场地小了点，不然他还会射得更远。这个场地不是完全开阔的空间，周边有许多建筑，所以埃芬迪只是展示飞箭远射的基本技术，并没有按照土耳其的标准射那么远。他使用的那副弓箭现在仍保存在白金汉郡的弓箭手会所。

仅仅几年后的 1798 年，奥斯曼帝国苏丹谢里姆三世（1789—1807 年在位）一箭射出了 972 码的射程[110]，这才是真正的飞箭远射。在 18 世纪，飞箭远射已经成为土耳其人的爱好，很多人甚至达到痴迷的程度。为了达到更远的射程，一些特殊装备得以开发运用。超大拉力的弓是人们的首选，但更重要的是，使用特殊形式的箭和撒放技巧。

用于飞箭远射的箭要尽可能轻，空气动力性能要好。飞箭比普通的箭要短得多，重量很轻，所需的推进能量不大，空气阻力也很小。要发射这种细小的针状箭，还需要一种特殊的辅助装置，即导箭槽。飞箭本身就很细小，它的箭羽更小，因而能被射得很远，只有在简单的地貌上射击才容易把它们回收。现代的世界飞箭射击锦标赛的场地选择在犹他州的盐滩上，原因就是好把箭找回来。

1453 年土耳其人占领君士坦丁堡后，城里成立了弓箭手行会，兴建了著名的射箭场地，名为“箭术场”。据卡尼称，许多其他的伊斯兰城市也建有类似的箭术场，包括麦加、亚历山大城、大马士革、加里波利、贝尔格莱德、巴格达和开罗[111]。在箭术场里，观众们可以躺在豪华帐篷里的坐垫上观赏各种箭术比赛，当然最吸引人的还是飞箭远射。在伊斯坦布尔等土耳其部分地区，至今仍能看到一些雕刻精美的远射程飞箭落地点的标志石柱。

君士坦丁堡弓箭手行会的会员有四个等级，分别是“高手”“900级”“1000 级”和“1100 级”。这些数字对应着弓箭手所能达到的最大射程，距离单位是“格兹”(gez，100 格兹约等于 68 码）[112]。换算成码数，

笔者收藏的飞箭仿制品。飞箭尽可能制作得又轻又细，减少摩擦和空气阻力。但是箭越细，它的强度会越小，强度不够的箭杆在重拉力弓上使用时很可能被折断。为了解决这个问题，飞箭通常被做成略成酒桶状，中间粗两端细。这种形状不仅能使箭的重量降到最轻，还能在一定程度上增加箭杆的强度。如图所示，位于中间的箭的箭羽用羽毛制作，最下方的箭的箭羽用羊皮纸制作。它们的尺寸都很小，能以最小的阻力换取必要的飞行稳定性。最上面的那支箭是一种练习箭，名为“*abrish*”[113]。它的箭羽为螺旋形，飞行阻力较大，能降低箭的飞行速度和射程，便于用后回收。更重要的是，它能使观察员看清箭的飞行状态，为射手改进射击技术提供建议。（图源：金·霍金斯）

图为飞箭射击专用的导箭槽。它通常绑在持弓手的手腕上当作箭台，从手腕处向弓臂后侧方向延伸，允许在引弦时做“超拉”动作，也就是把一支尺寸较短的箭整个拉入弓臂后侧的空间内。14世纪马穆鲁克军事指南《忠诚武士的希望》对使用导箭槽射箭给予了高度评价：“这是一个很好的技能，有利于弓箭手射击高大堡垒上的敌人、距离很远的人或其他目标。这种箭飞得很远，据说射程达 1000 阿尔辛（约 775 码）以上。”瓦西斯塔评论说，用“纳利卡”导箭槽[114]射出的箭“能从高处射出很远的距离，特别适用于攻城防御”[115]。（图源：哈比耶－伊斯坦布尔军事博物馆）

即为 610 码、680 码和 750 码级。实际上还有 820 码级别的弓箭手，即“1200 级”，不过这些弓箭手的能力已经非常突出，不再需要冠以什么级别头衔了。他们的名望很高，并不指望行会会员的衔资。其他各个级别的弓箭手必须证明自己的实际射箭能力，达不到相应射程的话就会被降级。

在本书的长弓章节中，我提出过一个观点，亨利八世要求弓箭手的射程必须不低于 220 码，我认为不完全是为作战需要，而是为了检验弓箭手是否具备使用军用弓的能力。在现代，我们划分弓的量级主要根据弓的拉力，其实根据射程大小（发射相同质量箭矢）分级也会是一种很好的方法，而且还能展现弓箭手究竟有多大的能力、多好的箭术将弓的最大威力发挥出来。

西欧的复合弓

贝叶挂毯主要展现的是1066年黑斯廷斯战役的场景，其中一段图案展现了威廉公爵统帅的诺曼人攻击阵列中很多使用复合弓的步弓手。挂毯中部主画面上有一支4名马弓手的小组，下部边缘还有另外23名马弓手。这些弓绣得比较模糊，但能看出它们都是很短的反曲弓。另一段画面显示了一名马弓手和其他骑兵正一起追赶逃敌。

画面中的步弓手都是在胸前引弦射箭，而且大多数是向前奔跑的状态。他们的招募和运用没有什么史料记录，但是诺曼人/挪威人和瓦兰吉人之间存在紧密的联系。瓦兰吉人是维京人的一个分支，是维京人向东扩张移民时形成的新民族，基辅是他们的政治文化中心，在这里他们肯定接触到了复合弓。在君士坦丁堡，精干的瓦兰吉人担任了拜占庭皇帝的卫队。威廉登陆英格兰南部的前几天，曾担任拜占庭皇帝瓦兰吉卫队指挥官的哈拉尔·哈德拉达率先入侵英格兰北部，他麾下的弓箭手可能从东方招募的。如果情况如此，1066年哈拉尔在斯坦

图为贝叶挂毯的一个局部，可以看出步弓手使用的复合弓具有典型的反曲形制。全体步弓手都是在奔跑中射击，其中一名步弓手配有肩负式箭筒，其他步弓手配有腰挂式箭筒，还有一名步弓手的持弓手里握有4支箭。（图源：德戈斯蒂尼/盖蒂图片社）

福桥战败丧生后，这些雇佣兵可能南下投奔了威廉公爵。

这些弓箭手也有可能来自挪威本土。8世纪后期至10世纪末的加洛林画作中很多都显示了弓箭手使用复合弓射箭。在这个时期，被诺曼人同化的法兰克人经常在东部边界与入侵的阿瓦尔人和马札尔人交战，骁勇的敌军马弓手使他们见识了复合弓的威力。等到诺曼人入侵英格兰时，复合弓已经在西欧军队中得到了普及。在西欧很多地区和斯堪的纳维亚，考古学家们都发现了匈弓样式的骨质加固板，用于加固握把和弓梢。

箭的样式

复合弓箭的种类繁多，箭镞、箭杆、箭尾和箭羽都有很多种不同的款式。由于篇幅所限，本书无法进行全面的阐述，但是会涵盖一些设计别致、特殊的箭。

烟火箭比火弓箭出现得早，功能也不太一样。9世纪火药发明后不久，中国人就研制出了类似烟花的烟火箭，并用弓箭作为载体将烟花发射到大致的目标区域。在烟火箭飞行末段，烟花引信会被点燃，随之爆炸声四起，火光闪闪，烟雾和噪声会惊吓敌军战马。如果想让烟火箭在半空中引爆，引发更大的冲击和混乱，那么烟火箭发射得太早或太晚都不行。我曾经发射过一支仿制的烟火箭，深刻体会到，发射烟火箭一定要测定好时间！

在木船时代的海战中，火弓箭有明显的优势，对攻城部队而言也是如此。火弓箭有很多种，朝鲜的火弓箭（*hwajeon*）是用亚麻布和纸卷包裹着黑火药，外表涂上树脂，而《阿拉伯箭术》中介绍的阿拉伯火弓箭是在箭镞燃烧物的笼架内装上浸过焦油的稻草和棉球[116]。《阿拉伯箭术》还介绍了一种特殊配方，它是将水獭油、蜡、黑色硫黄、樱桃种子和没药树的树脂混合起来，用香树脂油揉捏在一起，再加入生石灰，待干燥硬化后研磨成颗粒。这种混合物不需要提前点火，它在空中飞行时会自行燃烧。

泰布加描述的一种火弓箭可能最厉害[117]。它的制作方法是先把鸡蛋沥干，然后倒满石脑油，将其插入箭镞前端的圆锥体。把这个鸡蛋放进去之前，圆锥体后部的窄颈处会先放一颗烧得红热的铁弹子。箭在静止状态下保持向上的角度，圆锥体会控制着鸡蛋不接触铁弹子。这种箭没有箭羽，上弦后箭尾搭在弦上，箭的前端固定在弓握把部位的一个环上。箭被射出时，钝头箭镞像一个冲压槌，将圆锥体向后推，烧红的铁弹子进入鸡蛋点燃燃烧物，于是鸡蛋变成火球被射了出去。泰布加称，在 1291 年的第二次阿卡攻城战中曾使用过这种箭。在这场战斗中，马穆鲁克苏丹拜巴尔斯[118]部署了多部投石机。为了抵御投石机的攻击，守城部队通常会在一些重要目标区域悬挂厚厚的棉包进行缓冲，而火弓箭是摧毁这些棉垫的最好手段。

如何才能让己方射出的箭不被敌方收集再利用是各方共同面临的问题。在亚德里安堡战役（378）史料中，阿米安努斯·马塞利努斯介绍了一种简单的方法，即切断绑带。这种方法可以将箭破坏，使敌人无法利用："根据命令，所有的箭在发射前，都把捆绑箭镞和箭杆的皮带剪掉一部分。这对箭的飞行没有影响，命中后仍有杀伤力。如果没有命中目标，它们会立即摔成碎片。"[119]这里所指的箭镞是像装刀柄一样的插装式箭镞[120]，为了确保连接稳固，通常会用带子将接合部紧紧捆住。

哨箭（鸣镝）是中国弓箭的一个特色类别，汉代就已经出现了铁制哨箭，还有用木头、骨头和角制作的。最初哨箭主要用于狩猎，后来被用于战场通信，传递信号。司马迁在《史记》中记载，"冒顿乃作为鸣镝，习勒其骑射"[121]，意为"冒顿发明了一种哨箭，用它训练骑兵们"。在嘈杂的战场上，通过喊叫传递命令通常难以奏效，而逐级传达命令又会耗费宝贵的时间。要知道，在战斗中抓住战机迅速发起攻击和确定攻击的方向同等重要。有了哨箭，指挥官就可以方便、迅捷地向部队指示攻击方向。哨箭的音调很尖锐，即使在咆哮、踩踏和冲撞的战场背景声音中也能辨别出来。用哨箭指挥骑兵时，指挥官下达命令后部队马上就能展开行动。此外，还有一种增强版哨箭，它是将鸣哨声和火弓箭组合起来，可同时产生听觉和视觉信号。（图源：敦煌市博物馆）

图为笔者收藏的一支印度复合弓专用铁箭，名为“纳拉卡”。它的制作技术非凡，没有明显的连接。箭杆向箭尾方向逐渐加粗，球形的箭尾有搭弦凹槽，只有锋利的箭镞是锻造焊接上的。当它穿刺目标时，几乎没有什么摩擦力能阻止它那沉重而又纤细的锥形箭身。铁箭比木箭重很多，动能相当大，细长的箭身可以像针一样毫不费力地刺穿敌人的身体。瓦西斯塔称“纳拉卡”铁箭需要5根箭羽稳定，而且只有强壮、熟练的弓箭手才能使用它[122]。显然，“纳拉卡”需要很大拉力的弓来发射。（图源：金·霍金斯）

虽然使用导箭槽可以发射一些短箭，但更短的飞镖箭（长度不及普通箭的一半）则需要更复杂的设备——靠筒（arrow-guide），它被称为“米吉拉特”或“纳瓦克”。图中，多多·坦伊尔在演示“纳瓦克”靠筒（仿制品）的使用。木质靠筒的末端有两个小孔，方便绳子穿过绑在弓弦上，箭射出后靠筒能留在弦上。撒放时，弓弦可以同时推动箭和靠筒，直到弓弦松弛，箭沿着靠筒继续前进直到离弓飞行。靠筒自身的重量和相互间的摩擦力会使得弓的能量作用在箭上少一些，但是由于箭比较短小，空气阻力不大，基本上算是“扯平”了。这种短箭通常用于攻城作战，以免为敌人补充常规的箭矢。（图源：希马尔·胡纳尔）

箭镞

复合弓配用的箭镞有几百种，其中三种最为常见。

锥形箭镞（图A），主要用于攻击金属铠甲，箭镞的四个面比较细长，边缘呈弧形，非常坚硬。

菱形箭镞（图B和图C）是最常见的军用复合弓箭镞，用它锋利的箭刃攻击皮革铠甲效果极佳。菱形箭镞的结构略有差异，图中显示了两种不同的连接样式，一种是将箭镞像装刀柄一样插装在箭杆上（B），另一种是将箭镞的圆锥形空心连接部套在箭杆上（C）[123]。插装式箭镞最适合装在竹箭上，也适用于木箭上。安装时，先将箭铤烧至红热，然后将它插进箭杆，这样结合会非常紧密。装好箭镞以后，不管是竹箭还是木箭，都需要用线将箭镞和箭杆的结合部捆紧，防止箭杆裂开。

倒钩箭镞（图D），特别适合攻击没有披挂马铠的战马。箭镞刺入马的身体后，会导致马大量流血。由于箭镞后部有倒钩，很难拔得出来，留在伤口里它又会乱动，给马造成更大的痛苦。倒钩箭镞足够细长和锋利，近距离射击能对质量一般的铠甲造成一定的冲击。

新月箭镞（图E）在世界各地都很常见，主要用于射猎小型动物或鸟类。瓦西斯塔撰写的《箭术与科学》中有个片段很有趣，“带有两片锋利箭刃、箭镞呈弧形的箭”射向空中飞来的敌箭，“如果弓箭手用箭击落了敌人射来的箭，他将被标榜为‘断箭客’”[124]。要实现这样的拦截射法，可能必须将弓箭手部署在己方阵列侧翼比较靠前的位置，这样他们才能对空中的敌箭实施横向拦阻射击。

三翼型箭镞（图F）在古代很常见，它最早出现于青铜器时代，有三片箭刃，制造难度比普通的双刃阔头箭镞要大。这种箭镞虽小，却很令人头疼，能在战场上引发巨大的恐慌。它击中人体后会造成星形伤口（现代医学外科的称谓），裂开处缝合起来很困难，不容易止血。

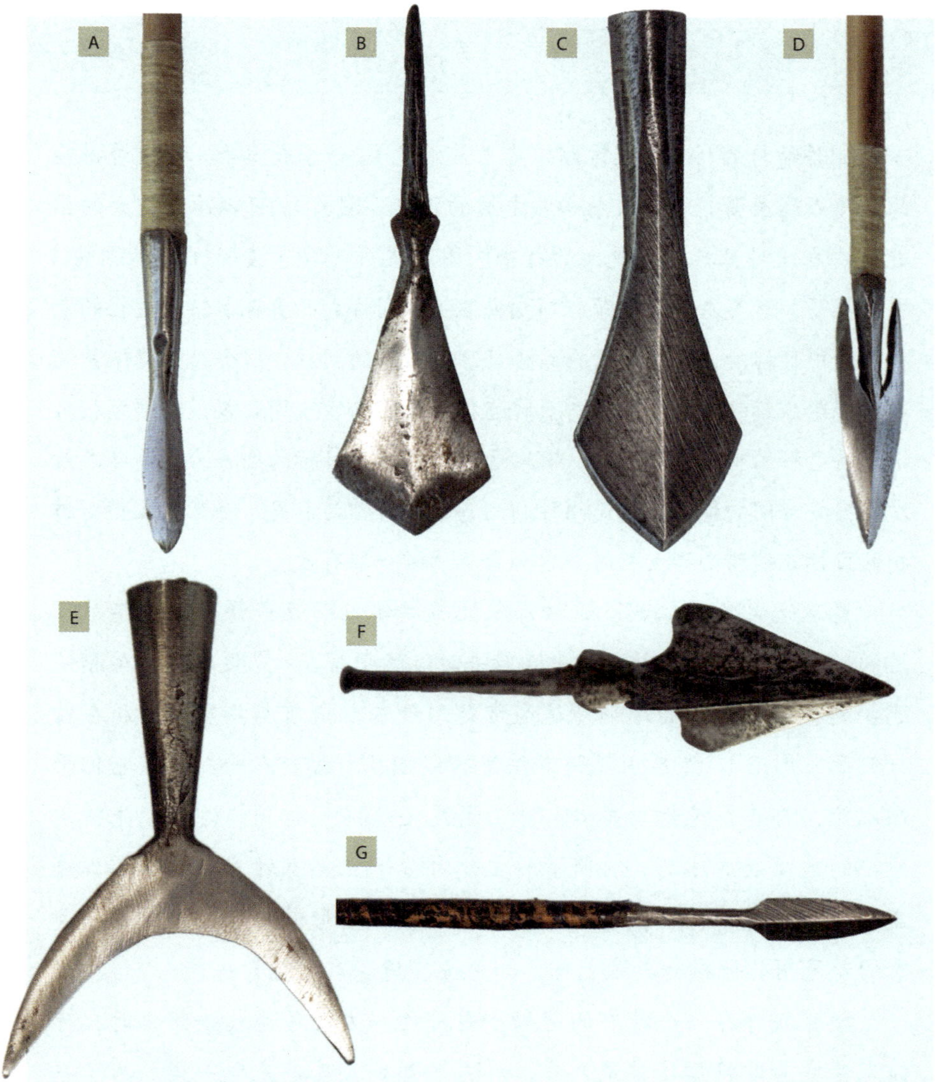

齐梅针箭（图 G）是中国清朝使用最广泛的军用箭镞。这种箭镞用折叠花纹钢制成，箭刃锋利，后部逐渐变细形成一个坚固的锥形镞柄。这种结构能有效降低箭镞的重量和空气阻力，穿透深度足以致命。图中的箭镞柄已经装入竹箭的箭杆，结合部用樱桃树皮包裹以防裂开。（图源：金·霍金斯）

箭杆、箭尾槽和箭羽

制作箭杆的材料包括木材（桦木最常见）、竹子或藤条。在重量很轻的竹子或藤条箭杆前部安装一截木质的颈杆（图A），可以承受更大的推进力，方便对目标施加更大的打击。图A是爱德华·麦克尤恩仿制的4支埃及箭，皂荚木材质的颈杆顶端安装了不同样式的青铜箭镞。过轻的箭存在命中目标后，箭镞与箭杆结合部容易折断的问题，这会大大降低箭的冲击能量，颈杆确保了箭镞与箭杆连接的坚固紧密。因此装设硬质颈杆可以保持箭杆的重量和方向性，有助于增大箭镞对目标的冲击力。第4支箭没有安装专门的箭镞，而是用锋利的乌木颈杆作为箭尖，在应对无铠甲防护的目标或捕猎小型动物时，它和金属箭镞一样有效。

箭尾通常为圆球状，这种形状比较结实，而且弓箭手的手指对箭尾的感觉也会比较清晰，在快速射击时能运用盲扣[125]技术将箭尾槽快速扣到弦上。木箭的球形箭尾通常是用硬木或角质薄片塑形层压在箭杆侧面（图B），然后用筋腱或结实的线捆扎、黏合在一起。等它们干燥以后，再将箭尾切出槽口。球形箭尾还有另一种制作方法：先将木箭坯的尾端削成球形，再将箭杆主体部分削至应有的直径。这些工序需要非常熟练的技巧，箭杆可能还要削成短尾形或桶形。竹箭或藤条箭的箭尾用其他材料单独制作，如木头、角、象牙或骨头等。

攻城战存在一个特有的问题，当进攻一方用弓箭攻击守军时，可能无意中为即将弹尽粮绝的守军补充了弹药，反过来也一样。为了避免这种情况，解决方法之一是使用无尾槽箭，需要在弓弦上安装特殊装置才能发射（图C）。泰布加推荐使用一种“朱巴尔”推进器，它是一个系在弓弦上的小管，将圆锥形箭尾插入其中即可发射[126]。敌方如果没有这种辅助装置，即使捡到了箭也无法使用。《阿拉伯箭术》的作者推荐了另一种装置，名为“比伦”，它是个有长钉的小环，也是系在弓弦上。箭尾要钻一个孔，上弦时套在长钉上就能把箭发射出去[127]。

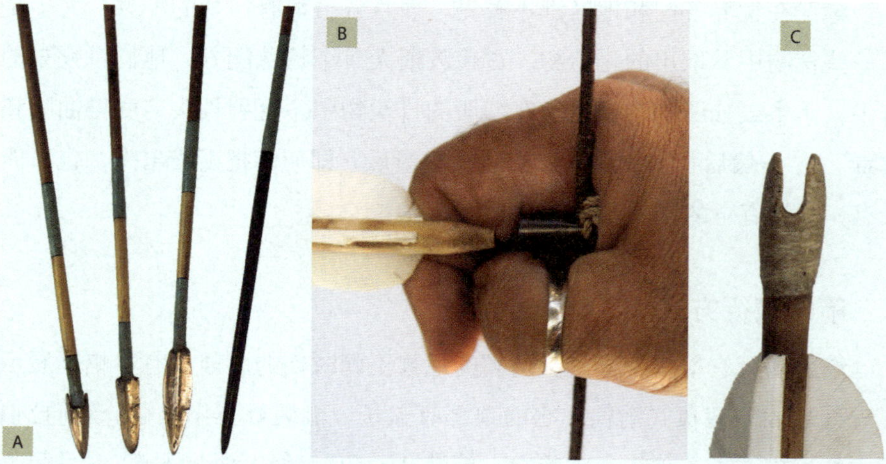

另一种使用“朱巴尔”推进器发射的箭是刀槽箭（图D）。在激烈的战斗中，敌人收集利用这样的箭时也许不会注意到箭尾槽里藏着刀片[128]，一旦上弦开弓，刀片就会切断弓弦，甚至可能破坏整张弓。我曾用一根粗羽毛管保护弓弦，成功地射出了刀槽箭。羽毛管可由弓箭手随身携带，一旦发现箭尾的凹槽内藏有刀片，可用羽毛管辅助将它射出。

中国满族的箭术强调近距离射击冲量。（图E）是由贾普·科普雷耶制作的一支高级满族箭的箭尾，外表包着魟鱼皮。它的箭羽又长又大，能迅速稳定箭的飞行姿态，提高近距离射击的精度。但是这些箭羽比弓的弦距还要长，开弓时有可能把箭羽弄乱，所以上弦时弓箭手要先把箭扣在弦上向后拉一点，然后再将箭杆靠在弓臂一侧开满弓，可以避免箭羽碰到弓臂。箭尾的魟鱼皮表面很粗糙，便于弓箭手夹持，即使是骑马运动时也可以抓得很稳。它同时还能加固箭尾。如果魟鱼皮不够用，还可以用其他材料绑定。（图源：金·霍金斯）

毒箭在世界各国和地区都不鲜见，而且各自都有独特的配方，大多是从一些植物中萃取出的化合物。古代波斯人有个特殊配方，他们将死去的母牛、水牛或公驴的骨头浸泡在公驴的排泄物中，直到骨头“变得油腻和有毒”[129]，然后将其刻成箭镞。敌人中箭后，即使能把箭拔出来，也可能会有一小块有毒的骨头留在体内。

箭的携行方式

箭的携行有很多种样式。阿契美尼德王朝时期的波斯人有一幅画展示了一种超大的肩负式箭筒，它的顶部有盖子，能装好几十支箭。《阿拉伯箭术》也描述了一种肩负式箭筒，能装 25—30 支箭，而且写道，“弓箭手在作战中携带的箭不应当限于这个数字，还应该把一些箭羽毛朝上插在靴子里，腰带上再别一些箭”[130]。

在贝叶挂毯上，威廉公爵军队的一名复合弓步弓手配有肩负式箭筒，其他 26 名弓箭手的箭筒挂在腰带上，然而大部分复合弓配用的箭筒都挂在射手的臀部。有些箭筒很深，它的上沿和箭羽平齐，即使射手剧烈运动，箭也不会掉出来。也有些箭筒很浅，只能容纳不到三分之一的箭杆高度，不过箭筒内衬的毛毡褶皱能较好地固定住箭。短款箭筒特别受马弓手欢迎，因为它比深款箭筒抽箭更快、更符合人体工程学。

许多民族使用封闭式箭筒，筒口用皮革片或盖子盖住，抵挡恶劣天气的影响。封闭式箭筒还能让弓箭手通过手感选择所需的箭，即使是在策马疾驰时抽箭也不会把手刺伤。只要在袋口处插入羊皮塞子，箭在箭筒里就不会发出烦人的“嘎嘎”声。我试用过这种装置，它并不妨碍快速抽箭。

14 世纪的《马穆鲁克训练手册》（*Nihāyat al-suʾl wa l-umniyya fi taʿlīm aʿmal al-furūsiyya*）中提出，这种像鼓一样紧绷的箭筒有额外的用途，可用来探测敌军的距离，“把它（箭筒）放在地上，头贴上去，就能听到（敌军的）马蹄或脚步声”[131]。

为了防止箭装进箭筒时把箭羽弄乱，古画中展示了一种有效的方法，

左图为一个私人收藏的 19 世纪满族箭囊。箭囊正面交叉的装饰带具有蒙古或西藏文化特征，但从整体比例和结构来看仍属于满族箭囊。满族复合弓很大，箭很长，箭羽相应做得也很大，所以满族箭囊的设计方便箭杆成扇面展开，相互之间可有一定的间隔，防止箭羽被压坏。箭囊里塞有折叠的毛毡，箭镞插在褶皱里非常稳当，即使射手策马疾驰也不会掉出来。这种箭囊非常短，方便射手快速抽箭。另外，箭囊的后面还有口袋，前面也有夹缝，提供了分隔的小空间（前面的夹缝由交叉的带子代替），可分别装一些特殊的箭，比如狩猎或作战用的特种箭。这种箭囊的设计非常巧妙，相似的制品在蒙古、西藏也很常见。（图源：彼得·德克尔）

右图是扎克·朱里卡仿制的匈牙利风格的封闭式箭筒。外壳是结实的熟牛皮，以折弯的竹条作为框架，重量很轻。箭放在箭筒内时箭镞朝上，箭尾置于喇叭口形的底部。中国、奥斯曼、鞑靼和波斯的很多箭筒都是这种款式，它们的外壳由坚硬的皮革制成，底部较宽，自下而上至颈部逐渐变窄，颈部至筒口长 6—7 英寸。（图源：金·霍金斯）

16或17世纪的土耳其弓及配套的弓囊、箭袋。弓囊和箭袋都为皮革材质，外面包着红色丝绒，上面有银色浮凸刺绣和亮片装饰。这种弓囊和箭袋适用于步弓手和马弓手，通常挂在腰带上。惯用右手引弦的射手可将弓囊挂在左臀后，箭袋挂在右臀后。弓囊在必要时还可以多装一些箭。弓囊和箭袋往往用非常华丽的材料成套制作，诸如珍奇的兽皮、精美的天鹅绒、刺绣丝绸或精致的皮革。阿拉伯、土耳其和波斯的一些皮革箭筒色彩非常鲜艳，表面布满银色凸花细工装饰。大多数国家和民族，即使是比较常用的军用箭袋也会用金、银、青铜等材料进行装饰。这些华丽的装备可以说是“兵器中的瑰宝”，彰显了主人的地位和豪气，炫耀着他在弓箭装备上的慷慨投资。（图源：尤尔根·卡宾斯基，德累斯顿国家艺术收藏馆）

它是将整束箭的箭羽包在一块绸布里一起放入箭筒，这样箭羽就不会损坏，而且从绸布包里抽取单支箭进行射击时不会有多少阻力或损坏。可以想象，这些箭被辎重马队运来的时候已经包装好了，射手们把箭装进箭筒就像装步枪弹匣一样快捷。

关于斯基泰弓箭的几点思考

2017年，大英博物馆举办了一次斯基泰文化展览，我在学术会议上交流了一篇关于斯基泰战术的论文。在这次展览活动中，我有幸目睹了许多其他博物馆提供的展品，随后仿制了一些进行实验。下面是我在那次活动中萌生的一些想法。

斯基泰弓

斯基泰弓在古代画作中看起来很小，人们也普遍认为斯基泰弓实际尺寸就是这么小，但这个问题需要审慎研究。由于弓的长度与拉距大小有直接关系，如果斯基泰弓尺寸很小，那么它的箭也会相应较短，但是这些观点和认识却没有得到考古研究的证实。迄今为止，考古发现的许多斯基泰箭长30—31英寸，为数不多的几张出土的斯基泰弓或残片显示，它们的尺寸与其他民族稍短一点的复合弓差不多，而且开满弓时弓弦也能拉到耳边。斯基泰弓的结构设计非常适用于尺寸为45英寸左右的弓（上弦后的长度），所以美国制弓师杰森·比弗用传统材料仿制的很多斯基泰弓，长度都是45英寸。根据测量，他制作的斯基泰弓拉距为32英寸时拉力为85磅，拉距为34英寸时拉力可达103磅。这足以证明，斯基泰弓的材料和结构既可实现长的拉距，也能达到军用弓的拉力标准，它的设计原理对弓的尺寸和威力没有任何特殊的局限。

但是为什么古代画作中的斯基

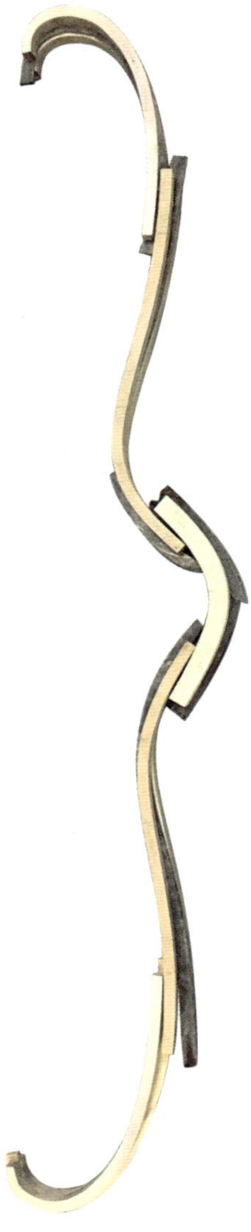

制作弓胎的各个部件排列在一起，等待装配和铺筋。这些部件由杰森·比弗制作，展示了复合弓结构的复杂性。如此精细的构造建立在对机械原理的深刻理解上，目的是制造具有军事用途的弓。（图源：杰森·比弗）

一张稀有的斯基泰弓，保存得非常完好，制造时间大约为公元前5世纪至公元前3世纪。它没上弦的时候长44英寸，按照复合弓的标准不是个短弓。弓臂上的筋腱层清晰可见，弓臂外表还有包裹桦树皮的痕迹。（图源：慕尼黑赫尔曼历史公司）

从克里米亚刻赤附近的库尔奥巴墓地发现的一块小金牌，高 3.25 英寸，是服饰上的一个部件。它的图形是两名背靠背的斯基泰弓箭手，手中的弓看上去非常短，可能只拉开了一点幅度，或者射手使用的是小拉距。这张标志性图片被广泛传播，让很多人误以为斯基泰弓的尺寸很小。（图源：大英博物馆）

泰弓都被画得那么小呢？对这个问题，我们可以这样进行推测。上图是在克里米亚东部库尔奥巴出土的一块小金牌，它用黄金精密铸造，如果弓的尺寸做得很大，在加工时弓臂比较容易折断。我们在一部分古代图画中也看到过较小的弓，但在画面场景中，弓的图案仅仅为了表明持弓人是个弓箭手，要突出的是持弓的人，而不是弓。作为一个象征性的图形，它没必要画得很大。针对这个问题，还有其他的一些猜测，但可以肯定的是，斯基泰弓在历史画作中确实存在尺寸失真的问题，当今的考古发现已经证明了这一点。

斯基泰弓是结构最复杂的复合弓，它的反曲形制和截面结构堪称经典。斯基泰弓符合精密的工程学设计原理，工匠们付出了艰辛的劳动才把它们制造出来，不可能没有强弓应有的巨大拉力。

从库尔奥巴古墓（公元前 4 世纪克里米亚的斯基泰古墓）出土的黄金饮水器皿，壶身上的图案清晰显示了弓箭手悬挂在左臀部的弓囊。壶身的整个图案讲述了一个斯基泰人挑战拉强弓的神话故事，可以看出一名挑战者的牙齿被打断了，可能是弓击中了他的脸，旁边另一名挑战者的胫骨被打断了，腿用绷带包扎着。笔者曾在一场比赛中开弓失手，导致手腕骨折，深知其中的危险性。复合弓开弓时非常需要技巧，而且弓的拉力越大，技术难度越高。非常轻微的扭转都会造成弓脱手，出错的弓箭手将吸取沉痛的教训。（图源：瓦拉迪米尔·特雷贝宁，圣彼得堡赫米蒂奇博物馆）

弓箭匣

“戈里托斯”（*gorytos*）是个希腊语词汇，意指斯基泰弓箭手使用的组合式弓箭匣。希罗多德（公元前 5 世纪）曾描述，斯基泰人将敌人的头皮剥下来晒成棕褐色，然后将这些令人恐怖的战利品挂在马具上当“手巾”，“许多人还从敌人的尸体上剥下右手的皮肤、指甲，用来制作箭筒”[132]。

前不久在乌克兰南部的一处墓地，考古人员发现了 10 个斯基泰弓箭匣，经过变焦电子显微镜检测，其中一个弓箭匣确实是用人皮制成的，希罗多德的可怕描述是真的！[133]

除了使用这些可怕的材料，许多斯基泰弓箭匣都有精美的装饰，它们通常是金色的。从维尔吉纳马其顿人古墓出土的弓箭匣非常精美，时间大约在公元前 4 世纪后期。在古代图画中，不论是骑行还是步行的斯基泰弓箭手，都将弓箭匣挂在腰带上悬吊在左臀部，用斜背带背在肩上，口部朝向后方。

其他国家或地区的箭筒通常放在弓箭手右臀部，方便右手取箭。而斯基泰弓箭匣挂在左臀部，让人不好理解箭怎么取出来。对此人们进行了各种推测，比如把手伸到背后去取箭，或是把弓箭匣转到身体前面来取箭，又或是用持弓手取箭，等等。为了验证这些推测，笔者仿制了斯基泰弓箭

笔者挎着仿制的斯基泰弓箭匣。这种弓箭匣对马弓手而言平衡性很好，也很适用于步弓手。它使用单肩皮带吊挂，可视情况沿着皮带进行小的调整。跑步前进时，要注意将弓箭匣置于腿前，免得相互碰撞。如果要做幅度非常大的动作，还可以把它向前后再推一点，以便获得最佳的射击姿势。（图源：金·霍金斯）

匣进行实验。鉴于出土的弓箭匣能装几十支箭，实验用的弓箭匣也做得很大。但在实验中发现，当箭陆续被抽出去后，剩下的箭会在空荡荡的箭匣里碰来碰去，噪声很大，听起来很烦人。解决的方法很简单，就是在箭筒里塞满干草，如果装的是阔头箭，我想塞些草籽也行。

经过实验发现，把手伸到后面取箭很不方便，速度也比较慢；把弓箭匣转到前面也不可行，没多久它又会转回去；而把箭匣放在面前也存在风险，万一弓箭手摔倒，会被自己的箭刺中面部。勇敢的战士不会在危险面前退缩，但也不可能把自己的装备设计得如此危险。

当笔者挎上仿制的斯基泰弓箭匣时，才切身感受到它的平衡性有多好。不管装没装弓，或者箭被抽出了多少支，弓箭匣的悬挂角度几乎没有变化。宽宽的束带装设于弓箭匣顶部约三分之一处，很好保持了弓箭匣的平衡。公元前 3 世纪的历史学家菲拉克斯在史料中提供了另外一条线索，证明斯基泰人有能力进一步实现平衡。他称，斯基泰勇士们会在箭袋里放进小石头，黑色石头代表厄运的一天，白色石头代表幸运的一天。根据这个说法，箭袋用不了多久就会变得异常沉重，所以这个说法令人怀疑。但是这个故事可能源于当年弓箭手用小石头放进箭袋保持平衡的做法，后来演绎成了一个神话，所以这个办法看起来又比较合理了。

经过反复实验，笔者最终发现从斯基泰弓箭匣取箭的最简单的方法，即用持弓手取箭，因为持弓手垂下时，恰好处于箭匣前端的弧形开口处。这套动作并不难，用持弓手的拇指、食指和中指取出箭，将其置于弓臂右边，然后右手捏住箭尾搭在弦上，只需一些练习就能做得非常流畅、顺手。

拇指撒放

实验证明，前述方法是斯基泰弓箭匣最好的使用方法。射击时箭搭在弓臂右边，意味着斯基泰人极可能运用的是某种方式的拇指释放。有些人反对这种推论，依据是考古人员至今从未发现任何斯基泰扳指。但是笔者认为，没有发现证据并不代表没有证据，考古人员同样也未发现用于三指撒放的护指。很多古代艺术品没有给出清楚的答案，只能隐约看出弓弦

由扳指订制公司仿制的萨尔马提亚青铜扳指。这枚扳指的原件制作时间可能是公元 100 年前后，2015 年考古人员在乌克兰发现了它，是在中国以外地区发现的历史最久的扳指。人们普遍认为萨尔马提亚人是斯基泰人的后裔，他们的扳指很可能与斯基泰人扳指相似。扳指上有个小孔用于安装系索（几股筋腱就足够了），可以将其系在拇指根部，也可以系在腕带上。最引人关注的是，它的护指片非常短，笔者经过试用感觉这个设计特别有用，射箭时不会影响“指感”，非常有利于骑射时快速上弦。（图源：金·霍金斯）

置于弓箭手的食指和中指之间，很像是拇指撒放。任何陌生的事物刚出现时，总会让人不习惯，但是经过测试，我认为斯基泰弓采用拇指撒放是可行的。拇指撒放在骑射时最为实用，其中的缘由在前面的章节里已经阐述。斯基泰扳指可能是用皮革制成的，经过漫长的岁月已经腐烂，无从查考，但也可能是硬质的。考古人员发现的一个扳指很可能属于斯基泰人，它和前几年出土的萨尔马提亚扳指非常相似，那里曾是斯基泰人的领地。

如前所述，左右开弓的能力对马弓手至关重要。身背斯基泰弓箭匣，双手灵巧的弓箭手可以轻易做到拉弓和上弦，必要时，他可以右手持弓，左手从弓箭匣中抽出箭来。

雅典的斯基泰弓箭手

有几幅源自希腊的画像据称描绘的是斯基泰人，引起了人们对斯基泰弓箭匣使用方式的误解。图画上的弓箭手将弓箭匣挂在斜背式肩带上，袋口朝前。这些图像是雅典艺术家创作的，在他们的眼里，斯基泰人是“外来的”，所以在细节的描绘上并不可靠，而且他们可能从未见过斯基泰弓或弓箭匣。尽管这些图画看起来很漂亮，但是这些“扮相”纯属想象，和一些现代出版物和电影制作虚构形象的手法相同，是假冒的历史图像。对雅典人来说，斯基泰人常常是他们取笑的对象。

公元前 5 世纪，雅典组建了一支早期的警察队伍，成员都是“斯基泰弓箭手”。乍一听，“弓箭手”似乎不太适合担任维持社会秩序的角色，因为在城镇街道上射箭似乎不是个好主意。但是，“弓箭手”这个称呼很可能只是人们对斯基泰人的代称，并不意味着他们在街上执法的时候还带着弓箭。很多希腊文学作品中提到过这些“弓箭手”，称他们殴打平民，还把人五花大绑，但都没提他们使用弓箭。考古研究表明，这些斯基泰弓箭手们通常带着装有木柄的短马鞭，这种马鞭和俄罗斯哥萨克警察的鞭子一样。它不仅是鞭笞工具，还可用来逮捕犯人。使用时，用鞭梢捆住犯人的脖子或手，木柄会像杠杆一样将其锁紧，使得“先生，跟我走”这道命令具有特殊的强制性。在雅典，斯基泰人由于特有的乡村口音常常受到当地人的鄙视和嘲笑，古希腊喜剧作家阿里斯托芬也经常在他的戏剧中讽刺他们。正是出于这些观念，雅典艺术家们对斯基泰弓箭做出了猜想，他们不是“弓箭手”吗，就给他们画上弓和箭吧，其实他们未必真的带着弓。

一个绘有斯基泰弓箭手画像的雅典盘子。此图像和另外一两个类似的图像都存在问题。乍一看，它似乎证实了斯基泰人在射箭时会将箭袋转到前面的说法。有人一直认为，如果箭袋口朝后吊在左臀部后面，惯用右手引弦的弓箭手很难把箭取出来，这幅图给了他们错误的佐证。实际上图中有很多疑点，比如弓箭手的衣服紧得出奇，当时的面料不可能做到这样，而且在其他的古代图像中，斯基泰人的服装都比较宽松，并没有这么紧；图中弓箭手的头饰是波斯样式，不是斯基泰样式的；弓箭匣的形状与弓也对不上，而且只有肩带没有腰带，一定会前后摆动。在我看来，它只是个演绎怪诞的异域风情的纪念品。真正的斯基泰弓箭匣设计得非常好，在大多数斯基泰人艺术作品中，它通常挂在弓箭手身后。只要制作方法得当，它不会转到身体前面去。（图源：大英博物馆）

B

C

A

（A）俄罗斯南西伯利亚“阿尔赞2号”古墓出土的斯基泰青铜箭镞，制造时间约为公元前7世纪。这些箭镞很多是三翼形箭镞，一部分为插装式，其余为套装式。钝头箭镞极可能用来捕猎飞禽或小型猎物。很多现存的斯基泰箭镞的箭刃上有个规则的圆孔，例如图中第一排第三个箭镞。有人认为这是铸造箭镞过程中出现的失误，但在笔者看来，这些小孔很可能是刻意制作的，用途是装填毒药使之变成毒箭。（图源：瓦拉迪米尔·特雷贝宁，圣彼得堡赫米蒂奇博物馆）

（B）“阿尔赞2号”古墓出土的斯基泰三棱箭镞，制造时间约为公元前7世纪下半叶。铁质箭镞的表面镶嵌有黄色金属，装饰精美，折射了斯基泰军用弓箭的不凡地位。（图源：瓦拉迪米尔·特雷贝宁，圣彼得堡赫米蒂奇博物馆）

（C）单钩型斯基泰箭镞仿制品。（图源：金·霍金斯）

箭

斯基泰人制作箭镞的主要材料是青铜，少部分用铁制作。马其顿的腓力（前 359—前 336 年在位）曾以建造一座赫尔克里斯青铜雕像为借口，威胁要进入斯基泰人的土地。斯基泰国王阿塔斯回应，如果腓力执意这么做，斯基泰的武士们将把雕像夺走并熔化制作箭镞。斯基泰箭镞有多种样式，许多有单边倒钩，另一种是三翼形箭镞，在目前出土的箭镞中比例很大。这种箭镞会造成外科医学所说的“星形伤口”，比一般的线性伤口缝合难度大，伤者很可能会血流不止，由此造成的心理恐惧更严重。此外，很多三棱形箭镞的箭刃有一定的偏转角度，可使箭在飞行中绕箭轴旋转，提高空气动力效能。

斯基泰箭镞的大小各异，但许多箭镞确实太小，无法直接安装在军用弓箭的箭杆上，因此使用颈杆接续安装箭镞是个合理的猜想。颈杆是插在

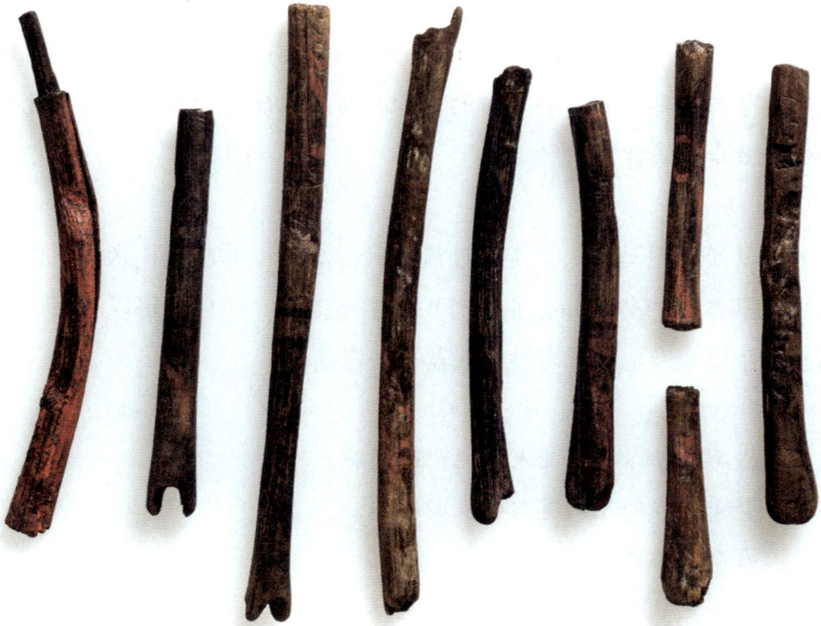

俄罗斯南西伯利亚“巴泽雷克 3 号”古墓出土的彩绘箭杆碎片，制造时间约为公元前 7 世纪。箭杆为桦木材质，表面涂过漆。漆的主要成分是比较耐久的朱砂红，还有白色、黑色和蓝色的颜料痕迹。给箭杆涂漆可能是出于保护目的，也可能是用来表明弓箭手属于哪支部队，还可能是为了区别箭的类型。有些箭杆上有锯齿形和菱形图案，很像蛇身上的斑纹，可能表示这是一支毒箭。有些箭杆有箭尾槽，而最左边的箭杆有非常清晰的榫钉状末端，它肯定是一根颈杆，能插入藤条箭杆或桦木箭杆上的楔入孔中。（图源：瓦拉迪米尔·特雷贝宁，圣彼得堡赫米蒂奇博物馆）

主箭杆前端，用于安装箭镞的一小截硬木箭杆。它的优点是，不管狩猎还是作战，颈杆可以被消耗掉，而主箭杆可以节省下来重复使用。想从敌军尸体上回收普通的箭不太容易，特别是有倒钩的箭，拔出来的时候很可能会折断，而使用颈杆就能较好地解决这个问题。颈杆不仅增大了箭杆的重量和冲击能量，而且它们易于与主箭杆分离，箭镞和颈杆可以单独留在敌人体内，用有毒的箭镞会特别有意义。颈杆常见于使用藤条箭或竹箭的地区，当然木箭杆也可以安装颈杆，只要在箭杆中心钻一个插孔就行。考古研究表明，斯基泰人的箭主要用桦树木制成，通常会安装箭镞颈杆。

斯基泰箭毒

公元前 4 世纪一部托名亚里士多德的希腊作品《论奇迹》(*On Marvellous Things Heard*) 中写道：

> 斯基泰箭毒是从毒蛇身上提取的。斯基泰人……让它们（毒蛇）腐烂一些日子，然后与人血混合倒进小罐子里，盖上盖子埋在粪堆里。等待一些时日，将水中的沉积物与腐烂的毒蛇血液混合，就可以制成致命的毒汁。[134]

公元 9 年，罗马诗人奥维德被流放到黑海沿岸的小镇托米斯。他对当地人（斯基泰人的萨尔马提亚后裔）的生动描述，让后人得以了解这个骁悍的马弓手民族及他们标志性的武器——毒箭：

> 成群的萨尔马提亚人和他们的同胞，
> 骑着马在崎岖的道路上来回慢跑，
> 每个人都挎着弓，
> 箭筒里装满了浸了毒液的黄色毒箭。[135]

奥维德的诗性语句，揭示了人们内心对毒箭的深深恐惧。

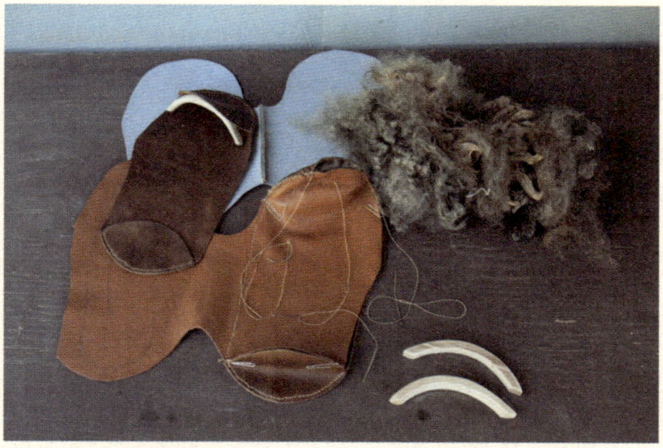

笔者正在制作的斯基泰马鞍。按照古墓出土文物的样式，在马鞍的 4 个边角缝入了木质拱形垫枕，提高了刚性。鞍垫用羊毛填充，底面缝了一块毛毡鞍布。（图源：金·霍金斯）

笔者仿制的斯基泰式马鞍安装在马背上。左右两块有衬里的鞍垫用一块单层的皮革连起来，比简单的鞍垫式马鞍有了很大的进步，缓冲性能良好，只是骑手的重量仍然直接压在马的脊柱上。在此设计的基础上，后期的马鞍增加了鞍槽，在马的脊柱上方隔出了一定的空间。这种马鞍用一根宽肚带固定在马背上，重量很轻，卸下来以后还能折叠，携行非常方便，游牧战士可以从马群中拉出一匹马装上马鞍就走。（图源：金·霍金斯）

斯基泰马弓手小塑像，制作时间为公元前 4—5 世纪。骑手坐在马鞍的“椅座”上，腿部弯曲钩在鞍垫的垫枕上。当年斯基泰人骑马可能就是这个姿势，但是根据笔者的经验，这种姿势极其困难，不合常理。也许这只是雕像制作者对马鞍使用方式的演绎，但他可能只见过骑手休闲的骑行姿态，没见过他们打仗时勇猛冲击的样子。

斯基泰马弓手

斯基泰人是闻名的马弓手，同时也是步弓手，马鞍是他们最重要的骑射装备。在一些已发掘的古墓中，随葬的马鞍保存得非常完好。为了测试，我在赫米蒂奇博物馆的埃琳娜·斯佩诺娃博士帮助下，参照“巴泽雷克3号”古墓出土马鞍的数据制作了一个斯基泰马鞍。斯基泰马鞍的设计非常巧妙，鞍座的4个角各有一个凸起的垫枕。虽然斯基泰马鞍没有马镫，但是很可能马弓手已经能在马鞍上立起身射箭了。通过测试笔者发现，骑手可以将身体向前倾斜，倚靠在前部的垫枕上，鞍座能从马鞍上翘起来。这种马鞍可以帮助骑手削弱骑行中的颠簸影响，为实现高水平的骑射打下基础。当然，射手也可以坐在马鞍上，在马儿的蹦跳颠簸中射箭，很多现代马弓手采用这种方法取得了不同程度的成功。但我个人仍然认为，起身射击是最好的骑射方法，斯基泰人很可能就是这样做的，他们的马鞍为立姿射击提供了可能。与这种观点相左的是，一些古代图画描绘了

笔者在帕提亚式马鞍上起身射击。注意这种马鞍没有马镫，但是两个前角可以辅助骑手在射箭时将身体向前倾斜，使鞍座适度翘起，与上下颠簸的马背分离。骑手的膝盖可以担任“减震器”，就与脚踩着马镫的效果一样，姿势非常平稳。这种马鞍需要骑手具有一定的骑乘水平，而有马镫的马鞍就不太需要，但是对于年轻的帕提亚武士们来说这不是什么问题。鞍座后部的两个角不仅能防止骑手后滑，还能辅助骑手坐在马上加速前进。（图源：金·霍金斯）

帕提亚四角马鞍的仿制品。它从斯基泰马鞍演变而来，原先的垫枕已进化成 4 个突出而坚固的角。（图源：金·霍金斯）

斯基泰人坐在马背上的所谓“椅座”上。我不怀疑这种历史图像的真伪，但是由此得来的推论必须以斯基泰马鞍的运动力学态势为依据。在没有马镫的情况下，骑手在鞍座上以“提腿”姿势策马慢跑，短时间内可能还比较舒适，但要全速疾驰的话，这种姿势就很难受了。考虑斯基泰马鞍的垫枕为起身向前的射箭姿势创造了条件，而且这是最佳的骑射姿势，所以斯基泰马鞍极有可能是专为骑射设计的，它改变了马弓手的能力，是马具装备的重大发展，其影响力和重要性甚至超过了几个世纪以后出现的马镫。

帕提亚人

斯基泰人的影响曾传播到伊朗，在短暂停留之后，从公元前 3 世纪开始，帕提亚文化中出现了斯基泰军事文化遗产的痕迹，特别是马弓手文化。帕提亚人的马鞍是无马镫的四角马鞍，在很大程度上源于斯基泰马鞍，后来为罗马骑兵所采用。

三、作战效能：不同的弓运用于不同的作战场景

伊本·沙达德是萨拉丁的传记作家，他记载了在 1189 年阿苏夫战役中的所见所闻，“我看到一些徒步士兵的背后中了多达 10 支箭，但仍保持队形继续前进”[136]。拜占庭公主安娜·科姆内在此前的半个世纪描写了另

一个事件，“他的箭十分精准，贯穿了一名敌军士兵举着的长盾牌，劈开了他的链甲胸衣，并且将他的胳膊钉到身体上了”[137]。这两篇史料一个在赞美盔甲的防护效果，另一个在称赞弓箭的威力，看起来让人无所适从。其他的史料中也有很多截然不同的例子，人们在探讨弓箭和铠甲谁占优势这个问题时，往往会根据个人倾向选择相应的篇章作为论据。

世界各地的复合弓并没有统一的标准，拉力大小、箭镞样式、铠甲形式、战术应用等各方面都有所不同，这些差异都会对复合弓的作战效能产生影响。因此一些证据乍一看是对立的，但是若能理解它们是在描述完全不同的环境和理念，也许实际上并不矛盾。

从弓箭的性能上对比，高射速的弓箭和大威力的弓箭有不同的作战效能。6 世纪的罗马作家普罗柯比用有些较为偏颇和夸张的手法描述了波斯战争（Persian wars）中大威力弓箭射击和快速射击的效果对比：

> 波斯人的弓箭射速快得无与伦比，因为他们几乎都是弓箭手，而且都经过了超强的速射训练。但是他们的弓弦张得不够紧，射出的箭力量很弱，一命中罗马士兵的胸甲、头盔或盾牌后就折断了，杀伤力不够。罗马弓箭手的射速确实比较慢，但是他们的弓非常强劲，弦张得很紧，加之罗马弓箭手身体更加强壮，他们可以轻松地射杀大量的波斯人，杀伤力远超对手，几乎没有哪种铠甲能够抵挡得住。[138]

弓的拉力

古时的中国军队弓箭手都渴望能够射穿 7 层皮革，相当于头盔最厚处、护耳部位的厚度[139]。在清王朝结束之前，中国人一直把杀伤威力作为弓箭武器的核心。乔治·卡梅伦·斯通曾经到过中国，他在 1934 年写道，“150 磅拉力的弓在中国并不罕见……我在北京看到的弓……很大，长约 6 英尺，握把处的截面大约有 2 平方英寸，最大拉力据说可达 200 磅”[140]。在世界历史上，满族是使用复合弓到最后的民族，有各种详尽的历史记录。根据这些史料，我们可以了解它们的拉力大小，大部分数据也适用于其他民族的复合弓。

在 18 世纪的中国，射箭仍是一项非常重要的作战技能。1736 年，驻守中国杭州的 3200 名八旗兵进行了一次射箭技能测试，结果表明，只有 80 人的开弓能力达到 147—173 磅，大多数士兵（约 2200 人）的拉力为 80—133 磅，还有 920 人的拉力最多只有 67 磅[141]。史料中没有提及最低拉力是多少，但我认为不会低于 60 磅。这些士兵有三分之二以上体重为 80—133 磅，按照现代箭术标准，他们应当都是很强壮的弓箭手，但是他们的能力也就如此，并不令人惊异。很多现代传统弓射手的拉力能超过 100 磅，能使用拉力为 80 磅弓的人更多。他们并非具有超人般的力量，而是在训练中掌握了重拉力弓的正确使用方法，这与休闲娱乐箭术有很大差别。

一名士兵在静止状态下的最大开弓拉力不同于他的有效射击拉力。上述数据来自实际射箭测试，参加测试的士兵们必须把箭射向目标。而在军事检验中，所有八旗人只需开弓无须放箭，证明他们的开弓拉力可达 160 磅。高颖认为一个人的射击拉力通常是最大开弓拉力的一半，而满族军队的统计数据说明，大多数弓箭手的射击拉力为 80 磅，两者的情况非常吻合。此外，从满族军队的测试数据来看，士兵们的开弓能力有很大的差异，但是 60 磅也在可接受范围之内。

1727 年，当时的中国皇帝（雍正）批判了社会上的一种不良倾向。即很多年轻人从低拉力的弓到大拉力的弓的进度过快，使得不少人因此受伤，雍正皇帝批评他们过于雄心勃勃，“如果想练习强弓（大拉力弓），应该稳步练习，循序渐进，逐步提高弓的拉力……另外，强弓增大了骑射的难度，哪有什么好处？用 6 力（约合 80 磅）[142] 的弓就足够了”[143]。这段话非常有指导意义，明确了马弓手骑射用弓的拉力大小，数值和我们所预期的相符，并且肯定了骑射使用重拉力弓的难度比徒步使用的难度大。综合考虑以上两份史料推断，各民族普通马弓手使用的弓拉力可能都在 60—80 磅之间。

步弓手确实能使用拉力更大的弓。杭州的大部分八旗兵弓箭手能够达到

英国战弓射手乔·吉布斯将一张克里米亚鞑靼弓拉至满弓。这张弓由亚当·卡波维奇制造，拉距 31 英寸时拉力为 180 磅。乔用的是“地中海式”三指撒放，他的表现可以证明，经过适当训练的人可以驾驭如此强劲的弓。乔的个头中等，身体健壮，肌肉发达。他说，当拉距超过 18 英寸时，弓的长梢开始发挥杠杆作用，引弦明显变得轻松，没有出现超拉现象。在我写这本书的时候，他只用这张弓射过几次箭，但他用这张弓和相同拉力的英格兰长弓进行了对比测试，结果证实克里米亚鞑靼弓的射程更远。两张弓测试用的是同一支箭，重 2.1 盎司，长 7 英寸。虽然测试那天的天气不太利于用较重的箭进行远距离射击，但英格兰长弓的射程还是达到了 298 码，而复合弓的射程达到了 320 码。（图源：基尔斯蒂·吉布斯）

80—130 磅拉力，这可能是最合理的级别。不管是当年还是现在，总会有一些非凡的勇士能使用最强劲的弓，骑射开弓可达 130 磅，徒步开弓可达 200 磅。他们中有的用箭射穿了厚厚的木块，有的射穿了敌人的盾牌、链甲和胳膊（安娜·科姆内描述的那位弓箭手），在弓箭历史上创造了一个个传奇。

箭和铠甲

复合弓的拉力等级有很多种，箭的品种、防护铠甲的形式也有很多。有些装备简陋的军队，个人防护装备可能只是厚毛毡或棉软甲，虽然能抵挡狼牙棒的打击甚至刀剑的砍击，但防御弓箭穿刺的能力很差，即便是骨质箭镞它们也应对不了。匈奴、阿瓦尔、匈人、鞑靼和蒙古马弓手们四处劫掠，他们常常使用装有骨质箭镞的箭，不仅参加正规作战，还在扩张领土的征伐中震慑手无寸铁的平民。我曾目睹用中等拉力弓发射的锥形骨箭射穿了胶合板盾牌（仿制品），杀伤效果惊人。当然，在必要时这些军队都会使用各种各样的铁质箭镞，杀伤力更强。

意大利旅行家马可·波罗曾写道，“每个蒙古人依令携带60支箭参战，30支小箭用于穿甲，30支大的阔头箭用于近战”[144]。《蒙古史》（*Ystoria Mongalorum*）一书的作者、教皇使节、意大利旅行家乔瓦尼·达皮安·德尔·卡皮恩写道，“当他们发现敌人时立即发起攻击，每人向敌军发射三到四支箭”[145]。这听起来很像是马弓手的速射战术，他们骑着马冲向敌军阵列，在距敌军20—60码的距离上快速发射，射击时间只有几秒钟。弓箭手在较远的距离时可能先用小箭，抵至最近距离时再用阔头箭。弓箭的攻击能否奏效取决于敌方铠甲的防护水平，复合弓所面对的常常是各种设计精良的铠甲。

鳞甲是古代常见的铠甲之一，它是将硬化皮革或金属（青铜或铁）鳞片重叠缝制在多层亚麻衬底上。我有一件仿制图坦卡蒙陵墓出土文物的埃及鳞甲，用自己的75磅拉力角弓对其进行了穿甲测试，射击距离为10步远，使用的箭为竹制箭杆、青铜箭镞，箭镞和箭杆之间装有刺槐木颈杆。实验结果显示，箭在鳞甲表面留下了明显的撞击痕迹，但是被弹开了，没能穿透鳞甲。这种轻型铠甲也适用于牵引战车的马匹，但它很可能无法对抗法老阿蒙霍特普二世的强弓。阿蒙霍特普二世的编年史作者曾描述他从战车上射击过一掌宽（约4英寸）厚的铜靶，“法老向铜靶射了一箭，箭贯穿了铜靶掉落在地，这种技艺前所未有，闻所未闻”[146]。我们都能理解当年的作者在写作时必须维护法老的声誉，但是这种故事仍有标志性意义，它描述了一些特殊、不寻常的情况。也许这样的武艺是真实的，但问题是这种情况是个例外，非同寻常。对弓箭爱好者们更有益的还是常见的事物，我仍要强调，铠甲虽然不是百分百保险，但对付弓箭确实有一定的效果。

各种铠甲的设计都是为了穿戴者的安全。中世纪波斯有一种板链甲(*josan/jawshan*)，是将长方形的皮质板甲块系在一起制成的躯干护甲。制作时，先用牛奶和苏打混合溶液浸泡脱毛骆驼皮，然后将皮革剪成形状、大小合适的小块。待干燥后，在每个板甲的表面涂四层混合胶水，上一层胶干了以后才能涂下一层。这种“胶水”里含有紫铜颗粒和刚玉粉末，还有两种成分不明的物质[147]。不明物质可能是用于提高混合液的黏性，便于黏合各种物质和在鳞甲表面形成保护涂层。这种由皮革、金属和矿砂组成的多层结构，能打造出具有良好缓冲效果、质地坚硬的铠甲，能够抵挡大部分弓箭的攻击。

在防御弓箭的能力上，没有几种盔甲比得上“卡扎汉”(*kazaghand*)铠甲。它是一种多层结构的织物覆面锁甲外套，在近东和波斯很常见。伊本·沙达德曾描述他在阿苏夫战役中看到一些士兵身上中了很多箭还能坚

陶德·费曼仿制的埃及鳞甲。它用生牛皮鳞片制成，表面涂有牛奶漆，用虫胶密封。鳞甲片用细绳缝在 6 层麻布上，内里还有 12 层亚麻布缝合的衬里。每个鳞甲片上下左右都会相互叠压，弓箭射中鳞甲表面任何一点，实际上都面临 3 层鳞甲的阻挡。另外，鳞甲下还衬有多层织物，受到外力冲击时还能产生弹簧式的缓冲效应。(图源：金·霍金斯)

持战斗，如果这些人是身穿“卡扎汉”铠甲徒步作战的骑士，那么他所说的更加可信，并且没有贬低撒拉逊弓的强大威力。

那些身上中了很多箭、扎得像豪猪一样的倒霉家伙很可能是被马弓手射中的，他们使用的是拉力为60—80磅的弓。马弓手的主要任务是破坏和袭扰，行动中需要携带大量又轻又细的箭，便于向敌军实施多次速射。用拉力较小的弓和较轻的箭攻击这种顶级的铠甲，只能造成一些表面损伤，难以致命。即便如此，并不能说弓箭没有取得任何战术目标，因为马弓手的任务只是袭扰敌军。我在长弓一章中提过，一些现代学者往往过于重视弓箭的穿透性，将其作为衡量弓箭手作战效能的唯一标准，这是不正确的。

满族步弓手

图为中国清朝大小金川之战期间，清军步弓手正在攻击村庄的碉楼[148]。清王朝统治期间，清军与四川省金川部落爆发了两次战争，第一次是在1747—1749年，第二次是在1771—1776年，最终朝廷战胜。在此时期，满族人虽然已经有了火药枪装备，但仍然非常依赖弓箭，这是他们固有的军事文化特质。作为对满族军事传统的尊重与肯定，弓箭在清军中一直受到高度重视。叛乱的金川部落生活在人迹罕至的川西山区，由于弓箭具有静音和便携的优点，非常适用于狙击、伏击和突袭等作战行动。

这幅画描绘了当年的作战场景。它是一场典型的游击战斗，清军弓箭手们在运动中向敌人不断射击，或是借助地形掩护随时准备袭击碉楼。火弓箭在这种战斗中特别有效，射进碉楼会引发大火，把碉楼里的人驱赶出来。腿脚麻利的金川人一旦逃出碉楼，会很快利用地形逃走。此时，清军弓箭手将发挥快速和强力攻击的优势，在金川人逃进山林之前干掉他们。在这种情形下，如果用火枪攻击他们，速度根本赶不上。

中国新疆米兰古城遗址发掘出的唐朝末期札甲残片。残片中的甲片呈长方形，材质为皮革，外表有黑色和红色涂漆。札甲通常由小块的皮革或金属甲片串连在一起制成，其中皮革札甲在中国特别流行，在其他使用复合弓的地区也有应用。（图源：大英博物馆）

战术效果

军用弓箭的有效性必须根据战术目标进行评判——是用大杀伤力的弓箭杀伤敌军，消耗敌军有生力量，还是用连续的箭雨骚扰、震慑、控制敌军，阻敌机动。杀伤性攻击和饱和攻击有明显区别，需要采取不同的战术，使用不同的弓箭装备，评估标准也应当有所不同。

弓的威力和速射能力之间存在一定联系。在战斗中用什么样的箭，不仅取决于敌方穿什么样的铠甲，还取决于己方的射击方式。如果要进行速射，箭应当细一点、轻一些，降低射手的操作难度，提高箭矢的携带量，以满足速射战斗的快速消耗。反之，强弓和重箭更适用于狙击手和攻城部队。步弓手要实施远距离齐射需要使用重弓（参见长弓章节关于远距离射击和箭矢储备保障的内容），但是对近距离目标射击也可以使用重弓，清朝时期清军的战术思想就是每射出一支箭要消灭一个敌人。在某些情况下，比如弓箭手部署在防御工事内、躲在城墙或巨盾后面，或者弓箭手的数量非常庞大，足以形成密集的箭雨时，弓箭的射速并不重要。但是，如果步弓手遂行散兵作战，需要在运动中快速射击，那么最好使用拉力小一点的弓和轻一些的箭。

马弓手使用的弓通常比步弓手的弓拉力要小，但也必须具备基本的作战效能。马弓手可以抵近目标时再放箭，能在很大程度上弥补弓拉力低的不足。当射程为 20、30 或 40 码时，拉力 70—80 磅的弓仍具有强大的杀伤力。马弓手的持续骚扰就像连续的炮击一样，会给敌军心理带来严重的影响，进而逐步粉碎敌人的决心和意志。经过连续的攻击，敌军神经会高度紧张，非常疲倦。但并非每支箭都要制敌于死地，弓箭的打击本身就是对敌人的一种威胁，是一种无法摆脱的烦恼，因为被弓箭命中后非常疼痛。这种袭扰战术对马弓手部队自身的风险较小，所以他们可以持续多天地攻击敌军。

不管伤亡率高不高，弓箭最有效的功能之一是压制敌军、阻敌机动，确保己方保持战场的控制权，马弓手部队是达成这一战术目的的关键。战争期间，用弓箭攻击敌军的马匹是常用战术。尽管马铠有一定的防护能力，但与骑手穿的精良铠甲相比，马的防护仍然不足，因为马的目标大，很容易遭受敌方攻击，即使是久经沙场的老马在箭雨的攻击之下也会疼痛不已、惊恐不安。安娜·科姆内记述了一个事件，一队弓骑兵被派去攻击博希蒙德统帅的诺曼骑兵，“他们的箭像雨点一样落在敌军的马身上，敌军陷入一片混乱”[149]。在这场战斗中，弓骑兵采用的是追击战术，即用弓箭持续攻击和驱逐敌军，但又不与敌军实际接触。由此可见，马弓手和轻骑兵在击溃敌军、夺取胜利的战斗中，能够发挥重要作用。

拜占庭皇帝利奥六世（886—912 年在位）曾撰写《战术》(*Taktika*)一书，他建议弓箭手先攻击军队的战马，能够赶跑敌军，“这样做有两个原因，一方面，战马是高价资产，得之不易，敌人不想让马受到损失；另一方面，敌军的骑兵自己也想躲避箭雨，不得不骑着马尽快逃离”[150]。继任皇帝尼基弗鲁斯二世·福卡斯（963—969 年在位）曾警示道，如果骑兵被击溃，盲目追击将是个错误，因为他们的机动速度比博希蒙德的骑兵快，“如果追不上他们，他们会发挥速度优势，迅速向我们的人发起反击。所以，追击他们毫无益处”[151]。

马弓手的效能不仅涉及弓的威力，还取决于马的速度和耐力。在对阵战中，部署弓骑兵实施包围、侧翼袭扰和持续攻击等行动非常有效。当马札尔人联手帕济纳克人进攻拜占庭帝国时，阿拉伯历史学家马苏德描述了他们在 934 年的一场战役中采用的战术：

> 战斗开始了，右翼的弓骑兵出发攻击拜占庭军队的阵列，到达左翼后占领了一个新的阵地；而后左翼的弓骑兵出发攻击拜占庭军队阵列，随后到达右翼。弓骑兵们就这样在拜占庭军队的阵前不停地滚动，像磨石一样将敌人渐渐磨碎。[152]

坚守防御与机动攻击这两种战术体现了东西方军事思想的根本差异。欧洲骑士即使在骑马作战时，也会组成壁垒队形，像一堵墙一样移动，依靠整体冲击达成战术目的，所以他们不得不与敌人实施近战。但是，马弓手能够实施远距离攻击，他们通常会尽力避免与敌军展开近战，除非情势所需或敌军已被明显削弱。他们能够在战场上和行军中连续机动，随时改变行进方向和时机，适应执行多种任务，这是其他任何兵种都无法比拟的。

无数的事实证明，复合弓是一种非常高效的武器。装备了复合弓的步弓手们在陆地野战和城镇攻防中大显身手，而在马弓手的手中，它的攻击力最为持久。

结论

以往只有几位古文物研究者研究复合弓，现在复合弓变得相当“有人气”，这得益于人们对传统历史箭术兴趣的逐渐浓厚。越来越多的熟练工匠在学习复合弓的制造技术，仿古的筋角复合弓产品比以往任何时候都多。一些弓箭爱好者在练习使用传统威力的复合弓，拇指撒放法也在射箭训练场变得越来越常见。这些都使得复合弓的研究工作愈发迫切，需要通过实验进一步了解复合弓在历史上的使用方式，以及能达到的射击目标。目前有不少很好的独立网站，其中“亚洲传统箭术研究网络”（ATARN）[153] 是复合弓研究成果的在线传播中心。

复合弓的制造与使用正在复兴，与此密切相关的是，骑射作为竞技运动和一门武艺正越来越受到大众的欢迎。在一些国家，也就是那些马弓手文化遗产深厚的国家，骑射已经成为个性文化的标志，弓箭爱好者们经常穿着本民族的传统服装，使用本民族的传统弓箭。在没有骑射传统的地方，马弓手们会穿着各种各样的服装，使用各种各样的弓，包括一些现代款式的弓。复合弓箭术是一门鲜活的艺术，最好的开端是学习过去马弓手们的那种力量、速度和精度。

现代马弓手在他们自己和马、弓之间建立了一种联系，这种联系是古代欧亚草原的武士们所能理解的，也是尊贵的马穆鲁克人所赞美的。对复合弓的研究是了解不同民族和不同历史的门户，它有无限的魅力和无穷的回报。当越来越多的历史研究逐渐展现出各民族的特质时，这种非凡绝巧的武器为跨文化知识探索开辟了崭新的视野。

注释

[1] 原注：引自 Paterson, W. F. (1984). *Encyclopaedia of Archery*, London: Robert Hale Ltd, p.38。

[2] 译注：也称单体弓。

[3] 原注：同注 [1]，p.73。

[4] 原注：通常为栌木。

[5] 译注：亦称轻箭。

[6] 译注：非反曲弓。

[7] 原注：硬质反曲弓臂“*kasan*”至弓梢“*bash*”之间的杠杆“*siyah*”。

[8] 译注：弓的拉距已超过最佳数值。

[9] 原注：有个例外情况，因纽特人会用复杂的打结方法将筋腱绑在木制弓胎上制成复合弓，因为在极寒条件下很难制造弓胶。

[10] 译注：洋海古墓出土的弓的简称。

[11] 原注：引自 Selby, Stephen & Karpowicz, Adam (2010).“Scythian Bow from Xinjang”, in *Journal of the Society of Archer Antiquaries*, Vol. 53: pp.94–102。

[12] 译注：萨满教有动物崇拜信仰。

[13] 原注：鲟鱼可以制成黏合筋腱的最好的胶水。

[14] 原注：同注 [11]，pp.94–102。

[15] 译注：图坦卡蒙是古埃及第十八王朝法老。

[16] 译注：中王国末期大批来自迦南的西亚人。他们把马、战车、排弓等第一次带入埃及。

[17] 译注：东地中海地区。

[18] 译注：弓臂反弹回未挂弦时的完全反曲状态，亦称翻弓。

[19] 译注：亦译为“不死军”。

[20] 原注：66 这个数字在伊斯兰教义中有特殊意义。

[21] 原注：通常是山达脂。

[22] 译注：土耳其语音译。

[23] 译注：土耳其语音译。

[24] 译注：匈奴帝国皇帝（434—453 年在位）。

[25] 译注：中国少数民族，清朝的统治民族。

[26] 原注：引自 Tian, Jie & Ma, Justin (2015). *The Way of Archery: A 1637 Chinese Military Training Manual*, Atglen, PA: Schiffer Publishing, p.75。

[27] 原注：同注 [26]，pp.75–77。

[28] 原注：引自 Pritchard, J. B. (2011). *The Ancient Near East – An Anthology of Texts and Pictures*, Princeton, NJ: Princeton UP. pp.139。

[29] 原注：引自 Klopsteg, Paul (1987). *Turkish Archery and the Composite Bow*, Manchester: Simon Archery Foundation, The Manchester Museum, p.41。

[30] 原注：同注 [29]，p.42。

[31] 原注：同注 [29]，p. 40。

[32] 原注：同注 [29]，p.49。

[33] 原注：同注 [29]，p.42。

[34] 原注：引自 Faris, N. A. & Elmer, R. P. (1945). *Arab Archery*, Princeton, NJ: Princeton UP, p.95。

[35] 译注：椒盐卷饼是一种欧洲流行的小吃，也称双圈饼干、蝴蝶脆饼。

[36] 原注：引自 Latham, J. D. & Paterson, W. F. (1970). *Saracen Archery*, London: The Holland Press, p.94。

[37] 原注：同注 [36]，p.94。

[38] 原注：同注 [26]，p.77。

[39] 原注：同注 [36]，p.100。

[40] 原注：引自 Khorasani, Dr Manouchehr Moshtagh (2013). *Persian Archery and Swordsmanship*, Frankfurt-am-Main: Niloufar Books, p.90。

[41] 译注：拉其普特为英国统治印度时期文献中对原印度拉其普他那地区居民的称呼。

[42] 原注：引自 Pant, G. N. (1978). *Indian Archery*, Delhi: Agam Kal Prakashan, p.120。

[43] 原注：同注 [42]，p.121。

[44] 译注：锡克族。

[45] 译注：一种锡铅合金。

[46] 译注：《火神往世书》，一种古印度文献的总称。

[47] 原注：同注 [42]，p.118。

[48] 原注：引自 Elmy, D. (1969). "Steel Bows in India", in *Journal of The Society of Archer-Antiquaries*, Vol. 12, p.17。

[49] 原注：同注 [48]。

[50] 译注：音译，波斯语中意为"力量之屋"。

[51] 原注：几十年前曾是高尔夫球杆制造业的先驱。

[52] 原注：同注 [48]，p.15。

[53] 译注：中国称该现象为炸弓。

[54] 原注：同注 [34]，p.45。

[55] 原注：同注 [34]，p.45。

[56] 原注：同注 [36]，p.136。

[57] 原注：称为斜弓。

[58] 原注：同注 [34]，p.43。

[59] 原注：引自 Morse, Edward Sylvester (1885). *Ancient and Modern Methods of Arrow Release.* Nabu Public Domain Reprint from Bulletin of the Essex Institute, Vol. Xvii. Oct–Dec 1885, p.19。

[60] 译注：古埃及第十二王朝法老。

[61] 原注：引自 Koppedrayer, Kay (2002). *Kay's Thumbring Book*, Ontario: Blue Vase Press, p.32。

[62] 原注：同注 [36]，p.68。

[63] 原注：同注 [36]，p.68。

[64] 原注：同注 [26]，p.140。

[65] 原注：同注 [26]，p.140。

[66] 译注：腕尺为古代的一种长度单位，1 腕尺约为 52.4 厘米。

[67] 译注：蒙图是上埃及艾尔曼特地区尊崇的战神，在底比斯同样受到尊崇，在卡尔纳克建有蒙图神殿。以头戴饰有长翎和圣蛇乌拉埃乌斯的太阳圆盘的猎鹰首男人身形象出现。

[68] 原注：引自 Pritchard, J. B. (1969). *Ancient Near Eastern Texts Relating to the Old Testament*, Princeton, NJ: Princeton UP, p.244。

[69] 原注：同注 [61]，p.19。

[70] 译注：亦称玄槽扳指。

[71] 原注：同注 [61]，p.32。

[72] 原注：同注 [61]，p.26。

[73] 原注：同注 [34]，p.123。

[74] 原注：引自 Selby, Stephen (2000). *Chinese Archery*, Hong Kong: Hong Kong University Press, p.144。

[75] 原注：引自 Jankovich, Miklos (1971). *They Rode Into Europe*, London: Harrap, p.65。

[76] 原注：同注 [75]，p.64。

[77] 译注：也称为汗血金马、大宛马。

[78] 原注：古罗马四角鞍的稳定效果很好。

[79] 原注：同注 [36]，p.76。

[80] 原注：引自 Hazine 1523 f138a。

[81] 原注：同注 [36]，p.76。

[82] 原注：引自 Oztopcu, Kurtuluş, trans. (1986). *A 14th Century Mamluk-Kipchak Military Treatise: Munyetu'l-Ġuzāt*, http://www.scribd.com/doc/ 114356754/ Munyatu-l-Guzat#scribd (accessed 21 August 2015), p.199。

[83] 原注：同注 [82]。

[84] 原注：同注 [82]，p.200。

[85] 原注：引自 "Elizabeth: July 1582, 21–25", in Calendar of State Papers Foreign, Elizabeth, Vol. 16, May–December 1582, ed. Arthur John Butler: 170–188. http://www. british-history. ac.uk/ cal-state-papers / foreign/vol16/pp170–188 (accessed 2 May 2015)。

[86] 原注：同注 [74]，p.355。

[87] 原注：同注 [74]，p.351。

[88] 原注：引自 I Chronicles 12：pp.1–7。

[89] 原注：同注 [74]，pp.305–306。

[90] 原注：同注 [61]，p.32。

[91] 原注：引自 Ray, Purnima, trans. (2014). *Vasistha's Dhanurveda Samhita*, Yokohama: JP Publishing House, p.28。

[92] 原注：同注 [34]，pp.134–138。

[93] 原注：同注 [34]，p.136。

[94] 原注：同注 [36]，p.137。

[95] 原注：同注 [36]，p.82。

[96] 原注：引自 Smail, R. C. (1995). *Crusading Warfare 1097–1193*, Cambridge: Cambridge University Press, p.76。

[97] 原注：同注 [26]，p.123。

[98] 原注：同注 [26]，p.123。

[99] 原注：同注 [34]，pp.151–153。

[100]原注：同注 [34]，p.153。

[101]原注：同注 [26]，p.122。

[102]原注：引自 Nicolle, David (1994). *Saracen Faris*, London: Osprey Publishing, p.52。

[103]译注：贝叶挂毯的制作时间约为 12 世纪，长 231 英尺，宽 20 英寸，上面绣有诺曼人征服英格兰的历史场面，现藏于法国贝叶博物馆。

[104]原注：同注 [91]，p.41。

[105]译注：英文名为 Justin Ma。

[106]原注：同注 [74]，p.353。

[107]原注：同注 [40]，p.79。

[108]原注：同注 [34]，p.134。

[109]原注：同注 [91]，p.43。

[110]原注：引自 Heath, E. G. (1971). *The Grey Goose Wing*, London: Osprey Publishing, p.79。

[111]原注：同注 [29]，p.107。

[112]原注：同注 [29]，p.107。

[113]原注：在现代，这种箭被称为“呼噜－呼噜”箭，是个象声词。塞米诺尔的印第安人曾用这个词称呼一种用于近距离捕猎小动物的宽羽箭，莫里斯·汤普森记录了这种箭的用法（原注：引自 Thompson, Maurice (1878). *The Witchery of Archery*, New York, NY: Charles Scribner’s Sons, p.202）。

[114]原注：印度人使用的装置类似。

[115]原注：同注 [91]，p.21。

[116]原注：同注 [34]，p.134。

[117]原注：同注 [36]，p.140。

[118]原注：同注 [36]，p.143。译注：此处史实有误，1291 年组织阿卡围城战的应是马穆鲁克苏丹阿什拉夫·哈利勒，使用了多部投石机。

[119]原注：引自 Marcellinus, Ammianus, trans. W. Hamilton (1986). *The Later Roman Empire*, Harmondsworth: Penguin, p.441。

[120]译注：中国称之为圆铤式。

[121]原注：引自 Liao Wanzhen, trans. Stephen Selby (1999). “Whistling arrows and arrows

whistles” . Asian Traditional Archery Research Network. http://www.atarn. org/chinese/whistle/whistle. htm (accessed 12 September 2015)。

[122]原注：同注 [91]，p.21。

[123]译注：插装（圆铤）式箭镞后部细长的柄形部分在中国古代称为箭铤，空心套装式箭镞在中国称为空心銎式箭镞。

[124]原注：同注 [91]，p.40。

[125]译注：射手凭感觉将箭上弦。

[126]原注：同注 [36]，p.139。

[127]原注：同注 [34]，p.133。

[128]原注：图中的刀片为了拍摄需要进行了抛光打磨。

[129]原注：同注 [40]，p.59。

[130]原注：同注 [34]，p.155。

[131]原注：引自 Nicolle, David (2001). “A Mamluk Training Manual” , in *Osprey Military Journal*, 2001, Issue 3/5: p.47。

[132]原注：引自 Herodotus, trans. A. D. Godley (2013). *Complete Works*, Hastings: Delphi Classics, p.618。

[133]原注：引自卢克·斯平德勒博士、玛格丽塔·格列巴博士、玛丽娜·达拉甘博士和马修·柯林斯教授于 2017 年 10 月 29 日在大英博物馆举行的“斯基泰人和其他早期欧亚游牧民族”会议上发表的论文《验证希罗多德的学说》(*Testing Herodotus*)。

[134]原注：引自 Barnes, Jonathan, ed. (1995). *The Complete Works of Aristotle Volume Two*, Princeton University Press, p.1294。

[135]原注：引自 Williams, Derek (1998). *Romans and Barbarians*, New York: St. Martin’s Press, p.46。

[136]原注：引自 Verbruggen, J. F. (1997). *The Art of Warfare in Western Europe during the Middle Ages*, Woodbridge: The Boydell Press, p.235。

[137]原注：引自 Komnene, Anna, trans. E. R. A. Sewter (2009). *The Alexiad*, Harmondsworth: Penguin, p.288。

[138]原注：引自 Procopius, trans. H. B. Dewing (2007). *History of the Wars: The Persian War*, New York, NY: Cosimo, pp.169–170。

[139]原注：同注 [74]，p.132。

[140]原注：引自 Stone, George Cameron (1961). *A Glossary of the Construction, Decoration, and Use of Arms and Armor in All Countries and in All Times*, New York, NY: Jack Brussel, Reprint of 1934 edition, p.134。

[141]原注：引自 Dekker, Peter (2012). "A Practical Guide to Manchu Military Archery", in *Journal of Chinese Martial Studies*, 2012, Issue 6: p.103。

[142]译注："力"为清朝时期衡量弓的拉力大小的计量单位，每"力"合 9 斤 14 两，约合 13 磅。

[143]原注：引自 Elliott, Mark (2001). *The Manchu Way*, Redwood City, CA: Stanford UP, p.180。

[144]原注：引自 Turnbull, Stephen (2003). *Mongol Warrior 1200–1350*, Oxford: Osprey Publishing, p.47。

[145]原注：同注 [144]，p.48。

[146]原注：同注 [68]，p.244。

[147]原注：引自 Nicolle, David (2002). *A Companion to Medieval Arms and Armour*, Woodbridge: The Boydell Press, p.179。

[148]译注：川西碉楼。

[149]原注：同注 [137]，p.143。

[150]原注：引自 Dennis, George, trans. & ed. (2010). *The Taktika of Leo VI*, Cambridge, MA: Harvard UP, p.129。

[151]原注：Dennis, George, trans. & ed. (1985). *Three Byzantine Military Treatises*, Cambridge, MA: Harvard UP, p.104。

[152]原注：同注 [75]，p.103。

[153]译注："ATARN"为"Asian Traditional Archery Research Network"的缩略语，意为"亚洲传统箭术研究网络"。

第四章

CHAPTER FOUR

日本和弓

THE JAPANESE *YUMI*

弓术（*Kyūjutsu*）是指日本人使用弓箭的武艺。弓道（*kyūdō*），而非剑道（*kenjutsu*），是日本封建武士时期最重要、最具标志性的武艺。“弓矢之道”（*Yumiya no michi*）和“弓马之道”（*kyūba no michi*）都是武士职业用语。直到16世纪晚期，日本职业化武士的象征一直是弓而不是剑。从平安时代[1]中期到室町幕府（Muromachi）[2]时代末期（1338—1573），武士是日本封建时期最早的也是最优秀的弓箭手，更确切地讲，是马弓手。他们使用的是日本和弓，即日本风格的长弓，形状和构造与其他民族的弓迥然不同。勇敢威猛、技艺精湛的日本武士手持和弓，骑着疾驰的战马勇猛冲击，射出一支支利箭。他们在战场上的黄金时期是平安时代和镰仓幕府时代[3]（Kamakura，1192—1333），本章的大部分研究内容集中在这一时期。实际上，和弓在近代、现代的日本文化中仍占有重要地位，它们仍然活跃在竞技体育领域和很多庆典仪式中。这些延续下来的传统文化为研究和弓的军事历史提供了很多线索。因此，弓道、“流镝马”（*yabusame*）骑射表演等内容在文中都有所涉及，借以展现和弓的传奇历史。

只有在德川家康（1603—1605年在位）统治时期，剑以及与剑有关的仪式才超越了弓。尽管武士刀受到狂热崇拜，弓仍然是非常重要的武器。在日本漫长的自我封闭历史过程中，许多弓箭仪式得以改进并深深地植根于日本的军事文化中。“闭关锁国”是日本与世界隔绝的特殊时期。17世纪30年代，幕府大将军德川家光（1604—1651）发布了一系列的政令，关闭了日本的国门，不允许任何外国人入境，日本人也不能离境。这种情况持续了200多年，直到1853年发生了“黑船”事件[4]，美国海军准将马修·佩里率领海军舰队用“炮舰外交”的政策迫使日本重新打开大门。“闭关锁国”是日本前所未有的和平时期，与我们的直觉相反的是，武士文化在这个时期却得到了繁荣发展，培育了深厚的军事传统。在没有战争

右页图为1811—1830年的木刻画，画中是身着全套作战服饰的日本武士熊谷直实和平敦盛。（图源：美国国会图书馆）

極

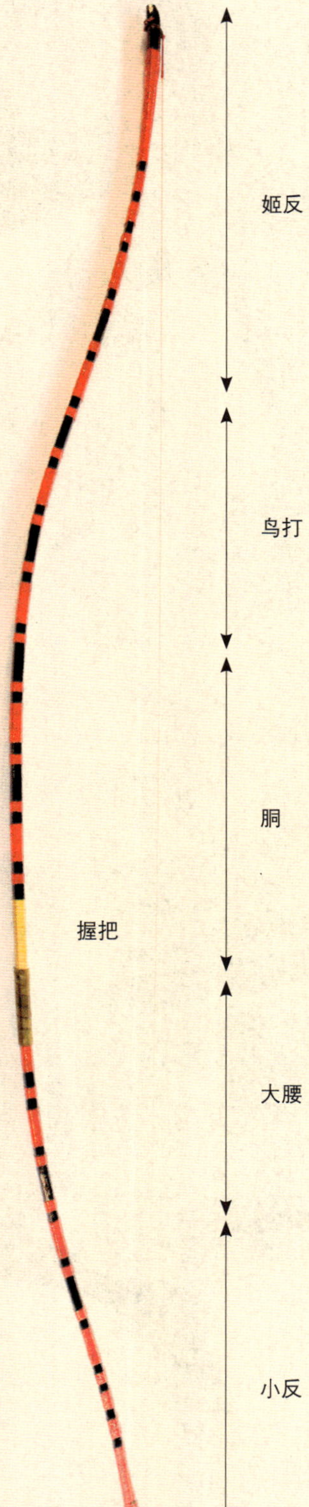

一张仿古和弓，显示了弓臂各段曲线部位的名称。（图源：金·霍金斯）

的条件下，系列化的武艺表演成为显示身份和地位的主要方式。

日本著名政治家丰臣秀吉[5]有一项重要的政治遗产，即他在执政时制定了严格的社会等级划分制度。根据他的法令，只有武士才能随身携带武器。他的各项法令加上“闭关锁国”的政策，使得日本社会既缺乏内部流动，也缺少外部影响。传统的军事技能在这个遥远、超然的孤立国土上得以传承，却无法根据实战经验进行改革发展。从某种程度上讲，现代的日本武艺已经变得非常程式化和礼仪性，那些在源平合战[6]中骑马弯弓与敌搏杀，赢得辉煌和荣耀的古代日本武士们，也许根本看不懂现代的一些所谓传统武艺。幸而“弓矢之道”的精髓得以传承，植根于现代日本独特、华丽的箭术遗产中。

一、发展历程：不对称弓

和弓

不对称的弓臂

日本和弓非常独特，它的长度惊人，曲线优美，而且上下弓臂长度不一样。任何关于日本弓的研究首先要提及的就是它的不对称结构：它的上弓臂占弓臂全长的三分之二，优美的曲线加上不对称的形态，使这种弓看起来非常优雅。实际上，和弓采用不对称的形式可能主要出于美学考虑，因为“不对称”是日本美学中反复出现的主题之一。另一种美学观点是要带有自然界原始特征的事物，而和弓最基本的形式就是一棵有弹性的小树。它的弓臂成天然的锥形，一端比另一端粗得多。为了平衡上下弓臂的力量，和弓的握把位于弓臂中心向下的位置。从这些特征来看，和弓是最自然、最朴素和最原生态的弓。

在一个古代的日本铜铎（*dokatu*，一种祭祀仪式用的青铜钟）上刻有猎人和不对称弓的图像，时间可追溯到弥生时代（Yayoi period，前300—公元250)。3世纪，中国史书《魏志·倭人传》(*Gishi Wajin-den*)记载，日本群岛的人使用的“木弓短下长上”[7]，意为“上下弓臂长度不等的木弓”。实际上，并非只有日本人偏爱不对称的弓，大多数复合弓都有轻微的不对称，只是有些弓的不对称更明显，例如斯基泰弓和匈弓。但是，像和弓这样的大幅度不对称形态，没有哪种弓能够比拟。从操作角度考虑，上弓臂较长的和弓利于实现长拉距，因此日本箭术的拉距都很长，而其他的弓要想增大拉距就只有把整个弓臂都加长。和弓的下弓臂较短，不仅便于在马背上操作，也便于步弓手实施跪姿射击。跪姿射击的优点有很多：当前排步弓手采取跪姿射击时，背后还可以站一排立姿射击的步弓手；同时采用跪姿射击的步弓手在战场上的目标面积也较小，敌方不易命中；此外，在伏击战斗中，跪姿射击的射手会更加隐蔽。下弓臂较短的和弓对马弓手来说有很大益处，他们可以轻松地将弓从马脖子的一侧移到另一侧，以射击另一侧的目标，这一点在实战中意义重大。但不对称的弓最初并未用于骑射，所以骑射不太可能是这种特殊设计的初衷。更现实的一个原因可能是不对称弓能减少手部震动。普通的弓在撒放后，弓臂会向前反弹，上下弓臂的震荡波会向弓臂中心传递，最后在手持的握把处汇集碰撞。而和弓由于上下弓臂不对称，

19世纪的和弓(未上弦)。它的表面被漆成黑色，缠着红色的藤条，握把用鹿皮包裹。弓臂重1磅13盎司，长7英尺1英寸，上弓梢至握把长4英尺5英寸。(图源：英国皇家军械博物馆)

可以避免这种谐波碰撞，使用起来极为平顺。

格雷厄姆·阿什顿在2003年第55期《弓箭手古文物学会杂志》（*The Journal of the Society of Archer-Antiquaries*）上提出了另一种理论，即不对称的弓臂结构有利于射手形成“挺腕”姿势。他认为，空手道和居合道（剑道）都非常强调手腕要挺直而有力，这样才能够将力量传递出去。根据他的计算，当手腕挺直时，手中握的杆子会与水平线成65度夹角，这个角度将使弓自然而然地向下垂，当射手挺直手腕开满弓时，不对称的弓臂可使和弓保持平衡，这个动作被称为“手之内”（*tenouchi*）。

早期的日本弓

最早的日本弓都是用整块木头制成的单体弓，主要采用两种木材，一是日本樱桦，用它制作的破魔弓（*Azusa-yumi*）是祭祀仪式的法器。作为一种传统，日本伊势神宫一直供奉有59张破魔弓，其中29张为朱红色，30张为黑色，每隔20年更换一次。神话中的日本第一位统治者神武天皇（前660—前585年在位）有一张日本樱桦制作的破魔弓，据说只要拉动弓弦就能驱魔辟邪。作为一种习俗，日本许多贵族家庭通常会在家中摆放一对破魔弓，一张为朱红色，一张为黑色，它们被称为“传家宝弓”。

制作实用的弓常用的材料是梓木。这种木材具有天然的弹性，易于用蒸汽弯曲成形。撰写于1689年的《射学杂纂》[8]（*Shaho Sambu Sho*）中提到，“古代的弓是用蒸汽处理的材料制成的”[9]。木制的日本弓被称为“丸木弓”（*maruki-yumi*），始于5世纪或更早时期，直到9世纪。丸木弓属于长弓，长约6英尺，弓臂截面呈略扁的椭圆形，上下弓臂不对称。

和弓的制作

弓臂截面

4—9世纪，中国的复合弓在日本宫廷中使用非常广泛，对传统的日本和弓产生了深远的影响。最终，日本和弓在9世纪从单一材质演变为双层叠压式结构，木制弓胎的背面加附了竹条。随后的几个世纪，和弓的层叠结构变得越来越复杂，每次的改进都能提高机械效率，和弓的弹性也越来越好，拉力也越来越大。

竹弓材的制备

制备用来制造和弓的竹材是项古老的传统工艺，时至今日仍在使用。竹材制备的第一步，是要去茂密的竹林里挑选和砍伐优等的竹材，竹身又直竹壁又厚的竹子是首选材料。竹节之间的长度也很重要，因为它会影响弓臂的震荡，进而影响弓臂回弹时的平滑性，所以砍伐竹子时要用到标尺来测量竹节的间距。砍下的竹竿运回去后需要立起来晾干，一年后再将其劈成竹条，平放在架子上，在太阳下晒上一年。第三年，把竹条放进加热房，使它的表面出蜡，变得非常光亮，一根普通的竹子就成了非常漂亮的弓材。虽然在后续工序中战弓表面还要涂漆及绑上绑带，但是前期的热处理非常重要。热处理能使竹弓材的表面非常整洁，没有鼓凸，便于涂敷光滑的漆层。

为方便层叠装配，竹条完全风干后要修刮它的内表面。工匠们先用刮刀把竹条刮平，再用刨刀修面，使其变得非常光滑平整，这在过去和现在都是一门精巧的手艺。此外，每根竹条都要修成渐变的锥形，从握把部位向弓梢逐渐变细。如果有多根弓条要黏合在一起，每根就必须要制成恰当的尺寸和均匀

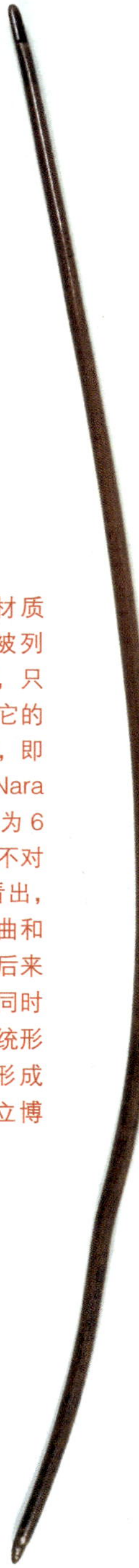

图为一张梓木材质的丸木弓。这张弓被列为“重要文化财产”，只比“国宝”低一级。它的制作时间约为 8 世纪，即日本的奈良时代（Nara period）。它的长度为 6 英尺，上下弓臂明显不对称。从这张弓能够看出，随着时间的推移，正曲和反曲兼具的形制成为后来层叠式和弓的特点，同时它还证明，和弓的传统形态在这个时期就已形成了。（图源：东京国立博物馆）

A

B

C

D

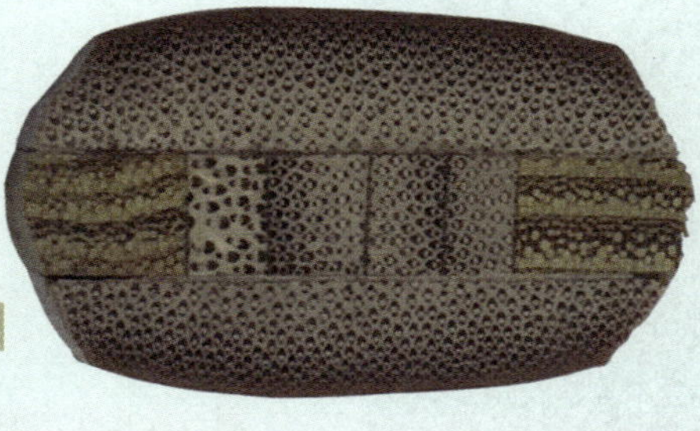

E

不同样式的和弓弓臂横截面，注意竹弓条断面呈现蜂窝状结构。用竹条当作弓胎时，首先要通过加热调制。木弓条是西方称为“蜡木”的栌木，各个叠层之间的黑线是胶。图（A）为伏竹弓（*Fusetake*，9—10世纪），弓臂为双层结构：木制弓腹和竹片贴背。该时期的和弓保持了原始木制弓的外形，弓臂比较圆，截面呈椭圆形。图（B）为三枚打弓（*Sanmaeuchi*，12—13 世纪），弓臂为三层结构：木制弓胎的弓背和弓腹各附有一层竹片，弓臂截面变得更像矩形。图（C）为四方竹弓（*Shihodake*，14—15 世纪），弓臂为箱形结构：木质弓胎的四周均用竹片贴附包裹。这是和弓结构的重大变化，弓材从简单的线性层叠发展为交叉层叠。图（D）为三本弓胎弓（*Sanbonhigo*，16 世纪中期），由 3 根竹条制成内竹弓胎，两侧为木条，弓背和弓腹均有外竹贴面。图（E）为四本弓胎弓（*Yohonhigo*，17 世纪早期），弓胎为 4 根竹条，弓背、弓腹有外竹贴面，两侧为蜡木条。在这个时期，和弓已经从主要的战争武器变为树立精神的仪式道具。四本弓胎弓的下一个形式是五本弓胎弓（*gohonhigo*），弓胎由 4 根竹条增加到 5 根。（图源：贾普·科普雷耶）

（左图）一群伐木工人在茂密的日本真竹林中休息。真竹[10]的竿壁较厚，是制作弓的优质材料，其中生长了3—4年的真竹竿壁厚度最为适宜。淡竹（也称毛金竹）较柔弱，竿壁较薄，在现代用于制作轻量级的休闲弓，但是军用弓都用真竹制作。真竹通常在每年12月份收割，这时它的汁液含量低，害虫少，所需的干燥时间较短。（图源：托尼·麦克尼科尔）

（右图）竹节间距的选择非常重要，图中的工人正在用标尺测量竹子。（图源：托尼·麦克尼科尔）

制弓匠正在用刨子加工竹条。在精加工阶段，工匠要使用双柄拉刨、木弓刨和刮刀等工具，将每根竹条都加工得厚度均匀，曲度一致。这需要制弓匠敏锐的判断能力，准确把握弓臂的厚度，保证锥形渐变均匀有致。（图源：托尼·麦克尼科尔）

的锥度，确保组装时结合紧密。这就要看工匠们的眼光了。然后，每根弓条的内表面要刻出凹槽，准备下一步涂胶。

准备工作的最后一步，将弓条水平铺放在烟熏房的椽子上（最初是把弓条放在厨房的屋顶上熏）。烟熏处理可使竹弓条呈现特别的颜色，但更重要的是使其进一步干燥，减轻重量。弓臂越轻，回弹就会越快，机械效率就越高。烟熏不仅具有这些效果，还能使弓条更具弹性，更加耐用。总之，烟熏的竹条是一种更加坚硬的材料。

木弓条的制备

木材是与竹材同等重要的弓胎材料。和弓通常使用栌木，在西方国家称为“蜡木”，它的回弹还原性能很好。很多人误以为和弓的材料是桑木，但是美国著名日本弓制造师贾普·科普雷耶认为桑木并不适用，他认为造成这种误解的缘由是栌木和桑木的色泽非常相似。现如今，栌木仍是制作日本传统弓的首选木材，也用来制作练习棒术所用的棒等武术兵器，还是制作长矛杆的传统材料。棒术的棒长约 6 尺，与制作弓臂的弓条长度（6 尺或 7 尺）很接近。栌木的纹理很直也很长，不容易开裂，而且弹性极好，非常坚韧，经久耐用，具有制弓材料的应有特质。另外，它的重量也比其他木材轻，造出的弓臂也不会太重。在加工过程中，要把栌木弓条刨平，修成与竹弓条形状相匹配的锥形。它的表面也要刻出浅槽，以便涂胶。

装配

装配和弓的第一步是按照规格排放好各种弓条（参见弓臂横截面的介绍），而后再塑造出相应的曲线。全尺寸弓条用作弓胎和弓背，用作弓腹的竹弓条则要裁短些。靠近弓臂的两端，距上弓臂稍约 6 英寸，距下弓臂稍约 4 英寸处，用坚硬的栌木条接续弓腹竹条，能够加强挂弦部位的强度。它们的功能与复合弓的弓梢相似，开弓时能发挥杠杆作用。

在组装之前，工匠们先用食指为所有的弓条结合面迅速涂上胶水。许多弓坊都有自己的胶水秘方，大多数使用的是传统的鹿皮胶，也有的用米

堆在一起干燥的栌木（蜡木）。日本著名和弓制造大师横山庆太郎从事传统栌木弓的制作至少有 20 年了，他造出的最好的弓用的是他祖父留下来的风干原木。现在轮到他为孙子储备风干原木了。风干后的原木将被锯成木板，心材被锯成条状。树的心材在受压时的蓄能效果更好，可以用来制作弓胎。栌木之所以适合用作弓材，主要原因是它的纹理又长又直，制成的弓条从上到下纹理完全平行，这样的弓臂不容易扭曲。（图源：横山庆太郎）

胶。鹿皮胶与制作复合弓用的鱼胶不同，它的凝固速度非常快，最多只要几分钟就干了。在组装结构复杂的弓条时，这显然成了一个问题。解决的方法是，工匠们会将竹条和栌木条分别涂上胶水，等胶水完全干燥后，再按照相应的结构组装弓条，然后用粗麻制成的走绳交错捆绑在一起。

驯弓

弓臂材料装配好了以后，就要给它修身塑形了。要先用蒸汽把弓臂逐段加热，软化胶水，争取宝贵的几分钟来进行处理。在这道工序中，胶水被激活，将各层弓条粘在一起。为弓塑造曲线是一个壮观的形变过程。捆绑弓臂的走绳上要逐道塞入竹楔，以便将多层弓条压紧。竹楔都插在弓臂曲线段的外侧，塞好以后，和弓呈现出一副动物脊椎骨架般的奇异样式，看上去就像某种神秘生物。之后，制弓匠手脚并用，合力将弓臂拉成应有的曲线弧度，然后用木槌迅速敲紧竹楔锁定形状，直到胶水再次干燥。这个过程的操作要快，工匠要掌握好每根竹楔楔入的程度及弓的弧度。我曾经向美国著名日本弓制造商贾普·科普雷耶询问木槌的敲击分量有多大，他的回答是必须“有技巧”！

弓需要保持这个状态2—3天，待胶水完全干燥后，再移除竹楔和走绳，用刮刀和刨子把它的表面修整得光滑整洁，形成应有的形状。还要把尖锐的边缘磨圆，两端刻出搭弦槽。到这个阶段，它看起来就像是一张成品弓了，但是弓臂的弯曲方向虽然正确，曲度还不够，还要将它“驯”至应有的曲度，上下弓臂还必须相互平衡。这一步是在特制的驯弓台（bow-bench）上进行的，经过反复调校，才能使弓条逐渐形成“记忆”。当它的正曲、反曲线形令人满意了，制弓匠就给弓挂上一根粗弦，令其保持这种形态一个星期，使弓臂适应它的曲度。然后，弓才可以用来射箭。

经过一系列试射和调整，和弓换上了一根正常的细弦。绝大多数情况下，以用手弯曲和扭转微调的方式对弓臂进行微调，只有极少数的弓需要送回驯弓台进行大的调整。如果弓臂的扭转对弓弦有影响，需要使用特制的弓形校正块进行调整。如果调整不正确，弓臂的曲度有可能会慢慢走形。每张弓的形制都略有不同，弓箭手必须对他的弓了如指掌。他必须关注温度和湿度的变化，知道什么时候该挂弦，什么时候该解弦，知道何时应当调整弦结，确保弦距正确。他必须非常仔细地保养弓弦，射箭之前还要反复弯曲弓臂，使弓条的纤维发热。多数情况下，弓箭手能够通过施加压力矫正弓臂某处的曲度，但偶尔也不得不进行加热处理。一名武士弓箭手不仅射箭技能要好，还必须是弓箭技师。日本武士的和弓和英格兰长弓、复合弓一样，都是有生命的。

（A）竹节是竹子的一大特征。竹竿上每隔一段就有一个环状的膨大竹节，竹枝和竹叶就是从这些竹节中生长出来的。组装弓条时，必须非常仔细地匹配竹条的竹节。弓腹（受压）和弓背（受拉）的竹节间距必须精确计算，弓臂才能正常弯曲。弓臂正曲和反曲部分的不同也要考虑在内。（图源：横山庆太郎）

（B、C）和弓上端装配的细节。弓腹（面向弓箭手一侧）的上下两端做得比较厚，尖端的几寸用硬木替代竹条，形成坚硬而结实的弓梢，能像杠杆一样把弓拉成形。硬木弓梢的长度根据上下弓臂的长度比例而定，通常上弓臂的弓梢要长一些。（图源：贾普·科普雷耶）

（D）横山庆太郎正在安装竹楔，使弓臂形成曲线。他正用脚和右手控制弓臂，用木槌将竹楔逐个敲到位。他的动作非常快，在胶水凝固之前就完成了。（图源：托尼·麦克尼科尔）

（E）竹楔。这些竹楔的外观比较粗糙，楔入弓臂捆绑带的一端是尖头，用木槌敲的一端是平头。（图源：贾普·科普雷耶）

（F）正在制造的和弓。竹楔已经楔入弓臂捆绑带，在5个关键区段的弧线外侧施加压力迫使弓臂弯曲。在楔入一部分竹楔后，制弓匠需手脚并用，把弓臂逐段拉成应有的曲线，然后用木槌迅速把竹楔敲进去。在胶水凝固的过程中，竹楔能使弓臂保持线形。（图源：贾普·科普雷耶）

（G）上弓臂顶端“姬反”段细节。竹楔施加的压力很明显，从两侧将层叠的弓条拉成曲线形。（图源：贾普·科普雷耶）

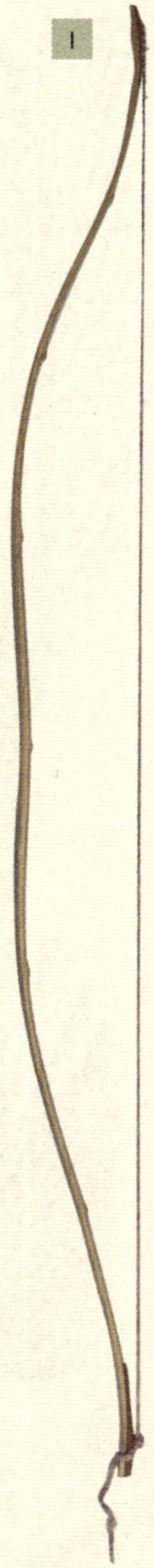

（H）驯弓台是制弓匠使用的弓臂塑形工作台。它的一侧装有一排线形不同的木制塑形块，驯好的弓可以整张塞进模块之间的缝隙里。但是驯弓刚开始的时候，要将毗邻的两个模子作为杠杆支撑点，将弓臂一段一段地压弯。制弓匠把一段弓臂穿入两个模块之间，通过反复折弯，使木条和竹条的纤维发热，最终将它驯成应有的曲线。弓臂各段曲线的驯弓次序为：上弓臂第二段曲线、下弓臂第二段曲线、上弓臂第三段曲线、上弓臂第一段曲线、下弓臂底部长曲线。每个制工匠造出的和弓都有自己特有的风格，驯弓台也都是自己做的，没有哪两张弓会完全相同。（图源：贾普·科普雷耶）

（I）图为一张首次挂弦的和弓。（F）图中刚刚涂了胶水、装了竹楔的弓与这张弓是同一张。这张弓挂的是一根特别粗的驯弓弦，因为弓尚未调试好，弓臂中额外的张力可能会折断弓弦，给新制成的弓带来损害。因此，它将保持挂弦状态一个星期，不能触动。这种粗粗的驯弓弦可以反复使用，用来调试其他的新弓。在新弓的最后调试中，这种粗弦将被更细、更快的弓弦替代。（图源：贾普·科普雷耶）

（J）弓弦，指和弓用的射击弦，以及收纳弓弦用的弦卷。弓弦通常用麻类植物的纤维制成，表面涂有松香、菜籽油混合而成的“药练”。用这种材料制成的弓弦，强度很大但是直径相对较小，适合快速射击。通常情况下，弓的拉力越大，所需的弓弦就越粗。现代和弓由于拉力小，配用的弦非常细，而旧时军用弓的弓弦就要粗得多。“药练”的功能是保护弓弦免受恶劣天气的影响，否则弓弦在极度干旱的天气（日本冬季常见）和潮湿环境下会很容易被损坏。

英格兰长弓的弓弦用麻和胶水制作（见前文），日本用麻和树脂制作，两者有相似之处，也有共同的缺点，即容易扭结，一旦打结就会削弱弓弦的弹性。为此，日本人用藤条制成圆形的弦卷，把备用弦绕在弦卷上（英格兰人是把弓弦盘成一圈放在帽子下面），用腰带吊在左臀后携带。弓弦搭箭的部位设有护弦装置“中仕挂”，作用和欧洲弓的“护弦”类似。它是将一段涂过“药练”的平整麻线绕在弓弦上，长4—5英寸，可能会涂上一些胶水将其固定。制作“中仕挂”的过程中，制弓匠要进行测量，确保其与箭尾槽和射箭手套的凹槽适配。（图源：金·霍金斯）

K

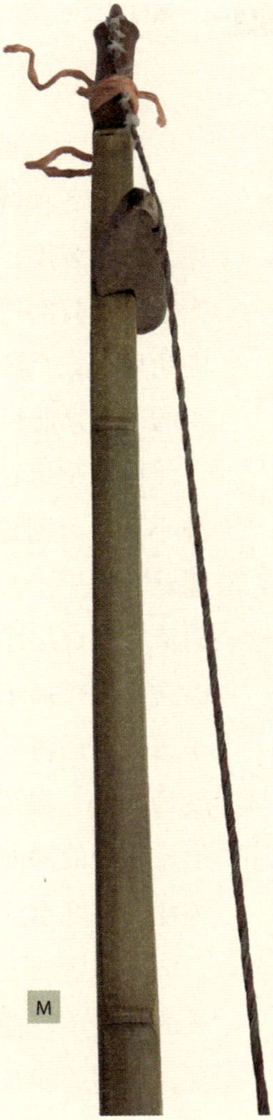

M

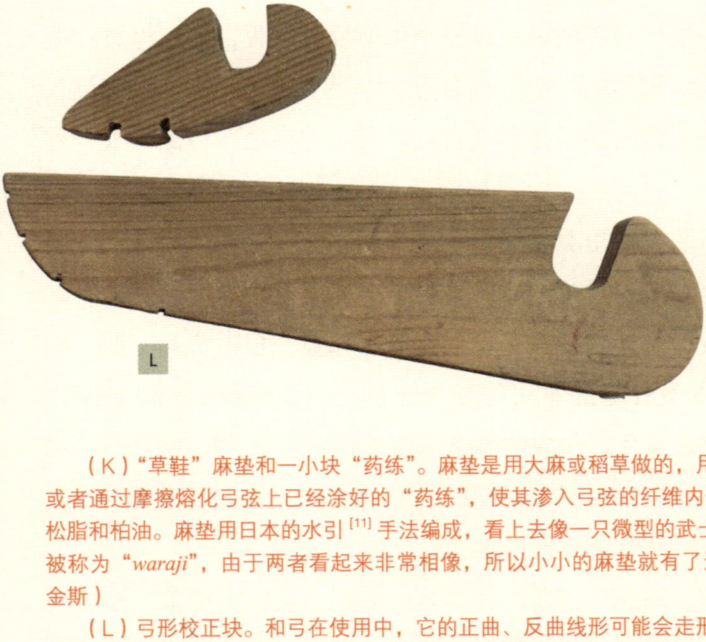

L

（K）“草鞋”麻垫和一小块“药练”。麻垫是用大麻或稻草做的，用于在弓弦上涂抹“药练”，或者通过摩擦熔化弓弦上已经涂好的“药练”，使其渗入弓弦的纤维内部。“药练”的主要成分是松脂和柏油。麻垫用日本的水引[11]手法编成，看上去像一只微型的武士草鞋。这种草鞋在日文中被称为“*waraji*”，由于两者看起来非常相像，所以小小的麻垫就有了这个昵称。（图源：金·霍金斯）

（L）弓形校正块。和弓在使用中，它的正曲、反曲线形可能会走形，还可能会扭曲，需要使用模具进行纠正。弓形校正块的大小不同，用于校正长度不同的弓臂曲线段。大的校正块放置在弓臂和弓弦间距最宽处的相反一侧，也就是射箭时箭离弓的位置，较小的校正块放在靠近弓梢的位置。（图源：贾普·科普雷耶）

（M）正在使用校正块进行调整的弓。弦槽处捆绑的麻绳是为了防止弓弦滑脱。弓弦的正确位置应该在弓臂中心线的稍右侧，如果位置偏离，可以用校正块调整弓臂。在弓的全寿命过程中，需要定期使用这些校正块调校弓形，确保弓的正常使用。（图源：贾普·科普雷耶）

上漆和缠藤

完成各种调校和检测后，要给和弓涂上多层的漆进行密封。上漆既能增大弓臂强度，又能使它免受潮湿气候的影响。上漆前，要先将竹弓条的光滑外表打磨得比较粗糙，以提高漆的附着力。某些情况下，为了提高弓的耐用性，上漆前要先在弓臂上包缠细丝线，然后再上漆。这些给士兵们用的弓必须能经受住战场环境的严酷考验。

弓漆是用日本漆树的汁液制成的，由于它含有过敏成分，处理时要格外小心，否则皮肤会剧烈疼痛。传统的制取方法是，选择树龄 10 年的漆树，在树干上割出一些水平切口来获取树液。经过纸过滤器过滤几遍后，树液将变成纯净的琥珀色，之后再添加一种色素混合上色，就可以用刷子涂在弓臂表面了。通常弓漆要涂好几层才能形成坚硬的漆皮，每一层都要干透固化后再涂下一层。弓漆的硬化是一个化学反应过程，要把弓放在湿度为 80%、温度为 75 华氏度的房间里 24 小时，弓漆就会发生聚合反应，形成坚硬的漆面。上了漆的和弓光彩夺目，多层次的半透明弓漆给人一种神秘的深度感。

对弓臂的进一步防护是用藤条进行包裹。这些藤条最初是用来捆绑层叠的竹弓条，特别是在胶水质量一般的情况下，使用藤条捆绑弓臂确有必要。它们还能有效缓冲其他物件对弓臂的碰撞和摩擦。根据费利克斯·霍夫的说法，当时日本最普遍的军用弓是涂笼藤弓（*nurigometo no yumi*），它的弓臂表面被漆成黑棕色，包缠的藤条也漆成相同颜色[12]。但是，日本的古代画作喜欢把武士的和弓画上鲜明的色彩，有的藤条被画成天然的麦色，有的被画成红色或蓝色，色彩各异。

江户时代（1603—1868）初期，日本对弓箭训练进行了规范，根据弓臂捆扎藤条的数量、样式等显示弓箭手的地位、等级，漆的色彩还显示弓箭手所属的组织。重藤弓（*Shigeto-yumi*）泛指各种捆扎藤条的涂漆弓，现代的弓道练习者如果使用重藤弓就有些冒失了，因为现在重藤弓仅为各个流派的高手保留使用。但在当年和弓作为主要的作战武器时，没有这些教条和规矩。在古代画作中，武士们都拿着色彩鲜艳的、上重藤的弓，也许在当年是有一种识别的规则，通过用弓的颜色和图形区分武士们所属的宗族或部队。无论情况是否如此，当年日本武士在弓臂上涂漆和上重藤都非常普遍。

1183年11月17日的水岛之战

水岛之战是源平合战中的一次海上遭遇战。源义仲（即木曾义仲）派遣了一支部队乘坐船只杀向四国岛的战略要塞屋岛。当源氏军队的舰船驶过四国岛和水岛之间的狭窄海峡时，与平氏军队的舰船遭遇。

在画中可以看到，远处背景中的平氏军队将舰船绑在一起，形成了一道海上防线，阻止源氏的船队前往屋岛。他们用厚木板把各条船连接起来，甲板上还搭有战斗平台，方便弓箭手躲在盾墙后面，用无情的箭雨攻击源氏船只。

一些源氏的士兵登上了岸滩，但是平氏军队的武士们把装备齐全的战马推入了波涛汹涌的大海，而后骑着马冲上海滩，攻击、追杀源氏军队。据《平家物语》（*Heike Monogatari*）记载：

> 平氏军队把战马装到船上，接近岸边时，他们把马推到水里游向海滩。他们的装备都已准备齐全，一旦到达浅滩处，马蹄着地，骑手们立即上马发起冲击。在能登守平教经的率领下，500名平氏骑兵冲向源氏军队，杀得他们……惊恐万状、四处逃窜。[13]

风俗和迷信

和弓上漆之后，通常会将一张写有祈神文字的纸条放在弓臂握把处，外面用丝绸包裹，再用皮革条螺旋缠绕形成握把。大多数高级武士的弓臂握把是黑色的，只有将军的弓臂握把才能是紫色的。为了使持弓手保持干燥，弓箭手会在手心抹上细木灰制成的粉末，但在战场上可能不会这样。

直到今天，人们还认为把和弓靠在树上会带来厄运，因为人们认为树会耗尽弓的能量。不管在什么地方休息，把弓头朝下立着都被认为是失礼的，从弓上跨过去同样是缺乏尊重。未经允许就触摸别人的和弓仍是严重的失礼行为，即便获得了许可，也不能触摸弓的握把。这些礼仪在公元1600年后有多少变化，在和弓的鼎盛时期人们又能在多大程度上遵守，都已经很难追寻。

过去，人们普遍认为弓弦发出的响声具有神奇的魔力，能够召唤善良、驱赶邪恶。在平安时代，每当有皇子诞生或举行驱魔仪式，甚至皇帝入浴时，都会有正规的“鸣弦”仪式！除了精神世界的影响力，人们还认为弓弦发出的音律能够治疗疾病。崛河天皇（1087—1107年在位）生病时，源义家用“他的弓发出三声破魔鸣响”，天皇很快康复了[14]。直到今天，日本的各个神庙里仍在把破魔弓（*hamayumi*）和破魔矢（*hamaya*）作为吉祥物出售。

日本和弓的种类

现代和弓根据弓的不同长度来命名和分类，例如7英尺长的“短”弓，7英尺3英寸长的普通弓和7英尺5英寸至8英尺长的长弓（亦称为大弓）。和弓的弓臂不断加长与射手的身高和拉距变化有直接关系。近几十年来，由于西方国家的弓道爱好者手臂比较长，他们要求和弓的弓臂做得长一些。而现代日本人的身高也发生了变化，比他们13世纪的祖先要高一些，也可能是和弓变长的原因。此外，还有一个可能的因素，即日本文化对和弓是“世界上最长的弓”这个特征进行了夸大。然而，根据古代画作的比例来看，作战用的和弓似乎不太可能这么长。术语“*daikyū*”指的是弓臂比较长的“大弓”，但是很难确定究竟要有多长才能算大弓。日本武士弓箭手会根据自己的身高及作战需要选用不同长度的弓，但是尺寸范围一定是有限的。据合理推测，在和弓占据战场主导地位的年代，它的长度一般为 6 英尺至 6 英尺 8 英寸，大弓可能也就再长几英寸而已。

在新手眼里，大多数和弓看起来都是一样的，但实际上弓臂的每个曲线段都可能存在细微的差异。和弓有四条主要的曲线：上弓臂顶端的曲线称为“姬反”，其下的曲线为“鸟打”，握把下方的曲线为“大腰”，最下方的曲线为“小反”。弓臂的曲度或长度不同，弓的性能和表现也会不同。各流派的弓箭手喜爱不同样式的弓。有的流派喜欢弓返（弓箭释放后，由于弓臂反曲使弓弦向手臂另一侧回旋）更自然一些的弓，而有的流派喜欢适于“远的”（*enteki*，远距离靶）[15] 射击的弓。还有一种弓名为萨摩弓（*satsumanari*），最适合穿透性射击 [16]，很多人认为它是最适合实战的弓。但是，和弓的分类及日本弓箭的很多其他信息都是到了 17 世纪才有史料记载的，可能在日本历史上还有更为古老的弓，不同的弓箭流派还有别的喜好。我们需要注意的是，随着历史的推移，现代的弓道与古时的实战弓箭术相比已经发生了很大的演变，不能把弓道的概念过多地套用到日本战弓上。

半弓

半弓（*hankyū*），或称短弓（*tankyū*），是比较短的和弓。在江户时代以前，“半弓”和“短弓”这两个术语意为外国弓，指的是中国、朝鲜的短臂复合弓。在漫长的江户时期，弓箭除了用于正规用途，各种箭术娱乐活动也蓬勃兴起。人们玩射箭“游戏”通常要用较短的弓，特别是在室内射箭时。娱乐用的短弓仍然采用了和弓的样式，早先的“*hankyū*”一词逐渐变成了它们的名字。常规和弓的拉距很大，射手可以引弦至右肩外侧，而半弓的长度只有常规和弓的一半，拉距也相应地大大减小。尽管这些短弓保持了和弓的独特形态，也具备射箭功能，但它们的拉力相对较小，仅能用于各种箭术“沙龙”。它们的弓臂通常用竹片制作，没有木制弓胎，不太可能被用作“战弓”。

人们普遍有一种误解，认为日本武士阶级用这些短弓武装招募从军的农民，同时又限制了他们武器的威力，防止他们反叛。这个说法比较荒谬，而且没有任何真凭实据。另一种观点是，由于半弓结构紧凑，主要用于山地徒步战斗、茂密丛林地战斗，或者是堡垒攻坚战和城市巷战。的确，在某些条件下作战可能需要用稍短一些的弓，但是未必就一定是半弓，它可能只是弓臂较短的常规和弓。目前有很多旧时娱乐用的半弓留存于世，它们在拍卖行和古董卖场里并不鲜见。它们大多制造于 18、19 世纪，是货真价实的古董，但它们不是武士战争时代的战弓。

驾笼半弓——轿弓

驾笼半弓（*kago-hankyū*）是一种极短的弓，拉距不超过 2 英尺，弓臂反曲，用坚韧而有弹力的鲸须制成。它也被称为“李满弓”（*rimankyū*），据说它是由江户时代初期纪伊国一位叫林李满的大名[17]发明的，主要作为乘轿出行人员的自卫武器。轿子在当时是高级交通工具，它是一种小型密闭式轿厢，吊在一根长长的轿杆上，由几个徒步的轿夫抬着前行。轿厢内部的空间非常狭小，人在里面最多只能单膝跪地立身，携行的弓箭也不能太大太长。在江户时期，有钱的领主们（大名）和高级随员经常会坐着轿子列队长途旅行。在艰难而又缓慢的长途跋涉中，他们很容易成为强盗或叛军的攻击目标，狭小的轿厢使得他们只能使用尺寸和拉距都很小的短弓。不过，别看驾笼半弓体积小，在近距离射击时它的杀伤力还是足够的。如果暴徒打开轿厢，乘轿人员会用驾笼半弓给他迎面一击。这是一种有效的防御手段，可以防止被暴徒拖出轿厢、遭受抢劫、杀害或羞辱。

一具 18 世纪的轿弓（palanquin bow）。弓臂用鲸须板制成，装在一个涂了漆的弓箭匣内，里面还插有 11 支箭。箭用暗红色的竹子制成，大部分箭的箭羽之间贴有金箔。有 6 支箭仍装有小的穿甲箭镞，1 支箭装有心形穿孔阔头箭镞。弓箭匣底座的正面绘有金色家族徽章，图形为三层叠放的钻石形状。（图源：英国皇家军械博物馆）

箭矢和装具

箭

日本武士的装备大多既美观又实用，箭也如此。箭杆通常用竹子制成，它的供应非常充足，制作工艺相对简单。竹节必须磨平，高品质的箭杆会被加工出一定的锥度，但是最基础的箭杆只是长成箭形状的竹子！箭的尾部要装上硬木箭尾槽和箭羽。质量最好、最负盛名的箭羽材料是雕的翼羽，其他动物的羽毛也被广泛使用，按照价值降序依次为：铜雉鸡羽、鹤羽、鹰羽和沙锥鸟羽。

竹箭的“挠度”没有木箭大，这是它的优点之一。挠度指的是箭杆的柔韧度和弹性，通常箭的挠度必须与弓相匹配。弓的拉力越大，箭杆的挠度值必须越小。老练的制箭工用手弯一弯箭杆就知道它的挠度大小。箭有一定的挠度公差虽然问题不大，但是弓箭手们都希望箭尽量与自己的弓相匹配。

许多武士时代流传下来的箭都有涂漆的箭杆，很可能当年作战时用的箭都是这样的。为箭杆上漆要花费一些时间和经费，但是好处也很明显。上漆会增加箭杆的强度，但最重要的是将箭杆密封起来，特别是多孔的竹节部位，这样可以减少潮湿天气的不利影响。上了漆的箭杆会重一些，而在战场上，弓箭的主要杀伤力来自速度和质量的结合。虽然重一点的箭需要用大拉力的军用弓发射，但它具有更大的军事优势。

箭镞

日本箭镞有几十种，主要分为两类，一是“实用型箭镞”，主要用于战争或狩猎，二是“观赏型箭镞”，主要用于祭祀、装饰和仪式。许多观赏型的箭镞堪称精美的艺术品，无论过去还是现在，一直受到人们的喜爱，并被广为收藏。

阔头箭镞，也被称为“柳叶箭镞”，是最常见的观赏型箭镞。它就像是一块大的“画布”，艺人们可以在上面任意雕刻出“镂空”的图案。它们不仅有很高的观赏价值，在作战或狩猎中也很实用。武士们通常会在箭筒里装一支观赏型的柳叶箭，作为象征性的“最后一箭”。最好的箭镞是用玉钢制成的，它是品质最好的日本钢，也是制造刀剑的主要材料。这些优质箭镞的箭刃和剑刃一样有淬火后形成的刃纹，在箭刃边缘可以看出色泽明显的硬化钢带，非常锋利。它不仅有实用价值，还具有装饰性的美感。不同硬度的钢的微观结构不同，刃纹的样式也不同。刃纹有比较直的“直刃”纹，也有各种起伏不平的“乱刃”纹，每种波纹都有特定的名称。为了制出剑的刃纹，现代制剑师会在淬火前的回火阶段，在剑刃上涂上多层黏土，黏土涂得比较厚的部位冷却速度就会慢一些，金属就会更加柔软。采取这种锻造方法制作箭镞，使得内部非常坚韧而有弹性，箭刃锋利而坚硬，撞击目标时不易破碎。还有一种使用黏土锻造箭镞的方法更为古老，至今尚未破解，但是结果是一样的，这种方式锻造出的箭镞也有刃纹。

箭镞艺术品上通常刻有箭镞师的签名，他们和制剑师一样声名远扬，实际上，很多制剑师也会制造箭镞。埋忠明寿（1558—1632）是最著名的箭镞大师之一，他也制作刀镡（日本刀上的金属圆盘形护手）。这两种产品都有非常复杂的开孔镂空图形，需要使用穿孔器、细齿锯和小锉子等工具制作。常见的箭镞图案有樱花、野猪眼及氏族徽章等。比较罕见的是，有些箭镞的镂空图形是人或动物的形象，甚至是风景画，需要高超的艺术水平才能雕琢出如此多的细节。最精致的箭镞往往还会镶嵌和点缀黄金。柳叶箭镞的箭刃具有外科手术般的杀伤效果，但有些观赏型箭镞的形状非常奇特，不像是具有切割或穿刺能力的武器。它们有的是星形，有的像十文字枪（*jumonji-yari*，一种有三根枪刃的日本长枪），估计只能用于仪式或象征意义，不太可能用于实战。

日本的作战箭镞，可以简单地区分为锥形箭镞和阔头箭镞，这和西方差不多。另有一种特殊的派生箭镞名为“撕肉箭”，它的箭刃向下方延展，形成长长的倒钩，类似欧洲的燕尾箭。

日本日常使用的箭镞也做得非常华丽，关于这个问题，在1904年日本学会的一次会议上有一段评论，当时有人质疑日本箭镞如此复杂的造型究竟有何实际效用，学会主席回答说：

> 您可能忽略了我们日本人强烈的艺术天性，射手会考虑到被箭射杀的人获得的一定的艺术满足感，在那个人生命的最后时刻，这将是一种安慰。[18]

历史已经证明的是，当年刺客的地位确实非常重要，装有精致箭镞的箭是他们高贵地位的象征。

（A）19世纪的镂空梅花箭镞。这种阔头箭镞主要用于狩猎，也可用于作战。该箭镞雕刻精美，主要用在仪式上，但富有的武士也可能用这种箭镞狩猎或打仗。（图源：英国皇家军械博物馆）

（B）精致的礼仪阔头箭镞。该箭镞制于1645年，制作人为埋忠派制剑师、刀镡师和凿铁师埋忠职镇（卒于1675年），箭镞上有他的签名印记。该箭镞长度为4.5英寸，宽为2.25英寸，镂空雕刻有风景、鸟、花、龙和佛教的神灵，卓越的金属加工手艺和精美的图案令人惊叹。（图源：纽约大都会艺术博物馆）

（C）叉形箭镞。叉形箭镞很常见，主要用于狩猎、竞技和作战，有多种尺寸规格。（图源：英国皇家军械博物馆）

（D）多种锥形箭镞。锥形箭镞也被称为穿甲箭，是最常见的作战箭镞。（图源：慕尼黑赫尔曼历史公司）

（E）两支锥形箭镞。日本箭镞都为插装式，而欧洲箭镞多为套装式。这两种箭镞的尺寸、截面形式以及细长的形态都与欧洲的锥形箭镞非常相似。（图源：英国皇家军械博物馆）

（F）17世纪晚期的“征矢”（即作战用箭）。它的箭杆有一定的锥度，前端更重更结实。插装箭镞的部位用丝线捆绑加固并用黑漆密封，以防止箭杆开裂。作战箭的箭杆竹节会用黑漆“涂成暗色”，形成典型的色带。用刷子涂漆非常耗时，特别是微细的箭羽边缘，但是涂漆不仅能有效阻止湿气渗透，还使它们的箭看起来最为危险、好战。（图源：贾普·科普雷耶）

箭矢携行具

日本箭矢携行具（*ebira*）分敞口式和封闭式。结构最简单的是“矢筒”（*yadzutsu-ebira*），它是一种封闭式圆管形箭筒，直径约 3.5 英寸，主要携行目标靶箭矢，至今人们仍在使用。高档次的矢筒在制作时要先将竹筒打磨光滑，涂上漆层，还要用金箔或银箔装饰，顶部还有上了漆的皮盖，看上去非常雅致。矢筒实质上就是一根中空的竹筒，内部的竹节已被打通，结构简单，成本低廉，储存军用箭矢比较安全。可以想象一下中世纪箭矢的运补方式：辎重车队运来了库存箭，箭羽已经安装好，但是还没有箭镞，待弓箭手领到箭杆后再为它们装上插装式箭镞。在储存和用马车运输时，装满箭的竹筒堆放起来也非常方便。

空穗（*utsubo-ebira*）是更精致的封闭式箭筒，外形像个细长的沙漏。空穗可以做成非常精美的艺术品。高档次的空穗是用混凝纸[19]制成的，表面涂漆有包金装饰。其他的空穗用藤条制作，表面也有漂亮的装饰。空穗式箭筒主要用于运输箭矢，但也能作为箭筒使用。弓箭手可以把空穗抽箭的开口朝上挎在腰间，或者开口朝下斜背在身后。相对抽箭的速度，空穗要比敞口式的“箙”（*kari-ebira*）慢一些，但是用于狩猎已经够快了。保持箭的干燥对猎人很重要，在野外活动时还要避免箭被异物缠住。虽然很多留存的古代画作中展示了猎人正挎着箙在旷野中狩猎，可是空穗的实用性不能被忽视。空穗与中国以及其他使用复合弓的民族的封闭式箭筒非常类似，说明它应当是

A

B

C

（A）19世纪的空穗。这个空穗用木头和混凝纸制成，外形精美。它的外壳用多层黑漆密封，并涂绘有两条红色的装饰漆带和红色的家族徽章，底层涂了金漆。盖子里面系有一个镀金小皮袋，内装有一根备用弓弦。底部有一些孔眼，如果所装的箭是湿的，这些孔眼可以把水排出去。空穗里装有8支作战用箭，都是柳叶箭镞。（图源：英国皇家军械博物馆）

（B）18世纪的空穗。它的上部用木头和混凝纸制成，外表涂着红漆，并绘有两个金色的家族徽章。它的下部包着野猪皮，意味着这个空穗可能是用来装狩猎箭的。这种空穗非常华丽，能在狩猎活动中彰显主人的身份地位，而且防潮效果非常好，还可以避免弓箭手在狩猎时或在森林中穿行时，箭被绊住、折断或损坏。（图源：密苏里大学人类学博物馆）

（C）18世纪的矢笼，是一种以体积小而著称的敞口式箭匣。它的右侧为一根木质立柱，底部为一个浅浅的皮革箭匣，箭镞插在箭匣里面。支柱顶端安装有一个横向悬臂支架，用于固定箭杆。箭袋里共装有10支箭，箭杆排列在悬臂支架的两侧，每侧5支，均用绳子绑定。取箭的时候，先将箭镞从箭匣中提出，然后向下拉箭杆，将箭从固定绳中抽出来。箭匣背部为木制底板，板上有槽口，方便弓箭手把箭匣钩在皮带上。箭匣里装的是钝头练习箭，箭羽用雕的羽毛制成，用于在室内射击起倒靶。（图源：英国皇家军械博物馆）

实用型骑手箭筒，而不仅限于运送娱乐、礼仪箭矢。

敞口式箭矢携行具有很多种，其中矢笼（*shiko-ebira*）的容量相对有限，主要用于仪式或娱乐性射击，可能也用于狩猎，而箙是最出类拔萃的武士作战装备。箙的容量非常大，弓箭手在骑射或步射时都能以最快的速度从箙中取出箭来。日本的箭比其他民族的箭要长，如果使用空穗这样深的箭筒，弓箭手抽箭的速度就会较慢，对战斗非常不利。若在实战中使用弓箭，特别是在骑射时，取箭的速度必须像闪电一样快。日本弓箭手通常用拇指引弦，箭搭在弓臂的右边，箙挂在右臀后侧非常符合人体工程学。弓箭手先用手握住箭杆前端，把箭从箭盒中提出，然后向前下方拉，顺势就能把箭搭到弓上了，这套动作做起来很流畅。

箙的下部是一个用木头或铁皮做的小箭盒，里面是用薄木板竖着隔出的像信架一样的多层小格，每个小格里都塞有用来固定箭矢的软材料。有些箙能装 24

19 世纪的箙，是日本武士作战用的箭矢携行具。它的下部是用钢板制作的箭盒，外壳涂成了黑色。箭盒内安装有多层薄木片，形成了信架式结构，可以牢牢地固定箭镞。箭盒的背部和两侧是铁质支架，外表用藤条包缠住，支架立柱之间还用绿色的绳子拉紧。箭盒表面覆有黑色皮革，正面的家族徽章和边条用镀金装饰。箭盒底部的外表皮革有个排水孔，孔眼边也有华丽的装饰环绕。（图源：英国皇家军械博物馆）

支箭。在箭盒后侧还有个拱形框架，它是用竹子或铁制作的，又薄又轻，上面绑着网格状穿列的绳子。由于箙的箭盒比较浅，而倒置的箭上部较重，为了防止箭倒下，会有一根固定绳子将箭从箭羽下方绑在框架上，取箭仍然会很容易。弓箭手在旅行时可以把固定绳拉紧些，箭就不容易掉出来了。

韘

和弓通常使用拇指撒放，但是武士们不用扳指，而是戴一种名为“韘”（*yugake*）[20]的鹿皮手套。有些韘的拇指部位还会缝入一块木片或角质片进行加固。与扳指引弦法不同的是，弓箭手的拇指不是钩在弓弦上，而是微微弯曲，右前臂略微逆时针旋转钩住弓弦。现代弓道使用的弓拉力极小，所以拇指可以挺直不用弯曲。为了防止弓弦滑脱，弓道师们还会给手套涂上俗称“吉利粉”的特制松香，借以增大摩擦力。松香粉通常装在角质的小瓶里，拴在弦卷上。然而，人们在弓道场上缓慢的射箭动作与实战时并不一致，挺直的大拇指也无法拉开百磅拉力的战弓。为了保护鹿皮，弓箭手还会在韘里面戴个棉质衬里手套，否则手上的汗会使鹿皮硬化变质。韘是弓箭手珍贵的个人用品，如果保养得当，可以传承好几代人，父亲把自己的韘传给儿子的很常见。

15 世纪后出现了很多样式的韘，它们的拇指部位特别硬，有助于射手在射击静态目标时能更长时间、专注地引弦。有一种韘有更多的填充物，专门用于参加在京都三十三间堂[21]举行的连续射箭比赛。正是在这项传统活动的影响下，弓箭手们习惯于戴厚手套射箭。但是，这种球形拇指的厚重手套并不适合实战，武士们需要的是一副更灵活的手套，不仅方便射箭，还能方便持剑作战。他们挽马缰的手也会戴一只同样轻薄的鹿皮手套。

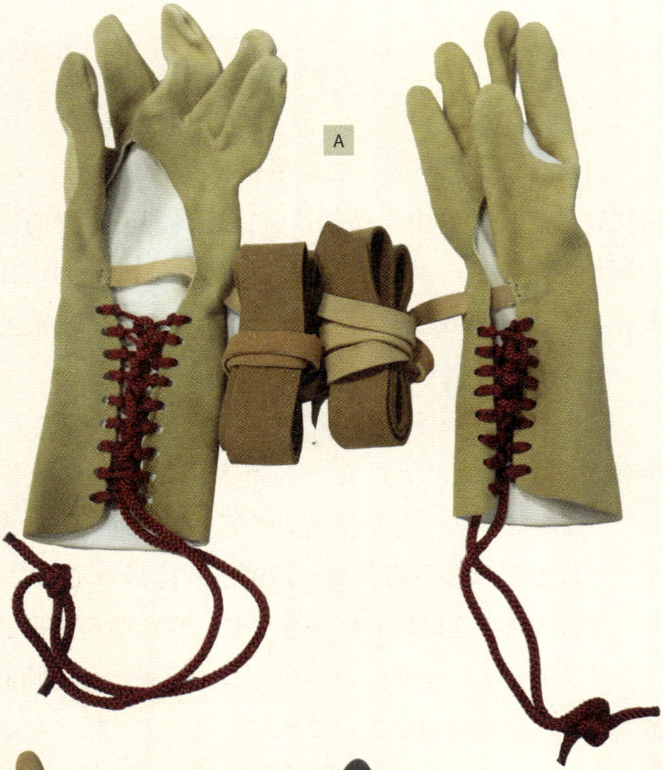

（A）用于流镝马比赛的骑射谍，武士的作战手套就是这种样式。它的材料是柔软的鹿皮，重量轻、活动灵活，在右手拇指的引弦部位，材质会更厚一些，但是仍然很柔软。现代的谍比较笨重，而古代的谍比较轻薄，不会影响弓箭手在必要时换持刀、剑或其他武器。在激烈的战斗中，弓箭手的射箭速度一定要快，上弦动作也必须灵活敏捷。但武士们担负的任务完全不同，他们的谍不需要像现代弓道使用的谍那样增加衬垫。（图源：小笠原流 [Ogasawara-ryū]）

（B）日本弓道使用的几种谍，从左至右分别为三谍、四谍和诸谍。这几种谍都很厚，内里填充了多层衬垫，手感很硬。这些较重的谍出现以后，后期新发明的谍就减少了指头套的数量。但是不管谍有多少根手指套，它们都能为拇指和手腕提供支撑，能让射手保持开满弓的姿势一小会儿。不同的流派有各自的偏好，小笠原流将完全使用诸谍，而日置流（Heki-ryū）则比较推崇三谍。这些谍的发展，特别是四谍，主要是为了满足三十三间堂比赛对弓箭射程和射手耐力的要求。（图源：小笠原流）

护臂

护臂在日语中称为“鞆”(*tomo*)，通常用鹿皮或熊皮制作，存在于平安时代，到了镰仓时代似乎就不再使用了[22]。“鞆”这个概念常被人援引，它的作用与英格兰“护腕”类似，主要是保护手臂不被弓弦打到。虽然有的诗歌描写了弓弦击打“鞆”的声音，但是这种情况似乎不太可能发生。弓箭手用拇指引弦的话，箭应当搭在弓臂右边，只要持弓和撒放的姿势正确，箭就应当从弓的右边射出。按照这个角度来看，手臂是不需要戴护臂的，所以“鞆”极有可能不是为了保护手臂，而是为了把宽松的衣袖束扎起来，以防钩到弓弦。参加流镝马的骑射手们通常身着镰仓幕府时代的狩猎盛装，外面穿着“射篭手”(*igote*)。“射篭手”是一种长袖半身服装，可以保护手腕、手臂至肩部和胸部，而与传统的护腕不同。

图为用于流镝马的成套装具。它的马鞍与中国的马鞍相似，而马镫具有独特的日本风格。白色皮革制成的马鞍安装在训练用的木马上，上面有些装饰性的橙色绳线，马缰绳是用织物编成的。马鞍后面的架子上立着两张不同藤条样式的和弓，弓的前面放着一具箙箙，里面插着流镝马用的镝矢（*kabura-ya*）。箙箙侧后方的架子上靠着一排大小不一的“响目”镝箭（*hikime*，礼仪哨箭），每种都用于不同的仪式。图片最右边是一套武士铠甲。（图源：小笠原流）

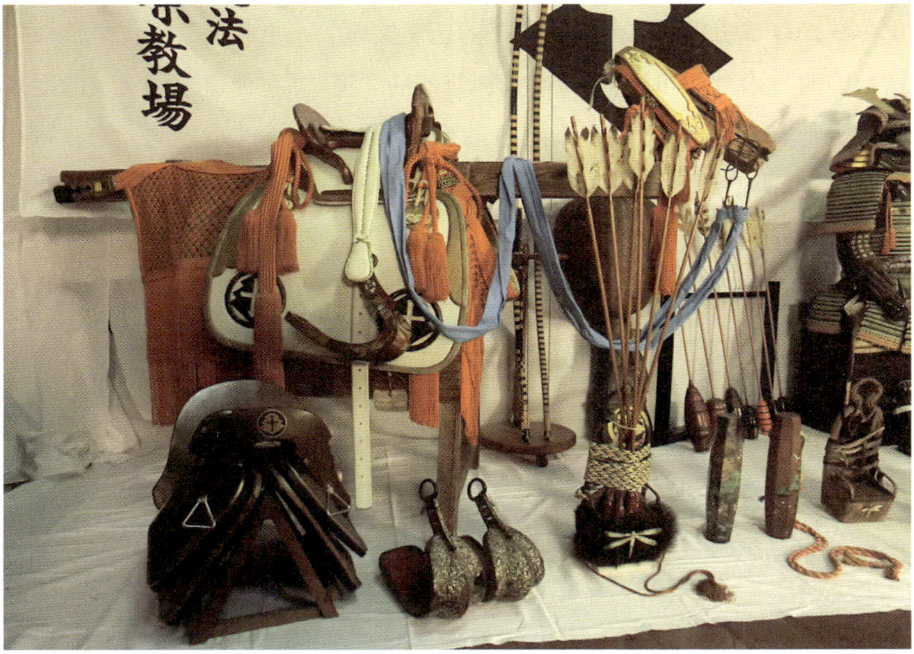

二、实践运用：弓马之道

日本人在很早以前就非常重视弓箭。《日本书纪》(*Nihon Shoki*，日本编年史书，撰写于8世纪）记录了皇历68年（年号不详）下达的一道天皇谕旨：“令京都左右京区长官及30个‘令制国’知事，要建设箭术练习场地”[23]。弓箭需要不断的练习，任何重视作战箭术的民族都有植根深厚、系统化的弓箭训练体系。当弓箭手像武士一样成为社会和军队的精英，他们的箭术训练将被人们视为一门充满神秘感的技艺。良好的射箭姿势被看作优良品格的标志，箭术成了日本绅士阶层推崇的“六艺”之一。“六艺”是从中国引进的理念，与欧洲文艺复兴时期人们的价值观类似。“六艺”包括“礼、乐、射、御、书、数”，即礼仪、音乐、箭术、马术、书法、数学。在这六种技能中，箭术是唯一的军事技能，而剑术并不在其列。鉴于它的历史渊源，日本箭术充满各种礼仪也就不足为奇了。

随着时间的推移，日本箭术的技能和方法不断发展，各种箭术“流派”的建立使得这些传统代代相传。时至今日，各个流派仍然严格恪守历史传统，尊重历史，传承前人留下的历史文化。一个“流”不仅是传播弓箭技能的“术”，同时也在传播精神修炼的“道”。在神道教和佛教的很多仪式上都有“礼射”，许多人把弓道练习作为提升精神境界的方法。1948年，德国作家奥根·赫立格尔撰写了《箭术与禅心》(*Zen and the Art of archery*）一书，认为日本箭术是“禅宗佛教”的修行之路，但是日本弓道练习者觉得这个理念非常离谱。日本箭术无疑在精神层面具有丰富的内涵，但它首先是一种实用性技能，是武士的作战技能。

骑射

日本箭术包括“武射”(*busha*）和“礼射”(*reisha*）两大分支，还可以分为“步射”(*hosha/busha*）和“骑射”(*kisha*)。成为一名出色的马弓手是武士的关键技能，因为他的成长之路就是“弓马之道”（弓术和骑术）。骑射是礼仪和竞技骑射活动的总称，包括“流镝马”“笠悬”（*kasagake*）和“犬追物”（*inuōmono*）等，这些传统活动延续至今，使我们能够从中了解日本武士马弓手在作战时的骑射能力。

骑射（*umayumi*）是日本武士的特色技能，但在武士阶层出现之前，骑射在日本就已经存在了。《日本书纪》一书记载了雄略天皇（456—479年在位）谋杀市边押磐皇太子的传说故事：

> “愿与皇子，孟冬作阴之月，寒风肃然之晨，将逍遥于郊野，聊娱情以骋射！”市边押磐皇子乃随驰猎。于是，大泊濑天皇（即雄略天皇）弯弓骤马而阳（佯）呼曰：“猪有！”即射杀市边押磐皇子。（“我愿和皇子一起，在冬天的第一个月里，在天空多云、寒风凛冽之时，到野外去骑射狩猎，换换心情，找找乐子。”市边押磐皇太子便跟着他去了。在野外，雄略天皇突然弯弓策马疾驰，假装喊道：“有野猪！”然后放箭射杀了市边押磐皇太子。）[24]

阿斯顿在原文中的脚注清楚地表明，他将“骋射”翻译为“运动中射箭”，指的就是骑射。在那个时期，骑马射箭捕猎野猪是日本贵族的娱乐活动，雄略天皇能够骑着飞驰的马射杀受害者，表明这种技能在战争中也会得到应用。

《射学杂纂》是浅野正亲于1689年在京都撰写的箭术专著，其中有把骑射狩猎作为箭术训练的内容：

> 建久（Kenkyu）三年八月二十日，几名弓箭手（柏原、比企、三浦、千叶）奉幕府之命到草原上猎鹿，练习骑射箭术。有时他们会用木制鹿形箭靶。[25]

“建久三年”即1192年，当时的日本统治者是首位“征夷大将军”源赖朝。为了提高军队的骑射能力，他付出了很多努力。上面提到的活动称为“草鹿”习射，通常是两支队伍之间的比赛，每队5名射手。靶标是设在草地上的木制鹿形目标，射手们要骑着马曲线前进，在不同的距离、不同的方向上向“草鹿”射击，这是一种非常好的骑射作战技能训练。17世纪的浅野正亲是否熟悉“草鹿习射”这项活动，我们很难知晓，但他很可能熟悉流镝马，流镝马与源赖朝也有密切的联系。

小笠原流的嫡系传人小笠原清基在疾驰的马上开满弓，准备射箭。他在马上看起来精神抖擞、虔诚专注。从12世纪以来，小笠原家族一直在组织这种形式的流镝马。他身上穿的是镰仓时期的传统狩猎服装，鹿皮的斑纹非常显眼。正是在镰仓时期，流镝马开始在日本兴起。（图源：小笠原流）

流镝马

一位身着盛装的弓箭手出场了，他一边用不断升高的音量和萦绕的语调吟诵着“阴阳，阴阳……”一边骑着马沿着狭窄的跑道疾驰，把箭依次射向三个靶标。这就是流镝马，它也许是最壮观、最惊心动魄的箭术表演。每当镝矢的球形硬木箭镞击中竹竿顶上的方形木板靶时，靶标就在响亮的爆裂声中崩裂成碎片，围观的人们热烈欢呼，欣喜若狂。流镝马是一种表演、一种运动，也是一种艺术。但是更重要的是，它是神道教严谨、庄重而又极具灵性的仪式。

流镝马的跑道是直的，长约 230 码，两侧插着栏杆。三个箭靶距跑道中心 6 码，高 6 英尺，相互间隔约 65 码。在表演流镝马时，射手们会骑着快马在跑道上疾驰，依次射击各个靶标，这对他们来说是莫大的荣耀。快速上箭是一项基本技能，如果射手动作较慢错过了靶标，按照规则他要把没能射出的箭丢掉，再重新取箭射下一个靶标。他们的箭装在箙里，取箭的时候手要伸向背后，先把箭从三明治一样的箭盒夹层中提起，再

前端装有叉形箭镞的镝矢[26]。它是流镝马仪式的专用箭，叉形箭镞（V 形箭头）可以牢牢地固定在箭盒的隔层里。萝卜形的鸣镝箭镞用木头、角或骨头等材料制成，上面钻有哨孔，飞行中能发出尖锐的哨音。如果镝矢不安装叉形箭镞，可以把备用箭别在骑手的腰带上。不过，不管装不装叉形箭镞，镝矢重重的球形箭镞也能把木制靶板打碎，发出响亮的破裂声。（图源：英国皇家军械博物馆）

小笠原清基射出的箭击碎了用日本雪松木制成的箭靶，碎片被当作吉祥物分发给了在场的观众。此刻清基的弓已经在他的手中旋转了一定的角度，但还没有达到全弓返的程度，否则弓弦会转到持弓手臂的外侧。弓返和部分弓返体现了射箭技巧的细微差别，也是箭术大师的特有标志。全弓返在弓道中被运用得非常普遍，但在紧张激烈的实战中不大可能运用到。小幅度的弓返是正常的，因为它是射箭时弓臂的自然反应，还能令弓臂让出箭的飞行路径，减少甚至消除箭杆的飘摆现象[27]。从人体工程学的角度来看，为了能在战斗中快速射击，射手必须尽量减小他的动作幅度。在流镝马表演中，正确的动作是，射击前两个靶使用部分弓返，射击最后一个靶使用全弓返。在这幅图片中，清基刚刚击中的是第二个靶标。（图源：小笠原流）

向前下方拉，就可将箭抽出搭到弓上。每支箭上弦后，射手就会吟诵“阴阳、阴阳”，意指黑暗和光明（阴和阳）。在射击第一个靶标之前，射手先低音吟诵，在后续的射击中音调将不断升高，声音也会逐渐拖长。这种吟诵除了有一定的仪式意义，还能辅助射手保持正常呼吸，吸气时吟诵“阴”，呼气时吟诵“阳”。保持正常呼吸非常重要，可使射手在巨大的精神压力下尽量保持冷静。举世闻名的日光东照宫每年都要举行流镝马仪式，射手们训练一整年，为的就是能有机会在仪式上骑射一次。这种运动风险系数很高，是对射手技能和品性的双重考验。获得许可参加仪式的骑手被称为“流镝马射手”（*ite*），他必须接受长时间的严格训练，只有最优秀的流镝马射手才能延续这种传统。

每年会有约 50 场流镝马在日本各地的神社举办，它们是日本传统文化遗产的重要组成部分。在其他的场馆也会举办竞争激烈的流镝马比赛，而在神社举办的流镝马活动中，人们更多地把骑射看作供奉仪式。它们与其他的祭祀仪式编排在一起，祈求神道教神灵的恩赐。在流镝马仪式之前，先要举行祭拜天地神灵的“天长地久之式”，首席流镝马射手要进行“五行乘法”，即骑马逆时针转三圈，再顺时针转两圈，然后在场地中央停住，先后对天、对地拉满弓。在德川时期以前，这种仪式是为武士们祈求健康和战时好运的，现在则是向神灵祈求天下太平、五谷丰登、万民消灾。

“立水印”骑术

“立水印”是专为优雅的流镝马仪式发展起来的骑术。它的骑乘姿态高度模式化，骑手要立在马镫上，身子微微抬起，高于马鞍一纸间隔，膝盖向外弯曲，全身只有脚后跟部位接触到马的身体。在江户时代之前的画作中，骑手是整个脚掌都踏在马镫踏板上，腿的内侧与马接触。但是，采用“立水印”骑术，骑手的脚要斜放在马镫踏板上，大拇指和二拇指夹住马镫的外侧立缘，只有脚后跟与马身接触。这种骑乘姿势能使骑手的髋部打开，膝盖向外弯曲，和弓箭手站在地上射箭的姿势相仿。从理论上来讲，采用“立水印”骑术，弓箭手和马是相对独立的，使射箭动作基本不受马奔跑运动的影响。实际上，减少颠簸有利于创造良好的射击条件，展示高贵的形象。由于射手立在鞍座上方，最好的方法应当是在垂直方向以最小的运动幅度做浮动式悬停。以这种方式骑乘疾驰的快马，需要射手具备相应的性情、勇气和技能，展示了武士们的高超技艺。骑着精神抖擞的快马，没有理由不按道场的要求精确、优雅地射箭。很多流镝马练习者表示，马行进的方向和步幅都可以通过射手小幅度地调整重心来进行控制。标准的流镝马程序要求射手射箭时马沿着跑道左侧运动，上箭时马沿着跑道右侧运动，走的是“之”字形路线。在世界各地，通过调整重心控制马的运动都是高水平的骑术技能，但在其他地方，骑手可以通过用整条腿与马接触的方式进行辅助控制，而流镝马骑术非常另类，似乎对骑手驾驭马的能力存在约束，也就是说，没有让射手去完全控制马。在笔直、栏杆封围的赛道上骑马是一回事，而在混乱的战场上有效控制马则是另一回事，射手必须用整条腿夹住马身。现代流镝马表演仅限于单条笔直跑道的骑射流程，没有完全展示出流镝马骑术的全部潜力和技能多样性。关于如何减少马的运动对骑射动作的影响，其他民族的解决办法是，射手膝盖以上立起身，身体前倾，把膝盖作为自然的减震器。只是在向后方射击时（帕提亚射法），射手身体前倾的角度会更大些。从古代画作中可以看到，日本武士在作战时能够向各个方向射箭，如果用流镝马骑术向后射击，动作会极不稳定。在流镝马表演中，射手只需射击与左肩方向正对的靶标。如果要射击其他角度上的目标，比如向马的右侧射击，射手就必然要扭转和前倾身体，此时马鞍能为射手提供相当大的帮助。值得注意的是，日本马鞍的形式与其他骑射民族的马鞍非常相似。

流镝马的历史至少可以追溯到 12 世纪。在早期的流镝马流程中，射手要骑着马来回跑两趟，即去程和回程。去程要射三个立起来的靶标（像现代流镝马表演一样），返程要射挨近地面的小靶。这些低射角靶标用黏土制作，直径才 3.5 英寸！日本镰仓幕府时代的编年史书《吾妻镜》[28]（*Azuma kagami*，1266）记载了发生在 1187 年的一个事件，当时的“征夷大将军”

源赖朝命令被俘的平氏武士诹访盛澄展示流镝马技能，演示场地位于鹤冈八幡宫。虽然给诹访盛澄骑的马性情暴躁，但他在去程中击中了全部的3个木板靶，回程中又击碎了3个黏土小靶。源赖朝见状大惊，命令他再跑第三趟，靶标是那些竹竿上用来挂木板靶的钉子，如果射不中就处死他。虽然诹访盛澄面临生死的考验，但他仍能全神贯注，成功击中了全部钉子。这是一次非凡的壮举，源赖朝赐予了他自由，还把他纳入麾下[29]。如今，每年的9月16日鹤冈八幡宫都会举行流镝马表演，据说就是源于这个故事。尽管这项传统并非一成不变，目前每次只限3名骑手表演，但它仍是日本最负盛名的表演之一。日光东照宫的流镝马表演在规模和档次上比鹤冈八幡宫要高很多，它们都是由小笠原流举办的。

流镝马的历史与小笠原流和武田流（Takeda-ryū）两个流派的历史密切相关，这两个流派一直在传承武士骑射传统。武田流宣称自己的历史最为久远，据说是由源能有（845—897）[30]于9世纪创立，而小笠原流则宣称自己更为正宗。小笠原流的创始人小笠原长清（1162—1242）是源赖朝皇室的弓箭教练。1186年，长清宣布创建小笠原流，第二年，诹访盛澄应召表演了流镝马，小笠原长清一定在现场仔细观看了这次严酷的考验。从此，小笠原流与流镝马结下了不解之缘，流镝马仪式一直由小笠原家族、长清的嫡系后裔进行操办和管理。在某些历史阶段，如日本内战时期，流镝马活动暂时处于低谷，但小笠原流对箭术传授的专注一直没有中断。

在后醍醐天皇统治时期（1288—1339），小笠原流派的教义被编成一部专注，名为《修身论》（*Shūshin-ron*）。这部家族法典至今仍是小笠原流指导教义的基石[31]，它的核心是礼仪——得体的举止和行为方式，应用于各个微小细节，强调身心合一。小笠原流在室町幕府和江户时期在宫廷中占主导地位，1868年明治维新（Meiji Restoration）后，它继续保持在皇室中的影响，直至1880年小笠原流向公众开放。此后，小笠原家族颁布家规，禁止靠传授箭术谋生，时至今日，小笠原流传统的传承仍以自愿为原则。他们之所以这样做，是为了确保不以经济利益为目的扩招新会员，从而可以恪守《修身论》的教义[32]。

虽然流镝马程式严格，而且是一种神圣的仪式，但它在大众心目中仍然充满欢庆的活力。但是，1879 年，美国前总统格兰特将军[33]访问日本时，一位流镝马射手做了一些逗人的动作，我想可能并不完全符合神道的礼仪。格兰特先后观看了流镝马和犬追物表演，当地的报纸对流镝马活动的报道中写道，“最后一名骑手把箭放在手中不停挥舞，眼看他就要错过靶子，突然，他一箭穿心将靶刺穿，观众爆发出了热烈的掌声”[34]。

这种马戏团式的把戏动作从一个侧面体现了流镝马射手熟练的骑射技能，可能这需要最优秀的武士才能做到。

笠悬

和流镝马一样，笠悬也是一种古老的礼仪骑射术，骑手沿着跑道策马疾驰，边行进边射箭。笠悬的设置与流镝马差别很大，有些靶标与人肩同高，有些置于地面，还有些设置在跑道的另一侧，需要运用多种角度射击。“弓手横”射法与流镝马射箭动作一样，靶标立于跑道左侧，高度和射手肩部平齐，射手可以直接射击。“弓手筋错”射法用于向左侧的地面靶标射击，这对和弓来说困难较大，射手必须用正确的角度射击，避免弓臂碰到马的身体。“马手筋错”射法最具挑战性，靶标位于右侧，射手需要左手持弓，向右大幅转身，把弓移到马的右侧进行射击。笠悬的各种骑射动作比流镝马射术更加贴近实战，虽然向后射击（帕提亚射击）没有包含在笠悬射法里，但它一定在武士技艺中占有一席之地。

“笠悬”也称“笠挂”，字面意思为“射击草帽”。据传说，笠悬射法是由神武天皇开创的，他是神话中的日本首位天皇，当年他把自己的笠帽作为箭靶，笠悬由此而来。也有人认为笠悬是在镰仓幕府的第一位将军源赖朝统治时期兴起的，当时人们把几种芦苇帽当作靶子进行即兴射击。最特别的是镰仓时代的笠帽，它的正反两面都可以当作靶面。拿笠帽当靶标时，有时会在帽子表面覆上一层稀泥，放在太阳下烤干。当弓箭击中笠帽时，干泥块会发生明显的爆裂，便于记录命中情况。不管笠悬如何起源，

A

D

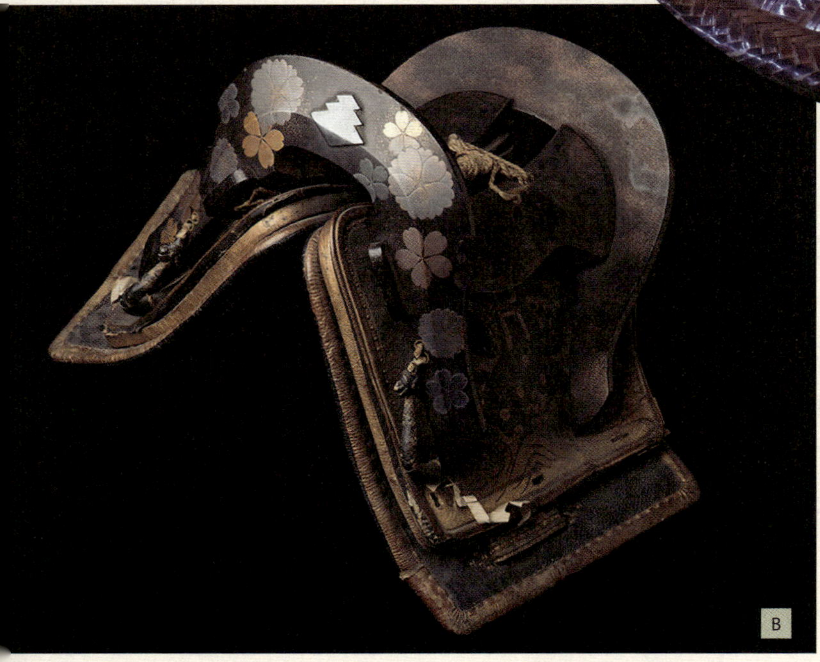
B

（A）武士舌长蹬，是一种铁制的和镫，表面漆成黑色和红色，嵌有黄铜装饰。日本最早的马镫出现在 5 世纪，它的结构非常简单，只是个平底的金属箍，与其他马镫很相似。后来，日本马镫演变成了壶形马镫[35]，脚趾部位用铁皮封闭起来，形似荷兰木屐。舌长镫始于 12 世纪末期，并持续使用至武士时代末期。舌长蹬的踏板比较长，从脚趾一直延伸到脚跟，脚趾部分被包住，两侧则是完全开放的。这种结构的优势是万一骑手落马，他的脚不会被马镫拖住，而其他马镫或多或少都存在这个问题。舌长镫比较重，可使骑手采用“立水印”骑法时姿态更为稳定。（图源：小笠原流）

（B）小笠原流收藏的江户时代的马鞍。这具马鞍外观华丽，显示了武士骑射手阶层在当年受到的高度重视。马鞍的前部有凸起的鞍桥，在弓箭手射箭时能够提供一定的支撑，还能保护骑手的腹股沟免受敌方的矛、剑或弓箭的伤害。（图源：小笠原流）

（C）流镝马射术的木马练习，木马上配有实装马鞍和马镫。这是蒂姆·麦克米伦先生在小笠原流弓道场进行训练的场景，他是受小笠原流邀请的极少数外籍流镝马射手之一。从 2003 年起，蒂姆一直参加日光东照宫著名的流镝马仪式，并于 2016 年正式加入小笠原流，已经可以参加小笠原流举办的任何流镝马仪式。注意，他的膝盖是向外张开的，这是流镝马独有的骑马姿势。（图源：玛丽亚·彼得森）

（D）编蔺笠。这种硬质宽边的上漆笠帽是镰仓时代的传统狩猎服饰，是流镝马射手常戴的两种笠帽之一（译注：编蔺笠为小笠原流特有，武田流流镝马射手通常戴编桧笠）。射手戴这种帽子表演流镝马，引弦时弓要侧一点角度，离脸部远一点，防止弓弦挂到帽檐。要做到这一点，弓箭手引弦的幅度比弓道弓箭手要大得多，而且要采用“悬浮式靠位 / 靠弦”，引弦手的靠位点（anchor point）不能碰到脸部或身体，使得稳定射击姿态难度很大。日本武士的头盔下方有从脸部向后延伸的宽大护颈，引弦时也需要采取这种动作。（图源：蒂姆·麦克米伦）

它的靶标形式一直在不断演变，并呈现出丰富的多样性，此外，整个骑射流程也有很大的变化。有一种比较流行的箭靶是一块包着皮革的圆形木板，皮革里面塞了棉花、羊毛或稻草，上面标记了两到三个得分区。箭靶用绳子悬挂在竹框内，射手用钝头箭向其射击。记分员们镇定地坐在跑道边，在离箭靶很近的位置，记录各位射手的命中成绩。

在武田流的支持下，日本京都的贺茂别雷神社于2004年重新举办了一年一度的笠悬赛事，使得这项始于13世纪的神社传统得以回归。在现代社会条件下，笠悬比赛已经得到改良，女性、男性骑射手可以平等竞争。它的宗教氛围依然非常浓厚，包括净化仪式和祈祷祭拜，以及和流镝马一样的“天长地久之式”等，绝大多数流程都是严肃的神道仪式，但是也有娱乐性和竞技性很强的内容，形式上没有那么正规。

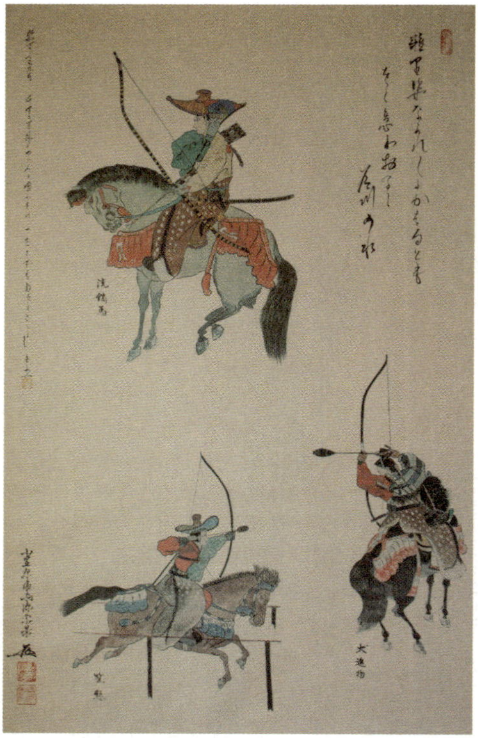

一幅绘有3名笠悬射手的古代画作。他们穿着和流镝马射手一样的镰仓时代狩猎服，戴着传统样式的笠帽。他们骑的马品种比较独特，与现代流镝马和笠悬骑手多骑乘的欧洲血统马不同。日本有几种本土原产的马，画中的马极有可能是木曾马，是日本武士常骑的马。（图源：金·霍金斯）

犬追物

犬追物是一种用软性钝头箭射击活狗的骑射运动。虽然这项运动在现代人的情感中难以接受，但它确是日本射箭传统的重要内容。犬追物在镰仓和室町时代非常兴盛，最早的记录见于 1207 年的有关史料[36]。在历史早期与犬追物一同出现的还有“牛追物”活动，射手们骑射的目标是活牛。1341 年，小笠原贞宗将他撰写的箭术专著《犬追物次第》(*Inuōmono Mokuabumi*）送给了他的学生、室町幕府第一代“征夷大将军”足利尊氏(1338—1358 年在位)，强调“犬追物”运动对武士训练至关重要[37]。从军事训练的角度来看，犬追物能够训练射手在高速运动中射击处于不同角度的随机、运动目标，而流镝马靶标的距离和角度都相对固定，两者有巨大的差异。

犬追物的场地是用稻草绳圈起的两个同心圆。虽然图中（下插图）的草绳圈看起来很细，但是实际上它们的宽度超过了 2 英尺。警戒线以内的地面铺着沙子，内圈和外圈地面的颜色不同。等待中的骑手待在射击区域之外，他们在外围还可能要担任场地守卫，用喊声或射箭阻止目标狗逃出圈外。

笠悬比赛通常有 3 支队伍参赛，每队有 12 名骑射手。单场次每个参赛队仅派一名队员参加，其余人员在场外等待。参赛队员们骑马入场后，驯犬员会放一条狗给他们射击。笠悬用的箭比标准的镝矢稍大，箭镞装有软性衬垫并且漆成黑色。得分情况要看箭击中了狗身上的哪个部位，有些部位不准射。但是，就算射手们使用的弓拉力很小，箭镞的衬垫很厚，箭射到狗身上也一定非常痛，有的狗身负重伤，有的狗一命呜呼。根据笠悬的竞赛规则，3 支队伍一共要比赛 5 轮，每轮每队要射击 10 条狗[38]，算下来一场笠悬比赛至少需要 150 条狗。这些狗都是专为笠悬运动饲养的，最常用的是白色的狗，可能是因为比赛的时候箭镞上有标记墨水，打在白狗身上容易显示命中部位。

小笠原贞宗的曾孙小笠原持长（1396—1462）当了第六代“征夷

日本著名浮世绘画师杨洲周延（1838—1912）绘制的犬追物场景。（图源：纽约大都会艺术博物馆）

大将军”足利义教的“御弓师”（弓马教练），他曾先后撰写了五卷关于犬追物的书籍！犬追物比赛的评判，首先看谁的命中数最多，如果命中数量相同，就比谁的姿态和动作更好。比赛的流程设置也有很多不同的版本，一些史料显示，有的犬追物比赛会让多名骑手同时行动，在面积很大的竞技场里追射同一条狗。美国前总统、内战时期的将军乌里塞斯·辛普森·格兰特于 1879 年访问了东京，先后观看了流镝马和犬追物表演。根据 1879 年 9 月 2 日《日本每周邮报》（*The Japan Mail*）[39] 报道，格兰特观看的那场犬追物表演有“24 名马弓手追猎一只模拟狗”。《日本每周邮报》为双周刊英文报刊，报社位于日本横滨，报纸主要发行欧洲和美国，它报道了这项活动的一些细节。它先解释了犬追物运动“通常”是追射活狗，然后写道：

在星期一的活动中使用了拖曳靶，一名骑手骑着马拖着靶在场地上快速奔跑，一群马弓手在后面你追我赶，竞相射击，气氛非常热烈。

从这些描述中可以看出，犬追物的主要赛程与朝鲜（古）的“莫古”[40]马球骑射很相似。“莫古”马球骑射是由一名骑手骑马拖曳着一个大球体（用柳条编成，外面蒙着布），骑手们尾随其后，用蘸有识别颜料的钝头箭竞相追射。由此看来，“莫古”马球骑射可能是作为朝鲜（古）版本的犬追物的替代而起源。

24 名骑手在赛场上策马奔腾，为了占据有利的射击位置你争我抢，这种场景一定令人非常兴奋。遗憾的是，精彩的表演在决赛环节出了意外，《日本每周邮报》中写道：

有一条黑狗似乎是这项比赛的老手，虽然有几支钝头箭射中了它，它却能高速穿过追击的马群。直到它累得筋疲力尽，驯犬员就把它收回了狗舍。

由于西方舆论的影响，犬追物实际上从 1862 年就已经被禁止，而这场表演说明，犬追物在当时又卷土重来了。据说，格兰特将军对这项活动表达了他的不满。日本有据可查的最后一场犬追物表演是 1881 年在岛津家族的住所举行的[41]，现在这项活动已被法律明令禁止。

笠悬的形式

传统的笠悬赛道长约 120 码，两侧有木质或竹质的围栏（日语称“埒”）。正对箭靶的围栏通常会留有缺口，便于射手射击。有些古代图画中显示的笠悬赛道根本没有围栏，有些赛道则是弯曲的。比赛时，骑射手们必须高速跑完全程，通常要跑 10 个来回。

"远笠悬"（*Tōkasagake*，单发远射）："远笠悬"为单发射击流程，靶标位于赛道的半程位置，直径约 22 英寸，距离赛道不小于 12½ 码，有时距离可达 25 码。

"小笠悬"（*Kokasagake*，近程射击）：靶标为易碎的薄木板，用短竹竿设置在靠近地面的位置，被木制钝头箭击中会立即碎裂。薄木板的面积为 10—20 平方英寸，距离围栏外侧约 6 英尺，需要射手用"弓手交错"射法俯角射击。

"签笠悬"（*Kuji kasagake*，为抽签比赛）：这是一项团体竞技比赛，日本京都的贺茂别雷神社仍在举行这种赛事。比赛时，10 名骑手抽签配成五对比赛，根据各队的总得分评判输赢。比赛的科目包括"远笠悬"和"小笠悬"。

"挟物射"（*Hasamimono*，日常物品射击）：这是一种休闲娱乐性射击。常见的靶标是手扇或其他合适的物品，用竹竿将它们挑在不同的高度上，距离设置得比较随意。"挟物射"并非笠悬独有，步弓手射箭训练时也会使用一些简易的靶标。"挟物射"的简繁程度不一，简单的"挟物射"在家里随便设个箭靶就行，而复杂的"挟物射"可能是精心编排的宫廷娱乐射箭表演。

"七夕笠悬"（*Tanabata kasagake*，七发笠悬射）："七夕节"是为了纪念神话传说中的一对神界恋人，传说他们被银河分隔，只能在每年的七月初七相会一次，所以这也是一个许愿的节日。"七夕笠悬"射击，是弓箭手要骑马通场 7 次射击同一个靶标，或者依次射击 7 个靶标。

"百番笠悬"（*Hyakuban kasagake*，百发笠悬射）：这是一种神道仪式，弓箭手要对单一靶标连续射击 100 箭。为了完成这个科目，射手通常需要换好几匹马。

砺波山之战，1183年6月2日[42]

砺波山之战是源平合战中最大规模的会战，平氏和源氏的军队来到砺波山山口外，在宽阔的缓坡上列阵准备交战。源氏军队在源义仲的率领下虽然占据了较高的地形，但他的兵力数量不占优势。他命人在黑坂山上竖起30面白旗，使平氏军队误以为源氏在兵力数量上占优，暂时停止前进。与此同时，源义仲派出一支部队迂回攻向平氏军队后侧，另派遣三支部队去山脚下埋伏。此时的源义仲还需要想办法拖住平氏军队，为完成战场部署争取时间。他采取的策略是，向平氏军队发起格斗仪式的挑战，也就是一对一的决斗。

源义仲首先派出15名武士挑战同等数量的平氏武士，每一对武士都骑着战马冲向对方，射出刺耳的镝矢（哨箭）。随后，双方每批参加决斗的人数越来越多，30人、50人到100人。当这些决斗结束后，两军武士们才最终抽出刀剑进行肉搏战。源义仲的拖延战术奏效了，日落之前，他的迂回部队到达了平氏军队的后方并发起了攻击，迫使平氏军队进入源氏军队的钳形伏击圈，源氏的伏兵很多是弓箭手。平氏军队被迫逐渐退入狭窄的山边小道，一边是峭壁，一边是悬崖。随后源义仲的军队动用了“火牛阵”，它们把火把绑在牛角上，用火牛群冲击敌阵。平氏军队在“火牛”追赶下，拼命逃窜，但无奈山道狭窄，士卒纷纷被撞下山崖，死伤无数。

插图中可以看到，双方的战斗是自骑射决斗开始的。一名源氏武士正向他的对手冲去，弓上的镝矢正要射出。他挎着箭箙，在马镫上立起身，以使自己的射击姿态更为稳定。在画面背景里，其他的源氏武士正等待出击，准备展示自己的勇猛和弓箭的威力。

战争中的马弓手

日本武士在近代的各种武艺表演中往往给人留下优雅、谦恭、充满灵性的印象，但是平安时代的绘本书卷《男衾三郎绘词》（*Obusuma Saburō Ekotoba*）却描述了一个极度残暴的日本武士的生活，揭示了弓箭运用的一种基础心态。男衾三郎的寓所远近闻名，一些声名狼藉的军人经常出入他那里。此人的做派野蛮残忍，经常要求把砍下的人头挂在院子里做装饰，还要家臣们把路过的行人当作箭靶来射：

> 把砍下的人头挂在马房的栅栏上！就那么挂着……去追门口路过的修行者（云游僧人）或乞丐……追上去射倒他们！用镝箭射他们。[43]

不管怎么看，男衾三郎都是个凶徒，而这种残忍无疑也被用到了战场上。武士的作战样式有伏击、突袭，当然也有夜袭和残杀平民的暴行。武

河中岛之战（1561）木版水印画，由宇田吉和绘制。画面中有几个马弓手在向后方射击。虽然这幅画绘制于 1857 年，但在武士时代的画作中，马弓手在马上回身射击的画面很常见。为了能有效消灭敌人，马弓手在马上必须能向不同的方向射击。（图源：美国国会图书馆）

士们信奉的荣誉理念与战争现实之间其实一直存在明显的矛盾，具有骑士精神的中世纪欧洲骑士面临过这种问题，中世纪的日本武士也是如此。要理解骑士精神或武士道精神，需要平等看待人性的野蛮和高贵，并要承认骑士精神或武士道只适用于同一阶级的武士之间。即便这样，武士骑射手仍被认为是最堂堂正正的人，是武士道精神的追随者。

信号与讯息

鸣镝除了用于仪式性挑战、庆典和各种骑射赛事，还可以在战场上传递作战信号。声音尖厉的鸣镝射向敌军阵营的某个方向，不仅发布了攻击的号令，也指示了进攻的方向。甚而，它也可能是下达停战和重新编组、列阵的号令。关于鸣镝信号代表的确切含义，目前我们还知之甚少，但它们肯定能被用于指挥骑兵部队实施快速机动。在攻城战中，鸣镝同样能用来指示攻击的地点。

1183 年，在火打城攻城战中，一支鸣镝发挥了决定性作用。火打城建在岩石峭壁上，周边只有简陋的木栅栏，但在源义仲指挥下，源氏军队修造了一道水坝，加强了城堡的防御。虽然源氏兵力数量处于劣势，也能暂时守住城堡。但在后来，源氏军队的一个叛徒从城堡内射出了一支传讯箭，将如何破坏堤坝，排干护城河的办法透露给了平氏军队。平氏军队依计而行，迅速攻陷了火打城。[44] 史料中并未提及这支箭有没有装鸣镝箭镞，但是可能性比较大，因为如果没有声响，对方将很难发现这支箭。

在《射学杂纂》一书中有一处关于传讯箭的描述：一个学生问大师："什么是传讯箭？"作者答说：

> 传讯箭的内容没有固定的格式，但是语气应该是有礼貌的，要写清寄信人、收信人的姓名，用的纸应该很轻薄。[45]

决斗

决斗是一对一的仪式性乘马格斗，历史非常悠久。它给武士们提供了获得荣誉的机会，使他们的名字载入史诗，受人称颂，让他们在片刻尽显英雄气概，或者，有尊严地死去。这是武士最希望的交战方式，它符合社会规范，受人赞许。在平安时代和镰仓时代初期，武士会向对手射出一支鸣镝（哨箭），就算是发出正式的挑战。每个武士的作战箭袋里都至少带有一支镝矢。目前尚不清楚这支箭射到哪里算是正式的挑战，是要击中对手，还是落在对手附近即可？无论挑战的方式如何，接下来的决斗都将是两名武士骑马相向对射。他们可以镇定地抵近对手射击，提高命中率和杀伤威力。但对箭术熟练的武士来说，他们可从更远的距离上进行射击，不待对手发箭就率先干掉他。这是一场高速度的“斗鸡”博弈，在众目睽睽之下，名声和荣誉无比重要。

马弓手小队

流传至今的骑射传统体现了马弓手的单兵战斗能力和作战方法，但在大多数历史画作中，马弓手通常在小组内作战，以 6 名或 6 名以上的队伍一起向敌方冲击。为方便行进和射击，他们的队形必须适当散开，保证跑在最前面的两到三排马弓手没有射界障碍。当整个小队在敌方阵前横向运动时，他们能排成单纵队，使每个马弓手均可向敌方实施侧向射击。如果双方已经陷入混乱的近战，每个马弓手则必须根据自己的情况实时机动，随时占据有利射击位置。在这种情况下，骑术是最关键的技能，弓箭手还必须注意不能误伤己方人员，这非常讲求战斗技巧。有些射法，例如在马上向后射击等，古代的画作中只提供了一些间接的线索，但是总的来看，日本武士马弓手与其他民族马弓手的作战方式很类似，比如佯装败退反杀追敌等。画作中描绘的这些场景，可以看出马弓手们不是单独行动，而通常是整支小队共同行动。

两位弓道师在鹿岛神社的弓道场练习箭术。射箭房被称为“射场”，是封闭式建筑，有墙有顶，只有朝向靶标的一面敞开。箭矢飞行的场区为“矢道”（*yamichi*），矢道尽头为靶房，靶房内设有称为“安土”的黑色沙堆靶档，靶档上设置有靶标，靶标距射击线约 30 码。（图源：玛丽亚·彼得森）

步射

步射是指徒步射箭。在战场上既有徒步武士，也有“足轻”（*ashigaru*）之类的低级步兵将弓箭作为武器使用。不同的环境需要采取不同的战术。正如在后面要讨论的，日本弓箭的很多内容被程式化或神化了，但它其实也有非正式的一面和非精神性的一面。例如，在平安时代的贵族中非常流行弓箭比赛的赌博活动，称为“赌弓”。这种活动往往在远离宫廷官府的私人领地举行，贵族们在那里要么打赌下注，赌谁是弓箭比赛的赢家，要么是为了赢得奖金、奖品。在这些赛事中，接受过作战训练的弓箭手之间会展开激烈的竞争。

除了军事传统，和弓的精神意义早在武士时代之前就已在宫廷仪式中发挥了作用。7 世纪，日本从中国引进了一种习俗，即每年农历的第一个月都会在宫廷里举行箭术表演仪式。某些程序和环节还带有比赛性质，一些来访的达官显贵有时会受邀参加竞赛。史料记载，曾有朝鲜王国使团访问日本，其中至少有两个参加了在日本奈良（译注：当时为日本首都）宫廷里举行的新年射箭比赛。当时给他们用的箭靶是画有三个同心圆的“大的”[46]，赛后还颁发了奖品。奖品并非根据射击成绩发放，而是作为大家积极参与的纪念。传统的奖品或礼物是成卷的布匹，根据弓箭手的等级进行分配，级别越高的弓箭手获得的奖品或礼物就会越多。

作为宫廷仪式、竞技运动和一种作战技能，步射在几个世纪中不断发展，它的各种影响最终融入了后期出现的弓道中。

弓道

目前，弓道是日本最流行、最著名的弓箭练习形式。弓道的含义是“弓矢之道”，而“弓术”的意思是“弓箭技能”。两者都与射箭有关，在某些方面它们的差别非常小。但是，弓术主要是弓箭作战的传统技能，而弓道则是基于佛教哲学理念的模式化箭术实践。弓道练习者们精准的射击、优雅而有意念的动作，实际上展示了一种审美的理想境界和心灵的宁静。它美得令人入迷，能平静心情，抚慰灵魂。实际上，弓道的内涵与日本封建时期的作战箭术有更大的联系，而非现代目标靶射手所掌握的那些技术。无论是使用长弓还是反曲弓，都有他们祖先的影子。

弓道有很多不同的流派和教义。一些流派历史比较悠久，例如小笠原流，尽管它现在比较侧重于礼射，但它在步射和骑射的发展上都有相当的影响，而且有自己独特的弓道教义。另一个有着影响深远的流派是日置流。据传，日置弹正政次是吉田重贤（1463—1543）、吉田重政（1485—1596）父子俩的弓箭教练。他提出的箭术新理念，即“飞、贯、中”（飞行、贯穿、命中）[47]，反映了那个时代箭术的主要形态。学者们对于他的生活细节看法不一，史料记载也比较粗略。但是，日置流催生了十几种弓道流派，每个流派各有特色，但都声称秉承了共同的教义。日置流一直延续至今，是弓道的主要流派之一。由于日置流创建于15世纪末，比武田流、小笠原流等“老流派”要年轻一些，所以它被人们视为“新流派”之一。日置流的一些分支现在仍然在练习作战箭术，包括快速搭弦技术等。

弓道现在留给人们的印象往往是弓道师们（弓道练习者）节奏缓慢的射箭动作，这在形式和实质上都已经摒弃了武士时代的“弓矢之道”及弓箭在战争中的运用方法。在实战中弓箭手必须射得很快，但如果想射得又快又准，那就必须从慢节奏的训练开始，即将每个技能练得炉火纯青，最终形成肌肉记忆。这就是对一名战士的训练。缓慢而谨慎的射击准备和射箭动作在战场上似乎派不上用场，但它实际上是作战箭术的精髓，要求战士们在训练阶段必须掌握。在后续的训练中，他们才逐步加快各种动作的速度。

弓道箭术射箭有 8 个步骤，每个步骤都包含一系列具体动作，它们统称为“弓道八节”（*hassetsu*）。源自步射的“武射系”和源自骑射的“礼射系”在“弓道八节”上差别不大。它们包括：

（1）“踏足”：确定双脚站位。

（2）“定身”：调整全身的姿势并将箭搭到弦上。

（3）“搭弓”：右手拇指以正确的角度钩弦，持弓手以“手之内”方式握住弓臂，这是关键的两步。

（4）“举弓”：把弓高高地举过头顶。这个动作很有特色，是骑射最佳的开弓姿势，所以这个动作在一定程度上反映了其他箭术文化对日本弓道的影响。这个动作在仪式表演上看起来可能有些程式化，但它其实非常实用。

（5）“张弓”：包括开弓的两个动作。

（6）“瞄准”：这是撒放前的最后步骤，射手既要做瞄准动作，也要随着呼吸调整身心，全神贯注于目标。

（7）“放箭”：即弓箭撒放，包括随后的弓返（弓臂向外横向反转）动作。实战中的武士可能无法做到全弓返，但部分弓返也能减少箭身飘摆，使箭飞得更直。

（8）“残心或残身”，即撒放余姿，射出箭后将弓放低的片刻平静。

小笠原流的教义不仅有箭术技能，还有日常的行为养成：“这是一种消除无益，蕴含美感，有效而自然的运动。”[48] 虽然弓道动作有明显的礼仪特征，但它的本质是一种人体工程学，强调最佳的行为方式。这是打造真正的战斗勇士的训练方法。锤炼武艺的基本原则是通过缓慢、重复、稳定的动作练习来完善姿态。为了提高速度，使动作成为直觉反应，必须反

A

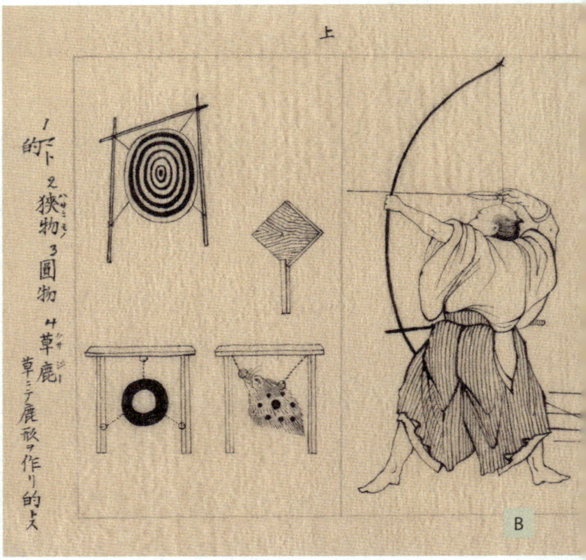
上
1 的
2 狭物
3 圓物
4 草鹿
草ニテ鹿形ヲ作リ的トス
B

D

C

E

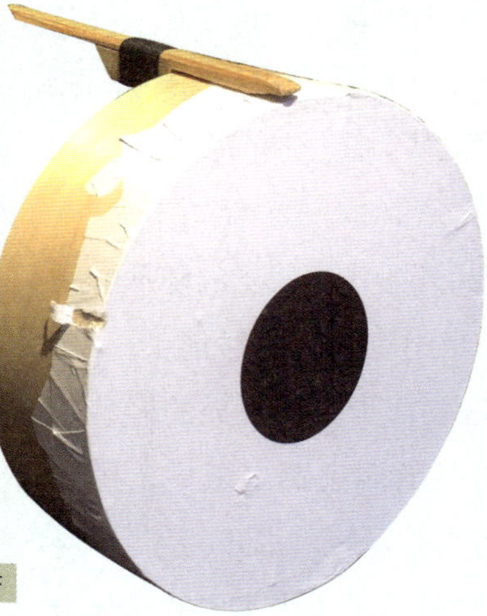

F

（A）玛丽亚·彼得森女士是美国加利福尼亚州“红杉弓道”机构的创始人，在她用于引弦的右手中，无名指和小拇指握住了第二支箭。（图源：金·霍金斯）

（B）各种弓道靶标（水彩墨水画，1878 年）。最常见的形式是把靶标悬挂在木框内。绘有同心圆图案的是彩霞靶，也称“霞的”（*kasumi mato*），流镝马也使用这种靶板。弓道的靶标中心距离地面约 10.5 英寸，据说最初是为了练习射击跪姿的敌人。在作战时，如果同时部署多列弓箭手，则跪姿弓箭手在前，立姿弓箭手在后。若是防御一方只向立姿的弓箭手射击，那么跪姿弓箭手将会毫发无损地持续推进，所以练习射击跪姿目标也至关重要[49]。（图源：美国国会图书馆）

（C）卷藁，即稻草卷靶（*makiwara*）。稻草卷靶只用于极近距离的射击，通常是一弓臂长的距离，主要用于射手练习射姿。虽然射手距离卷藁只有几英尺，但可通过检查箭的命中角度发现射姿存在的问题。卷藁里的稻草秆末端朝前，捆得非常紧实，能够较好地阻止箭矢深入，就算用强弓在近距离射击也能有效拦阻。在日本封建时期的一些画作里可以看到，人们将稻草卷塞进木桶制作成卷藁靶，这和英国射箭用的大酒桶靶垛很像。（图源：小笠原流）

（D）霞的，即彩霞靶。它是弓道的标准靶板形式。它的图案是由内向外层层相套的同心圆环，具有略显缥缈的光学效果，所以也被称为“雾靶”[50]。它和其他弓道靶标一样，是将靶纸贴到竹子编成的靶框上。标准的彩霞靶为“近的”（*kinteki*，近距离靶），直径 14.5 英寸，射距为 30 码。较大的彩霞靶称为“远的”（远距离靶），用于远距离射击，直径 5 英尺，射距为 65 码。图中有一支箭脱靶了，属于日本美学中的“侘寂”原理，即接受万物固有的不完美。（图源：蒂姆·麦克米伦）

（E）金的（*kin mato*），即金色靶。这种箭靶只在特殊场合使用，直径仅有 3.5 英寸，在 30 码以外看起来像小斑点。据说它象征将军的手腕。根据武士荣誉准则，人们只能杀死和自己同等地位的敌人，但低级的步弓手射击将军的手腕不违反规则。尽管人们非常看重荣誉准则，但是能否经受住激烈战斗的考验就很难说了。（图源：蒂姆·麦克米伦）

（F）星的（*hoshi mato*），也称为星形靶标。“星的”是在白色的靶标面板上画一个黑点，直径也是 14.5 英寸，主要用于礼仪箭术射击。（图源：蒂姆·麦克米伦）

复锻炼每块肌肉，将每个动作都练得非常熟练。在你死我活的战场上，什么都讲求速度，我想现代的弓道练习者不得不承认，当年的武士弓箭手们有更多的训练内容。

抛开速度不谈，“踏足”就是个与实战箭术有明显区别的动作。在实战中，武士的脚不太可能这样站立。步弓手们在战场上要灵活机动，由于在岩石地形中很难平稳站立，所以在多数情况下他们会采取跪姿，以减少向敌面积。在历史画作中还能看到另一处不同，即武士射箭的靠弦点与肩部成一条线，而弓道射手的靠弦点是紧贴耳朵下侧。在实战中，武士们会力求快速而精准地射击，而不会恪守死板的模式化动作。但是他们搭弦、开弓和撒放的动作和流程与弓道大致相似，只是速度更快。

第二支箭

弓道中有一个值得注意的地方是，弓箭手通常用引弦手夹持第二支箭。搭在弦上的箭叫“甲矢”（*haya*），用无名指和小拇指夹持的第二支箭叫“乙矢”（*otoya*）。在正规的弓道表演中，射手射出第一支箭后，要用跪姿将第二支箭上弦。在战场上这样做显然过于烦琐，但是射手在手中多夹几支箭的做法表明，它可能是当年武士们的快速上弦技术。正如在“复合弓”章节中所提到的，许多民族都有弓箭速射技术，射手们用持弓手或引弦手夹着备用的箭矢，需要时从这些位置取箭上弦比从箭筒里抽箭要快得多。

步弓手——“足轻”的崛起

13 世纪晚期，来自日本社会底层的徒步士兵开始作为武士的随从在军中服役，参加了抵抗蒙古人入侵的战争，他们当中有很多是弓箭手。“足轻”这个词在 14 世纪首次出现时，指的是由这些徒步士兵组成的轻装部队。据《太平记》（*Taiheiki*）[51] 记载，在 1348 年的四条畷之战中，佐佐木氏族军队的总兵力为 2000 人，其中有 800 名为弓足轻（即步弓手），所占比例相当大[52]。到了战国时代（Sengoku），足轻已经成为主要的作战力量。1467—1477 年的应仁之乱（Onin War）揭开了日本战国时代的序幕，使得武士战争发生了深刻的变革。在激烈的内战中，各方竞相扩军，步兵受到了前所未有的重视，成千上万的底层人民被征召成为足轻。很多流离失所的农民参军当足轻是为了劫掠和谋生，但并非所有的足轻都是农民，就像人们对英格兰长弓手的出身有些误解一样。大多数足轻是小农场主、店主或商人，他们签约在他们的大名麾下服役，参战时间相对较短。拥有土地的富裕武士和贫穷的武士之间也存在灰色地带，贫穷的武士部分时间当武士，部分时间当农民，他们是所谓的低级农民武士，被称为“地侍”。他们中有许多人丢下了自己的小农场生意，来到城镇的军营里担任全职军人，追求军旅生活的战友情谊和冒险的生活。当时社会上有一些反对改革的声音，他们抵制改变传统的武士战争形式，认为马弓手应当处于最领先地位，率先与敌交战。而足轻天生处在战斗一线，安排这些地位卑微的人率先杀敌，让保守派们感到震惊。然而，足轻的作战效能是无可辩驳的，因为日本的内战多发生于山区或丛林地区，此类地形适合排布足轻，而不适合排布骑兵。足轻彻底改变了日本的战争样式，后来和弓开始装备步兵，其他足轻则配备长矛担任长矛兵。

直至 16 世纪后期，足轻才有可能提升为武士。最典型的例子是丰臣秀吉（1536—1598）。他和他的父亲原本都是足轻，但是到了 1587 年，他居然成了日本帝国的统治者！具有讽刺意味的是，丰臣秀吉掌权后颁布了新的法令，即限制这种社会地位的流动变更。之后，没有哪个足轻再能超越他的地位了。

葡萄牙人将火绳枪等火器引入日本是在 1543 年，在此之前大多数足轻的作战装备是弓箭。步兵战争越来越常见，越来越多的武士不得不改用徒步作战的方式，因为他们需要去指挥那些不太守规矩的足轻。步弓手的作战技能逐渐受到了更多的重视。从历史画作上看，地位较低的足轻装备的是简单的木质和弓或早期的伏竹弓，木制弓臂上最多只有一层竹片贴背。他们头上戴着独特的宽边“阵笠”（*jingasa*）[53]，引弦时不得不使弓弦与脸部保持一定距离。由于大批的足轻配备有弓箭，也接受了相应的训练，加之他们的作战样式逐步向以徒步战斗为主转变，使得日本的陆地野战弓箭战术与 14 世纪的欧洲非常类似，即大批的弓箭手部署在相对固定的射击位置，相近数量的长矛兵则穿插在阵列中提供支援。即使在火绳枪成为足轻的主要武器之后，弓箭手仍然与火枪手混编协同作战。但是由于火绳枪的装填速度较慢，在紧急情况下，火绳枪的射速和可靠性仍无法与弓箭相比。《杂兵物语》（*Zōhyō Monogatari*，撰写时间 1657—1684）[54] 一书中给出了这样的建议：

> 将一名弓箭手排在两名火枪手之间，掩护他们重新装填弹药。在两名火枪手射击的间隙，弓箭手射出一箭，填补装填弹药的时间间隔。[55]

使用火绳枪所需的训练比弓箭要少得多，这是它的主要优点。和弓和

《杂兵物语》中的插图，描绘了一名负责补给箭矢的足轻，他背着箭箱，里面装有 100 支箭。速射战术会消耗大量的箭矢，装备补给非常关键。（图源：日本档案馆 / 斯蒂芬·特恩布尔）

其他弓一样，也需要持续的练习。随着时间的推移，新的训练方法和战术不断出现，包括足轻和武士在内的步弓手受到严格的训练和操演。某种程度上，这要归功于火枪兵小组战术运用带来的战术发展。

萨摩日置流

15 世纪至 16 世纪的日本内战时期，各派武装竞相征召步弓手，许多新的步射流派陆续出现，其中最突出的是日置流及其分支。日置流中，“腰矢组弓”（战场箭术）得到一些流派的传承至今，弓箭手采取不同的跪姿、蹲伏等动作，减少被弹面积。

基本的跪姿射击姿势是，射手坐在他的前腿（左）脚跟上，右腿收拢靠近身体，右脚平放地面。开弓时，射手要调整姿态，右脚向右侧迈出，左大腿与右小腿直立，成左膝立地的跪姿，这种姿态有助于拉开拉力较大的弓。上箭搭弦时，右腿收回靠近身体，臀部坐回左脚跟，降低身高，缩小被弹面积。在相对固定的位置射击时，为了提高射速，射手可以将一束箭放在右大腿内侧，箭镞触地。步弓手引弦时不用像马弓手那样将手臂举过头顶，他们可以用尽量低的姿势战斗，手臂先向下推弓，引弦至一半后再立起身开满弓。

步弓手部队在作战时通常采用操演熟练、令行禁止的队形。各排弓箭手相互保持一弓臂长的间隔，后排射手可以利用前排留出的间隙同时射击，也可以适时听令超越前排。向前推进时，各排弓箭手按下列方式行动：前排弓箭手射击完毕开始上箭时，后排射手立身前进，穿过前排空隙变成最前排。射手前进时采用蹲姿来降低高度，步法类似于“击剑步”，即左脚向前迈，右脚跟进而从不超越左脚。这套动作中最复杂的是射手要面朝下，成半俯卧的姿态取箭上弦。做这个动作时，射手要先将右腿伸向身体的斜后方，左腿完全蜷曲，左肘撑地稳定身体，将弓臂前送置于面前。这个动作需要一定的空间，是各排士兵保持适当间距的原因。射手用这个姿势可以比较轻松地从背后的箭袋中取箭和上弦，而后再以跪姿射击。

当弓箭手在开阔地带向前运动时，他们所处的战场是瞬息万变的，敌

（A）萨摩日置流弓箭练习者在演示战场箭术。前排的射手正在以跪姿开满弓，他们的弓弦离脸部有一定距离，因为射手们在射箭时戴的头盔有宽边护颈。（图源：萨摩日置流）

（B）在这张局部特写中，第二排的射手在演示用肘部支撑身体，取箭上弦。这种姿势在战场上属于被弹面最小的目标，他只要收起右腿，就可转变为和前排射手一样的射击姿势。（图源：萨摩日置流）

（C）弓箭手伸展右腿，身体重心置于左前臂，蜷缩成半俯卧姿势，从箭筒中取出箭搭在弦上，这种操练能有效减少弓箭手在战场上的暴露面积。（图源：萨摩日置流）

（D）两排弓箭手有节奏地向前推进。前排射手射击后，后排的射手超越他们占领前排的射击位置。图中的射手们已经到达靶标线，在极近的距离上射击靶标。靶标模拟的是弓箭手防御使用的典型盾牌。（图源：萨摩日置流）

军的骑兵可能从任何方向冲过来。弓箭手前出的距离越远，遭受敌方攻击的威胁越大。跪姿弓箭手和立姿弓箭手一样灵活，他们的左膝可以快速旋转 90 度或 180 度，身体向左、向右、向后转向。当遭遇敌方包围时，成两排棋盘式列队的弓箭手转向非常灵活，特别是后排的射手，可迅速转身向后射击。

盾牌

在快速灵活的日置流前推战术出现之前，步弓手的战斗状态往往是静止的。在遭遇敌方骑兵的冲击或弓箭打击时他们需要保护。在战场上他们通常使用一种称为“楯”（盾）（*tate*）的木质盾牌，这些盾牌为长方形，很高大，背后有铰接支柱，可自行站立，与欧洲弩兵使用的巨盾很相似，只是窄一点。和弓射手不用像弩兵那样弯下腰上弦，只需很小的盾牌遮蔽面积即可。狭窄的盾牌重量较轻，也更便于携行。必要时，步弓手阵列可以向前推进。在进攻和防御作战中，他们通常会将盾牌连接起来形成盾墙，有时盾墙会交错排成好几排，给敌军骑兵的冲击造成严重阻碍。盾墙的运用依赖良好的战场通信和指挥，部队必须训练有素、服从命令。

镰仓时期，在盾牌上标识氏族徽章成为惯例。在那之前，盾牌上涂绘的只是一些图案标记，并不是真正的纹章。几乎所有的盾牌上都有黑色的条纹，这可能是识别部队建制的标志。一些史料还提到用黑色墨水涂写的各种铭文，有的是祈祷语，有的是激励士气的诗歌。在攻城战中，军队会使用更大、更宽的盾牌。它们相当于欧洲的移动式防盾，可以同时掩蔽几名弓箭手。在陆地野战和攻城战中，与巨盾或移动式防盾尺寸相仿的立式盾牌被弓箭手们广泛运用，用灌木、尖木桩或带刺的树枝制成的“逆茂木”（*sakamogi*，鹿砦）盾牌也很常用，这些装备和器材都能为弓箭手们提供良好的防护。

单兵手持式盾牌在欧洲和中东是抵御箭矢的主要装备，但日本的士兵或武士却没有这种装备。对日本武士来说，这个功能由一种称为“袖”

(*sode*) 的肩甲担任。它的表面有矩阵排列、相互层叠的大块长方形甲片，从肩膀上悬垂下来，能够灵活地吸收冲击能量。它能保护骑手上半身的大部分面积，是防御弓箭袭击的第一道防线，还能让射手腾出双手驾驭马匹和射箭。传说中还有极少数的武士能用剑、棍棒或薙刀挡开敌人射来的箭，这种技能称为“矢留”(*yadome*)。当然，它的真实性还有待验证。

攻城战：登城和突击

这是源平合战中的战斗场景，源氏军队试图攻占平氏军队据守的要塞。平氏军队弓箭手（红旗方）从门楼的胸墙上向外曲射，掩护从城门中冲出的马弓手部队。骑马冲击的马弓手们也做好了射击准备，弓已开满，箭已上弦。城堡护墙上的其他平氏弓箭手向企图攀越城墙的源氏军队（白旗方）实施纵向俯射。日本内战期间各地建造了成百上千座堡垒，大多数都建有这种简单的木制围栏。堡垒内部有生活区域、马厩，最重要的是，要有一口水井。图中无法看出双方军队已经使用了氏族徽章，但双方使用了红色、白色旗帜来识别敌我。实际上，平氏家族的徽章是蝴蝶，源氏家族的徽章是龙胆。

在冷兵器时代，技艺娴熟的弓箭手是阻敌攻城的关键力量。而在攻城一方，弓箭手同样很重要，他们可以用精准的射击干掉城墙守军。图中的源氏军队弓箭手正躲在木制防盾（大形立式盾牌）后面，等待时机进行射击。

冲出城门的平氏骑兵正在发起冲击，直取敌军指挥官。在敞开的城门两侧，弩兵们手持上了弦的弩弓守在柱子后面，随时准备射杀接近的敌军。城门楼的警卫室内部署有装备薙刀的部队，他们是守卫城门的最后防线。

“矢留侠”但马

在第一次宇治之战中（1180），一队正在撤退的僧兵出于对源氏的同情，拆毁了宇治河桥的桥板，阻止了平氏军队的追击。

> 但马五智院扔掉了薙刀刀鞘，独自一人大步走上桥头，平氏军队立即用弓箭向他疯狂射击。但马毫不慌张，左躲右闪，手里的薙刀飞快旋转，呼呼生风，将飞来的箭矢纷纷打落，敌军见状惊叹不已。[56]

这些跳跃、闪避动作像是现代日本武打电影中一些英雄壮举的幻想。如果薙刀能被运用得像高速旋转的风车一样，也许真能挡开飞来的箭矢，当然，确有特技演员曾将轻拉力弓射出的箭凌空砍落。一些武术流派将“矢留术”（*yadome no jutsu*，挡箭术 / 斩箭术）纳入武术历史课程，马庭念流（*Maniwa Nen-ryū*）视其为高级武艺！但是，这种武艺在战场上能否有效应对重拉力弓、速射弓射出的箭，非常值得怀疑。

但马五智院在1180年首次宇治之战中用薙刀挡箭，这种用兵器砍落或格挡箭矢的武艺名为“矢留术”（挡箭术）。（图源：金·霍金斯，该木版画为笔者藏品）

步弓手与路障的使用

战斗结束后，平氏军队袭击了退守在三井寺的僧兵，双方在交战中都使用了弓箭。僧兵约有1000人，他们砍下一些树木仓促地搭起了障碍物，击退了平氏军队马弓手的轮番进攻。

> 他们（平氏军队）从拂晓开始发起攻击，战斗持续了一整天，至夜幕降临时，双方约有300人战死。[57]

根据当时的作战规则，步弓手与骑兵交战时必须设置严密的防护，如设置陷洞、尖木桩，或“逆茂木”等。即便如此，僧兵们从黎明战至黄昏，仍然遭受了非常严重的损失。平氏军队对待僧兵可不像对待武士那样尊重，夜幕降临时他们突破了障碍，纵火烧毁了寺院。

同年，平氏军队又攻击了奈良的一所寺院，史料记载的情况与此战几乎完全相同。

> 奈良约有7000名僧兵，他们不分老少悉数披甲上阵，在奈良坂到般若寺的一线建立防御，挖壕沟、搭栅栏、设胸墙……僧兵们徒步战斗。在平氏军队的骑兵不断冲击下，僧兵们抵挡不住，节节败退。战至黄昏，僧兵的防线最终被平氏军队攻破。[58]

战后，平氏军队再一次纵火，风助火势迅速蔓延，导致约3500人死亡。

火弓箭

日本绝大多数的防御工事是木制围栏，建筑物也多为木质，所以火攻是一种强效的攻城手段。火弓箭燃烧剂的配方有硝石、灰和硫黄等[59]。“灰”我认为指的是焦炭（例如木炭），这实际上就是火药的配方。另一种配方里还包含有樟脑，可能是从樟树中提取的树脂。“夜攻天火弓箭”的配方则包括硝石、硫黄、龙胆（一种草本植物）、烈性陈酒和艾汁（艾叶提取物）。最怪异的是“天狗精火弓箭”的配方，除了寻常的火药混合物，还加入了老鼠粪便[60]。除了最后这个配方令人诧异，其他配方和欧洲的火弓箭用料惊人相似。两者的火弓箭都使用了树脂、硝石、硫黄、木炭和酒精[61]。

射礼

在平安时代，每年的正月十七都要举行庆祝新年的射礼（*jarai*）活动。在9世纪，射礼是日本的国家大事。后来，在源赖朝的支持下，射礼改在每年的第4天，改称为“大的式”。时至今日，名为“弓始式”的新年射礼活动仍在吸引着日本各地数以千计的参与者，是非常活跃的文化遗产活动。

“百手式”是日本成人礼上的仪式，由10名弓箭手各执20支箭，以恒定的速率连续射箭，看起来会像箭雨一样。

鸣镝仪式也非常庄严隆重。当妇女怀孕5个月时，通常在神社、道场的空地或民间建筑内举行这个仪式，祈祷神灵驱魔涤罪，保佑不会遭受疾病或其他厄运。这种仪式使用的是一种名为“响目”的专用镝矢，它的箭镞为球根状，体积很大。“响目”在日语中也是蛤蟆的意思，可能是因为这些箭镞看上去很像蛤蟆而得此名。“响目”箭与作战镝矢不同的是，镝矢箭的声音尖锐，而“响目”箭的声音深沉、萦绕，能够辟邪。

美国加州红杉弓道场的落成典礼上，小笠原流的镰形左千夫手持用于仪式的阵道“响目”鸣镝（*jindo-hikime*）。这是小笠原鸣镝仪式首次在日本境外举行。（图源：金·霍金斯）

2016年，在美国加州红杉弓道场落成典礼上，小笠原清基正在发射“响目”鸣镝。出席仪式的有小笠原清基（弓道师）、砂口良典（侍从，弓道师助手）、蒂姆·麦克米伦（侍从、持剑者）、保罗·墨菲（侍从、执弓者）。目标区设置有一张拦阻网收纳鸣镝。第一支鸣镝飞越庭院进入拦阻网，为场地辟邪。第二支箭是为建筑物辟邪。清基先生移步来到弓道场二层主建筑的后侧射了一箭，箭在天空中画出一个漂亮的弧线，飞越了屋顶。鸣镝在空中发出柔和轻盈的声音，久久萦绕。（图源：金·霍金斯）

堂射

那些把自己的性命和声誉都押在弓箭作战技能上的人，都会花很多时间练习目标靶。他们追求的不仅是精确度，更是射程和耐力，从 17 世纪早期，这些技能成为箭术比赛的重点。堂射（*dōsha*）[62] 是箭术运动的一个类别，起源于三十三间堂射箭大赛。它要求选手使用作战级别的弓，重点比试射程、耐力和射速。在江户 [63] 也有类似的比赛，最先是在浅草区举办的，在 1698 年发生了一场大火烧毁了大堂后，就改在富冈八幡宫的大堂举行了。其他比较有名的远射场所在京都的青冢社区，离祇园神社不远，有一个在清水寺。有些场所的空间比较大，射击距离很长，但最著名的堂射赛事还是在三十三间堂。

三十三间堂

为了弘扬武士箭术传统，日本从 1606 年开始在京都的三十三间堂举办一年一度的“通矢”（*toshiya*）射箭挑战赛，也称“堂射”，场地位于寺庙的木质廊道处，射击距离约为 131 码。由于廊道屋檐高度有限，为了避免箭碰到屋顶，弓箭手通常采用跪姿射箭。要实现又低又深的弹道轨迹，弓必须足够强劲。不过，射中靶子并不是堂射竞赛的重点，长时间连续射箭并命中目标的能力才是比试的重点。

这项比赛源自一位名叫浅冈平兵卫的武士，当年他连续速射了 51 支箭，全部命中了目标。随着时间的推移，“通矢”演变成为四项赛事。一是“百矢数”，要求弓箭手要射 100 支箭，命中率最高的人获胜。二是“千矢数”，弓箭手要射 1000 支箭，同样是比命中率。耐力和精确度是“通矢”比赛的核心。三是“日矢数”（即一天射箭的数量），这项赛事仅限未成年的男孩子参加，要连续 12 小时不间断地射箭。根据神社史料记载，一位 13 岁的少年在 1774 年的比赛中连续射出了 11715 支箭，几乎全部命中。四是“大矢数”，射手要在 24 小时内射出尽可能多的箭，这需要更大的耐力。1686 年，和佐大八郎创下了射箭 13053 支、命中 8133 支的纪录。据传，他在比赛中途休息了片刻，有一名裁判走

（上图）描绘 18 世纪早期三十三间堂射箭比赛的木版画。图中建筑物的廊道侧面是开放的，便于观众观摩。如图所示，堂射比赛是项喜庆的活动，众多的京都市民会来观看这些令人印象深刻的箭术。图中弓的弓臂很长。（图源：美国国会图书馆）

（左图）京都三十三间堂屋顶的一段木梁。在 2007 年整修工程中，这段木梁曾被拆换下来，上面插满了密密麻麻的箭杆。不难看出，几个世纪以来，弓箭手们一直在不断尝试，力求以合适的弹道射中低矮屋檐下的远距离箭靶。（图源：Andy king50/ Wikimedia Commons/ CCBY-SA 2.5）

宫女或艺伎们在室内玩射箭游戏。她们用的小弓比半弓还短得多，钝头箭也很短。她们的箭靶可能是一些能够击倒的东西，比如铃铛、锣等。她们用的这种箭在古董市场上可以买到，箭尾槽用四分之一英寸长的鱼皮包裹，便于射手捏紧箭尾。（图源：亚瑟·克雷德兰）

过来责备他不该停下。当这名裁判发现大八郎持弓的手已经肿胀时，就用佩刀帮他将手切开小口放血减轻压力，大八郎才得以继续射箭，而且射得更准了。这位旁观者不是别人，正是上一位堂射纪录的保持者星野勘左卫门[64]。[65]“通矢”比赛后来于 1861 年停办，演变成了展示性射箭活动“远射节”，举办时间为每年一月的第二个周日。每届远射节都有大约 2000 名弓箭手参加，还有大批游客和观众前来观看。射箭开始前要先举行一系列佛教仪式，而后一排排男女弓箭手轮流射箭。射箭的位置也已不再是三十三间堂的廊道，而仅仅将其作为背景，靶标也为普通靶，距离是 66 码。

A JAPANESE ARCHERY HOUSE IN JEDDO.

1882 年版《图画报》(*Graphic*) [66] 一幅描绘江户地区箭馆的图画。画面中的艺伎正在陪侍一位外国客人。对真正的军人来说，这样的消遣式射箭似乎比较无聊，但在日本人的心目中，箭术是不朽的遗产。(图源：亚瑟 · 克雷德兰)

走向衰落

几个世纪的和平年代过去后，弓箭逐渐失去了作战价值，能够达到旧时作战能力标准的弓箭手数量不可避免地大大下降。尽管如此，箭术在日本社会中的重要性仍是根深蒂固的，人们对弓箭仍然满怀崇敬，箭术表演在各种仪式和庆典中不可或缺，社会各阶层人士对“射箭游戏”的喜爱也与日俱增。在江户时代后期，室内射箭活动成为越来越受欢迎的活动，它们通常在寺庙或神社周边组织，也在大城镇的娱乐区以商业形式运营，而且多半是在红灯区和其他娱乐项目一起供人消遣，而上流社会或富有的大名府邸也很喜欢这种活动。为了适应室内射箭需要，一种非常短的和弓——“半弓”被开发了出来。

目前在日本的老一辈人中比较流行的射箭活动是“四半的”。它是一种室内射箭游戏，使用的是半弓（长度为和弓的一半），但是用的箭特别长。参赛的选手射箭时通常坐在脚跟上。对于这些上了年纪的人来说，使用半弓可能更容易些，但是不要误以为半弓的出现是为了顺应这种射击姿势，因为用全尺寸和弓射箭时也可以用这种姿势。半弓是一种低威力的弓，仅适用于室内休闲娱乐，而非真正的军事用途。

三、作战效能：武士之誓

射程

1597 年，明朝军队进攻蔚山城堡，根据《杂兵物语》记载，年轻的指挥官吉见大藏命令足轻“等靠近后再射箭，要箭无虚发”[67]，文中还写道：

> 离得较远时，不要盲目射击，浪费箭袋里的箭矢，这一点非常重要。弓足轻“小头”（弓箭手小队头目）负责组织指挥，待进入射程

再下令弓箭手射击。很多情况下，判定有效射击的距离比较困难。[68]

弓箭的有效射程在本书的前几章都探讨过，要搞清这个问题，必须正确理解弓箭在战场上的作战效能。但在当下，这个问题被抛物线射击、箭矢风暴等一些流行观点严重扭曲了。在之前的例子中，我认为进行远距离射击有时是可能的，但这样做多半是在浪费箭，杀伤力也远不及近距离攻击。《杂兵物语》的笔者也提出了类似的论断。

箭术传奇

著名弓箭手、源氏军队武士那须与一[69]的故事可能是有史以来最令人叹为观止的箭术传奇。在1185年的屋岛之战中，平氏军队的一艘战船进入了视野，战船桅杆顶上挂着一把涂了红漆的扇子。源氏军队首领源义经站在岸边看到此景，命人唤来那须与一，令其将敌船上的扇子射掉。

《平家物语》中详细描述了那须与一的这番壮举，当时他只有20岁，身穿镶有淡绿丝绦的铠甲，外披金红织锦镶边的深蓝色战袍。他使用了一支牡鹿角刻的镝矢，箭羽用鹰翼羽毛制成。只见他：

> 骑着一匹黑色的骏马，上漆的马鞍镶有贝壳，牵鞍兜带上饰有流苏。他紧握弓臂、手挽缰绳，策马奔向海边……由于敌船距岸太远，从海滩上射击距离太远，他就骑着马向海里走了约1町（tan）[70]……目标看上去仍然很远……敌船随着海浪颠簸摇晃，桅杆顶上的扇子也随风摆动……

> 平氏军队的众多战船在海上排成一个纵列，观看着这一场景。源氏军队的骑兵在岸边也排成一排，期待地观望着。[71]

那须与一向神灵祈祷，保佑他能射中目标，并立下誓言，如果射不中就断弓自裁。神奇的是，祈祷过后，风力减弱，他便瞄准敌船射出了一箭。

一幅 19 世纪的木版画。描绘的是在 1185 年屋岛之战中，那须与一骑着马冲入海里，用弓箭射击一艘平氏船只桅杆上悬挂的扇子。他不仅要在汹涌的波涛中控制住坐骑，还要实施远距离射击，命中不停晃动而尺寸极小的目标。（图源：波士顿美术博物馆，丹曼·沃尔多·罗斯藏品）

> 虽然他身材矮小，但他的镝矢长约十二掌宽[72]零三指，弓很强劲。离弦的镝矢带着尖利的啸叫飞向目标，正中扇柄，扇子登时飞向空中，随着春风翻滚下落，而后径直落入水中。看到红色的扇子在落日的余晖照耀下若隐若现，随着白色的海浪漂荡起伏，海上的平氏官兵不由得敲打着船帮交口称赞，岸上的源氏官兵也拍打着箭壶高声喝彩。[73]

据《太平记》[74]记载，小笠原孙六所在的据点遭到敌人突袭，他打开百叶窗，利用弓箭向敌人发起了反击：

> 他的箭长约十二掌宽零三指，带着哨音离弦飞出，正中领先的一名敌军骑兵的头盔，洞穿了第一块护颈甲片，敌兵应声栽在马下。[75]

从以上两个事例可以判断，日本和弓的拉力非常大，而且从描述中可以得出，两位英雄射出的箭都特别长，这意味着他们的引弦拉距也可能特别长。

源为朝（1139—1170）[76]“武艺超群，他刚毅勇猛、孔武有力，擅长拉强弓、快上弦和急促射……他的引弦拉距举世无双”[77]。源为朝身高七尺，力大无穷，他的弓要5个人一起用力才能上弦[78]，很多民间故事都在传颂这张“五力弓”的传奇故事。据说他在1156年的保元之乱中（Hōgen War），一箭射穿了两个敌人[79]。后来他不幸被俘，平氏军队挑断了他的臂筋，将他流放到大岛。16年之后，他恢复了元气，当一支平氏的船队靠近他所在的岛屿时，他一箭射穿了一艘敌船的吃水线以下部位，敌船随即沉没。由于敌军势众，源义朝为了不再被俘而切腹自尽。在历史上，确有源为朝其人，他是著名的弓箭手，使用的弓威力强大，不过现代学者普遍认为这个故事是虚构的。我之所以在这里重提这个传说，想表达的是不管这个故事的各个情节是否属实，但弓箭射穿木船的舷板并非不可能，只是弓箭手通常使用多大拉力的弓是比较难确定的。

弓的拉力

过去在日本，弓的力量大小是根据上弦的人数来衡量的，上面故事中源为朝的弓需要5人上弦，因此是一张“五力弓”。不同地区的弓箭通常用不同的方式来计量弓的威力，但我们无法按照现代的计量标准将其精确地换算为多少磅的拉力。在实践中，我们认为如果一个人能用某张弓射箭，他应当能靠自己的力气给弓上弦，但是传说中源为朝的弓比普通弓要强劲5倍。因此我假设，“一人力”弓的平均拉力若为40磅（现今大多数流镝马射手使用的弓拉力为25—30磅），以40磅拉力为基准，日本2—5倍“人力”的弓的拉力大小与其他民族战弓的拉力将基本吻合。“二力弓”的相应拉力是80磅，与其他战弓相比属于低端。而源为朝的“五力弓”的相应拉力为200磅，这是战弓拉力值的上限，只有极个别人能使用这样

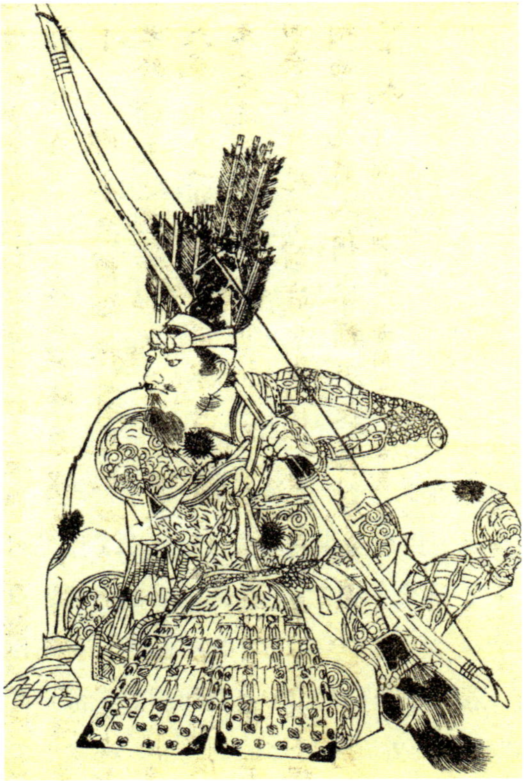

这是一幅19世纪的画作，画中之人即是传说中的神力弓箭手源为朝。在当时，弓的拉力标准是拉开弓弦所需的人数。源为朝使用的是“五力弓”，拉力可能达200磅。（维基共享/公版网站）

的弓，但是这种人肯定是存在的，比如英国战弓协会的乔·吉布斯就能使用拉力达200磅的长弓。

早先许多登陆艇样式的船在建造时通常使用轻质板材，所以拉力达200磅的弓射出的箭将船的舷板射穿致其沉没并非不可能，而且我们可以肯定，一些精英弓箭手能够驾驭这样的弓。源为朝一箭沉船的故事虽然不一定是真的，但绝对不可笑。

弓的拉力直接关系到“作战效能”，但是并非所有的弓箭手都喜欢拉力极大的弓，特别是那些惯于抵近敌军射击的马弓手们。骑射比步射的难度要大得多，还受其他一些因素的影响，例如“弓拉力过大（硬弓）”会使弓箭手的射箭姿势变形，也容易在战斗中过度疲劳。一直以来，总有人喜欢虚张声势地使用大弓射箭，《平家物语》中有一则故事非常典型：屋岛之战中，源义经骑着马在浅滩作战，手里的弓不慎被一个抓钩给钩掉了，他纵身潜入水中去寻找。这一幕让源义经的侍从们大为震惊，因为他们觉得任何弓或其他东西都不值得他们的主人这样拼命。源义经解释说：

> 这并不是因为我舍不得那张弓，要是我的弓像我叔叔源为朝的弓那样要两三个人才能弯下，我倒是很乐意让它落到敌人手里。可是，我的弓很弱（拉力小），万一落入敌手，他们一定会嘲笑说：“这难道是源氏军队首领源义经的弓吗？”这是不可容忍的，所以我不得不冒着生命危险把它找回来。[80]

源义经坦言他的弓是弱弓（拉力小），这个事例很有代表性。因为在这一时期，尊贵的武士们大多骑在马上用弓箭相互骑射交战。源义经的弓很可能是拉力为40磅的“一力弓”，适合射击距离40码左右的目标，这是马弓手战斗的惯常攻击距离，不会更远。40磅拉力的弓已经具有击倒战马的潜力，也能给敌人以痛击。若敌军身穿铠甲，这种弓很难置敌于死地，但是用40磅拉力的弓就能以传统的方式进行体面的战斗，在众人面前显示武艺和勇气。源义经的弓拉力可能会大于 40 磅，也许是 50 磅甚至 60 磅，但是肯定不及“二力弓”。

战斗的豪猪

武藏坊弁庆（1155—1189）是日本平安时代的著名僧兵，是源义经的忠实家臣，身材高大，力大无穷。1189 年，他在衣川馆之战中英勇战死。据说当时源义经情知无力抵敌，已退入馆内准备自尽，武藏坊弁庆则守在桥头拼死抵挡敌军。后来的情节都是民间传说，未必是史实。据传，他在桥头杀死了 300 多名敌军，其他敌军不敢与他近战，就用弓箭远射。战斗结束后，敌军发现武藏仍立在桥头纹丝不动，浑身满是箭矢，鲜血淋漓，一脸蔑视地逼视着敌人。后来敌军的一名骑兵撞了他一下他才倒下。武藏坊弁庆虽已战死却还立在他战斗的地方，这一壮举即是日本民间传说中著名的“弁庆立往生”（站着死的武藏）[81]。虽然故事的情节比较夸张，但在日本历史上经常能看到一些武士身受多处箭伤仍坚持战斗直至战死的英雄形象。

日本 13 世纪的史书《吾妻镜》中记载了幕府战争（1221）时期的一个案例：

> 他们的宫廷武士抵抗着，从盾牌后向东方人射出箭雨……波多野义重五郎一露头，右眼就中了一箭。他顿时感到天旋地转，但仍射出一箭回击了敌人。[82]

这个故事再次提醒我们，盾牌防护在箭羽横飞的战场上非常重要，还突出了武士战争题材的美术作品和文学作品中反复出现的两个主题，一是武士中箭后能够而且应该继续战斗，二是应该用弓箭“回击”的理念。这个时期的画作中，经常能看到有很多箭仅仅是箭镞穿透了铠甲，但没有造成实际的杀伤，发射这些箭的弓的威力不会大于“一力弓”。

关于武士不畏惧弓箭的传说，确切地讲是这一系列传说，最早见于

1320 年的《保元物语》（*Hōgen Monogatari*）[83] 中，其中描述的金沢城攻城战（1086—1089），充分展现了镰仓景政的英雄气概。书中写道，按照当时仪式性战斗的习俗，两位镰仓家族的后裔先向敌方大声报出自己祖先的战绩，宣示镰仓家族传奇的战斗精神：

> 16 岁的镰仓景政乘战车冲锋，他的左眼被鸟海三郎的弓箭射中，眼球脱出眼眶钉在头盔颈甲的第一札片上，景政立即回射一箭，杀掉了鸟海三郎。我们是他的后代：大庭平太景义和弟弟大庭三郎景亲。[84]

据说景政中箭后，一名随从武士试图帮他把箭拔出来，为了固定他的头部，这名武士用脚踩住了他的脸。景政觉得这个举动冒犯了他的武士荣誉，勃然大怒，跳起来拔剑攻向这名救助者。等他的情绪平静下来后，箭镞才被拔出。[85]

这个事件发生一个世纪后，景政的另一名后裔梶原景时再次讲述了这个故事，但是润色了不少！那是在一之谷（1184）之战之前，他夸耀家族的祖先时这样讲道：

> 我是梶原景时，镰仓景政的第五代后裔。景政是日本东部著名的勇士，有万夫不当之勇。他 16 岁时担任了八幡太郎义家 [86] 的先锋进攻出羽国金沢城，被敌军一箭射穿头盔刺入左眼，但他不但拔了出来，还用这支箭回击射死了那名敌军弓箭手。[87]

用敌人射伤自己的箭反手一击进行复仇这个情节确实有些难以置信，这些传说中的一些说法明显很夸张，使得人们对整个事件的真实性都产生了怀疑。然而，在夸大的事实背后，似乎有一点可以证明：一些武士在激战中往往处于极度亢奋状态，他们不惧生死，弓箭对他们的攻击难以奏效，即使铠甲穿透，他们也不一定会丧命，也不会完全丧失作战能力。

马对弓箭的抵抗力可能相对要弱。在保元之乱中，敌军射来的一支箭贯穿了景义的大腿，并深深地刺入马身，马随之倒下了。[88] 如果这个故事真实，那么这张弓的确非常强劲。基于这两则历史传说，我们要认识到，用强力弓近距离直射和用中等强度的弓远射或用弹射箭（从其他物体表面弹射来的箭），它们的杀伤效果有很大不同。在箭羽横飞的战场上，或许许多人或马是被弹射箭击中的，否则，很难理解为何那些原本能将马射倒

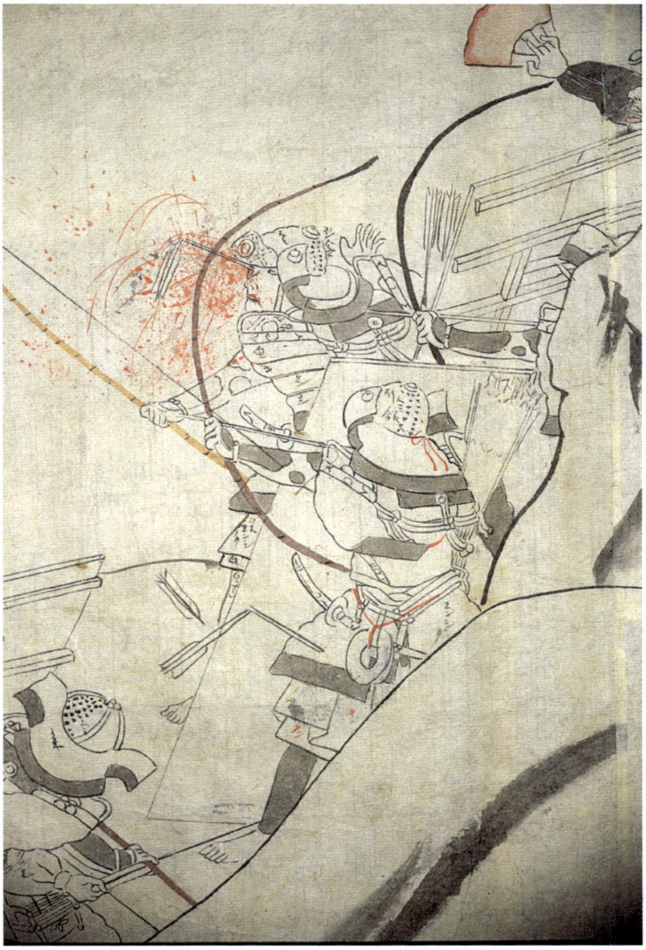

一幅绘于后三年之役时期的画卷复制品局部，画中镰仓景政的眼睛被弓箭射中。这幅画由飞騨守惟久于 1347 年绘制，画中的时间发生在 260 年前。虽然史料记载中景政的左眼被箭射中，但在这幅画中箭命中的是他的右眼。从图画中箭杆刺入的角度和深度来看，箭已经刺穿了景政的眼窝并嵌入了头盔。另据史料记载，英格兰的亨利王子（即后来的亨利五世）在 1403 年的英格兰什鲁斯伯里战役中受了箭伤，约翰・布拉德莫尔医生为他做了成功的外科手术，从眼睛里取出了箭头。这些事例说明，人有可能从这样可怕的弓箭创伤中生还。（图源：日本档案馆 / 斯蒂芬・特恩布尔）

歌川国芳（1798—1861年）[89]绘制的木版画，描绘了贱岳合战（battle of Shizugatake，1531）中的石川贞友。画中他的刀刃已砍出多个破口，头盔也丢了，腿上、背上、两肋已经中了7箭，有些箭穿透了铠甲刺得很深。尽管他受了致命伤，血流不止，但他仍在坚持战斗。在日本的许多版画中，武士们身中数箭仍勇敢战斗的场景很常见。（图源：金·霍金斯）

的大威力弓箭，射在了武士身上却卡在了铠甲外面。在一之谷之战中，熊谷直实的战马被下方来的箭射倒，他站起身来，从身上的铠甲上拔掉几支箭，抽出长剑开始下马战斗[90]。这个情节和历史画作上身中数箭的武士形象非常相似，他们的铠甲都中了很多箭，但武士受到的实际伤害很小。

铠甲

我不知道标准的日本铠甲是否经受过全面、客观的抗弓箭能力测试，但从传说中的事例描述来看，日本武士的铠甲似乎对弓箭的防护相当有效。这并不意外，因为铠甲的意义就在于它能有效地对抗同时代武器的攻击。它们和欧洲铠甲一样，有时也可能会被穿透，但总体上效果一定不错。当然，这仅仅是来自古代艺术品和编年史的纸面证据。

日本武士的铠甲和任何铠甲一样也随着时代的变迁而不断发展，并展现出许多不同的风格。这个领域比较繁复，限于篇幅，在这里无法展开全面的探讨。但是，与作战弓箭相应的铠甲防护必须进行必要的研究。下面就简要阐述一下日本铠甲的一些关键要素，希望能够揭示日本江户时代以前日本铠甲的独特设计。

大铠

大铠（*ōyoroi*）意为“大型铠甲”，是日本武士的标志性铠甲，使用时间为平安时代至室町时代末期。它的独特设计既能防御弓箭，又能给马弓手足够的肢体活动幅度。到了江户时代，日本虽然还有类似的铠甲，但是为了适应热兵器时代的到来，铠甲材料换成了更重的实心板甲。

江户时代之前的胸甲（*dō*）通常是叶片层叠状结构，铁质的甲片涂有防潮漆，用丝线缝在一起。胸甲的样式虽然有很多种，但本质上差别不大。它就像个弹性的盒状笼子，保护着胸部和腹部的重要器官。它的表面有足够的刚性，可使铠甲与身体相对分离，同时又有足够的弹性，使遭受外部打击时能适度变形，吸收冲击力。

穿戴胸甲时，通常还要在里面穿上衬里衣物“下着”（*shitagi*）。为了增强防护，大铠里面经常还会再穿一件短款无袖软甲“胁引”（*wakibiki*），它的外表是布面，内里缝有链甲或锁子甲。“胁引”可以穿在胸甲下面，也可以穿在外面，它从颈部上沿延展至胸骨，主要保护肩部、肩胛骨和胸部。人员骑马时，马鞍的前部和马的颈部也可在一定程度上保护腹部。徒步作战时，可以穿一种名为“满智罗”的长款无袖软甲，它的内里缝有链甲。这些辅助性软甲非常重要，在它的保护下，即使弓箭射穿了外部铠甲，也不一定会刺到身体。

14 世纪的日本武士（绘于 19 世纪）。画中的武士披挂着色彩鲜艳的大铠，双脚踩着马镫，与流镝马中使用的“立水印”式悬浮骑术不同。武士头盔（*kabuto*，日语称“兜”）后部有又宽又长的护颈甲“錏”（*shikoro*），可保护颈部抵御侧方、后方袭来的弓箭。马弓手作战时的基本战术是在敌阵前实施抵近和驰离攻击，因而身体后部的防护尤为重要。武士的身后通常背着箭箙，箭在身后成多层扇形散布，能使后方袭来的敌箭在击中颈甲前大幅减速。武士肩上悬挂的“袖”（肩甲）最引人注目，它能够为武士身体提供大面积的遮蔽，能有效阻挡弓箭攻击主铠甲，腰上挂的“草摺”（*kusazuri*）板甲主要是为了保护臀部和大腿。（图源：美国国会图书馆）

胸甲是武士铠甲的核心，其外围悬挂着一系列设计巧妙的幕布式护甲。这些护甲在外力的冲击下可以弹性摆动，以吸收弓箭的冲击力，像射箭训练场的挡箭网一样降低箭的飞行速度，削弱其杀伤力。肩部的大块挂甲称为“大袖”（*ōsode*），腰部的挂甲称为“草摺”，它们的鳞片状板甲块是用生牛皮或铁质制成的，有时只用一种材料，有时会用两种材料混合组装。金属或生皮制成的板甲片都要上漆，相对而言，铁质板甲片的防护效果好，但是成本高，而生皮板甲片重量较轻，两者各有所长。整件大铠大约由 2000 多个部件组成，它们用彩色的丝线或鹿皮绳穿系编织在一起，在铠甲的内外构成各种各样的图案和配色。它们充当了身体的第一道防线。在战斗中，连接铠甲部件的系带有可能会被兵器砍断或刺穿，但也能吸收一些冲击力，而且一两根系带断掉并不会影响整个铠甲的完整性。最重要的是，这种绳带编织的铠甲防护非常柔韧，不影响武士的行动自由，而且被弓箭命中时会摆动、弯曲、回弹，把冲击力吸收掉。

12 世纪日本著名的国宝赤系威铠（*aka-ito-odoshi*）胴丸具足（*dō-maru-gusoku*）[91] 的画像，现保存于日本爱媛县大山祇神社，据说源义经曾经穿戴过它。在弓箭武器和骑射处于鼎盛的时期，这种铠甲非常典型，它的挂甲防护面积非常大，能够提供重要的防护。虽然图画已经褪色，但是可以清楚地看到胸甲外悬挂的上漆皮革挂甲，它的名为“弦走革”（*tsurubashiri-gawa*），可以随意拆卸，主要功能是防止武士在射箭时将弓弦挂到铠甲的系绳上，并具有一定的抗弓箭穿刺能力。敌人的弓箭要穿透武士的胸甲，必须先穿透外部的“弦走革”，然后再依次穿透密集编织的丝线或皮革系绳、层层叠叠的铁质鳞片甲和皮革衬里，最后才能穿刺内衣触及肉体。（图源：《武士铠甲》作者、鉴证师特雷沃·阿布索隆）

1300年左右的日本头盔复制品。头盔的穹顶用镀金的金属条加固，上面有很多圆顶大铆钉。它的护颈甲比较宽大，弓箭手靠弦时需要保持一定的距离。向外张开的护颈甲使得人员的颈部与密集编织的板甲之间有较大的空间，即使箭射透了护颈甲，在刺到脖子周围的高领链甲前，这段空间也足够使它大幅减速。头盔正面有精致的角状装饰物“前立”，象征着头上长着玻璃眼睛的妖魔[92]。（图源：英国皇家军械博物馆）

如此密集编织的系绳肯定会阻碍弓箭的穿刺，这也许可以解释为什么会有那么多描述日本武士像针垫一样中了很多箭的史料和画作了。在很多情况下，铠甲上插了很多箭是一种特殊的荣誉象征，表明这个人参加了激烈的战斗。但是，在弓箭的攻击下，有些武士还是会付出血的代价。一些弓箭会穿透铠甲，而武士胳膊和腿部的防护并不像头部和躯干那样严密。胳膊的防护称为“笼手”（*kote*）[93]，是用丝绸等布料制成的，上面有各种绗缝、链甲和小块的板甲。膝盖的护甲称为“臑当”（*suneate*），通常用板甲制作。但是，铠甲设计最重要的是减少穿戴者胳膊和腿的束缚，以使他们可以自如地骑马射箭。如果弓箭射穿了大袖和草摺，穿着者的胳膊和腿部可能会受伤流血，但是这些部位的箭伤一般都不致命。

武士的铁头盔为圆顶形，非常坚固，能很好地抵御自上而下的刀剑砍劈和最强劲的弓箭。它最别致的地方是有一个宽大的喇叭形护颈甲，在日语中称为“錣”或“錏”。有些护颈甲的下沿比较长，不但能保护颈部的后侧、两侧，还能保护后背的上半部分。它由许多块铁片或生皮片拼接而成，相互用绳带编织在一起。武士全身最易受箭伤的部位是面部，很多史料和传说中都有提及。为了保护面部，一些武士在脸上戴一种名为“面颊”或“面具”的假面防护罩。它的材质通常是上漆的皮革，也有些是用金属材料锤敲制成。这种面罩通常遮蔽鼻子至下巴下面的部位，有的面罩防护面积大些或小些，但看上去都面目狰狞，上面的胡须用人的头发制成。

尽管日本武士的头盔制作精细、设计巧妙，但仍有被弓箭穿透的实例。在 1338 年攻击藤岛神社僧兵的行动中，新田义贞的坐骑被一箭射倒，他被压在马的下面，成了敌人的活靶子。敌人射来的第二支箭就穿透了他的头盔，刺进了前额。据传说，这一箭本不致命，但是义贞感到非常羞耻，拔剑自尽了。在这个事例中，义贞的马被敌人的弓箭射倒这个情节很有意味。在所有使用弓箭的战争中，伤亡率最高的就是战马，因为它们的

图为一小堆用来制造日本铠甲的牛皮质鳞甲片。它们是从一张大的厚牛皮上裁剪下来的，上面打了孔，打磨得很光滑。用丝绳编排成铠甲前，还要给它们涂上防潮漆。（图源：罗伯特·苏恩斯，“甲胄师”铠甲工作室）

江户时期的武士面罩。“半面”是各种面具的通称。它们的功能是保护面部，但更重要的是恐吓敌人。面罩大多用上漆的铁皮或皮革制成，有很多不同的样式，胡子是用人的头发做的。面罩里面还要再戴上名为“袱纱”的丝巾，可能会比较闷热。这种面罩直到15世纪后半叶才开始使用，它们比较薄，很贴合面部的轮廓。它们能否抵御弓箭的打击尚存在很大的疑问，但是看上去确实非常漂亮。（图源：英国皇家军械博物馆）

目标大，容易受伤。《杂兵物语》中写道，“当敌军以密集的队形进攻时，应将其分为左右两部分向其射击；如果敌军是骑兵就先射他们的马”[94]。

足轻铠甲

战国时期，足轻部队不断扩大，对铠甲的需求激增。他们的铠甲除了来自战场缴获，也有大量配发，都是统一制式的胸甲和头盔。这些铠甲称为“畳胴具足”（*tatami gusoku*）[95]，是在链甲衣上镶嵌小块的板甲片，成本比较低廉。它的防护性能一定不如大铠，但是足轻主要是徒步作战，通常还有大型木制盾牌的保护。

母衣

母衣（*horo*）是背在日本武士后背的一种密织丝绸制成的特殊斗篷。当武士骑着马快速奔跑时，母衣会像气球一样膨胀起来，充当防御流矢的第一道防护。母衣初始主要是由“使番”（信使）背负，他们是精英武士之一，相当于随从，主要职责是在战场上传递命令，他们在通过敌军防线附近时很可能遭到敌军的追击。一些精锐的骑兵分队可能也会身背母衣，例如1568年由织田信长组建的两支“母衣众”骑兵卫队，分别被称为“黑母衣众”（黑母衣卫士）和“红母衣众”（红母衣卫士）。织田信长的继任者丰臣秀吉后来扩大了卫队规模，包括“黄母衣众”“红母衣众”“大母衣众”等，其中“大母衣众”用的是直径近5英尺的特大型母衣[96]。

在后来的几个世纪，母衣的形式主要是在柳条框架外蒙布料，仅仅用于阅兵仪式和信使的标识。即使骑手在静止状态时，身背的母衣看上去也有一种膨胀和激扬的感觉。母衣原本是靠松弛的布料来减弱箭的攻势，如果柳条框架把布绷得很紧，就无法发挥原有的防护功能了。

几年前，为了拍摄一部电视纪录片，笔者曾经对母衣的防护效能进行测试。即将一个母衣放在鼓风机前充气鼓胀，把一块测试弹道的凝胶靶放置在母衣和鼓风机之间，再用拉力65磅的和弓向母衣射出几支尖头箭，多数情况下，母衣被箭击中后会瘪掉，但是破裂翻腾的母衣会消耗掉箭的大部分动能并将其弹开。鼓风机吹的风是模拟了马在疾驰中遇到的气流，安装有锥形箭镞的箭大部分都被弹开了，就像跳到蹦蹦床上一样。刺穿了母衣的箭则会被丝线挂住，使动能迅速减弱，仅能轻轻触击到母衣后的目标。射出的箭被丝线紧紧缠住，都无力地耷拉下来。其中有一支阔头箭的情况稍好些，它切断了母衣的丝线，碰到了后方的凝胶靶，但是也没留下什么痕迹。根据统计，母衣抵御弓箭的有效率大约为70%，弓箭射上去要么被弹开，要么明显减速，无法具有有效的杀伤力。但要特别提醒的是，母衣只是个附加的外层防护，骑手身上穿的铠甲才是真正的防护。为了进一步验证母衣的效能，笔者亲自背上一具母衣，骑的马也用厚厚的马衣把臀部保护起来，然后用橡胶钝头箭进行射击测试。测试中，笔者和追击射手安德鲁·博德利都骑着马快速奔跑，母衣在风中毫无规律地舞动着，正中央的家族徽章也跳动得非常剧烈，这使得弓箭手的瞄准点变得非常困难。不过，还是有很多箭射中了母衣，当然结果也如预料的一样，这些箭都被弹开了。

在历史上，只有地位高的人才有资格身背母衣。乔治·卡梅伦·斯通在1934年编撰武器装备百科全书术语表中曾用安慰性的口吻写道，“如果你在战场上阵亡，敌人会根据你背的母衣判断你不是普通人，所以你的遗体会得到妥善处理”[97]。但是，如果看到下面的文字，这种欣慰很快就会消失，他接着写道，“如果你杀死了一个背着母衣的敌人，就割下他的头，从母衣上扯下一块布包起来”[98]。

母衣

图中的一幕发生在战国时代后期，武田氏族的一名信使背着绘有蜈蚣图案的“指物旗”[99]和母衣，被一群上杉氏族的武士追赶。这名正在奔逃的信使似乎运气到头了，但是随风舞动的母衣具有拦阻弓箭的神奇功效（已由笔者亲身测试），为他留下了一线生机。母衣中央的武田氏族的徽章随着飘动的布面不断跳动，可以迷惑敌方弓箭手的视线，而气球效应和有弹性的母衣蒙布会使箭在刺到骑手的铠甲之前耗尽能量。

这幅图画摘自《杂兵物语》，图中一名中箭的足轻正在接受野战手术，等待将箭从眼睛里取出来。这幅画说明面部中箭在当时比较常见，也表达了人们对于能够在战时幸存下来的乐观态度。在野外，把箭移除显然只能用最基本的方法，伤者要忍受巨大的痛苦。（图源：日本档案馆 / 斯蒂芬·特恩布尔）

结论

1350 年以后，日本的战争形态逐渐转变为大规模运用步兵的“足轻战争”，1543 年火绳枪的引入使日本的战场再次发生天翻地覆的变化。尽管如此，弓箭仍然受到人们的尊重，它并没有被完全废弃，虽然角色和地位有所削弱和调整，但它仍在军事领域占有一席之地。在马弓手的鼎盛时期，弓是精英武士的标志性武器，与其他民族相比，日本的马弓手使用军事拉力弓的可能性最大，也就是说弓的拉力为60—120磅，徒步弓箭手的弓拉力可达200磅。但是，我们需要清醒地认识到，当年占据战场霸主地位的和弓比今天的和弓要简单得多。从9世纪到14世纪，日本武士主要使用基本型的伏竹弓和三枚打弓，它们的机械效能明显不如后来出现的层压叠片弓。足轻使用的和弓更为简单，他们的能力可能也赶不上12世纪的精英武士，因为这些精英武士从小开始就接受重拉力弓的训练。总之，我们研究和弓的军事效能时，不能把它看作适用对象和使用方式都很单一的武器。虽然经过几个世纪的演变，各种和弓的外形都比较相似，但实际上它们有很多不同的形式，适用于各等级的武士以及竞技运动、狩猎和仪式。无论从哪个角度来看，和弓都在人类历史上留下了丰富而悠久的文化遗产。

注释

[1] 译注：平安时代是古代日本的一个历史时期，从桓武天皇迁都平安京（京都）开始，到源赖朝建立镰仓幕府一揽大权为止。

[2] 译注：室町幕府，名称源自幕府设在京都的室町，又称足利幕府。由足利尊氏于1338年建立足利幕府开始，1573年被织田信长推翻。

[3] 译注：镰仓幕府，是日本幕府政权的开始，由源赖朝在镰仓建立的幕府，始于1192年。1333年，新田义贞攻下镰仓，该幕府被推翻。

[4] 译注：黑船事件是指1853年美国以炮舰威逼日本打开国门的事件。

[5] 译注：丰臣秀吉（1536—1598），原名木下藤吉郎。1585年任关白，次年任太政大臣，赐姓丰臣。是日本战国时代、安土桃山时代大名，著名政治家。

[6] 译注：源平合战，即源平争霸，指日本平安时代末期源、平两氏争夺政权的斗争。

[7] 原注：引自 Onuma, Hideharu & DeProspero, Dan and Jackie (1993). *Kyudo: The*

Essence and Practice of Japanese Archery, Tokyo: Kodansha International, p.38。

[8] 译注：作者为浅野正亲。

[9] 原注：引自 Grayson, C. E. (1963). "Shaho Sambu Sho", *Journal of the Society of Archer-Antiquaries*, Vol. 6, p.28。

[10] 译注：也称桂竹，源于中国。

[11] 原注：日本传统的打绳结艺术。

[12] 原注：引自 Hoff, Feliks (2002). *Kyudo: The Way of the Bow*, Boston, MA: Shambhala Publications, p.31。

[13] 原注：引自 Turnbull, Stephen (1998). *The Samurai Sourcebook*, London: Arms and Armour Press, p.203。

[14] 原注：引自 Hurst, G. Cameron III (1998). *Armed Martial Arts of Japan*, New Haven, CT and London: Yale University Press, p.108。

[15] 译注：远距离靶，靶间距为 60 米，靶标直径为 1 米，靶心离地 97 厘米。

[16] 原注：同注 [12]，p.33。

[17] 译注："大名"（*daimyō*）是日本封建时代的大领主。

[18] 原注：引自 W. F. Patterson, *JSAA.* Vol.14, 1971: 19。

[19] 译注：也称制型纸，一种加进胶水或糨糊，经过浆状处理的纸。

[20] 译注：亦称"弓悬"。

[21] 译注：三十三间堂为日本古建筑，位于今京都市东山区七条。以供奉一千尊观音雕像，闻名于日本。每年 1 月 15 日，举行射箭仪式，射者从 60 米外瞄靶发射，称为"通矢"。

[22] 原注：引自 Newman, Jesse, C. (2016). *History of Kyudo and Iaido in Early Japan*, Bloomington, IN: AuthorHouse, p.313, note 6。

[23] 原注：引自 Aston, W. G. (2008). *Nihongi Volume 1: Chronicles of Japan from the Earliest Times to AD 697*, New York: Cosimo Classics, First published in 1896, p.393。

[24] 原注：同注 [23]，p.336。

[25] 原注：同注 [9]，p.28。

[26] 译注：亦称雁股箭。

[27] 译注：即弓箭手悖论。

[28] 译注：又称《东鉴》。

[29] 原注：同注 [14]，p.118。

[30] 译注：源能有为日本平安时代公卿，文德天皇皇子。

[31] 原注：引自 Ogasawara, Kiyotada & Ogasawara, Kiyomoto (2014). *About the Ogasawara-ryū*, Kindle Edition, Amazon Digital Services, p.10。

[32] 原注：同注 [31]，p.40。

[33] 译注：乌里塞斯·辛普森·格兰特（1822—1885），第 18 任美国总统。

[34] 原注：引自 *The Japan Mail*, 2 September 1879。

[35] 译注：简称壶蹬。

[36] 原注：引自 Guttman, Allen & Thompson, Lee (2001). *Japanese Sports: A History*, Honolulu: University of Hawai'i Press, p.50。

[37] 原注：同注 [14]，p.120。

[38] 原注：同注 [36]，p.51。

[39] 译注：《日本每周邮报》是日本明治时期最重要的英文报纸之一，1870 年创刊于横滨，1918 年与《日本时报》合并。

[40] 译注：音译。

[41] 原注：同注 [36]，p.52。

[42] 译注：亦称俱利伽罗峠之战。

[43] 原注：引自 Ikegami, Eiko (1995). *The Taming of the Samurai: Honorific Individualism and the Making of Modern Japan*, Cambridge, MA: Harvard University Press, p.65。

[44] 原注：同注 [13]，p.201。

[45] 原注：同注 [9]，p.28。

[46] 译注：即大型箭靶。

[47] 译注：另一种说法为“贯、中、久”，意为贯穿、命中、持久。

[48] 原注：同注 [31]，p.58。

[49] 原注：同注 [7]，p.60。

[50] 原注：并不是说靶标不清楚。

[51] 译注：《太平记》是日本古典文学之一。全书共 40 卷。

[52] 原注：引自 Turnbull, Stephen (2001). *Ashigaru*, Oxford: Osprey Publishing, p.5。

[53] 译注：低级士兵带的作战斗笠。

[54] 译注：《杂兵物语》完成于 17 世纪左右，意为“小兵故事”，据传为松平信兴著作，实际作者不明。

[55] 原注：引自 Turnbull, Stephen (2005). *Warriors of Medieval Japan*, Oxford: Osprey Publishing, p.129。

[56] 原注：《平家物语》节选，同注 [55]，p.256。

[57] 原注：同注 [55]，p.257。

[58] 原注：同注 [55]，p.258。

[59] 原注：引自 Cummins, Antony & Minami, Yoshie (2013). *The Book of the Ninja*, London: Duncan Baird, p.108。

[60] 原注：同注 [59]，p.108。

[61] 原注：欧洲用白兰地，日本用清酒。

[62] 原注：在大堂内射箭。

[63] 译注：江户为东京的旧称。

[64] 译注：星野勘左卫门在 1669 年创下了连续射箭 10542 支，命中 8000 支的记录。

[65] 原注：引自 Sinclaire, Clive (2001). *Samurai: The Weapons and Spirit of the Japanese Warrior*, Guildford, CT: The Lyons Press, p.125。

[66] 原注：*Graphic* 为英国的插图式周报。

[67] 原注：同注 [55]，p.131。

[68] 原注：同注 [55]，p.130。

[69] 译注：那须与一本名宗隆。

[70] 译注：“町”为日本长度单位，1 町 = 0.109 千米。

[71] 原注：同注 [14]，p.113。

[72] 译注：掌宽为长度计量单位，1 掌宽 = 4 英寸 = 0.1016 米。

[73] 原注：同注 [14]，p.113。

[74] 原注：14 世纪晚期的编年史。

[75] 原注：同注 [14]，p.120。

[76] 译注：源为朝为日本平安时代末期武将，通称“镇西八郎”。据称，他身高七尺，豺目猿臂，膂力过人，左手比右手长四寸，因此适合弯弓射箭。他好用强弓，射速也快，是当时最著名的弓箭高手。

[77] 原注：同注 [14]，p.112。

[78] 原注：同注 [65]，p.121。

[79] 原注：同注 [65]，p.121。

[80] 原注：同注 [14]，p.115。

[81] 原注：引自 Turnbull, Stephen (2016). *The Gempei War*, Oxford: Osprey Publishing, p.93。

[82] 原注：同注 [13]，p.122。

[83] 译注：该书主要描写 1156 年的日本保元之乱。

[84] 原注：引自 Turnbull, Stephen (2006). *Samurai: The World of the Warrior*, Oxford: Osprey Publishing, p.51。

[85] 原注：同注 [84]，p.50。

[86] 译注：也称源义家。

[87] 原注：同注 [84]，p.51。

[88] 原注：同注 [84]，p.51。

[89] 译注：亦称一勇斋国芳。

[90] 原注：同注 [81]，p.71。

[91] 原注：用红绳穿系的“胴丸”式铠甲。

[92] 原注：食人魔或恶魔。

[93] 译注：护臂。

[94] 原注：同注 [55]，p.130。

[95] 原注：折叠式铠甲。

[96] 原注：引自 Turnbull, Stephen (2008). *Samurai Armies 1467–1649*, Oxford: Osprey Publishing, p.13。

[97] 原注：引自 Stone, George Cameron (1961). *A Glossary of the Construction, Decoration, and Use of Arms and Armor in All Countries and in All Times*, New York, NY: Jack Brussel, Reprint of 1934 edition, p.300。

[98] 原注：同注 [97]，p.300。

[99] 译注："指物旗"为日本武士背在身后的插杆小旗。

后 记

有句老话说，只要不停笔，书就永远写不完。由于篇幅的限制，本书每一章编写的内容都比较有限。起笔伊始，我曾想借机扩展复合弓的研究，把一些早期的木制长弓和非洲、美洲弓箭等内容吸收进来，也很想介绍维京弓箭、法兰克复合弓，以及曾给殖民远征者们带来噩梦的中南美洲棕榈木制弓箭（这种箭长达5英尺，发射时伸出弓臂前缘的部分很长，射手可以躲在低矮的灌木丛里或树干后隐蔽发射）。遗憾的是，由于与主题直接相关的重要内容越来越多，这些愿望不得不搁置下来。不过，我本来是想把弓箭放在史前起源的更广泛的背景中来研究。

随着新的弓箭文物不断被发掘出来，关于人类早期弓箭的研究仍在继续，很多考古发现也令人着迷。比如，2012年，在西班牙巴尼奥莱斯的拉德莱格发现了三张紫杉木制弓，根据鉴定，它们的制作时间约为公元前5400年。1990年，在苏格兰莫弗特山“腐烂的谷底”区域发现了一张精美的紫杉木长弓，制作时间约为公元前5200年。1991年，在阿尔卑斯山发现了“冰人

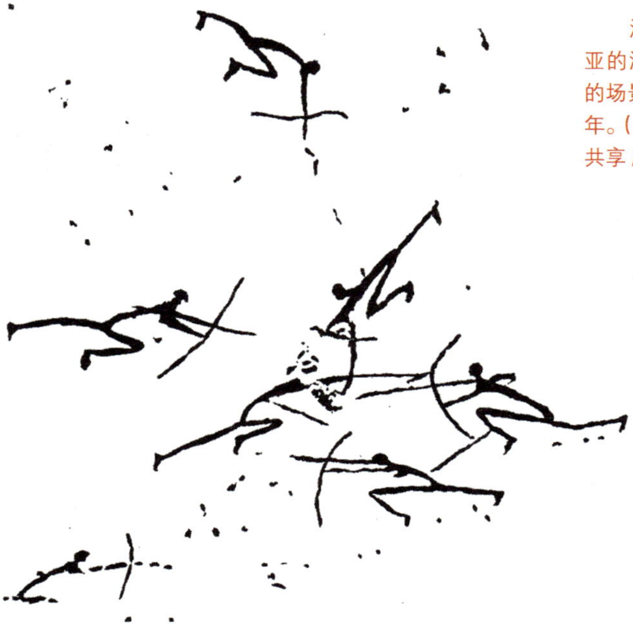

源于西班牙莫雷拉·拉·韦利亚的洞穴画作，描绘了弓箭手战斗的场景，创作时间约为公元前6000年。（图源：洛库图斯·博格/维基共享/公版网站）

奥茨”的紫杉长弓，制作时间约为公元前3200年。在此之前，人们还发现了一些新石器时期的弓箭文物，例如在英格兰萨默塞特郡发现的“米雷西斯弓”，它的材质为紫杉木，制作时间约为公元前2690年；在丹麦的侯姆皋沼泽发现的“侯姆皋弓”，它的材质为榆木，制作时间约为公元前7000年，是迄今发现最古老的弓。虽然这些弓主要用于狩猎，但从一些岩石壁画来看，它们也用于作战。近年来，随着挪威高山冰川的不断融化，陆续又有一些新的考古发现。在奥普兰，考古人员从冰川中发掘出一些状态极好的弓箭，制作时间可以追溯到公元前4000年至公元前1500年。当我们看到这些精美的远古器物时，心中充满无比的喜悦，但是，这种喜悦也夹杂着一丝哀伤。我们知道为什么冰川会揭开神秘的面纱，将它珍藏的秘密展现给我们，因为这是一个没落的星球送给人类的令人心酸的礼物。

人类与弓箭的关系源远流长。2010年，在南非斯布都洞穴的沉积层中挖掘出了一些石头箭镞，迄今已有 64000 年的历史，说明人类使用弓箭的时间至少也有这么久了。弓箭、投石器、梭镖投掷器等武器的出现使人类具备了超越自身生物机能的能力，使人类能够攻击远超自身投掷距离的目标，这对人类的发展至关重要。在历史的长河中，弓箭不再用作主流武器的时间非常短暂，它们已经深植于人类的基因之中。那些仍在练习和使用弓箭的人们深知它们的魔力，它们的魅力和影响经久不衰、生生不息。

鸣 谢

长弓

诚挚地感谢好朋友托拜厄斯·卡普威尔博士和戈登·萨默斯，他们阅读了本书的部分草稿，并给出了宝贵的修改意见。感谢罗伯特·哈代先生，他在1972年参与拍摄了BBC电台纪录片《长弓的历史》（*The History of the Longbow*），在这个主题上做了大量开创性的工作，激发了我延续一生的兴趣。他有关这一主题的著作也给了我很大启发，还有许多其他学者的作品，他们的研究成果是本书许多内容的基石。感谢艾伦·威廉斯博士，他在2003年指导了弓箭的减速测试。感谢马修·佩恩博士，他于2011年组织了钝伤撞击测试。感谢英国战弓协会的伊恩·库特、乔·吉布斯、马克·斯特雷顿和加里·西蒙兹，他们同意我拍摄了大量的射箭照片、参加了我录制的一些射箭实验电视项目、非常慷慨地花费时间回答了我的问题。感谢制箭师米克·曼斯和箭镞铸造师赫克托·科尔，和我分享了他们丰富的知识。制弓师克里斯·博顿多年来一直为我提供信息，为我做了两张长弓，我要感谢他。每次我用这些弓射箭时都非常快乐。

还要感谢无数为我提供照片的人和机构，他们的名字在图注中都有标明。但是最重要的是，感谢所有的朋友，我和他们一起度过了无数个“手持弓箭”的愉快时间，分享了对这种古老武器的热情——我从你们那里学到了很多。在本书中所表达的一些意见完全是我一己之见，不代表那些花费时间为我提供建议的人们。

复合弓

非常感谢爱德华·麦克尤恩先生，是他第一次让我见识到复合弓的魅力。托德先生是一位学者，也是一名技术精湛的制弓师，在骑射流行之前，托德先生已经练习骑射很久了。他一直给我灵感和激励。作为古代弓箭学会期刊的常任编辑，他促进了与弓箭有关的各种学术研究，特别是复合弓。

卢卡斯·诺沃特尼是一位杰出的复合弓制造师和骑射手，它同样也给予了我很多启发和帮助。感谢他允许我在他的工作室拍摄复合弓的制作过程，为我制作了非常漂亮的弓，教给我骑射技能和复合弓的各种知识。他一直很慷慨地与我分享自己的弓箭知识。

罗伯特·J. 莫利诺属于新一代的弓箭古董学者，也是复合弓制造师。他为复合弓这一章绘制了很多简线图，使其更加形象直观，对此我表示深深的感激。

马腾和彼得·德克尔是复合弓领域的杰出学者，值得特别提及。他们一直慷慨地分享他们广博的知识。感谢他们对相关书面内容进行的审阅。还要感谢斯蒂芬·塞尔比，亚当·卡波维奇，温迪·霍奇金森，戴维·约瑟夫·赖特，高克曼·阿尔廷库尔普，希马尔·胡纳尔，贾普·科普雷耶，韩章和安妮特·巴赫施塔特，他们以不同的方式向我提供了帮助。

衷心感谢美国索诺马滨海马术中心的娜塔莉·圭恩和希拉里·梅里尔，当我提议建立“加州半人马骑射俱乐部”这个想法时，她们给予了热情的支持。

弩

这一章的撰写，要特别感谢我的朋友戴维·约瑟夫·赖特，他不仅为我提供了许多精彩的简线图来阐释文本，而且在整个写作过程中一直为我提供咨询。托德工作室的利奥·托德斯奇尼和安德烈亚斯·比克勒也做出了非凡的贡献，他们提供了精美的复制品图片，耐心地与我交流他们的渊博知识。同样，我还从一长列比我聪明的朋友们那里汲取了知识，包括托拜厄斯·卡普威尔、约翰·沃勒、卢卡斯·诺沃特尼、克里斯·博顿、赫克托·科尔（大英帝国员佐勋章获得者）、拉尔夫·莫法特、艾伦·威廉斯、马克·哈奇、彼得·德克尔、马腾和斯蒂芬·塞尔比，我对他们深表谢意。关于弩的英语文献较少，但是欧洲其他国家对弩的研究非常广泛，其中值得一提的是霍尔格·里希特撰写的《弓弩》一书（*Die horn bogen armbrust*，2017 年写于路德维希港），虽然本书没有直接引用这部作品的原文资料，但它一直是我灵感的来源。

日本和弓

首先必须向小笠原流的小笠原清基先生致以深深的谢意，他慷慨提供了大量的照片。感谢和弓制造师横山庆太郎给我提供了不少精彩的图片。两人都非常友好地回答我的问题。我还对蒂姆·麦克米伦先生感激不尽，他不仅帮助我通信，还提供了一些自己的照片，分享日本箭术的相关知识。定居在美国佐治亚州的荷兰人贾普·科普雷耶给予了我很多特殊的帮助，他制作的和弓最好。他毫不吝惜给我的咨询时间，百问不厌，非常热情，给了我很多建议，还提供了很多图片。感谢哈特曼伯爵，他帮我联系了萨摩日置流，后者提供了很多照片。感谢玛丽亚·彼得森，安德鲁·博德利，保罗·马丁，特雷沃·阿布索隆和斯蒂芬·特恩布尔，他们给我提供了很多建议、帮助和图片。最后，将把最深切的谢意致以我的妻子，感谢她为本书制作了出色的图片，并且一直耐心而坚定地支持我的创作。

译名对照表

人名（含军衔、贵族头衔等）	
Adam Karpowicz	亚当·卡波维奇
Alain Blanchard	阿兰·布兰查德
Albert Sterz	阿尔伯特·斯特尔茨
Albrecht Dürer	阿尔布雷希特·丢勒
Alex Kay	亚历克斯·凯
Al-Masʿūdī	马苏德
Alonso Rodriguez Baptista	阿隆索·罗德里格斯·巴普蒂斯塔
Al-Tabari	塔巴里
Ambroise	安布罗西
Ammianus Marcellinus	阿米安努斯·马塞利努斯
Andreas Bichler	安德烈亚斯·比克勒
Andrew Ayton	安德鲁·艾顿
Andrew Bodley	安德鲁·博德利
Anna Komnene	安娜·科姆内
Annette Bachstadt	安妮特·巴赫施塔特
Anthony	安东尼
Anthony Hanmer	安东尼·汉默
Antonio del Pollaiuolo	安东尼奥·德尔·波拉约洛
Apella Renata	阿佩拉·雷纳塔
Aristophanes	阿里斯托芬
Aristotle	亚里士多德
Armagnac	阿马尼亚克（法）
Arrian	阿利安
Arthur de Richemont	亚瑟·德·里什蒙
Arthur Credland	亚瑟·克雷德兰
Asano Masachika	浅野正亲
Asaoka Heibei	浅冈平兵卫
Ashurbanipal	亚述巴尼拔
Aston	阿斯顿
Ateas	阿塔斯
Attila	阿提拉（匈奴帝国皇帝）
Azdamur	阿兹达穆尔
Bashford Dean	巴什福德·迪安
Baybars al-Bunduqdari	拜巴尔斯
Benjamin Franklin	本杰明·富兰克林
Blasco Diaz	布拉斯科·迪亚兹
Bohemond	博希蒙德

Burrell	伯勒尔
Casitus	卡西佗
Cemal Hunal	希马尔·胡纳尔
Chris Dawson	克里斯·道森
Charles I	查理一世
Charles the Bold	“大胆的”查理
Charles V	查理五世
Charles VII	查理七世
Charles, Comte de Clermont	查理·克莱蒙特
Charles ffoulkes	查尔斯·福克斯
Charles Lee	查尔斯·李
Chaucer	乔叟
Chenyin	陈音
Cheng Chongdou	程冲斗
Chiba	千叶
Chris Boyton	克里斯·博顿
Christophel Fine	克里斯托弗·法恩
Christine de Pizan	克里斯蒂娜·德·皮桑
Clifford Rogers	克利福德·罗杰斯
Count Ulrich V of Württemberg	乌尔里希五世伯爵
Ctesibus	凯斯布
Cyrus the Great	居鲁士大帝
Dave Watts	戴夫·沃茨
David-ap-Gwilym	戴维-阿普-格维利姆
David II	大卫二世（苏格兰）
David Joseph Wright	戴维·约瑟夫·赖特
Deborah Lee	黛博拉·李
DeAgostini	德戈斯蒂尼
Denman Waldo Ross	登曼·沃尔多·罗斯

Desiderata	德西迪拉塔
Dick Whittington	迪克·惠廷顿（1396年任伦敦市长）
Diomede Selridge	迪奥梅德·塞里奇
Dodo Tanyer	多多·坦伊尔
Dominic Mancini	多米尼克·曼奇尼
Douglas Elmy	道格拉斯·埃尔米
Dr Alan Williams	艾伦·威廉斯博士
Dr Luke Spindler	卢克·斯平德勒博士
Dr Margareta Gleba	玛格丽塔·格列巴博士
Dr Marina Daragan	玛丽娜·达拉甘博士
Dr Matthew Pain	马修·佩恩博士
Dr Robert Elmer	罗伯特·埃尔默博士
Du You	杜佑
Duke of Burgundy	勃艮第公爵
Duke of Orléans	奥尔良公爵
Duke William	威廉公爵
Earl Hartman	哈特曼伯爵
Edward I	爱德华一世
Edward II	爱德华二世
Edward III	爱德华三世（英格兰国王）
Edward IV	爱德华四世（英王）
Edward VI	爱德华六世（英格兰及爱尔兰国王）
Edward McEwen	爱德华·麦克尤恩
Edward Morse	爱德华·莫尔斯
Elena Stepenova	埃琳娜·斯佩诺娃
Elmer	埃尔默
Elizabeth I	伊丽莎白一世（英格兰及爱尔兰国王）
Emperor Jimmu	神武天皇

Emperor Horikawa	崛河天皇
Enguerrand de Monstrelet	恩格朗・德・蒙斯特莱
Enrōsai Shigemitsu	远浪斋重光
Étienne Zie	艾蒂安・齐
Eugene Herrigal	奥根・赫立格尔
Falkes de Breaute	法尔科斯・德・布鲁特
Feliks Hof	费利克斯・霍夫
Filippo Villani	菲利波・维拉尼
Francis I	法兰西斯一世（法）
Frederick II	弗雷德里克二世
Froissart	傅华萨
Gary Symonds	加里・西蒙兹
Genghis Khan	成吉思汗
Geoffrey le Baker	杰弗里・勒・贝克
George Cameron Stone	乔治・卡梅伦・斯通
George Niedermeiser	乔治・尼德梅塞
Gerald of Wales	吉拉杜斯・坎布里斯（威尔士的杰拉尔德）
Gerard Tusard	杰拉德・图萨德
G.N.Pant	G. N. 潘特
Gochi-in no tajima	但马五智院
Gregory IX	教皇格列高利九世
Gibbs	吉布斯
Gilbert de Lannoy	吉尔伯特・德・洛诺伊
Gilles le Bouvier	吉勒斯・勒・布维耶
Giovanni da Pian del Carpine	乔瓦尼・达皮安・德尔・卡皮恩
Giraldus Cambrensis	吉拉尔德斯・坎布伦西斯
Go-Daigo	后醍醐天皇
Godemar du Fey	戈德马尔・杜・费（法）
Gökmen Altinkulp	高克曼・阿尔廷库尔普
Gordon Summers	戈登・萨默斯
Graham Ashton	格雷厄姆・阿什顿
Guy Wilson	盖伊・威尔逊
Hachimantarō Yoshiie	八幡太郎义家
Hans Burgkmair	汉斯・伯格梅尔
Hans Talhoffer	汉斯・塔尔霍夫
Han Zhang	韩章（音译）
Hapsburgs	哈布斯堡家族
Harald Hardrada	哈拉尔・哈德拉达
Harry Brown	哈里・布朗
Hasib Ziya	哈西布・齐亚
Hatano Goro Yoshishige	波多野义重五郎
Hayashi Riman	林李满
Hector Cole	赫克托・科尔（制箭师）
Heki Danjō Masatsugu	日置弹正政次
Henry I	亨利一世
Henry III	亨利三世
Henry IV	亨利四世（英王）
Henry Tudor	亨利・都铎
Henry V	亨利五世（英王）
Henry VII	亨利七世（英王）
Henry VIII	亨利八世（英格兰及爱尔兰国王）
Herodotus	希罗多德
Heron	赫伦
Herr Bichler	赫尔・比希勒
Hidanokami Korehisa	飞驒守惟久
Hilary Merrill	希拉里・梅里尔
Hiki	比企

Holger Richter	霍尔格·里希特
Holger Riesch	霍尔格·里奇
Hoshino Kanzaemon	星野勘左卫门
Hugh Latimer	休·拉蒂默
Hugh Soar	休·索尔
Ian coote	伊恩·库特
Ibn Shaddād	伊本·沙达德
Ichinobe no Oshiha	市边押磐皇太子
Innocent VI	英诺森六世
Ishikawa Sadatomo	石川贞友
Jaap Koppedrayer	贾普·科普雷耶
James Ferguson	詹姆斯·弗格森
James the Conqueror	“征服者”詹姆斯，詹姆斯一世
James VI	詹姆士六世（苏格兰）
Jan Dlugosz	约翰·德鲁戈斯
Jason Beever	杰森·比弗
Jason Daub	杰森·多布
Jean le Bel	让·勒·贝尔
Jean Liebel	让·利贝尔
Jean de Wavrin	让·德·韦弗林
Jean Hubert	让·休伯特
Jeanne d’Arc	“圣女”贞德
Joe Gibbs	乔·吉布斯
Johannes Caius	约翰内斯·凯尤斯
John	约翰
John Appleby	约翰·阿普尔比
John Balsam	约翰·巴尔萨姆
John Bradmore	约翰·布拉德莫尔
John Butetourt	约翰·布特图特
John de Cordebof	约翰·德·科德博夫
John de Malemort	约翰·德·马勒莫特
John Jauderell	约翰·贾德雷尔
John Keys	约翰·基斯
John of Bedford	约翰·贝德福德
John Paskyn	约翰·帕斯金
John Paston	约翰·帕斯顿
John the Fearless	“无畏的”约翰（勃艮第国王）
John Smart	约翰·斯马特
John Stewart	约翰·斯图尔特
John Waller	约翰·沃勒
John Wolser	约翰·沃尔瑟
Jonathan	乔纳森
Josef Alm	约瑟夫·阿尔姆
Juliana	朱莉安娜
Jürgen Karpinski	尤尔根·卡宾斯基
Justin Ma	马腾
Kajiwara Kagetoki	梶原景时
Kamakura Kagemasa	镰仓景政
Kashiwara	柏原
Keitarō Yokoyama	横山庆太郎
Khorasani	呼罗萨尼
Kim Hawkins	金·霍金斯
King Charles VII	国王查理七世（法）
King David	大卫王
Kirsty Gibbs	基尔斯蒂·吉布斯
Kiyomoto Ogasawara	小笠原清基

Klopsteg	克洛普斯特格
Konrad Keyser	康拉德・凯瑟
Kothar wa-Khasis	科塔・瓦哈西
Kul'Oba	库尔奥巴
Kumagai Naozane	熊谷直实
Ladislaus Jagiello	拉迪劳斯・亚吉耶洛(波兰)
Leonardo da Vinci	列奥纳多・达・芬奇
LeoTodeschini	利奥・托德斯奇尼
Leo VI	利奥六世
Li Chengfen	李呈芬
Locutus Borg	洛库图斯・博格
Lord Mounteagle	蒙提格尔勋爵
Lord Admiral Thomas Howard	托马斯・霍华德勋爵
Lord Walsingham	沃尔辛厄姆勋爵
Lord Willoughby	威洛比勋爵
Louis IX	路易九世
Louis XI	路易十一世（法国国王）
Louis VIII	路易八世
Lukas Novotny	卢卡斯・诺沃特尼
Madog ap Llywelyn	马多格・阿普・卢埃林
Magén Klomp	马根・克罗朴
Magi	东方三博士
Mahmud ffendi	马哈茂德・埃芬迪
Marcin Glinianowicz	马尔钦・格林尼治
Margaret	玛格丽特
Marco Polo	马可・波罗
Mardi ibn Ali al-Tarsusi	穆尔达・本・阿里-阿塔苏西
Margaret Paston	玛格丽特・帕斯顿

Maria Peterson	玛丽亚・彼得森
Maris	马里斯
Mark Hatch	马克・哈奇
Mark Stretton	马克•斯特雷顿
Mark Wheatley	马克・惠特利
Martin Merz	马丁・默茨
Masicates	马西特斯
Mathilda	玛蒂尔达伯爵夫人
Matthew Collins	马修・柯林斯
Matthew Paris	马修・帕里斯
Matthew Perry	马修・佩里
Matthew Ryan	马修・瑞恩
Maurice Thompson	莫里斯・汤普森
Maximilian I	马克西米连一世
Michel Rotwyler	米歇尔・罗特勒
Mick Manns	米克・曼斯
Miedun	冒顿
Minamoto no Tametomo	源为朝
Minamoto no Yoritomo	源赖朝
Minamoto no Yoshiari	源能有
Minamotono Yoshinaka	源义仲
Minamoto no Yoshitsune	源义经
Minamoto Yoshiie	源义家
Minamoto Yoshiie	源吉元
Mike Loades	麦克・洛兹
Miura	三浦
Miyoshi Kiyotsura	三善清行
Mochinaga Ogasawara	小笠原持长
Monstrelet	蒙斯莱特

Montu	蒙图（古埃及战神）
Mo Zi	墨子
Murḍā al-Tarsūsī	穆尔达·阿塔苏西
Musashibo Benkei	武藏坊弁庆
Mustafa Kani	穆斯塔法·卡尼
Napoleon	拿破仑
Nasu no Yoichi	那须与一
Nathalie Guion	娜塔莉·圭恩
Nicolle	尼科尔
Nikephoros II Phokas	尼基弗鲁斯二世·福卡斯
Nitta Yoshisada	新田义贞
Noto no kami Noritsune	能登守平教经
Oba Heita Kageyoshi	大庭平太景义
Obusuma Saburō	男衾三郎
Oda Nobunaga	织田信长
Ogasawara Magoroku	小笠原孙六
Ogasawara Nagakiyo	小笠原长清
Ogasawara Sadamune	小笠原贞宗
Olaus Magnus	奥劳斯·马格纳斯
Otzi	奥茨
Ovid	奥维德
Pang Juan	庞涓
Paul Martin	保罗·马丁
Paul Murphy	保罗·墨菲
Pedro Samiento de Gamboa	佩德罗·萨米恩托·德·冈博亚
Peter Basilius	彼得·巴西利乌斯
Peter Dekker	彼得·德克尔
Peter de la Mare	彼得·德拉梅尔
Peter de Tanentonne	彼得·德·塔尼托内

Peter Vemming	彼得·维明
Philip II Augustus	腓力二世·奥古斯都
Philip of Macedon	马其顿的腓力
Philip the Fair	菲利普·平等
Philip the Good	“好人”菲利普（勃艮第国王）
Philip VI	腓力六世（法国）
Ph. Missillier	米西利尔博士
Phylarchus	菲拉克斯
Polydore Vergil	波利多尔·维吉尔
Prince Harry	亨利王子
Procopius	普罗柯比
Qi Jiguang	戚继光
Qin Shi Huang	秦始皇
Ralph Moffat	拉尔夫·莫法特
Raymond de Lor	雷蒙德·德·洛
Richard de Abindon	理查德·德·阿宾顿
Richard I	理查一世
Richard III	理查三世（英格兰国王）
Richard de Bosco,	理查德·德·博斯科
Richard de Clare	理查德·德·克莱尔
Richard Galloway	理查德·加洛韦
Richard Thomton	理查德·汤姆森
Richard Toky	理查德·托基
Richard Vince	理查德·文斯
Richard Wadge	理查德·维奇
Richard Wynkeley	理查德·韦恩克利
Richerus	里基勒斯
Robert Arblaster	罗伯特·阿布拉斯特
Robert Felton	罗伯特·费尔顿

Robert Hardy	罗伯特·哈代
Robert Hurford	罗伯特·赫尔福德
Robert J. Molineaux	罗伯特·J.莫利诺
Robert Moleyns	罗伯特·莫林斯
Robert Soanes	罗伯特·苏恩斯
Robin	罗宾
Robin Hood	罗宾汉（绿林好汉）
Roger Ascham	罗杰·阿斯坎姆
Roger of Wendover	文多弗的罗杰
Roger Jauderell	罗杰·贾德雷尔
R. O. Mason	R.O.梅森
Runjeet Singh	林吉特·辛格
Rychardus Wedyngton	莱恰杜斯·韦登顿（1396年任伦敦市长）
Saburo Kagechika	大庭三郎景亲
Sachio Kamagata	镰形左千夫
Saint Sebastian	圣塞巴斯蒂安
Saladin	萨拉丁
San Juan de Anton	圣胡安·德·安东
Sasaki	佐佐木氏族
Selby	塞尔比
Selim III	谢里姆三世
Shah Jahan	沙·贾汗
Shimazu clan	岛津家族
Shakespeare	莎士比亚
Shōgun Ashikaga Takauji	足利尊氏
Sima Qian	司马迁
Simon de Montfort	西蒙·德·蒙德福尔
Simon Russell	西蒙·罗素
Sir Francis Drake	弗朗西斯·德雷克爵士

Sir Geoffrey Luttrell	杰弗里·卢特雷尔爵士
Sir Guillaume de Sauveuses	纪尧姆·德·索维兹爵士
Sir Harry Perce	哈里·珀西爵士
Sir Humphrey Gilbert	汉弗莱·吉尔伯特爵士
Sir Jean III de Grailly	让·德·格莱利爵士
Sir John Fastolf	约翰·法斯托夫爵士
Sir John Hawkins	约翰·霍金斯爵士
Sir John Hawkwood	约翰·霍克伍德爵士
Sir John Paston	约翰·帕斯顿爵士
Sir John Smythe	约翰·斯迈思爵士
Sir John Wallop	约翰·沃洛普爵士
Sir Patrick Ogilvy	帕特里克·奥格尔维爵士
Sir Ralph Payne Gallwey	拉尔夫·佩恩－盖尔维爵士
Sir Thomas Erpingham	托马斯·厄平汉姆爵士
Sir Thomas Heneage	托马斯·赫尼奇爵士
Sir Thomas Kyriell	托马斯·凯瑞尔爵士
Sir Walter	沃尔特爵士
Sir William Douglas	威廉·道格拉斯爵士
Smail	斯梅尔
Stanislav Prošek	斯坦尼斯拉夫·普罗斯克
Stefan Domoney	斯特凡·多莫尼
Stephen Selby	斯蒂芬·塞尔比
Stephen Turnbull	斯蒂芬·特恩布尔
Steve Senior	史蒂夫·西尼尔
Stretton	斯特雷顿
Strickland	斯特里克兰(英国作家)
Sultan Murad II	苏丹穆拉德二世
Sunaguchi Yoshinori	砂口良典
Sun Bin	孙膑

Susan Jackson	苏珊·杰克逊
Suwa Morizumi	诹访盛澄
Taira no Atsumori	平敦盛
Takeda	武田氏族
Tang Jingchuan	唐荆川
Taybughā	泰布加
Taybughā al-Ashrafī al-Baklamishī al-Yūnanīc	泰布加·阿什拉菲·巴克拉米什·亚内纳奇
The Black Prince	“黑太子”（英王爱德华三世的大太子）
The Earl of Salisbury	索尔兹伯里伯爵
The Duke of Norfolk	诺福克公爵
The Pharaoh Amenhotep II	阿蒙霍特普二世法老
The Pharaoh Senwosret I	辛努塞尔特一世法老
Thomas	托马斯
Thomas de Snetesham	托马斯·德·斯内瑟姆
Thomas Walsingham	托马斯·沃尔辛厄姆
Tigranus	提格拉努斯
Tim Macmillan	蒂姆·麦克米伦
Tobias Capwell	托拜厄斯·卡普威尔
Todd Feinman	陶德·费曼
Tod Todeschini	托德·托德斯奇尼
Tony McNicol	托尼·麦克尼科尔
Tokugawa Iemitsu	德川家光
Tokugawa Ieyasu	德川家康
Toriumi Saburo	鸟海三郎
Toyotomi Hideyoshi	丰臣秀吉
Trevor Absolon	特雷沃·阿布索隆
Tutankhamun	图坦卡蒙
Uesugi	上杉氏族

Ulysses Simpson Grant	乌里塞斯·辛普森·格兰特
Umetada Motoshige	埋忠职镇
Umetada Myōju	埋忠明寿
Ursula Rudischer	乌苏拉·鲁迪什
Utagawa Kuniyoshi	歌川国芳、一勇斋国芳
Utagawa Yoshikazu	宇田吉和
Vasistha	瓦西斯塔
Vegetius	维吉提乌斯
Vince Beeton	文斯·比顿
Vlademir Terebenin	瓦拉迪米尔·特雷贝宁
V. R. Dikshitar	V. R. 戴克西塔
Walter de Milemete	沃尔特·德·米利埃布拉
Warwick	沃里克
Wasa Daihachirō	和佐大八郎
Wendy Hodgkinson	温迪·霍奇金森
Werner Forman	沃纳·福尔曼
William	威廉
William de Beauchamp	威廉·德·比彻姆
William de la Pole	威廉·德·拉·波尔
William de Malemort	威廉·德·马勒莫特
William de Stanegate	威廉·德·斯坦格特
William Harborne	威廉·哈伯恩
William II Rufus	威廉二世 鲁弗斯
William Jauderell	威廉·贾德雷尔
William le Areblaster	威廉·勒·阿雷勃拉斯特
William le Breton	威廉·勒·布雷顿
William Marshall	威廉·马歇尔
William Neade	威廉·尼德
William of Alberney	威廉·阿尔伯尼

William of Poitiers	普瓦提埃的威廉
William Rothwell	威廉·罗斯威尔
William Langland	威廉·郎兰
William of Tyre	提尔的威廉
W. F. Paterson	W. F. 帕特森
Yoshida Shigekata	吉田重贤
Yoshida Shigemasa	吉田重政
Yoshimi Taizo	吉见大藏
Yōshū Chikanobu	杨洲周延
Yūryaku	雄略天皇
Zack Djurika	扎克·朱里卡
Zhuge Liang	诸葛亮
地 名	
Abbeville road	阿比维尔（法）
Abu Simbel	阿布辛贝神庙
Acre	阿卡
Adrianople	亚德里安堡
Agincourt	阿金库尔（法国）
Akali Nihang	阿卡利·尼昂
Altai Mountains	阿尔泰山脉
Alexandria	亚历山大城
Aljubarrota	阿勒祖巴洛特，也称阿尔茹巴罗塔（葡）
Alps	阿尔卑斯山
Amazon	亚马孙
Anatolia	安纳托利亚
Anderne	安德内
Angers	昂热
Angus	安格斯
Anjou	安茹
Aozuka district	青冢社区
Augsburg	奥格斯堡
Austria	奥地利
Antwerp	安特卫普
Aragon	阿拉贡
Arde	阿德
Arras	阿拉斯
Arsuf	阿苏夫
Artois	阿托伊斯
Arzhan	阿尔赞村
Asakusa	浅草
Athens	雅典
Auchterhouse	奥克特豪斯
Baghdad	巴格达
Bannockburn	班诺克本（苏格兰）
Banyoles	巴尼奥莱斯
Bath	巴斯（英）
Baugé	博热（法）
Bedford Square	贝德福德广场
Berkhamsted Castle	伯克汉姆斯特德城堡
Berlin	柏林
Belgrade	贝尔格莱德
Berne	伯尔尼
Berry	贝里省（法）
Bidari	毕达里
Black Sea	黑海
Blanchetaque	布兰切塔克（法）
Blois castle	布卢瓦城
Bologna	博洛尼亚

Boroughbridge	巴勒布里奇（英）
Bosworth	博斯沃思
Brabant	布拉班特公国
Bristol	布里斯托尔（英）
Bristol Castle	布里斯托尔城堡
Brittany	布列塔尼
Bruges	布鲁日
Brussels	布鲁塞尔
Buchan	巴肯郡（苏格兰）
Buckinghamshire	白金汉郡
Burbage	伯贝奇村
Burgo de Osma	布戈·德·奥斯马
Burgundy	勃艮第
Byzantium	拜占庭
Cadzand	卡德赞德（荷兰）
Caen	卡昂（法）
Cairo	开罗
Callao de Lima	卡亚俄·德利马港
Canterbury	坎特伯雷（英）
Carmarthen/Kermerdin	卡马森
Carrhae	卡雷
Castle Sion	锡安城堡
Catalonia	加泰罗尼亚
Châlus Castle	查勒斯城堡（法）
Château Narbonnais	纳尔邦尼城堡
Cheshire	柴郡（英）
Chester	切斯特市（英）
Cocherel	科切尔行政区（法）
Compiègne	贡比涅（法）
Constantinople	君士坦丁堡
Convent of St Catherine	圣凯瑟琳修道院
Copenhagen	哥本哈根市（丹麦）
Corf castle	科尔夫堡
County Derby	德比郡（英）
Cravant	克拉旺镇（法）
Crécy	克勒西（法）
Crimea	克里米亚
Czech Republic	捷克共和国
Damascus	大马士革
Danube	多瑙河
Denmark	丹麦
Dewa	出羽国
Dijon	第戎
Dorset	多塞特郡（英）
Douai	杜埃（法）
Dresden	德累斯顿
Drumlanrig	邓弗里斯堡
Dupplin moor	杜普林沼地（苏格兰）
Ehime Prefecture	大山祇神社
Falkirk	福尔柯克（苏格兰）
Finsbury Fields	芬斯伯里原野
Flanders	佛兰德斯地区
Flemish town	佛兰德斯镇
Flodden	弗洛登（英）
Florence	佛罗伦萨（意）
Forest of Dean	迪恩森林（英）
Formigny	福尔米尼（法）
Fujishima	藤岛神社

Gallipoli	加里波利
Gascon	加斯科涅
Gdansk	格但斯克（波兰港口城市）
Genpei	源平（日）
Ghent	根特
Gion shrine	祇园神社
Giza	吉萨
Glasgow	格拉斯哥（英）
Gloucester	格洛斯特市（英）
Gloucestershire	格洛斯特郡
Gosannen	奥州（陆奥国）
Grenoble	格勒诺布尔市
Gresham	格雷沙姆（英）
Guinegatte	吉内加特（法）
Guisnes	吉讷镇（法）
Hachiman shrine	八幡宫
Halidon Hill	哈利顿山
Hamburg	汉堡
Han	韩国（中）
Hangzhou	杭州
Hannyaji	般若寺
Harfleur	阿夫勒尔（法）
Hastings	黑斯廷斯
Hereford	赫里福德市（英）
High Peak	海皮克（高峰）镇（英）
Hisarlik	希沙立克
Hiuchi	火打城
Holmegaard	侯姆皋
Holy Roman	神圣罗马帝国

Homildon Hill	霍米尔顿山
Hyderabad	海得拉巴（印度）
Ichinotani	一之谷
Iran	伊朗
Ise Grand Shrine	伊势神宫
Istanbul	伊斯坦布尔
Jammu	查谟市（印度）
Jaffa	雅法
Jeddo	江户，东京旧称
Jinchuan	金川（中）
Jutland	日德兰
Kaernarvan	卡那封城堡
Kamigamo shrine	贺茂别雷神社
Kanezawa Castle	金沢城（金泽）
Kashima Shrine	鹿岛神社
kawanakajima	河中岛
Kazakhstan	哈萨克斯坦
Kerch	刻赤市
Kiev	基辅
Kii province	纪伊国
Kilwinning	基尔温镇（苏格兰埃尔郡）
Kiyomizudera	清水寺
Klamath River Valley	克拉马斯谷地
Koromogawa	衣川馆
Krak des Chevaliers	骑士堡
Kul'Oba	库尔奥巴
Kurikara	砺波山
Kurosaka Hill	黑坂山
Kyoto	京都（日）

La Draga	拉德莱格
Lake Paladru	帕拉德鲁湖
Lancaster	兰开斯特市（英）
Lebanon	黎巴嫩
Levant	利凡特
Liechtenstein	列支敦士登
Lille	里尔（法）
Lincoln	林肯郡
Linz	林茨
Leeds	利兹市（英）
London Tower	伦敦塔
Low Counties	低地国家
Luxembourg	卢森堡
Macclesfield	马格斯菲德（英格兰西部）
Maes Moydog	梅斯莫伊道哥
Mainz	美因茨
Majorca	马略卡岛
Maling	马陵
manor of Easthampstead	伊斯特汉斯特德庄园
Marignano	马里尼亚诺
Mecca	麦加
Mediterranean	地中海
Menai Straits	梅奈海峡
Mendlesham	曼德尔沙姆
Mesopotamia	美索不达米亚
Metz	梅斯
Miidera	三井寺
Miran	米兰古城
Mizushima	水岛
Moffat Hills	莫弗特山
Montfort Castle	蒙特福特城堡
Morella la Vella	莫雷拉·拉·韦利亚
Najera	纳胡拉（西班牙）
Nan Yang	南阳
Narasaka	奈良坂
Navarre	纳瓦拉王国
Nazareth	拿撒勒
Neville's Cross	内维尔十字（英格兰达拉谟郡）
New Forest	新森林（英）
Nikkō Tōshōgū	日光东照宫（日语罗马字）
Nimrud	尼姆鲁德古城
Norman	诺曼（法）
Norfolk	诺福克郡（英）
Normandy	诺曼底（法）
Northampton	北安普敦
North Caucasus	北高加索
Norway	挪威
Nydam	尼达姆沼泽（丹麦）
Nuremberg	纽伦堡（德国）
Oppland	奥普兰
Orléans	奥尔良（法）
Oshima Island	大岛
Othée	奥特埃（比利时）
Oudenarde	奥德纳尔德
Oxford	牛津
Oxfordshire	牛津郡
Palestine	巴勒斯坦
Pannoia plain	潘诺尼亚平原

Paris	巴黎
Patay	帕泰（法）
Pavia	帕维亚
Persia	波斯（现伊朗）
Pinkie Cleugh	平基克留（苏格兰）
Pisa	比萨（意）
Poissy	普瓦西
Poitiers	普瓦提埃（法）
Poitou	普瓦图
Pontic–Caspian Steppe	庞蒂克-里海草原
Porchester Castle	波切斯特城堡
Portsmouth	朴次茅斯
Privy wardrobe	锦衣库
Punjab	旁遮普（印度）
Reading	雷丁
Redwood Kyudojo	红杉弓道场
Reims	兰斯（法）
Rhodes	罗德岛
Rochester Castle	罗切斯特城堡
Roman	罗马
Rouen	鲁昂
Saphet	萨法德
Saint- Marcel	圣马塞尔
Salignac	萨利尼亚克
Sandringham House	桑德林汉姆宫
San Francisco	旧金山
Scandinavia	斯堪的纳维亚
Scotland	苏格兰
Seine	塞纳河

Seminole	塞米诺尔
Severn	塞文河
Shaolin Temple	少林寺
Shijo Nawate	四条畷
Shikoku island	四国岛
Shrivenham	什里弗纳姆（英）
Shrewsbury	什鲁斯伯里市（英）
Salop/Shropshire	什罗普郡（英）
Sibudu	斯布都
Sichuan	四川
Sind	信德省（巴基斯坦）
Sluys	斯鲁伊斯
Sochi	索契
Solent	索伦特海峡
Somerset	萨默塞特郡（英）
Somme	索姆河
South Africa	南非
Southampton	南安普敦市（英国南部港口）
Southgrove Farm	南格罗夫农场
Split	斯普利特市
St Albans	圣奥尔本斯（英）
Stafford	斯塔福德郡（英）
Stamford Bridge	斯坦福桥
St Briavels Castle	圣布里维尔斯城堡
St Osyth	圣奥赛斯镇
St Petersburg	圣彼得堡
Suffolk	萨福克郡
Sussex	苏塞克斯郡（英）
Sweden	瑞典

Swiss	瑞士
Syria	叙利亚
Tewkesbury	丢克斯伯里（英）
The Achaemenid Empire	阿契美尼德王朝
The Balearic Isles	巴利阿里群岛
Thebes	底比斯城
Seljuq Empire	塞尔柱帝国
Tomioka	富冈（日）
Tomis	托米斯
Topkapi Palace	托普卡帕宫（土耳其）
Tower Armoury	伦敦塔军械库
Towton	陶顿（英格兰）
Toulouse	图卢兹城
Tournai	图尔奈（比利时）
Tripoli（in Syria）	的黎波里（叙利亚）
Troy	特洛伊
Tsagaan Khad	查干哈达（中）
Tsurugaoka	鹤冈
Turkmenistan	土库曼斯坦
Turpin	特平
Ulsan Castle	蔚山城堡
Uji	宇治
Ukraine	乌克兰
Utah	犹他州
Vaduz	瓦杜兹
Valencia	瓦伦西亚
Vergina	维尔吉纳
Verneuil	韦尔讷伊（法）
Weald	威尔德林区（英）

Welsh	威尔士（英）
Westminster Abbey	威斯敏斯特大教堂
West Indies	西印度群岛
Wiltshire	威尔特郡
Worcester	伍斯特市（英）
Wye river	怀伊河
Xinjiang	新疆
Xuzhou	徐州
Yashima	屋岛（日）
Yehun	耶亨镇（法）
Yemen	也门
Yèvre	耶夫尔河（法）
Yokohama	横滨
Yonne	约讷河
York	约克郡（英）
Yosaka	大阪
Zurich	苏黎世

术语等	
Aftcastle	艉楼
Aka-ito-odoshi	赤系威铠（日语罗马字）
Aketon	衬甲衣
Akhal-Teké	阿哈尔捷金马
Amgakji	（朝鲜）雌扳指
Anchor point	靠位点
Angular bow	角弓
Archer’s paradox	弓箭手悖论（箭身飘摆）
Arcuballista	罗马弩（意大利语）
Arquebus	火绳枪
Arrow	箭

Arrowros for longbows	长弓用箭（古代英语）
Arrowos with ffirewourkes	火弓箭（古代英语）
Arrow-guide	靠筒
Arshin	阿尔辛（长度单位，土耳其）
Ashigaru	足轻、日本低级步兵（日语罗马字）
Aventail	护颈链甲
Azusa-yumi	破魔弓（日语罗马字）
Baldric	佩带
Balestrino	意大利小弩
Ballistae	弩炮（希腊语）
Barca	目标、靶子（土耳其语）
Bascinet	轻盔
Basswood	美国椴树
Battle of Shizugatake	贱岳合战
Bayeux Tapestry	贝叶挂毯
Bash	弓梢、小梢
Bending	开弓
Bidri	白镴，锡的别名（日语罗马字）
Bls(British Longbow Society)	英国长弓协会
Bolt	弩箭
Bow-bench	驯弓台
Bowe string	弓弦（古代英语）
Bowstring tarslled	优质弓弦
Bran-tub	摸彩桶
Braze	铜焊、用铜制造
Brigandine	锁子甲
Bridle	系带
Busha	作战箭术、武射（日语罗马字）

Cambuc	高尔夫球（英文旧称）
Carucate	卡勒凯特（旧时英国土地丈量和估税单位）
Catch	弦牙
Cataphract	具装重骑兵
Chesstes for bowes and arrows	弓箭储存箱（古代英语）
Chevauchée	骑兵突袭
Choson dynasty	朝鲜王朝
Chu ko nu	诸葛连弩
Cinnset with ffirewourke	新月形火弓箭（古代英语）
Clout Shooting	布靶射击
Coat-of-plates	板甲衣
Compagnie d'ordonnance	法国骑士军团（法语）
Crab bow	蟹弓
Cranequin	齿轮引弦器
Crescent	新月形
Crossbows for firebaules	弩用火弓箭（古代英语）
Crow's-nest	瞭望台
Cubit	腕尺
Cuirass	胸甲
Cuir-bouilli	硬皮甲
Cuisse	腿甲
Cutlass	短剑
Cylindrical ring	桶形扳指
D	便士（英旧辅币）
Daikyū	大弓（日语罗马字）
Daimyō	大名（日本官职、阶层）
Dauphin	法国皇太子称号
Dō	胸甲（日语罗马字）
Dokatu	铜铎（日语罗马字）

Dō-maru-gusoku	胴丸具足（日语罗马字）
Dōsha	堂射（日语罗马字）
Drake Exploration Society	德雷克探险协会
Duobuz Anglicis arcubus	杜布兹英格兰国教大弓
Ebira	箭矢携行具（日语罗马字）
Edo period	江户时代
Elevation shooting	仰角射击
English civil war	英国内战
Enteki	“远的”、远靶
EWBS (English War Bow Society)	英国战弓协会
False String	副弦
Flight shooting	飞箭远射
Footing	加固
Forecastle	艏楼
Forked arrow	叉形箭
Francs-archers	法兰克斯弓箭手团（法国民兵弓箭手组织）
Full-plate armour	全板甲铠甲
Fusetake	伏竹弓（日语罗马字）
Gaffle	杠杆张弦装置
Gambeson	长袍式棉甲
Gastraphete	腹弩（希腊语）
Gempei war	源平合战
Gez	格兹（土耳其长度单位）
Gorytos	“戈里托斯”弓箭匣（希腊语）
Great helm	桶盔
Greave	护胫甲
Halbert	戟
Hamaya	破魔矢（日语罗马字）
Hamayumi	破魔弓（日语罗马字）
Hankyū	半弓（日语罗马字）
Harquebus	火绳枪
Harness	甲胄（旧时人、马的护具、铠甲）
Harrow Formation	耙犁阵
Hasamimono	挟物射（日语罗马字）
Hassetsu	弓道八节（日语罗马字）
Haubergeon	中世纪无袖衣
Hauberk	长袍式链甲
Haya	甲矢（日语罗马字）
Heaumers Company of London	伦敦海默斯协会
Heavy war bodkin	重型锥形作战箭镞
Hedgehog	“刺猬”阵
Heian period	平安时代（日本）
Heki-ryū	日置流（日语罗马字）
Hérisson	刺猬（法语）
Hilal kuram	新月弓（土耳其语）
Hikime	鸣镝（日语罗马字）
Hōgen War	保元之乱
Hoplite association Uk	英国重装步兵协会
Horo	母衣（日语罗马字）
Horse-archer	马弓手、弓骑兵
Horse-armour	马铠
Hose	紧身护腿
Hosha	步射（日语罗马字）
Hoshi mato	“星的”/星形靶标（日语罗马字）
Housing	(弩机)机身、机匣
Hundred years' war	百年战争（英法）

Hussar	骠骑兵
Hwajeon	火弓箭（朝鲜）
Hyakuban kasagake	百番笠悬（日语罗马字）
Igote	射笼手（日语罗马字）
Immortals	长生军、不死军
Imjin war	壬辰卫国战争
Incendiary arrow	火弓箭
Inuōmono	犬追物（日语罗马字）
Ite	流镝马射手（日语罗马字）
Jack	无袖软甲
Japanese yumi	日本和弓
Jarai	射礼
Jarmaki	土耳其背射、贾马基射术
Jindo-hikime	阵道鸣镝（日语罗马字）
Jingasa	阵笠、简单的作战斗笠（日语罗马字）
Josan/jawshan	（波斯）板链甲
Jumonji-yari	十文字枪（日语罗马字）
Kabura-ya	镝矢（日语罗马字）
Kabuto	头盔、兜（日语罗马字）
Kago-hankyū	驾笼半弓（日语罗马字）
Kamakura	镰仓幕府（日语罗马字）
Kaman	卡曼弓、蟹弓
Kari-ebira	箙（日语罗马字）
Kasagake	笠悬（日语罗马字）
Kasan	硬质反曲弓臂（日语罗马字）
Kasan-gezi	弓臂反曲拐点（日语罗马字）
Kasan-bash	弓梢转角（日语罗马字）
Kasumi mato	“霞的”、彩霞靶（日语罗马字）
Kazaghand	“卡扎汉”锁甲外套（波斯）
Kenjutsu	剑道（日语罗马字）
Kenkyu	建久（日本年号）
Kepade	“凯帕德”弓
Khatrah	“哈特拉”式撒放动作
Kin mato	“金的”，金靶（日语罗马字）
Kinteki	“近的”、近距离靶（日语罗马字）
Kisha	骑射（日语罗马字）
Kokasagake	小笠悬（日语罗马字）
Korean bow	朝鲜弓
Kote	笼手、护臂（日语罗马字）
Kuji kasagake	签笠悬（日语罗马字）
Kusazuri	草摺（日语罗马字）
Kyūba no michi	弓马之道（日语罗马字）
Kyūdō	弓道（日语罗马字）
Kyūjutsu	弓术（日语罗马字）
Lance	枪骑兵单元、长矛
latch	闩锁
Lath	弩弓
Let-off	省力比
Lever-crossbow	杠杆弩
Lime	椴树
Livre	里弗（法国旧币单位）
Livres-Tournois	里弗-图尔格罗斯币（中世纪法国货币）
Livery arrow	船用箭、海军箭
Longbow	长弓
Longbowe shotte no fireworks	长弓常规用箭（古代英语）

Longe bowes	长弓（古代英语）
Long-needle bodkin	针锥形箭镞
Mail standard/pizane	胸领链甲
Makiwara	卷藁、稻草卷靶（日语罗马字）
Man-at-arms	重骑兵（中世纪）
Maniwa Nen-ryū	马庭念流（日语罗马字）
Mantlet	移动式防盾
Maruki-yumi	丸木弓（日语罗马字）
Meiji restoration	明治维新
Mogu	射马球（朝鲜）
Muromachi	室町幕府（日语罗马字）
Nara period	奈良时代（日本）
Nurigometo no yumi	涂笼藤弓（日语罗马字）
Ogasawara-ryū	小笠原流（日语罗马字）
Onin war	应仁之乱
Ōsode	大袖（日语罗马字）
Otoya	乙矢（日语罗马字）
Ottoman war bow	奥斯曼战弓
Ōyoroi	大铠（日语罗马字）
Palanquin bow	轿弓
Pavise	巨盾
Persian wars	波斯战争
Plate	板甲
Popinjay	“鹦鹉”射击
Puff and slash clothing	切口服
Qing bow	中国清弓
Quarrel	方镞箭
Rack/Cick	齿轨
Recurved longbow	反曲长弓

Reisha	礼射（日语罗马字）
Rimankyū	李满弓（日语罗马字）
Roving	游动射击
Sabaton	足甲
Safavid	萨法维王朝
Sakamogi	逆茂木、鹿砦
Sal	弹性弓臂
Sallet	轻盔
Sanbonhigo	三本弓胎弓（日语罗马字）
Sanmaeuchi	三枚打弓（日语罗马字）
Satsumanari	萨摩弓（日语罗马字）
Schiltron	长矛圆阵（苏格兰）
Sear	击发阻铁
Self bow	单弓、单体弓
Sengoku	战国时代（日语罗马字）
Shaffron	马盔
Shigeto-yumi	重藤弓（日语罗马字）
Shihodake	四方竹弓（日语罗马字）
Shikoro	护颈甲（日语罗马字）
Shiko-ebira	矢笼（日语罗马字）
Shitagi	下着、衬里衣物（日语罗马字）
Shooting underhand	低手射击
Short bodkin	短锥形箭镞
Skirmish line	散兵线
slimbowe arro for leade	轻型弓用箭（古代英语）
Sode	袖、肩甲（日语罗马字）
Spacer	分隔器
Spanning	张弦、拉弦
Spur ring	战国韘

Stock	弩臂
Stonebow	石弩
String bridge	弦桥
Sugakji	（朝鲜）雄扳指
Suneate	臑当、护膝甲
Swallowtail	燕尾式箭簇
Swept-out swallowtail	展翼燕尾式箭簇
Takeda-ryū	武田流（日语罗马字）
Tan	町（日本长度单位）
Tanabata kasagake	七夕笠悬（日语罗马字）
Tankyū	短弓（日语罗马字）
Tatami gusoku	畳胴具足（日语罗马字）
Tate	盾牌、楯（日语罗马字）
Tekne kuram	船形弓（日语罗马字）
Tenouchi	手之内（日语罗马字）
Tepeliks	檠（定形块）
Textile armour	织物甲
Wars of Scottish Independence	苏格兰独立战争
Wars of the Roses	玫瑰战争
Wootz Damascus	大马士革“乌兹”钢
Tiller	弩臂、驯弓器
Tōkasagake	远笠悬（日语罗马字）
Tokugawa	德川幕府
Tomo	护臂、鞆
Toshiya	通矢、堂射比赛（日语罗马字）

Trigger lever	触发扳机
Tsurubashiri-gawa	弦走革（日语罗马字）
Tudor	都铎王朝
Tunic	束腰棉甲
Umayumi	骑射（日语罗马字）
Utsubo-ebira	空穗
Vire	旋转箭
Vireton	螺旋尾翼箭
Visored helm	覆面盔
Visored bascinet	覆面轻盔
Volley	齐射
Wakibiki	胁引、短款无袖软甲（日语罗马字）
Waraji	麻垫、草鞋（日语罗马字）
Westminster Type 16	威斯敏斯特16型箭镞
Windlass Crossbow	绞盘弩
Yabusame	流镝马（日语罗马字）
Yadome	“矢留”、挡箭（日语罗马字）
Yadome no jutsu	“矢留术”、挡箭术（日语罗马字）
Yadzutsu-ebira	矢筒（日语罗马字）
Yamichi	矢道（日语罗马字）
Yayoi period	弥生时代
Yohonhigo	四本弓胎弓（日语罗马字）
Yugake	弽、弓悬（日语罗马字）
Yumiya no michi	弓矢之道（日语罗马字）

战舰图文史（第3册）：从1850年到1950年

[英] 山姆·威利斯/著　朱鸿飞　泯然/译

本书以独特的视角，用图片和文字描绘了在征服海洋的过程中，人类武装船只的进化史，以及各种海洋强国的发展脉络。它不仅介绍了经典战舰、重要事件、关键战役、技术手段、建造图样和代表人物等细节，还囊括了航海知识、设计思想、武器装备和战术战略的沿革……第3册记录了从公元1850年到1950年的海洋争霸历程。

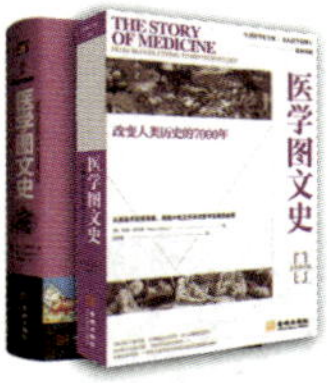

医学图文史：改变人类历史的7000年（精、简装）

[英] 玛丽·道布森/著　苏静静/译

本书运用通俗易懂的文字和丰富的配图，以医学技术的发展为线，穿插了大量医学小百科，着重讲述了重要历史事件和人物的故事，论述了医学怎样改变人类历史的进程。这不是一本科普书，而是一部别样的世界人文史。

疾病图文史：影响世界历史的7000年（精、简装）

[英] 玛丽·道布森/著　苏静静/译

本书运用通俗易懂的文字和丰富的配图，以人类疾病史为线，着重讲述了30类重大疾病背后的故事和发展脉络，论述了疾病怎样影响人类历史的进程。这是一部生动刻画人类7000年的疾病抗争史，也是世界文明的发展史。

间谍图文史：世界情报战5000年

[美] 欧内斯特·弗克曼/著　李智　李世标/译

本书叙述了从古埃及到“互联网+”时代的间谍活动的历史，包括重大谍报事件的经过，间谍机构的演变，间谍技术的发展过程等，文笔生动，详略得当，语言通俗，适合大众阅读。

二战图文史：战争历程完整实录（全2册）

[英] 理查德·奥弗里/著　朱鸿飞/译

本书讲述了从战前各大国的政治角力，到1939年德国对波兰的闪电战，再到1945年日本遭原子弹轰炸后投降，直至战后国际大审判及全球政治格局。全书共分上下两册，展现了一部全景式的二战图文史。

第三帝国图文史：纳粹德国浮沉实录

[英] 理查德·奥弗里/著　朱鸿飞/译

本书用图片和文字还原了纳粹德国真实的命运轨迹。这部编年体史学巨著通过简洁有力的叙述，辅以大量绝密的历史图片，珍贵的私人日记、权威的官方档案等资料，把第三帝国的发展历程（1933—1945）完整立体呈现出来。

世界战役史：还原50个历史大战场

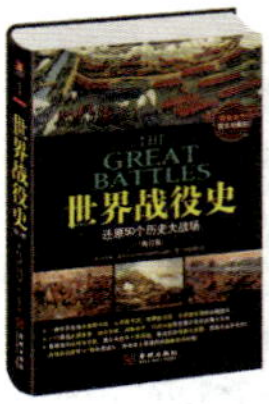

[英] 吉尔斯·麦克多诺/ 著　巩丽娟/译

人类的历史，某种意义上也是一部战争史。本书撷取了人类战争史中著名大战场，通过精练生动的文字，珍贵的图片资料，以及随处可见的战术思维、排兵布阵等智慧火花，细节性地展现了一部波澜壮阔的世界战役史。

希特勒的私人藏书：那些影响他一生的图书

[美] 提摩西·赖贝克/著　孙韬　王砚/译

本书通过潜心研究希特勒在藏书中留下的各类痕迹，批判分析其言行与读书间的内在逻辑，生动描绘了他从年轻下士到疯狂刽子手的思想轨迹。读者可以从中了解他一生收藏了什么书籍，书籍又对他产生了何种影响，甚至怎样改变命运。